贵州省

2021年农业主推技术暨省现代农业产业技术体系“十三五”科技成果汇编

◎ 曾庆鸿　主编

中国农业科学技术出版社

图书在版编目（CIP）数据

贵州省2021年农业主推技术暨省现代农业产业技术体系“十三五”科技成果汇编 / 曾庆鸿主编. --北京：中国农业科学技术出版社，2022. 1

ISBN 978-7-5116-5670-4

Ⅰ. ①贵…　Ⅱ. ①曾…　Ⅲ. ①农业科技推广-科技成果-汇编-贵州　Ⅳ. ①S3-33

中国版本图书馆 CIP 数据核字（2021）第 275234 号

责任编辑　穆玉红
责任校对　马广洋
责任印制　姜义伟　王思文

出 版 者　中国农业科学技术出版社
　　　　　　北京市中关村南大街 12 号　邮编：100081
电　　话　（010）82106626（编辑室）
　　　　　　（010）82109702（发行部）
　　　　　　（010）82109709（读者服务部）
传　　真　（010）82106626
网　　址　http://www.castp.cn
经 销 者　各地新华书店
印 刷 者　北京科信印刷有限公司
开　　本　185 mm×260 mm　1/16
印　　张　20. 75
字　　数　480 千字
版　　次　2022 年 1 月第 1 版　2022 年 1 月第 1 次印刷
定　　价　88. 00 元

《贵州省2021年农业主推技术暨省现代农业产业技术体系“十三五”科技成果汇编》

编写委员会

编　　委：邵建成　肖荣军　焦仁刚　潘尔琦　汪学云

主　　编：曾庆鸿

副 主 编：王洪亮　龙　毅　赵靓瑜　赵泽英

编写人员：曾庆鸿　王洪亮　赵靓瑜　龙　毅　王顺英

　　　　　赵泽英　聂克艳　李莉婕

前　　言

习近平总书记强调："农业农村现代化是实施乡村振兴战略的总目标，农业现代化关键在科技进步和创新""农业现代化，关键是农业科技现代化""要把发展农业科技放在更加突出的位置，大力推进农业机械化、智能化，给农业现代化插上科技的翅膀"。

今年是开启全面建设社会主义现代化国家新征程的起步之年，是"十四五"的第一年，也是巩固拓展脱贫攻坚成果与乡村振兴有效衔接的关键年。为贯彻落实习近平总书记视察贵州重要讲话精神，落实好省委、省政府做出的围绕"四新"主攻"四化"战略部署，加强农业科技创新，加大先进技术推广应用，助推贵州现代山地特色高效农业高质量发展，大力提升产业质量效益和竞争力，结合贵州省农业发展实际需要，我们编写了《贵州省 2021 年农业主推技术暨省现代农业产业技术体系"十三五"科技成果汇编》这本书。

农业主推技术推广发布制度是由国家建立，目的是规范农业主推技术推介发布工作，遴选出优质高产、节本增效、防灾减灾等农业适用技术，提供给全国农业生产企业、农民专业合作组织和农户等各类农业生产经营者选用、参考。目前，全国建立健全了部、省、县三级农业主推技术推介发布制度，贵州省自实施农业主推技术推介发布制度以来，已累计发布农业主推技术 4 000多项（次），农业主推通过农业科技示范基地、农业科技示范主体的应用和辐射带动，全省农业主推技术到位率达到 95%，有力地助推了贵州省粮食和主要农产品供给目标的实现。

自 2009 年启动贵州省现代农业产业技术体系建设以来，贵州省紧紧围绕全省农业产业发展的科技需求，有效集聚各类科技资源，积极开展科研和关键技术的攻关，培育了一批新品种，研发集成组装了一批新技术、新模式，这些农业科技成果快速转化到生产实践中广泛应用，有力地促进了全省农业农村经济的发展。

《贵州省2021年农业主推技术暨省现代农业产业技术体系“十三五”科技成果汇编》内容分为两个部分。第一部分是贵州省2021年农业主推技术，包括了“贵州省2021年农业十大重点主推技术和农业主推技术”和58项贵州省2021年农业主推技术内容，对各项主推技术进行了较为全面的介绍。第二部分是贵州省现代农业产业技术体系“十三五”期间各体系取得的农业科研、技术推广成果。

《贵州省2021年农业主推技术暨省现代农业产业技术体系“十三五”科技成果汇编》主要提供给省内各级农业农村部门参考使用，提供给省内广大农业科技、技术推广和教育工作者参考使用，也可以作为基层农技人员能力提升培训的教材和基层农技人员在开展农业技术培训服务时的参考。

我们期望，《贵州省2021年农业主推技术暨省现代农业产业技术体系“十三五”科技成果汇编》的出版发行，对加快农业主推技术的应用，推进贵州省2021年农业主推技术更加广泛的应用，加快省现代农业产业技术体系建设和农业科技成果的转化应用，推动贵州现代山地特色高效农业高质量发展起到积极的作用。

在本书材料征集过程中，得到了贵州省农业科学院、贵州大学、贵州省农业职业学院以及贵州省农业农村厅属各产业专班、种植业管理处、畜牧发展处，贵州省农作物技术推广总站、省植保质监站、省土壤肥料工作站、省农业机械技术推广总站等有关部门和单位的大力支持。在此，一并表示衷心的感谢！

作者

2021年8月

目　　录

第一篇　农业绿色高效技术模式 …… 1

一、冬作马铃薯高效轻简化栽培技术模式 …… 2
二、辣椒轻简化栽培技术模式 …… 6
三、茶园化肥农药减施增效达欧标生产技术模式 …… 10
四、水稻“两增一调”高产高效技术模式 …… 13
五、水稻病虫害全程绿色防控技术模式 …… 16
六、低热河谷地区“菜—稻—菜”高效种植技术模式 …… 21
七、贵长猕猴桃绿色高质高效生产技术模式 …… 22
八、黑木耳林下规范化栽培技术模式 …… 26
九、肉牛提质增效生产技术模式 …… 30
十、鲟鱼流水优质生态养殖技术模式 …… 33

第二篇　农业主推技术 …… 37

一、春玉米宽膜覆盖根域集雨种植技术 …… 38
二、玉米“一增五改”高产高效技术 …… 40
三、薏苡规范化高效种植技术 …… 41
四、马铃薯复种苦荞生产技术 …… 45
五、马铃薯增产增效栽培技术体系 …… 47
六、乌蒙山区春作马铃薯高产栽培技术 …… 50
七、有机高粱漂浮育苗宽窄行地膜覆盖移栽技术 …… 53
八、酒用高粱全程机械化生产技术 …… 56
九、黄壤稻田油菜稻茬免耕移栽化肥农药减施技术 …… 59
十、黄壤稻田油菜浅耕分箱定量直（机）播化肥农药减施技术 …… 61

十一、果林园区套种大豆栽培技术 …… 63
十二、水稻优质丰产高效机插栽培技术 …… 65
十三、杂交水稻绿色高效精确栽培技术 …… 67
十四、水稻化肥减量增效技术 …… 70
十五、高海拔地区“春大白菜—夏秋甘蓝—秋冬萝卜”一年三季高效种植技术 …… 72
十六、低海拔地区茄子加茬栽培管理技术 …… 74
十七、高山高原“韭黄”高效种植技术 …… 77
十八、白及生态种植技术 …… 79
十九、铁皮石斛林下附生栽培技术 …… 83
二十、太子参生态栽培技术 …… 86
二十一、贵州道地药材半夏规范化生产技术 …… 90
二十二、黔产钩藤规范化生产技术 …… 93
二十三、黑木耳高效栽培技术模式 …… 96
二十四、红托竹荪林下种植技术 …… 102
二十五、冬荪林下种植技术 …… 106
二十六、天麻林下仿野生栽培技术推广 …… 112
二十七、辣椒丰产栽培技术 …… 118
二十八、辣椒膜内点灌施肥技术 …… 122
二十九、黔茶系列新品种及配套高效栽培集成技术生产 …… 126
三十、茶树病虫害全程绿色防控技术 …… 129
三十一、贵州山地灰萝卜高效间套种技术 …… 133
三十二、特色猪生态养殖技术 …… 136
三十三、生猪健康养殖技术 …… 138
三十四、矮脚鸡林下生态养殖技术 …… 140
三十五、稻田渔业综合种养技术 …… 142
三十六、稻—鱼—鸭生态综合种养 …… 152
三十七、小蚕标准化与大蚕省力化高效蚕茧生产技术 …… 155
三十八、农区害鼠绿色防控技术 …… 157
三十九、周年覆盖水土保持和耕地保育型保护性耕作技术 …… 161
四十、百香果篱壁架垂帘式修剪技术 …… 164
四十一、黔莓一号、二号草莓的高效栽培技术 …… 168

四十二、蜂糖李早结丰产栽培技术…… 171
四十三、苹果改接换种快速成形投产技术…… 173
四十四、山地蓝莓起垄覆盖高效栽培管理技术…… 177
四十五、猕猴桃介壳虫、溃疡病绿色防控技术…… 180
四十六、刺梨主要病虫害绿色防控技术模式…… 182
四十七、柑橘黄龙病绿色防控技术…… 185
四十八、杧果主要病虫害绿色高效防控技术…… 188
四十九、水晶葡萄篱架改“T”形架技术…… 189
五十、樱桃避雨及果蝇绿色防控栽培技术…… 191

第三篇 现代农业产业技术体系“十三五”科技成果 …… 195

一、茶叶产业技术体系…… 196
二、精品水果产业技术体系…… 207
三、辣椒产业技术体系…… 218
四、马铃薯产业技术体系…… 233
五、肉牛产业技术体系…… 240
六、生猪产业技术体系…… 245
七、食用菌产业技术体系…… 247
八、中药材产业技术体系…… 253
九、蔬菜产业技术体系…… 257
十、水稻产业技术体系…… 270
十一、特色水产产业技术体系…… 283
十二、油菜产业技术体系…… 294
十三、特色杂粮产业技术体系…… 309

第一篇

农业绿色高效技术模式

一、冬作马铃薯高效轻简化栽培技术模式

（一）技术概述

1. 技术基本情况

针对贵州省冬作马铃薯播种后低温出苗晚、苗期缺水且低温易遭霜冻、中期晚疫病等病害严重、收获期易出现商品薯比例低且劣质薯多影响销售以及传统种植方式带来的人工成本高且管理粗放、管理不当造成的高投入低效益等难题；利用小型农机完成马铃薯播种，完成马铃薯垄作一次成型，解决马铃薯合理密植和优化施肥等问题，提升马铃薯合理生长发育空间和肥力合理利用能力，同时，黑膜覆盖避免马铃薯生长环境土壤板结，膜上覆土降低马铃薯青皮薯率、杂草生长率以及人工破膜成本；在稻田上，一次性完成“深耕沥水、优化施肥（药）、合理密植、黑膜增温、膜上覆土”等5项作业，提高播种质量，降低生产成本；通过优化施肥（药），降低土传病害发生率，合理配比水肥关系，实现产业可持续性发展；通过适时播种和选择品种，合理规划马铃薯鲜薯上市时间，达到效益最大化，实现了贵州省冬作马铃薯生产农机农艺融合、良种良法配套、生产生态协调。

2. 技术示范推广情况

“冬作马铃薯高效轻简化栽培技术”自2015年开始在黔南州、黔西南州、黔东南州、安顺市等多地进行示范、推广，获得良好效果。2015年，该技术在三都县示范10 032亩（1亩≈667平方米，全书同），其中核心区2 013亩，平均亩产2 278.29公斤（1公斤=1千克，全书同），示范区8 019亩，平均亩产1 945.85公斤，辐射带动3.4万亩，产生直接经济效益2 488.8万元；2016年，该技术在黔南州应用13.1万亩，平均亩产1 865.2公斤，亩产值2 984.32元，总产值3.91亿元；2019年，该技术在惠水、三都、长顺、荔波、瓮安、平塘等县应用16.3万亩，平均增产325公斤/亩；2020年，该技术于长顺县和黄平县分别示范1.42万亩和1.46万亩，亩节本增效800元以上。

3. 提质增效情况

和常规技术相比，应用该技术可增产马铃薯15%以上，亩增效20%以上，商品薯率提升10%以上，青皮薯率降低10%以上，降低化肥用量5%以上，亩节约人工成本640元以上，同时，通过水稻—马铃薯—水稻水旱轮作，有效降低土传病害发生率，合理利用水稻和马铃薯作物需肥特性，提升土壤可持续性生产能力，保护水田生态环境。

（二）技术要点

1. 优质早熟马铃薯新品种选择

选择高商品薯率、优质薯型、黄皮黄肉、芽眼浅、口感好且多抗适应性强优质早熟马铃薯品种；高产田块大面积种植可达到4 000公斤/亩。

2. 种子处理

选择健康无病、无破损、表皮光滑、贮藏良好且具有该品种特征的薯块。①催芽：选择健康种薯，摊放在温暖向阳的室内，温度保持在18℃左右。每隔3天翻动1次，当芽长0.5厘米左右，即可切块播种。②切块：50克以上的种薯宜进行切种，准备2把以上切刀，用0.5%高锰酸钾溶液浸泡消毒，一刀一种薯交替进行。③药剂拌种：种薯播种前需进行拌种或包衣处理，具体药剂处理方式见表1。

表1　种薯消毒处理方式

类　别	防控对象	农药名称	施用剂量	施用方法	安全间隔期（天）
抗生素类细菌杀菌剂	马铃薯黑胫病	6%春雷霉素可湿性粉剂	15～25克/100千克种子		—
细菌杀菌剂	马铃薯黑胫病、疮痂病	3%噻霉酮可湿性粉剂	30～45克/100千克种子	每100千克种子加滑石粉2.5千克混合均匀，与准备好的种薯混合翻拌均匀（种药比约为40∶1）	3
	真菌	80%多菌灵可湿性粉剂	100克/100千克种子		30
		58%甲霜·锰锌	100～150克/100千克种子		21
		25克/升咯菌腈悬浮种衣剂	100～200毫升/100千克种子	每100千克种子加水0.8～2升稀释后，与种子充分搅拌，直到药液均匀分布到种子表面，于通风阴凉处晾干	—
真菌杀菌剂	马铃薯黑痣病	8%氟环·咯菌腈种子处理悬浮剂	30～70毫升/100千克种薯	药剂稀释后喷雾到种薯上并充分搅拌，直到药液均匀分布到种薯表面。用水量须控制在300毫升/100千克种薯以下	—
		22.4%氟唑菌苯胺种子处理悬浮剂	8～12毫升/100千克种薯	播种前，药液量为0.5～1升/100千克种薯，种子均匀着药后，摊开于通风阴凉处晾干	—
喹啉类有机铜杀菌剂	马铃薯疮痂病	33.5%喹啉铜悬浮剂	200倍液	200倍液浸种15分钟捞出后晾干播种	3

3. 选地及整地

选择交通便利、土质疏松肥沃、排水方便的稻田；整地前排干积水，耕地应在播种前 3~10 天进行，深度要达 30 厘米左右。要精细整地，使土壤颗粒大小合适，避免大土块。

4. 适时播种

根据当地气候和马铃薯生育期适时播种，规划马铃薯商品薯上市时期，且避开晚霜对马铃薯生产的影响。

5. 播种方法

开沟条播，沟深 10 厘米以上，施肥后覆土并作垄。用宽 1.1~1.2 米黑膜覆盖土垄，膜两侧用土压实，膜上覆土 1 厘米。对由于不规则或面积过大影响排水的地块，在开沟时留出排水沟，利用排水沟对地块进行分割（图 1）。

开沟

摆种

覆膜

膜上覆土

图 1　播种方法

6. 病虫害及霜冻防控

以晚疫病为病害防治重点，参照 NY/T 1783—2009 进行。做好病情测报工作，及时发现中心病株。发现中心病株要立即拔除，用生石灰消毒病穴，同时整个田块要立即喷药，尤其是在中心病株的附近。根据霜冻的预警预报，在霜冻来临前灌水或进行植株喷雾。对已遭受严重霜冻的田块，及时剪除受冻枯死的茎叶部分，并喷洒 800~1 000倍70%甲基硫菌灵可湿性粉剂或 70%百菌清可湿性粉剂 600~800 倍药液，防止发病感染。施药时每亩配套使用 3~5 公斤氮肥，促进地茎叶重新生长。

7. 收获与分级

马铃薯成熟，即 2/3 叶片变黄，应及时收获；亦可根据市场需求，提前或延迟收获。应选择晴好天气及时收获。收获后的薯块放在太阳下晾干表面水分，去掉烂、破、病薯，随后按照规格分级、包装（图 2）。

晚疫病防治

采收

图 2 防治与采收场景

（三）适宜区域

贵州低海拔 1 000 米以下地区。

（四）注意事项

如遇低温或霜冻情况，需及时进行田间灌溉防冻处理，应合理安排播种和收获时期，避开霜冻和收获期水涝情况。

（五）技术依托单位

贵州省生物技术研究所（贵州省马铃薯现代农业产业技术体系）
联系地址：贵州省贵阳市花溪区金竹镇省农科院内
邮政编码：550006
联 系 人：雷尊国、王洪亮

二、辣椒轻简化栽培技术模式

（一）技术概述

1. 技术基本情况

针对贵州喀斯特地区耕地零碎，土壤黏重、土壤有机质和有益微生物含量少，青壮劳动力匮乏等现实问题，同时也针对技术的具体使用者、操作者的主要群体为高龄化农民的现状，在影响辣椒产质量的育苗、移栽定植和田间肥水技术熟化创新研究总结上，进行轻简、省力、高效实用技术的提炼总结推广，实现了技术的有效转化。通过该技术，解决了育苗种子浪费严重、出苗率低、苗期病虫害严重的问题，并提高了椒苗移栽成活率，缩短了缓苗时间，提高椒苗抵抗干旱的能力，降低了辣椒生产中的劳动力投入，提高辣椒产量。

2. 技术示范推广情况

辣椒轻简化栽培技术在 2017—2019 年，在全省 9 个市州 72 个县市区累计推广 674.4 万亩，新增总经济效益 110 867.76万元，亩均增产增收 200 元以上，亩均降低劳动力投入 560 元以上；核心技术平均推广度 44.96%，覆盖全省多个贫困县、乡（镇）、村，惠及带动 8 810名贫困人口增收，培训农民 1.71 万人次，提高了椒农的种植水平和生产能力，助推了脱贫攻坚和巩固脱贫成效，社会效益显著。项目推广，还实现了化肥农药减量使用，生态效益显著。

其中，辣椒漂浮育苗技术在全省 9 个市（州）72 个县市区累计推广 412.2 万亩，总经济效益 56 655.15万元，新增纯收益 218.63 元/亩，同时惠及带动 8 810名贫困人口增收。辣椒喷雾器点灌技术在全省 9 个市（州）66 个县市区累计推广 181.7 万亩，总节省劳动力成本 46 022.28万元，节省劳动力投入 402.48 元/亩。辣椒机械打孔定植移栽技术在全省 7 个市州 55 个县市区累计推广 80.5 万亩，总节省劳动力成本 8 190.32万元，节省劳动力投入 161.99 元/亩。

3. 技术获奖情况

获贵州省 2020 年度农业丰收奖。

（二）技术要点

1. 常规辣椒漂浮育苗技术

育苗环境要求。选择在背风向阳、四周开阔、地势平坦、水源方便的地块建造育苗大棚。

育苗盘采用现市售漂盘，根据辣椒种植面积的大小，或者现有的棚确定育苗池尺寸。一般育苗池的宽度以3~6盘排放最好操作，中间走道宽50厘米，长宽根据育苗池的大小确定。在育苗池底部使用杀虫的药剂后立即铺膜。棚膜需用无水滴膜。

育苗盘消毒。旧盘必须消毒后才能使用，消毒程序及方法：先将旧盘洗净后用0.1%硫酸铜液浸泡10分钟，再用0.4%漂白粉液漂洗；或用500倍多菌灵药液浸泡穴盘30分钟即可。

漂浮育苗用水要求。水质应符合NY5010的要求。确定水质优劣的重要参数是：pH值以6.5~7为宜、电导率以1 500微西门子/厘米以下为宜。苗池于播种前一天灌水，第一次灌水3~5厘米深，当椒苗出现真叶后，将营养池内灌注清水至5~7厘米深，如果出现漏水跑肥现象，则及时加水补肥，水面不能暴露在阳光下，以防藻类滋生。

基质装盘技术。装盘前首先要检查浮盘底孔是否堵塞，有堵塞的须先钻通。先在地上铺一张干净薄膜，如果基质在运输贮存过程中有结块成团现象，将基质过筛一下，然后喷水调整其基质湿度（调到45%~55%），达到手握成团、触之即散为宜，如介质紧黏在一起，则水分过多，应适当摊晾，以降低水分。不要用力压实格盘表面，装填时用直木板将介质推入穴内，然后将其端到10厘米高，让其自然下落3~4次，也可用木板敲击盘的两侧（或用手轻拍盘的两侧），使介质充实。使基质装填达到均匀—致，不架空、不过紧，松紧适中。

播种要求。种子质量符合GB16715.3的要求。水温、气温均稳定超过10℃，即可播种。播种前晒种2天，用55~60℃温水浸种，搅动15~20分钟，捞出后用0.1%高锰酸钾浸种10分钟或1%硫酸铜浸种5分钟，清水洗4~5次，然后进行适当晾干，便于播种。播种时用指尖轻压漂浮盘孔格基质，形成深6~10毫米的播种穴。用手指将种子点播入穴，每穴播1粒或2粒，要根据辣椒的栽植密度灵活掌握。播后立即覆盖基质与格盘盘面齐平。现可采用机械化播种。

浮盘入池。将播种后的漂浮盘按播种顺序整齐摆放在育苗营养池水面上（可用无纺布或遮阳网等覆盖，见苗30%~50%后除去覆盖材料），格盘放入水床后，要让其自然吸水，切勿用力下沉格盘试图快速吸水。入池24小时后若有的种植孔不能吸水，要将种植孔用细铁丝钻通，使基质吸水确保种子吸水充分。

营养液管理。氮、磷、钾肥的含量配比为1∶1∶1为宜，再加入浓度各0.1‰硫酸铜和微肥。漂浮育苗施肥可按两种方案进行：方案一是分两次施肥，第一次在播种时，纯N、P_2O_5、K_2O的浓度各为0.03%；第二次在播种后2真叶时，纯N、P_2O_5、K_2O浓度各为0.05%。方案二是在播种后，椒苗长到2真叶时一次性施纯N、P_2O_5、K_2O的浓度各为0.8%。施肥时应首先在容器中用热水溶解肥料，然后分几处倒入水床，适当搅拌，以促进肥料均匀分布。

苗期管理。必须由固定的专业人员实行专人管理，严禁非管理人员进入苗床。出苗前必须盖严农膜严格保温，促进种子的裂解萌发，但如果遇到大晴天，中午时段（10：00—16：00）棚内温度会骤增，湿度会变得很高，这时应进行通风排湿。种子破土出苗后，为防止徒长，床温要逐渐下降，降温的程度应不妨碍幼苗生长。宜把床温降到白天15~20℃，夜间12℃。也可将漂盘提到岸上，让介质干燥到椒苗刚开始萎蔫为止，再放入水床中，此方法可预防猝倒病。出苗后，当温度上升到15℃以上时，每天应通风排湿2~4小时，通风孔高约50厘米、宽约50厘米。温度上升到20℃时，晴天要加大通风量和延长通风时间，阴雨天也要通风见光3~4小时。苗中后期，温度高于25℃时，需加强通风排湿。定植前5~7天不论日夜都要将塑料膜和大棚四周揭开，使秧苗接受露地的低温锻炼，适应露地的生态环境。椒苗移栽前7~10天，断水、断肥炼苗2~3次，以椒苗中午萎蔫，早上能恢复为宜。移栽前一天停止炼苗，把苗盘放入营养池内，让椒苗充分吸足水肥，再移栽到大田。在病虫害防治上综合防治，预防为主。着重预防苗期猝倒病、灰霉病、立枯病、蚜虫等。

壮苗标准。生理苗龄5~6片真叶。直观形态特征：不徒长和老化，茎粗在0.3厘米左右，叶色浓绿而有光泽，根系发达，无病虫害等。

2. 适合机械化打孔定植移栽用幼小健壮苗漂浮育苗技术

2月下旬，在育苗大棚内，将装好育苗基质、播好种的漂盘放入装有育苗液的漂浮池中；育苗液的液深为3~4厘米，育苗液总养分的质量含量为0.04%，总养分中N：P_2O_5：K_2O的质量比为1：1：1。

辣椒苗出土后，第一片真叶全展开时，放干池水炼苗，直到真叶开始萎蔫后向漂浮池加入育苗液；育苗液的液深为3~4厘米，育苗液总养分的质量含量为0.08%，总养分中N：P_2O_5：K_2O的质量比为1：1：1。

6~8天后放干水炼苗，幼苗萎蔫后复水，辣椒苗吸水恢复树势后又放水炼苗，反复炼苗2~3次，直至辣椒苗茎秆变硬、半木质化后停止炼苗。

4月上旬末进入倒春寒时放干池水，计划取苗定植前1天向漂浮池加入育苗液。育苗液的液深为3~4厘米，育苗液总养分的质量含量为0.06%，总养分中N：P_2O_5：K_2O的质量比为1：1：1。

温度管理。当育苗大棚棚内温度≤12℃，再加小拱棚保温；晴天棚内温度≥20℃后揭开棚膜；棚内温度≥30℃，开换气扇换气降温。

通风换气。每天中午育苗大棚两头揭膜2~3小时进行自然通风换气。

幼小健壮苗质量要求：幼苗茎秆半木质化、苗高10~12厘米，适合于黏壤土机械打孔定植。

3. 辣椒机械打孔定植移栽技术

土地整治。在2月至4月初，完成土地旋耕平地、施肥起垄、垄上淋透水后及时覆盖黑色塑料薄膜。

辣椒机械打孔定植。4月上旬末至中旬初，待倒春寒刚结束，温度初回升，用柴油机三棱扭式叶片旋转打孔器打定植孔，定植孔为孔深10~12厘米，上口径6~8厘米的倒圆锥形孔，拔出苗高10~12厘米、茎秆半硬化的漂浮培育的健壮幼苗投入定植孔内，轻搅定植孔内辣椒幼苗四周的土壤，让土壤刚好覆盖到幼苗子叶下的根茎处并浇加入N质量含量为0.1%的尿素、0.02%含量的生根粉及防地下害虫农药的定根水80~100毫升。

封定植口。定植后12天，用土固苗，并把椒苗四周填满及把薄膜口封好。

4. 抗倒伏机械打孔定植技术

对土壤进行30厘米深耕，待起垄的厢面土壤上施入钙肥和有机肥或农家肥后，再对种植土壤进行起垄，垄内厢面宽65~70厘米，沟宽40~45厘米；厢面淋透雨或浇透水后，将复合肥均匀撒在湿润的垄内厢面上，然后立即对厢面覆盖地膜，得到厢面紧贴地膜且封闭的待移栽土壤。

覆膜一周后移栽时，向覆盖有地膜的待移栽土壤上打定植孔，定植孔深度为18~20厘米，孔径大于移栽苗的根坨直径，将漂浮育苗或穴盘育苗培育的辣椒苗置于定植孔中使辣椒苗移栽到土壤中；用小尖铲或竹片或其他能够使孔壁中部的土壤落下的方式，轻搅定植孔中部孔壁上的土壤使其落下，利用定植孔中孔壁上的土壤对移栽到土壤中的辣椒苗的根系进行第一次固定；当初步定植在定植孔中的辣椒苗发育到开第一台花的辣椒植株数量占总数量的50%时的初花期时，在晴天或阴天露水干后，辣椒植株表面没有水分的情况下，对辣椒植株主干进行抹芽处理，从主干顶端第一个分叉处开始，去除第一分叉处以下的所有侧枝和叶片，得到主干上无侧枝的辣椒植株；然后向定植穴中填埋土壤，使定植穴填满并用土壤压实地膜口空隙，对无侧枝的辣椒植株的根系进行第二固定。

在深耕起垄前和起垄后分别向土壤中施用不同的肥料，并及时盖膜，能够防止氮磷钾肥因雨水淋失和氮肥的挥发，为后期的移栽定植后的辣椒提供充分的营养，解决了传统的氮磷钾肥（即三元复合肥）施于土壤中因施肥深而影响定植辣椒苗的问题，降低了无机化肥的使用，在保证辣椒正常生长下，相对于常规种植方法，能减少化肥用量达25%以上，同时减少了栽培作业的追肥工序，省工省力；本技术将无机肥撒在湿润的土壤上，保证了厢面的土壤湿度，同时也使肥料于土壤充分的混合，形成较佳的水肥耦合系统，保障定植后辣椒苗及时充分的吸收水分和养分；本技术通过前期的施肥、覆膜，以及两次的苗根固定和植株处理，提高了植株的耐旱能力，经田间试验验证，在海南沙壤土能增加耐旱3~5天，在贵州的黏壤土上，因季节性干旱，盛果期耐旱能力可增加6~8天。

5. 辣椒喷雾器点灌技术

喷雾器喷头处理。电动喷雾器和手动喷雾器都适用点灌技术，先将喷杆接喷头端截面成30°~60°角的楔形结构，把易溶于水的肥料按一定比例兑水装入喷雾器中，将喷杆插入地块时，立即挤压喷射开关喷射肥料和农药，将喷杆抽出地块时，松开手把就停止喷射。

根部点灌定根水。辣椒苗定植时进行点灌浇定根水，采用喷雾器点灌，并结合施提苗肥和防除地老虎，即每壶水加尿素80~100克和2.5%敌杀死乳油10毫升防除地老虎进行点灌穴施，每亩需施尿素1.0~1.5公斤。点灌施肥时，喷杆插入的地块距辣椒苗茎基部2~4厘米，深度2厘米左右，挤压喷射开关3~5秒（即手动喷雾器5秒，电动喷雾器3秒）。

肥水喷雾器喷灌管理。根据作物需水量和对土壤墒情的监测，进行适时适量的科学灌溉；对灌溉用水进行科学合理的调度。辣椒长到盛花盛果期，可结合浇水进行第一次追肥，每亩施硫酸铵或尿素5~7公斤、硫酸钾5公斤。采用喷雾器点灌，即每壶水加硫酸铵或尿素0.5~1公斤、硫酸钾0.4~0.5公斤进行点灌（如果出现病害，可加防治病害的农药一起进行根灌），点灌施肥时，喷杆插入相邻两窝辣椒苗窝距的中间（深2

厘米以上）挤压喷射开关3~5秒（约距辣椒苗茎基部15厘米处，手动喷雾器喷射5秒，电动喷雾器喷射3秒）。辣椒苗移栽20天后，如果长势差，可补施一次肥，每亩施硫酸铵或尿素3公斤、硫酸钾2公斤，每壶水加硫酸铵或尿素200克、硫酸钾150克进行喷雾器点灌，点灌施肥时，喷杆插入地块距辣椒苗基部10厘米（深2厘米以上）。进入盛果期后如遇季节性干旱，可每7~10天喷雾器点灌一次水。第一至二层椒果采收后，结合浇水进行第二次追肥，每亩用尿素5公斤、硫酸钾5公斤，采用喷雾器点灌，即每壶水加硫酸铵或尿素0.4~0.5公斤、硫酸钾0.4~0.5公斤进行点灌。点灌施肥时，喷杆同样插入相邻两窝辣椒苗窝距的中间（深2厘米以上）挤压喷射开关3~5秒（手动喷雾器喷射5秒，电动喷雾器喷射3秒）。在辣椒生育期，可结合加入微量肥（锌肥和硼肥每亩各1.0~1.5公斤，每壶水加入60~80克）一起点灌施用。

土传病害喷雾器点灌防治。各种土传病害在发病初期，结合施肥在喷雾器内的肥料液中加入防治农药进行灌根，间隔7~10天灌一次，连灌2~3次；发明中前期，用药量增加50%左右，每隔7天灌一次，连灌2~3次。点灌施药时，喷杆插入相邻两窝辣椒苗窝距的中间（深5厘米左右）挤压喷射开关3~5秒（手动喷雾器喷射5秒，电动喷雾器喷射3秒）。

喷雾器点灌技术现也推广到蔬菜等其他作物的追肥和土传病虫害的防治技术管理上。

（三）适宜区域

适合贵州省全域。

（四）技术依托单位

贵州省辣椒研究所（贵州省辣椒现代农业产业技术体系）
联 系 人：杨红、曾庆鸿
电子信箱：gzyanghong2008@126.com
贵州省土壤肥料工作总站（贵州省农村产业革命辣椒产业发展工作专班）
联 系 人：夏忠敏、谭克均
电子信箱：1551787439@qq.com

三、茶园化肥农药减施增效达欧标生产技术模式

（一）技术概述

在常规茶园管理技术的基础上，选择pH值4.5~6的中小叶种无性系投产茶园，检测土壤重金属、农药残留，选择达标茶园作为专属基地，从源头上把好质量安全关；通

过推广“茶园化肥农药减施增效技术模式”，确保茶园生态实现自然平衡，专属基地生产的茶叶产品符合欧盟茶叶质量安全限量标准（简称欧标），提高茶青下树率、茶叶质量安全水平和市场竞争力，促进茶农增收，茶企增效。

通过技术模式的试验示范与推广，产量提高3%以上，化学肥料施用量减少25%以上，化学农药施用量减少30%，茶叶产品100%达到欧盟标准，增效5%以上（图3）。

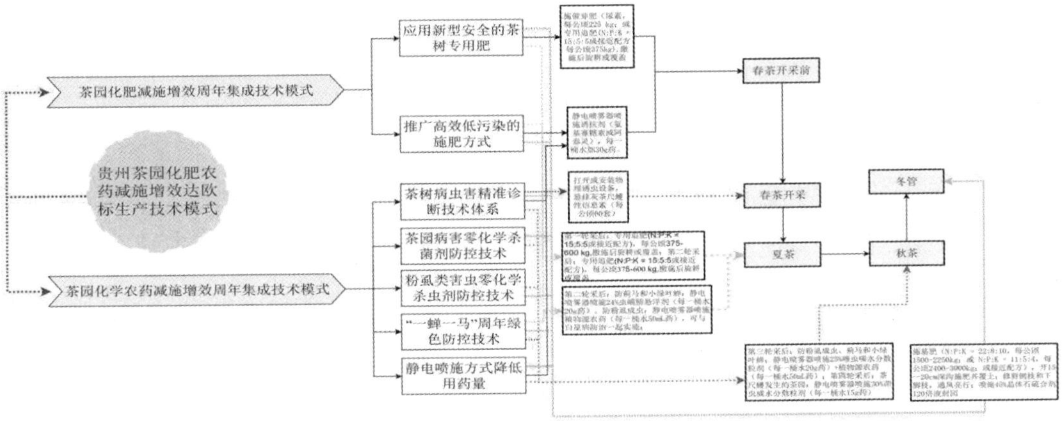

图3　茶园化肥农药减施增效达欧标生产技术模式

（二）技术要点

1. 茶园化肥减施增效周年集成技术模式

根据“绿色发展”理念，研发选用茶叶专用复合肥、有机肥和“有机—无机”复混肥，结合茶树周年需肥规律，于茶树根系活跃期开沟施肥。

（1）应用新型安全的茶树专用肥。根据省农科院茶叶所获得授权的国家发明专利，研制了农药残留达欧盟标准的茶树专用“有机—无机”复混肥，为欧标茶园提供了新型安全的肥料，避免了相关化学农药随含有机质的肥料施入茶园而导致茶叶农药残留问题。

（2）推广高效低污染的施肥方式。推广轻便化机械开沟施肥，改变了茶农茶园撒施肥料的施肥方式，提高了肥效，降低了茶园化肥面源污染。

2. 茶园化学农药减施增效周年集成技术模式

开展欧标茶园茶树病虫害识别与诊断，集成适时错峰以用代防生产技术、生态防控技术、生物防控技术、物理防控技术、适用农药商品及其科学减量化使用技术。

（1）茶树病虫害精准诊断技术体系。通过远程快速诊断或实地精准诊断，开展茶树病虫害识别与诊断，使茶树病虫害不再被“误诊”（如茶棍蓟马不再误诊为“螨病”），保证精准“开方”，避免因误诊导致错用药和多用药的问题。

（2）茶园病害零化学杀菌剂防控技术。在测报基础上，抓住关键节点实施“生物诱抗+强采与修剪+生物杀菌剂”的组合技术模式，实现了不用化学杀菌剂而有效控制茶园茶饼病、茶褐芽病等茶树重要病害的发生危害，茶叶不再出现化学杀菌剂残留。

（3）粉虱类害虫零化学杀虫剂防控技术。根据省农科院茶叶所获得授权的国家发明专利，研制了防治茶树粉虱的纯植物源农药，在成虫盛发期施用后 30 分钟内，对黑刺粉虱和山香圆平背粉虱的防效达 86%以上，为茶园重要粉虱害虫（黑刺粉虱、山香圆平背粉虱）的防控提供了零化学杀虫剂防治措施。

（4）“一蝉一马”周年绿色防控技术。在测报基础上，抓住小绿叶蝉和蓟马关键节点，实施“矿物封园+物理诱控+采摘修剪+适用农药”的周年绿色防控技术模式，实现了茶园小绿叶蝉和蓟马的有效防治。与当地茶农传统防治相比，平均减少化学杀虫剂的使用 3 次，茶叶化学杀虫剂残留达欧盟标准。

（5）静电喷施方式降低用药量。通过推广新型静电喷雾器，相对传统喷雾器 30~45 升药液量喷施 1 亩相比，静电喷雾器 15 升药液量可喷施 1.5~2.0 亩，降低用药量 66.67%以上。降低了茶园农药面源污染，用药成本和用工成本大幅度降低。

（三）适宜区域

贵州所有茶区。

（四）注意事项

1. 物理诱控技术中使用杀虫灯注意事项

推荐应用天敌友好型 LED 灯，每 20 亩茶园安装 1 盏，安放于茶园内部空地处，高于茶蓬 40~60 厘米，每年 3 月中旬（低海拔或早茶区）至 4 月上旬（高海拔）安装或打开天敌友好型 LED 灯，5 月下旬至 6 月上旬关灯。茶园周边有森林，则不宜安装 LED 杀虫灯。

2. 安全用药注意事项

尽量于非采茶期喷施农药，注意农药轮换使用，注意安全间隔期。

（五）技术依托单位

贵州省茶叶研究所（贵州省茶叶现代农业产业技术体系）
联系地址：贵州省贵阳市花溪区金竹镇贵州省农业科学院内
邮政编码：550006
联 系 人：陈娟
电子邮箱：chenjuan309@163.com

四、水稻“两增一调”高产高效技术模式

（一）技术概述

1. 技术基本情况

针对贵州水稻大面积生产中栽培密度不够、施钾量不足、氮肥一头轰的问题，研究形成了贵州水稻“两增一调”高产高效技术体系。通过该技术，实现了水稻增密、增钾、调氮的筹措，水稻增密将原有稀大窝栽培改为了合理密植，增加基本苗，增加稻田有效穗数；增钾，将促进水稻分蘖，促进大穗形成，促进水稻壮秆、抗倒，提高结实率和充实度；调氮，将原有“一头轰”的氮肥施用方式，调整氮肥施用量、施用时间，减少氮肥流失，提高氮肥利用率，增加水稻分蘖，促进水稻大穗，防止早衰，进一步增加水稻单产。

2. 技术示范推广情况

“贵州水稻两增一调高产高效技术”自 2013 年以来作为水稻高产栽培技术的核心内容，连续 7 年列为贵州省农业主推技术，2020 年被编入贵州省优质粮油生产技术指南主推技术，获得良好效果。2014 年，在兴义市马岭镇坪寨开展的 139.5 亩水稻超高产示范，经农业农村部水稻专家组专家测产，采用该技术随机抽选，百亩连片平均亩产 957.6 公斤，最高田块亩产达 1 039.24公斤。在全省多地应用表明，该技术能大幅度提高水稻单产，核心示范区平均亩增产 30%以上，一般稻区增产 10%以上。目前该技术正在遵义、兴义、独山等 65 个水稻主产县（市、区）推广应用。

3. 提质增效情况

和常规技术相比，应用该技术可增产水稻 10%以上，水分、肥料利用率提高 10%以上，降低化肥、农药用量 5%以上，亩增收节支 100 元以上，同时秸秆全量还田，土壤肥力不断提高，可杜绝因秸秆焚烧造成的环境污染。通过贵州两增一调高产高效技术应用且生产过程中通过水肥气热管理，提高水稻品质。

4. 技术获奖情况

“贵州超级稻高产高效关键栽培技术集成与应用”荣获 2013 年贵州省科技成果转化一等奖；“贵州水稻高产高效技术集成与应用”荣获 2018 年贵州省科技成果转化二等奖。

（二）技术要点

1. 品种选择

一般选用生育期适中、抗性较好、株叶形态紧凑的水稻品种。采用品种必须选用经

过国家或贵州省农作物品种审定委员会审定（认定）的优良水稻品种。种子质量必须符合GB 4404粮食种子的规定。

2. 育秧

采用无纺布旱育秧、钵苗育秧等保温育秧方式进行育秧。

无纺布旱育秧播种期一般为4月上旬至下旬，一般采用菜园地进行，苗床土壤要求细、散。掏厢：厢面宽1.0~1.2米，高10厘米，厢与厢留35~40厘米操作行。播种前一天进行浸种，播种当天沥干水，用“入田”或者“瑞胜+满适金”拌种进行种子处理。种子均匀撒播，播种密度30克/平方米，盖细土1.5~2.0厘米，然后搭小拱棚，用30克/平方米的无纺布覆盖。秧苗出土后，视苗情进行一次立枯病防治。2叶1心时用尿素兑水，进行提苗。5叶龄时，需施用尿素作送嫁肥，用富士一号和吡蚜酮作送嫁药。水稻移栽前，用水浇透苗床，利于取苗。

无纺布钵苗育秧一般为4上旬至下旬，播种前一天进行浸种，播种当天沥干水，用“入田”或者“瑞胜+满适金”拌种进行种子处理，播种应用常州亚美柯机械设备有限公司生产的“Y”形水稻育秧盘和播种机，采用菜园土或者新黄泥土作为钵苗机械化育秧底土，播种前15~20天需对土壤进行晾干，播种前7天对干土粒进行破碎、过筛，土粒要求过0.5厘米筛网。播种当天，将准备好的细土加20%的育秧基质混合均匀，并与处理好的种子放入播种机，调试播种量，穴播种量2~3粒为宜，然后进行播种，将播种好的秧盘移到整理好的苗床上，然后搭小拱棚，用30克/平方米的无纺布覆盖。秧苗出土后，视苗情进行一次立枯病防治。2叶1心时用尿素兑水，进行提苗。水稻移栽前2天，需施用尿素作送嫁肥，用富士一号和吡蚜酮作送嫁药。

3. 移栽

根据气候、稻田肥力、品种特性等因素情况，一般迟熟杂交稻栽1.1万~1.5万窝/亩，窝栽两粒谷。超过1.35万窝时采取宽窄行栽培方式，规格一般为［（30~36.6）+16.7］厘米/2×16.7厘米，低于1.35万窝时采用宽行窄株栽插方式，规格一般为（30~36.6）厘米×（15~20）厘米，行向一般采取东西行向，但冲沟田、河谷田宜顺风定行向。栽插深度小苗不超过2厘米，中苗不超过3厘米，中苗不超过4厘米。全面实行拉绳定距栽插，做到薄水浅栽插，当天秧当天栽。栽插时做到匀、直、浅、稳、不伤苗。

4. 施肥

$N:P_2O_5:K_2O$ 一般按1：(0.5~0.8)：1.1。磷肥一般全作基肥使用，酸性重田块用钙镁磷肥，其余用过磷酸钙。钾肥40%左右作基肥，60%左右于在分蘖盛期（8~9叶龄）施用。氮肥基蘖肥和穗粒肥比例为7：3，穗肥一般在倒4叶至倒1叶期看苗分两次施用，粒肥于始穗期至灌浆期看苗施用。超高产栽培田块，一般采用50~70公斤硅谷有机硅高塔肥（$N-P_2O_5-K_2O=18-18-18$）+1 000公斤农家肥+15公斤油枯作基肥，整地时施入；移栽后5~7天，撒施5公斤尿素作分蘖肥，结合除草；倒4叶（7月上旬）施用15公斤硅谷有机硅高塔肥（$N-P_2O_5-K_2O=24-8-13$）作穗肥、倒1叶（7月下旬）施用10公斤硅谷有机硅高塔肥（$N-P_2O_5-K_2O=24-8-13$）作穗肥；抽穗前后，亩分别用 100 克有机硅磷酸二氢钾兑水 30 公斤喷叶面肥，齐穗后 5~7 天，亩施 3~5 公斤尿素作分粒肥。

5. 水浆管理

灌溉条件较好的田块插秧一星期内，灌现泥水，若遇寒潮适当灌深水保温，水深以秧苗顶叶露出为准。以后水深保持 3~4 厘米浅水。秧苗茎蘖数达目标穗数 85%~90%时，应及时晒田控苗。穗分化至扬花期保持 3~4 厘米浅水。灌浆至成熟期实行间歇灌溉，不过早断水。

6. 病虫草害防治

实行以防为主，综合防治的方针，及时根据病虫预测预报搞好防治，重点抓好稻瘟病、纹枯病、稻飞虱、稻纵卷叶螟、二化螟的防治。稻飞虱 100 丛稻有虫 1 000头以上的田块，小若虫高峰期时用药防治，如亩用 50%吡蚜酮可湿性粉剂 15~20 克兑水 50 公斤喷雾；稻纵卷叶螟 100 丛稻有虫 60 头以上的田块，2~3 龄幼虫盛期用药防治（如用 10%甲维盐·茚虫威悬浮剂 20~30 毫升/亩兑水喷施）；穗瘟病苗期至拔节期叶瘟叶发病率 5%以上的田块应立即施药控制，孕穗抽穗期应抢晴普遍施药预防（如用三环唑、富士一号等），一般始穗期喷 1 次，齐穗后再喷 1 次；纹枯病分蘖末期至园秆拔节期病丛率 10%~15%，或孕穗期病丛率 15%~20%时，应立即施药控制，药剂主要为井冈霉素；其他病虫根据发生情况挑治或兼治。杂草于栽秧后 5 天左右用稻田除草剂，如用 70%的除草净 70~80 克/亩与第 1 次追肥尿素混匀施用，施药时保持约 3 厘米的浅水达 7 天。

7. 收割

一般情况在收割前 7 天排水晒田，当 85%的谷粒黄熟时即可收割。

（三）适宜区域

全省稻区。

（四）注意事项

应用过程中，特别注意水泵管理，如果秧苗茎蘖数达目标穗数 85%~90%时，应及时晒田控苗。

（五）技术依托单位

贵州省农作物技术推广总站
联系地址：贵州省贵阳市云岩区延安中路 62 号
邮政编码：550001
联 系 人：曾涛
电子邮箱：autumn87@ 126. com

五、水稻病虫害全程绿色防控技术模式

（一）技术概述

1. 技术基本情况

水稻是贵州第一大粮食作物，农村世世代代、家家户户种植水稻，常年播种面积1 000万亩左右，约占粮食播种面积的25%，总产量约45亿公斤，超过粮食总产量的40%，全省70%以上的人口以稻米为主食。贵州是水稻“两迁”害虫、稻瘟病等国家一类病虫害的常发区、多发区和重发区，水稻从种到收，都会遭受病虫危害。“有收无收在于种，收多收少在于虫。”病虫害是农业两大自然灾害之一，是制约水稻高产稳产和稳粮增收重要因素，发生面积、频率和造成的损失超过水旱灾害。据试验，在不防治的情况下，病虫为害一般可造成水稻减产10%~30%，重的50%以上，甚至绝收。实施水稻病虫害全程绿色防控，是保障水稻丰收和稻米质量安全的关键措施之一。本技术模式主要突出绿色控害，减药增效。以稻田生态系统和健康水稻为中心，以抗（耐）病虫品种、生态调控为基础，优先采用农艺措施、昆虫信息素、生物防治等非化学防治措施，增强稻田生态系统自然控害能力，降低病虫发生基数。应用高效、生态友好型农药应急防治，控制危害。推进绿色防控专业化服务，适时开展应急防治，促进水稻重大病虫害可持续治理，保障水稻生产绿色高质量发展。

绿色防控是病虫防治技术内容、技术体系的创新，一是可以减少施药次数和农药用量。通过生态调控、免疫诱抗、释放天敌、理化诱控、生物农药、高工效药械等降低化学农药使用量，从源头上解决问题。二是可以减少农药残留，对生态环境友好。农残超标是茶叶质量安全的突出问题之一，绿色防控属于资源节约型和环境友好型技术，不仅能有效替代高毒、高风险农药的使用，还能降低生产过程中的病虫害防控作业风险，避免人畜中毒事故。同时，还能显著减少化学农药及其废弃物造成的面源污染。三是可以提高绿色防控的组织化程度，扩大覆盖面。通过绿色防控技术措施与统防统治组织方式有机融合，集中示范，带动大面积推广应用（图4）。

2. 技术示范推广情况

水稻病虫害全程绿色防控应用技术与统防统治的组织方式集成融合为综合配套的技术服务模式，在贵州进行了大面积示范应用。2018—2020年累计推广面积1 157.13万亩，绿色防控覆盖率达39.72%。2020年，在全省建立绿色防控示范基地74个，实施示范面积54.73万亩，推广应用面积381.4万亩，增收稻谷12.8万吨，增加产值4.1亿元；参与实施水稻绿色防控的专业合作社334个，举办培训班1 550次，开展指导技术和培训人员38.25万人，印发宣传资料43.81万份。取得了显著的经济效益、社会效

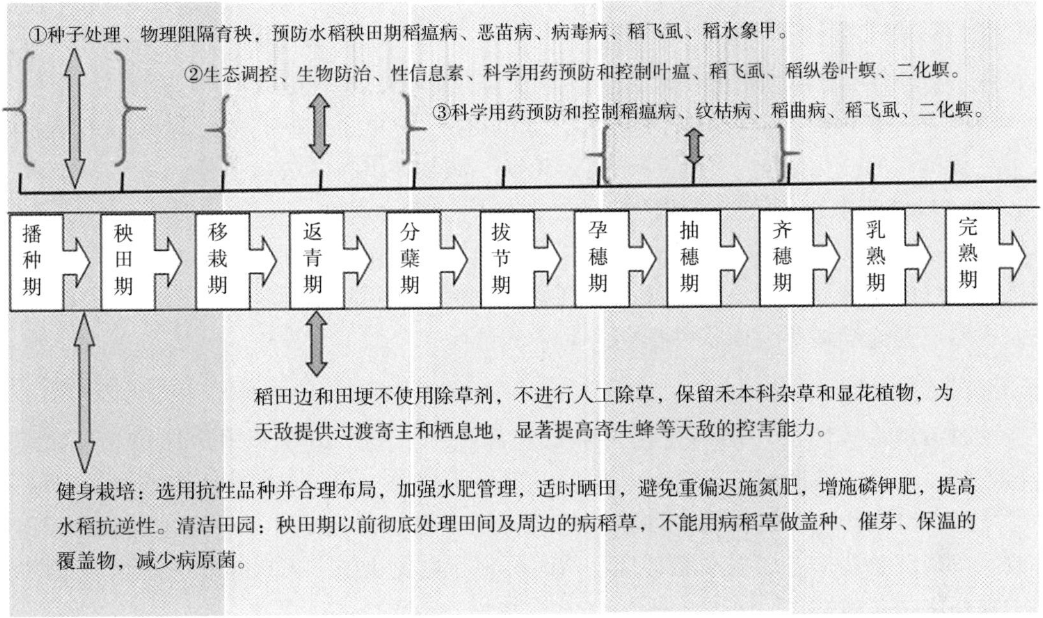

图 4 贵州省水稻病虫害全程绿色防控技术模式

益和生态效益。

贵州省水稻绿色防控理念上，突出稻田生态系统和水稻健康。绿色防控技术上，强调生态调控、理化诱控、生物防治等非化学措施。绿色防控组织模式上，强调新型经营服务组织和统防统治在水稻病虫害绿色防控中的融合发展。把水稻绿色防控的技术措施与统防统治的组织方式集成融合为综合配套的技术服务模式，进行大面积示范应用，逐步实现省内水稻全程绿色防控的规模化实施、规范化作业。

3. 提质增效情况

以专业化统防统治组织为实施主体，以县植保植检站、镇乡农业服务中心为技术依托单位，以生产基地为中心，建立绿色防控示范区，突出技术引领和示范带动。引进适合贵州山地的高工效低容量施药器械、精准施药，全省推行绿色防控与统防统治融合，提升农药利用率，很大程度上减少了农药的使用量，确保了农药使用量实现负增长。2020 年水稻病虫害统防统治覆盖率达 40. 75%，主要实施的技术模式为：种子处理+生态调控+生物防治+物理性阻隔育秧及信息素诱杀+生物（低毒化学）农药+高效药械。和常规技术相比，增产水稻 10%以上，减少化学农药 5%以上。

4. 技术获奖情况

《稻田绿色种养与生态控害关键技术的研究与应用》项目获贵州省科技进步一等奖；《贵州稻水象甲疫情监测及综合防控技术的集成创新与应用》项目获贵州省科技进步二等奖。

（二）技术要点

1. 选用抗（耐）病虫品种

（1）品种抗性监测。针对主要病害（如稻瘟病），建立品种抗性监测圃，掌握主栽水稻品种抗性的变化情况，为品种更换、轮换、淘汰提供科学决策依据。

（2）科学使用和合理布局抗性品种。在使用抗病品种时，一是及时淘汰、更换已感病品种；二是合理布局，在不同稻区，有针对性的采用具有不同抗病基因的品种，选用抗病性好的品种；在同一个稻区内，有计划地轮换使用和搭配推广多个不同的抗病品种，不要出现连续多年大面积种植同一品种的情况。

2. 生态调控

及时清理带病（虫）稻草（茬）降低病源虫源基数。田埂和田边保留功能杂草，种植芝麻、大豆、波斯菊、万寿菊、凤仙花等显花植物，涵养寄生蜂、蜘蛛和黑肩绿盲蝽等天敌；路边沟边、机耕道旁种植香根草等诱集植物，丛距3~5米，降低螟虫种群基数。实施健身栽培。加强水肥管理，适时晒田，避免重施、偏施氮肥，适当增施磷钾肥，提高水稻抗逆性。

3. 种子处理

（1）针对稻瘟病（苗瘟、叶瘟）、恶苗病，兼防烂秧和立枯病。按每公斤干稻种选用24.1%肟菌·异噻胺种子处理悬浮剂（对稻瘟病的预防持效期约70天）15~25毫升、或用12%甲·嘧·甲霜灵悬浮种衣剂10毫升、或用11%氟环·咯·精甲种子处理悬浮剂3~4毫升、或用25%噻·咯·霜灵悬浮种衣剂4~6毫升（兼治蓟马），加上0.136%赤·吲乙·芸苔可湿性粉剂1克、或用5%氨基寡糖素水剂10毫升，兑水5毫升，混合均匀，配制成拌种液。

（2）针对稻飞虱（预防南方水稻黑条矮缩病）、稻水象甲、稻蓟马等。按每公斤干稻种选用600克/升吡虫啉悬浮种衣剂4毫升、或用18%噻虫胺种子处理悬浮剂5~9毫升，加上0.136%赤·吲乙·芸苔可湿性粉剂1克，或用5%氨基寡糖素水剂10毫升，兑水5毫升，混合均匀，配制成拌种液。

（3）拌种方法。干种子拌种：在水稻浸种前2天进行。将配制好的拌种液与种子充分搅拌混合，使药液均匀分布在种子上，彻底阴干后，再按常规方法进行浸种催芽。催芽露白种子拌种：在水稻种子催芽露白后，将配制好的拌种液与种子充分搅拌混合，使药液均匀分布在种子上，彻底阴干后，再按常规方法进行播种。

4. 物理阻隔育秧及性信息素诱杀

（1）物理阻隔育秧。采用20~40目防虫网或15~20克/平方米无纺布全程覆盖秧田育秧，阻隔稻飞虱等介体昆虫，预防病毒病，同时防止和减轻稻水象甲危害。

（2）性信息素诱杀。越冬代二化螟、大螟和主害代稻纵卷叶螟始蛾期，集中连片使用性信息素，通过群集诱杀减轻危害。群集诱杀可选用持效期3个月以上的诱芯和配套诱捕器，平均每亩放置1套，高度以诱捕器底端距地面50~80厘米为宜。

5. 释放天敌及“稻+”控害

（1）释放稻螟赤眼蜂。二化螟、稻纵卷叶螟蛾始盛期释放稻螟赤眼蜂，每代放蜂 2~3 次，间隔 3~5 天，每亩均匀放置 5~8 点，每次放蜂量 8 000~10 000头/亩。高温季节宜在傍晚放蜂，蜂卡放置高度以分蘖期高于植株顶端 5~20 厘米、穗期低于植株顶端 5~10 厘米为宜。

（2）“稻+”控害。①稻蛙共生：在插秧结束秧苗返青成活后进行，每亩投放黑斑蛙苗 2 000~5 000只，建立稻蛙共生生态系统，稻田为蛙提供生存场所，蛙通过捕食水稻害虫减少虫口基数，通过活动实现抑草控草，改善稻田小气候，促进水稻健康生长，形成天然食物链的良性循环。②稻鸭共育：水稻分蘖初期，将 15~20 日龄的雏鸭放入稻田，每亩放鸭 10~30 只，水稻齐穗时收鸭。通过鸭子的取食和活动，减轻纹枯病、稻飞虱、福寿螺和杂草等发生危害。③稻鱼共生：按照当地习惯进行，养鱼稻田应早放水、早整地、早插秧、早放苗种，在插秧后秧苗开始返青时放鱼苗。

6. 本田期科学安全用药

根据预测预报和田间发生实际，推行达标用药控害，在病虫害发生程度较轻时，优先选用生物制剂，不仅可以当代控害，还可保护自然天敌，发挥持续控害作用。化学农药交替、轮换用药，避免同一种药剂在不同稻区间或同一稻区内循环、连续使用，有效延缓和治理抗药性。

（1）稻飞虱。坚持“狠治主害前代压基数、防治主害代控危害”的防治策略，重点防治白背飞虱和褐飞虱，应急控害重点针对在水稻生长中后期，对孕穗期百丛虫量 1 000头、穗期百丛虫量 1 500头以上的稻田施药。防治药剂可选用金龟子绿僵菌 CQ-Ma421、醚菊酯、三氟苯嘧啶、吡蚜酮、呋虫胺、氟啶虫胺腈、噻虫胺、烯啶虫胺、噻虫嗪、吡蚜·呋虫胺、阿维·氟啶、阿维·三氟苯等。

（2）稻纵卷叶螟。抓住卵孵化初期至低龄幼虫高峰期采取“达标用药”策略。对分蘖期百丛水稻束叶尖 150 个，孕穗后百丛水稻束叶尖 60 个以上的稻田施药控害。生物农药宜在卵孵化始盛期至低龄幼虫高峰期施用。防治药剂可选用短稳杆菌、金龟子绿僵菌 CQMa421、苏云金杆菌、球孢白僵菌、甘蓝夜蛾核型多角体病毒、甲维盐、阿维菌素、茚虫威、多杀霉素、乙基多杀菌素、氯虫苯甲酰胺、氰氟虫腙、四氯虫酰胺、多杀·茚虫威、甲维·苏云菌、甲维·茚虫威、阿维·茚虫威、多杀·甲维盐、氯虫·噻虫嗪、甲维·氟铃脲、甲维·虫螨睛等。

（3）二化螟。分蘖期于枯鞘丛率达到 8%~10%或枯鞘株率 3%时施药，穗期于卵孵化高峰期施药，重点防治上代残虫量大、当代螟卵盛孵期与水稻破口抽穗期相吻合的稻田。防治药剂同稻纵卷叶螟。

（4）稻水象甲。狠治越冬代成虫，普治第一代幼虫，兼治第一代成虫，紧紧抓住秧田期集中防控、稻水象甲幼虫期集中防控及秧田返栽田重点防控三个重点环节。拌种处理：选用 600 克/升吡虫啉悬浮种衣剂 20~25 毫升、35%丁硫克百威种子处理干粉剂 20~30 克拌 1 公斤水稻种。毒土撒施：每亩选用 5%丁硫克百威颗粒剂 2~3 公斤或 0. 5%噻虫胺颗粒剂 2~3 公斤，与一定量干细沙土拌匀，均匀撒施进水田。药剂喷雾：

选用 10%醚菊酯悬浮剂、200 克/升氯虫苯甲酰胺悬浮剂或 40%哒螨灵悬浮剂，按照使用剂量进行喷雾防治。浸秧处理：用 70%吡虫啉水分散粒剂 7.5 克，兑水 50 公斤制成浸苗药液，将秧苗在药液中浸泡 30 分钟后移栽。

（5）稻瘟病。防治叶瘟在田间初见病斑时施药，预防穗瘟在破口抽穗初期施药，气候适宜病害流行时间隔 7 天第二次施药。防治药剂可选用枯草芽孢杆菌、春雷霉素、多抗霉素、申嗪霉素、乙蒜素、氨基寡糖素、三环唑、丙硫唑、咪鲜胺、稻瘟灵、嘧菌酯、咪铜·氟环唑、肟菌·戊唑醇、己唑·稻瘟灵、甲硫·三环唑、烯肟·戊唑醇、苯甲·嘧菌酯、苯甲·醚菌酯、肟菌·丙环唑等。

（6）纹枯病、稻曲病。防治纹枯病在分蘖末期至孕穗抽穗期施药；防治稻曲病针对常年发病较重的品种和区域，采用两次叶面喷雾预防技术，第一次施药时间在水稻破口前 7~10 天（10%水稻剑叶叶枕与倒二叶叶枕齐平时），第二次施药时间在破口期（5%始穗，或第一次药后 7 天）；常用药剂可选用井冈·蜡芽菌、井冈霉素、戊唑醇、氟环唑、噻呋酰胺、寡糖·戊唑醇、肟菌·戊唑醇、丙环·咪鲜胺、甲硫·戊唑醇、戊唑·嘧菌酯、咪铜·氟环唑、噻呋·苯醚等。

（7）施药器械。采用高工效低容量静电喷雾器或植保无人机，实施精准施药，提高农药利用率。

（三）适宜区域

水稻病虫害全程绿色防控技术模式适宜贵州省及西南单季稻区推广应用。

（四）注意事项

该技术模式适用于水稻种植面积 100 亩以上，土地平整连片种植的连片种植区域，特别是优质稻种植区域。要求种植农户对新技术接受较快，具备小学毕业以上的文化程度。

（五）技术依托单位

贵州省植保植检站（贵州省优质粮油产业发展技术植保专家团队）
联系地址：贵阳市延安中路 62 号贵州省植保植检站
联 系 人：谈孝凤
电子信箱：1213933620@qq.com
省土壤肥料工作总站
联系地址：贵阳市延安中路 62 号贵州省农业农村厅
联 系 人：夏忠敏
电子信箱：1551787439@qq.com

六、低热河谷地区“菜—稻—菜”高效种植技术模式

（一）技术概述

1. 技术基本情况

“菜—稻—菜”高效种植技术，是在贵州山地不同生态区蔬菜“321”高效种植技术的研究与应用中，筛选出的适合贵州省低热河谷地区推广的一项技术。该技术可提高单位面积产量和效益，使每亩产值达到 3 万元、2 万元、1 万元。该技术主要在贵州省西南部海拔 600 米以下的低热河谷地区进行示范，年平均气温 18～19℃及以上，1 月平均气温 7～8℃。在保证粮食安全的基础上，采用水旱轮作，即可稳定粮食生产，又可持续发展经济作物，提高收益，增加农户收入。中间一季水稻能有效地杀死种植蔬菜后产生的病菌或虫卵，起到改良土壤的作用，使蔬菜产业实现可持续发展。同时配以良种良法，效益提高更显著。

2. 技术示范推广情况

该种植技术 2018 年分别在罗甸县、榕江县、册亨县核心示范 1 800亩、1 158亩、1 100亩，年产值分别为 3 312万元、1 486. 3万元、1 050万元，分别带动农户种植面积 3. 65 万亩、1. 025 万亩、1. 2 万亩；2019 年分别在罗甸县、榕江县、册亨县核心示范 2 500亩、89 亩、320 亩，年产值分别为 6 260万元、192. 24 万元、720 万元，分别带动农户种植面积 1. 52 万亩、0. 523 万亩、0. 1 万亩；2020 年分别在罗甸县、榕江县示范 1 900亩、323 亩，年产值分别为 4 610万元、492. 38 万元，分别带动农户种植面积 1. 2 万亩、0. 85 万亩。目前该技术正在贵州省低热河谷地区如望谟等地推广应用。

3. 提质增效情况

和传统种植技术相比，应用该技术每亩可增加亩产值 50%以上。该技术采用水旱轮作模式，遵循“高产高效、用地养地、协调发展和互为有利”的原则，可解决连续多年种植经济作物出现的连作障碍，合理利用土壤肥力、减轻病虫害、改善作物品质、提高劳动生产率。既能稳定粮食生产，又能持续发展经济作物，促使增收。

4. 技术获奖情况

2018 年获贵州省农业科学院科学技术奖一等奖，2019 年获贵州省科学技术进步奖二等奖。

（二）技术要点

1. 冬春蔬菜

果菜品种大多为茄果类和瓜豆类蔬菜。如茄子、辣椒 10 月初播种，番茄 10 月中旬

播种，均在大棚播种育苗，采取地膜加小拱棚栽培，于次年 2 月上旬移栽，4 月上旬开始采收，6 月中旬采收结束。瓜类蔬菜选择早熟品种，于 2 月上旬开始播种育苗，2 月底至 3 月初移栽，4 月中旬开始采收，5 月中旬采收结束。豆类蔬菜选用早熟品种，2 月上旬直播，4 月中旬采收，5 月中旬采收结束。

套种春白菜选用极耐抽薹品种，在 1 月中下旬采用大棚播种育苗，2 月中下旬早熟果菜直播或移栽结束后在厢面上套种，种植密度根据市场需求确定白菜单株重量，每亩种植 3 000~7 000株。

2. 夏季水稻

选用特早熟品种，生育期 125 天左右，米质优良。若前茬作物为茄果类蔬菜，水稻与 5 月中旬播种，6 月中旬栽秧，9 月下旬收割；若前茬作物为瓜豆类蔬菜，水稻则于 4 月底播种，5 月底栽秧，8 月底至 9 月初收割。

3. 秋冬蔬菜

瓜类蔬菜选用早熟品种，8 月下旬至 9 月初播种，9 月上旬移栽，10 月中旬至 12 月初采收结束。四季豆选用早熟品种，9 月播种，11 月初至 12 月初采收结束。也可选择叶菜类，如花菜、莴笋、菜心、豌豆苗等，花菜、莴笋和菜心在 8 月下旬至 9 月初播种，9 月下旬至 10 月初移栽，花菜、莴笋在 12 月采收；菜心于 10 月下旬至翌年 1 月底采收。豌豆苗在 9 月中旬撒播，11 月底至翌年 1 月底采收。

（三）适宜区域

冬季平均气温不低于 6℃，夏季气温不超过 36℃的地区。

（四）注意事项

注意蔬菜和水稻品种的选择，排灌设施完备。

（五）技术依托单位

贵州省园艺研究所（贵州省蔬菜现代农业产业技术体系）
联 系 人：林萌
电子信箱：523047220@ qq. com

七、贵长猕猴桃绿色高质高效生产技术模式

（一）技术概述

1. 技术基本情况

贵州是猕猴桃生产特色优势区，是猕猴桃最适宜种植区，2020 年，全省猕猴桃种

植面积67万亩，其中贵长猕猴桃种植面积45万亩。在贵长猕猴桃生产中，推广应用山地等高线“T”形架建园、缓坡地棚架建园、生草栽培、平衡施肥、一干两蔓、多芽少枝、机械授粉、有害生物绿色防控等方法，重点推广生草栽培、平衡施肥、多芽少枝、有害生物绿色防控等健康栽培技术，有效调控猕猴桃生长，提高猕猴桃抗逆性和抗病性，增加猕猴桃产量，提升猕猴桃品质，促进农业增产增效，果农增收，技术的实施有利于提高山地猕猴桃绿色生产技术水平，保障猕猴桃果品质量安全。

2. 技术示范推广情况

至2020年年底，生草栽培、平衡施肥、多芽少枝、有害生物绿色防控等核心技术推广应用27万亩，覆盖率达60%。

3. 提质增效情况

通过生草栽培、平衡施肥、多芽少枝等绿色生产技术，优先采用农业、物理、生物防治，辅以高效低毒低残留化学药剂控制有害生物，猕猴桃产量提高20%以上，品质明显改善，农药使用量减少30%~50%，减少投入及用工成本30%，猕猴桃果品质量安全合格率达到100%，经济效益提升30%以上。

4. 技术获奖情况

2019年获农业农村部丰收二等奖。

（二）技术要点

1. 科学建园

（1）园地选择。园地宜选择在背风、向阳、排水良好的平地和缓坡地带（坡度≤25度），避开冰雹区、污染区，做好防风林。平地采用南北行向建园，坡地采用等高线建园或沿坡向建园。园地土壤质地以沙壤土为好，疏松透气，排水性好，中等肥力以上，pH值5.5~6.5为宜，地下水位1米以下。稻田土、黏土不宜建园。

（2）苗木选择和授粉树配置。选择品种纯正、生长健壮、无病虫害的1年生或2年生嫁接苗，配置花粉量大、亲和力强、花期相遇的雄株，雌雄株比例为（8~10）：1。

（3）栽植时期。12月中旬至翌年1月底。

（4）栽植密度。根据品种确定种植密度，“T”形架栽培，株行距为3米×4米，每亩栽55株；棚架栽培，株行距为4米×4米，每亩栽42株。

（5）立架。平地果园或坡度小于15°的果园采用棚架，坡度大于15°的果园沿等高线建园宜采用“T”形架。

2. 建园后第一年的管理

（1）中耕除草和间作。在树盘内浅中耕除草，行间种植豆科类、绿肥等浅根系矮秆作物。

（2）施肥。定植当年的苗，需要全年每株施40%高氮低磷低钾水溶性复合肥（N：P_2O_5：K_2O=24：6：10）150克，分3次追施，第一次在萌芽前1周，每株施40克，第二次新梢长到10~15厘米时，每株施50克，第三次在6月底，每株追施60克。若气候干旱，可用40%高氮低磷低钾水溶性复合肥3~5公斤加根道生物肥0.5公斤加水100公斤灌根，每株灌溶液0.25~0.5公斤；在雨水较多时期，要及时进行排水，避免烂根，影响树体生长发育。

（3）春季抹芽。春季及时抹除顶部萌发的芽，留基部壮芽培养主蔓。

（4）夏季修剪。当幼树长到30厘米高时，于幼树旁边插入1根竹杆，在20厘米处用绳子呈“∞”形绑蔓，以后每隔20~30厘米长绑蔓1次。当幼树长到70厘米或顶端出现弯曲时进行摘心，并开展多次摘心。

（5）秋冬季园地的管理。

施肥。10月中下旬至12月中旬落叶前，及时施基肥，配施氮磷钾复合肥。在距树干60~80厘米处往外挖宽深分别为30~40厘米的环状沟，将肥料施入沟内覆土，每株施入农家肥10公斤、45%复合肥（N：P_2O_5：K_2O=15：15：15）0.5公斤、12%过磷酸钙0.5公斤。

冬季修剪。落叶后至伤流前（12月中下旬至翌年1月底），按“单干双蔓”要求上架，未达到上架要求的，在嫁接口以上选留3~4个饱满芽进行重度短截。

病虫害防治。冬季修剪后清除田间剪下枝条集中处理，喷施3~5波美度石硫合剂。

3. 土肥管理

（1）土壤管理。种植绿肥、深翻扩穴和增施有机肥等措施来熟化土壤。结合秋施基肥，进行深翻扩穴。

（2）行间管理。采取间作和生草覆盖法，1~2年果园可在行间间作辣椒、豆类、中草药、绿肥等浅根系矮秆作物。成年果园采用生草法，在距离猕猴桃植株1米左右的行间位置播种豆科、紫花苜蓿、箭舌豌豆等草种，待长至40厘米以上时刈割，每年刈割2~3次覆于地面，1~2年翻压一次，覆盖地面或深埋入土中。

（3）施肥管理

萌芽前期。2月中下旬至3月上旬；追施40%高氮低磷低钾水溶性复合肥（N：P_2O_5：K_2O=24：6：10）。1~2年幼树每株追施40~50克，3~4年果树每株追施80~100克，5~6年以上果树每株追施250~500克，若天气干旱，可兑水冲施。

开花前期。4月中上旬；叶面喷施1次0.2%~0.3%硫酸锌，现蕾期施1次0.3%硼肥（硼酸钠 $Na_2B_4O_7 \cdot 10H_2O$）。

果实膨大期。5月中下旬至6月上旬；根部追施低氮高磷钾复合肥，3~4年果树每株追施低氮高磷钾复合肥0.25~0.5公斤，5~6年以上果树每株追施0.5~1公斤。叶面喷施钙肥及有机营养肥，每隔10天喷施1次，连续喷施2~3次。

采果后期。10月中下旬至12月中旬。以有机肥为主，配施氮磷钾复合肥。幼树施用有机肥10公斤，45%复合肥0.25~0.5公斤，12%过磷酸钙0.5公斤，采用环状沟施；成年树施用有机肥10~20公斤，45%复合肥1.0~1.5公斤，12%过磷酸钙1公斤，采用条状沟。将有机肥、过磷酸钙和氮磷钾复合肥混合均匀，施肥深度和宽度分别为30~40厘米。

4. 保花保果

在花前、花期喷施0.10%~0.15%硼酸+0.01%芸苔素内酯1 000倍液，谢花后喷施

0. 3%～0. 4%磷酸二氢钾+0. 01%芸苔素内酯 1 000倍液混合液 2～3 次。

5. 授粉

推广机械授粉，当花开 20%～30%、50%～60%和 90%时，分别进行授粉。选择晴天无风的上午 9：00—12：00。将花粉与石松子等辅料按照 1：（2～3）的比例混合粉装入授粉器内，对准雌花进行喷粉。喷雾器距花 15～20 厘米。

6. 整形修剪

（1）夏季修剪。树冠 80%的芽达到了 3～5 厘米时开始抹芽。壮树多留芽，弱树少留芽；冬剪留枝过多的少留芽，留枝少的（相对树势）多留芽；弱枝少留芽，强壮枝多留芽。从主蔓或结果母枝基部的芽眼上发出的枝，常会成为下年良好的结果母枝，一般应予以保留。健壮的结果母枝间隔 20～25 厘米留 1 个结果枝。

（2）摘心（捏梢）。枝蔓顶端开始缠绕时进行摘心，培养成来年良好的结果母枝。

（3）疏枝。在抹芽和摘心未能及时全面进行时，可在夏季进行疏枝，秋天萌发的芽及时抹除。

（4）冬季修剪。合理培养“单主干双主蔓”树形，采用“少枝多芽”修剪方法，每个主蔓上留 6～8 个结果母枝，其余枝条全部剪除。

7. 病虫害绿色防控

（1）农业防治。科学施肥、合理修剪、清洁田园、消灭越冬病残体。

（2）生物防治。利用昆虫病原微生物白僵菌、核型多角体病毒、球孢白僵菌、苏云金杆菌等防治蛴螬等害虫；应用四霉素、氨基寡糖素、多抗霉素、中生菌素、春雷霉素、荧光假单胞杆菌、苦参碱、印楝素、藜芦碱、除虫菊素等防治猕猴桃病虫害；应用性激素、保幼激素等防治猕猴桃吸果夜蛾、斜纹夜蛾。

（3）物理机械防治。人工捕杀、频振式杀虫灯诱杀、色板诱杀、糖酒醋液诱杀害虫。

（4）科学使用化学药剂防治。科学使用新型、低毒、低残留农药防治溃疡病、软腐病、介壳虫等病虫害。

预防溃疡病。萌芽前和 9 月喷施 0. 3%四霉素 300 倍液+1. 5%噻霉酮 500 倍液+有机硅 1 500倍液 2～3 次。

防治花腐病。萌芽后 0. 3%四霉素 500 倍液+3%中生菌素 1 000倍液+0. 01%芸苔素内酯 1 000倍液喷施 2～3 次。

防治软腐病。授粉后 20～30 天，选用 75%肟菌・戊唑醇 10 000倍液+氨基酸钙 1 000倍+5%氨基寡糖素 1 000倍喷施 1～2 次；采收前 4 周喷施 0. 1%水溶性钙溶液+42. 4%唑醚・氟酰胺悬浮剂 1 500倍；冬剪后清园，及时喷施 5 波美度石硫合剂或 20%松脂酸钠 150 倍液。

防治介壳虫。介壳虫孵化盛期用 95%矿物油乳油 200 倍液+22. 4%螺虫乙酯悬浮剂 4 000～5 000倍液喷雾防治，7 天一次，连续 2 次。冬季清园可用 95%机油乳剂 30 倍液+3～5 波美度石硫合剂或 45%松脂酸钠 500 倍液全园喷雾防治。

（三）适宜区域

贵长猕猴桃种植区。

（四）技术依托单位

贵州省果树蔬菜工作站
联系地址：贵阳市云岩区延安中路 62 号
联 系 人：邵宇、龙毅
电子信箱：sgsz@ 163. com
贵州大学农学院
联系地址：贵州省贵阳市花溪区大学南校区内
联 系 人：龙友华
电子信箱：1415981967@ qq. com

八、黑木耳林下规范化栽培技术模式

（一）技术概括

木耳，别名黑木耳、光木耳。真菌学分类属担子菌纲，木耳目，木耳科。主要分布于黑龙江、吉林、福建、台湾、湖北、广东、广西、四川、贵州、云南等地。本技术解决了以下主要问题：菌袋制作不规范；灭菌不彻底；无菌操作不严格；菌丝停止生长；伤热“烧菌”严重；朵形难看、个体大、质量差；开口方法不适宜、方法不得当；催耳管理；出菇管理；采收不及时、晾晒方法不得当。目前林下地摆、挂耳、田间地摆等已大面积推广应用。

（二）技术要点

1. 选地

（1）地势平坦，靠近水源，交通便利，排水设施良好，通风适度，相对背阴的环境为宜。远离居民区和养殖场 1 公里之处，土质以沙土为宜。

（2）水质要求达到人饮用水标准为宜，水量充足，没有化学污染源，没有重金属超标。以井水为宜，河水次之，水质清澈，流动量大，靠近河边挖蓄水池、渗水井，根据实际生产量大小决定蓄水池大小。

（3）供电设施稳定，有相应的配套喷灌设施作为备用。

2. 栽培准备

（1）清理地面杂草、秸秆、石块。

（2）旋耕机旋地，每亩用3%辛硫磷颗粒剂10千克（杀虫），1%恶霉灵3~5千克（杀菌剂），75%甲嘧磺隆50克（除草剂），混合均匀以后，均匀撒于土地表面，然后用旋耕机旋深20厘米即可。

（3）作床宽1.2~1.6米，长度不超过100米为宜，床高15~25厘米，床与床之间留40厘米宽的过道，过道呈倒梯形，上口宽40厘米，下底宽30厘米，压实床面，保持床面的土壤含水量在30%~50%，如果过于干燥，需要灌水，补充含水量，摆菌场四边需要挖排水沟，防止雨水浸泡菌棒，后铺设地膜，地膜是摆菌包专用地膜。

（4）喷灌设施的安装。种植前要提前安装好喷灌设施，水的压力要保证4个压力左右，保证水的流量充足。水管的间距3~5米，这要看水的压力而定，喷头的间距是3米，呈品字形连接，每亩地需150个左右。

（5）菌棒开口下地的时间。在黑木耳菌棒下地的时间，需要根据当地的实际气候条件安排菌棒开口下地时间。春耳下地时间，以当地夜间最低气温连续10天高于5℃，即可安排菌棒下地。秋耳下地时间，以当地白天最高气温连续10天低于35℃，即可安排菌棒下地。

（6）选择菌棒。

选择不携带杂菌、螨虫，没有经过高温伤热的健康的菌棒。

菌龄要求生长一致，差距不超过10天为一批次。固体菌种生产的菌棒，菌丝完全长满以后，再在20~25℃的条件下后熟15~20天的菌棒，可以进行下开口。液体菌生产的菌棒菌丝完全满袋以后在20~25℃的条件下后熟培养20~30天的菌棒再进行下地开口。

菌龄过长、菌种老化、菌袋松软、袋料分离的菌棒一律不用。

（7）菌棒运输。

选用长114厘米，宽60厘米的塑料编织袋，每袋装8层，每层摆4个，黑木耳菌棒，装袋时菌棒手手相递，轻拿轻放，装入编织袋的菌棒要求，菌棒口、底朝向一致，装好以后封紧袋口。

要求傍晚装车，夜间运输，次日清晨目的地卸车摆放，装车时每三层袋之间放一层隔板。注意：装车时轻装轻卸，禁止踩踏装好菌棒的编织袋。车厢内要排放整齐严实，菌棒袋底向上。

卸车时要求轻抬轻放，到达摆菌现场，需要4小时卸车完毕，散袋，高温季节防太阳直接照射，高温烧菌，保持菌棒内温度不超25℃为宜，最高不能超过28℃。

菌包下地的摆放。

3. 林下种植

林地选择与清理。距离道路近，有水源，坡度小于25°，树荫郁闭度70%以下，通风良好，没有底部障碍枝条，远离污染源。选好的林地，要对杂草、藤蔓进行清理，修理便道，保证作业需要（图5）。

进袋开口。按照每亩可利用面积5 000~7 000袋开口，袋与袋距离10厘米，用竹签固定，尽量保持垂直，管理同地摆。

图 5　林下种植场景

4. 林下吊袋种植

（1）搭建菌包架，规格、过道距离。

（2）吊袋绳间的距离，包间距离，也是呈“品”字形吊袋，离地的距离。

（3）吊袋的优势，节约面积，立体，增加密度，耳片洁净度好。

（4）水管安装要求。

5. 开口形状

（1）开口形状。分“Y”形口、“＊”形口、“1”字口、“0”形口，根据地区的种植习惯和管理水平，“Y”字形和“＊”字形口容易催芽，产量较高。无论用哪一种开口，保证每排的距离相等，每个孔的深浅相同，保证开口方向垂直于菌棒，开口深度 6~8 毫米为宜。

（2）选择在未来 3 天无降雨天气进行开口，还要保障传送带上的菌棒不间断，满负荷运行，减少单个菌棒在传送带上摩擦时间，也减少袋料分离的程度。

6. 摆袋养菌

（1）铺地膜、摆菌棒。选择有孔的地膜，黑膜、白膜都可以，压好地膜一头铺平，边铺膜边摆袋，1.6 米宽床摆放 8 行菌棒，菌棒行距、间距 10 厘米，如果地膜无孔，每个摆棒中心位置需要扎一个直径 1 厘米左右的孔放水，摆放菌棒棉塞口朝下。

（2）菌棒下地后三天不浇水，温度在 15~25℃ 为宜。

（3）菌棒伤口黑色期，开口处黑色转为白色，白色逐渐转为黄色，黄色转为褐色，褐色转为黑色，木耳原基逐渐形成。在此期间，空气湿度保持在 65%~75%，湿度小可适当小量喷水保湿，湿度合适的情况下，8~10 天可以完成转色期。

7. 浇水催芽

（1）菌棒开口处形成耳原基以后保持温度 15~30℃，空气相对湿度持续保持 80%~95%。

（2）管理原则上看天，晴天多浇水，阴天少浇水，雨天不浇。实际生产中要始终保持菌棒外表湿润状态，干了就浇，湿了就停，切勿大水猛浇，大浇水容易造成菌棒内部期容易长青苔，形成烂耳、流耳、红根、烂棒，也不要持续晒袋，否则木耳原基极易在带内生长膨大，产生袋料分离。

(3) 无论使用哪种喷头，浇到菌棒周边向下流水时即可停水，菌棒外表干燥就浇水，一定要认真贯彻执行催芽浇水原则，温度湿度合理的情况下经过 10 天管理黑木耳耳芽就会齐刷刷长出菌袋外。

注意事项：催芽期间，当气温高于 10℃，低于 15℃时，也需要保持菌袋外的空气相对湿度在 80%以上，如果这时菌袋外的空气湿度小，菌袋内的耻基将会不断生长膨大，因为塑料袋内的温度在阳光照射下会高于外界温度，正适合耳芽生长，这也是大多数憋芽的重要原因。

8. 出耳管理

木耳芽出齐以后，温度保持在 15~25℃，空气湿度保持在 80%~95%。采取干湿交替的原则进行出耳管理，原则上浇水到耳片完全舒展开以后就停止浇水。当耳片开始干边，泛白时就继续浇水，到耳片完全舒展开即停，如此干湿交替的过程就是木耳耳片生长的过程。干的过程就是耳片吸收菌袋内的水分及其营养物质，供应黑木耳有效干物质的积累。合理晒袋，每天都能发现木耳在生长。

9. 采收

耳片直径 4~5 厘米采收，采大留小，采收前一天晚上停止浇水，半干木耳品质好，也可少带有杂草。采收后立即晾晒，当天晒到木耳湿度的 85%标准，加厚至 10 厘米，每天翻动几次，水分 13%就可以灌袋储存。

（三）适宜区域

黑木耳是中温型食用菌，贵州省属于副热带东亚大陆的季风区，全省大部分地区适宜种植。林间可选择距离道路近，有水源，坡度小于 25°，树荫郁闭度 70%以下，通风良好，没有底部障碍枝条，远离污染源。

（四）注意事项

菌袋制作不规范；灭菌不彻底；无菌操作不严格；菌丝停止生长；防止高温烧菌；朵形难看、个体大、质量差；开口方法不适宜、方法不得当；催耳管理；出菇管理；采收不及时、晾晒方法不得当。

（五）技术依托单位

贵州剑荣菌业有限公司（贵州省食用菌现代农业产业技术体系生态栽培功能实验室）

联 系 人：卓玉珍、向准

电子信箱：961416440@ qq. com

九、肉牛提质增效生产技术模式

（一）技术概述

1. 技术基本情况

在肉牛产业发展进程中，贵州省畜牧兽医研究所、贵州大学等单位针对肉牛养殖的各技术环节，开展了一系列的研究与推广工作，从牛冻精生产、人工繁殖与品种改良、饲草饲料种植与利用、肉牛育肥、屠宰分割、科学饲养管理、疫病防治等方面做了大量的研究与推广工作，制定了《贵州肉牛生产技术规范》。

2. 技术示范推广情况

已经实现较大范围推广应用。

3. 提质增效情况

在现阶段，如果采用集中规模饲养母牛，全成本核算养母牛是没有利润的，但根据本技术模式采用农户分散饲养母牛的方式，实现“分散式的规模化”养牛，农户可以充分利用自己房前屋后的草山草坡资源、秸秆资源和农副产品资源，极大地降低养殖成本，从而实现养母牛获利。按这种方式养母牛，每产1头犊牛，饲养到6月龄，可获利4 500元左右。母牛按正常发情配种，产犊成活率达80%。

6月龄杂交犊牛体重按250公斤计算，经一年的饲养育肥，全年平日增重按850克/日，全年增重310公斤，体重达560公斤，按现在市场价每头牛产值达2.0万~2.2万元，可获利10 400元以上。

（二）技术要点

1. 肉牛繁殖技术

人工输精技术要点如下所述。

要点一，细管冻精的保存、运输、解冻应符合GB 4143之规定。

要点二，母牛的发情配种。

初配年龄。初配年龄≥18月龄，体重≥成年体重的70%。

发情鉴定。询问畜主：输精人员向畜主询问受配母牛年龄、胎次、发情等情况。外观检查，母牛食欲减退、精神兴奋不安、哞叫、接受爬跨或爬跨它牛、站立不动、阴门充血肿胀并有黏液流出。发情初期黏液为乳白色或灰白色较黏稠，发情中期黏液量多色淡，发情后期黏液量少而混浊；直肠检查，保定好母牛，检查人员手臂带上一次性消毒塑料手套，五指并拢呈锥形插入母牛直肠，掏出宿粪，然后触摸子宫颈、子宫及卵巢，检查卵泡发育情况，对发情母牛直检、判定卵泡发育，排除生殖疾患、妊娠及妊娠后假发情；阴道检查，用开膣器打开阴道，观察阴道黏膜和子宫颈口，发情母牛阴道黏膜潮红、子宫颈口张开，有黏液。

要点三，输精方法。

解冻。将细管冻精从液氮罐迅速取出，将封闭端置于38～39℃的水杯中，水浴解冻10～15秒后取出，拭去水珠。尽快使用解冻好的冻精，在温度25～30℃条件下，30分钟内使用。

镜检。将细管封闭的一端剪去，剪口捏圆，挤一滴于载玻片上镜检精子活力，精子活力达到0.3以上。

装枪。将解冻后的细管冻精装入输精枪，套上塑料外套管。

输精。采用直把式输精法将精液输入子宫体。输精的关键要点是慢插、适深、轻注、缓出、防倒流。输精员手臂带上一次性塑料手套，五指并拢呈锥形插入母牛直肠，掏出宿粪，然后把握子宫颈。另一只手持装有精液的输精枪，插入阴道后直至子宫颈深2～3厘米。

消毒。输精后弃去外套管，对枪体用酒精棉球擦拭消毒后，用干净纱布包裹置于瓷盘。

登记。填写统一印制的肉牛冷配改良登记册，畜主签名。

2. 肉牛育肥技术

（1）基本要求。

环境要求。牛场环境场址、布局设计、牛舍建设、卫生条件和环境消毒应符合NY/T 5128要求；牛舍湿度控制在70%～75%，牛舍风速控制在0.3米/秒；牛舍温度保持在10～30℃，注意通风换气。

投入品要求。饲料、饲料原料、饲料添加剂的选择和使用应符合NY/T 5128—2002要求；饮水应符合NY 5027要求；兽药使用符合NY 5030要求。

品种要求。选择贵州本地牛或其杂交牛的架子牛，入栏月龄为6～12月龄，体重150公斤以上，健康状况良好。

防疫要求。牛场防疫应符合NY 5126要求。

记录要求。架子牛入舍后进行编号、建立档案并打耳标。生产记录应符合NY/T 5128要求。

（2）饲养管理。

育肥方法。育肥方法划分为直线育肥与架子牛育肥。

直线育肥。犊牛6月龄后进入育肥阶段。育肥阶段遵循“能量浓度递增、蛋白质浓度递减”的原则；饲喂粗饲料量占体重1%～3%，具体根据肉牛生产目标，结合饲料种类、精料饲喂量、营养价值计算粗饲料饲喂量，应尽量满足肉牛粗饲料的采食量。精料与玉米投喂比例见表2。

表 2　精料与玉米投喂比例

育肥体重/公斤	精料比例/（占体重%）	玉米比例/（占精料%）
200~250	0.8~1.0	45~50
250~400	1.0~1.2	50~55
>400	1.2~1.4	55~65

架子牛育肥。准备期，选择健康无病、体况良好的架子牛，按免疫规定注射疫苗后观察 15~20 天，免疫反应良好的架子牛方可运输。牛只运输尽量选择早晚。架子牛按体重、月龄相近原则组群，入圈舍 2 小时后给水，饮水中添加多维、多糖增强免疫力，饮水后饲喂粗饲料，不喂精料。3 天后开始喂少量精料，5~7 天后驱虫健胃；过渡期，架子牛驱虫健胃后，开始进入育肥前的过渡期，一般为 15~20 天，以饲喂粗饲料为主，精料补充料适量添加；育肥期，过渡期结束后，对架子牛进行短期快速育肥，育肥时间 5~8 个月，日粮配比及饲喂参照直线育肥。

育肥管理。依据牛生长规律和生产目标，将育肥期分为育肥前期和育肥后期。育肥前期牛只的体重一般在 350 公斤以下；育肥后期牛只的体重一般在 350 公斤以上。

育肥前期。先喂精料补充料，牛全部采食后，再自由采食粗饲料；日喂料 2~3 次，自由饮水。

育肥后期。该阶段精料饲喂比例逐渐增加；注意牛粪的形状，当发现牛粪变稀时降低精料比例。

主要营养供应。根据育肥目标，按国家肉牛饲养标准提供主要的营养供给。

（3）适时出栏。用于生产中高档牛肉的肉牛一般育肥 5~10 个月，膘情中等、体重在 430 公斤以上时出栏。用于生产中高档雪花牛肉的肉牛一般育肥 10~16 个月，膘情上等、体重 500 公斤以上时出栏。

（三）适宜区域

贵州全省。

（四）技术依托单位

贵州省畜牧兽医研究所（贵州省肉牛现代农业产业技术体系）
联系地址：贵州省贵阳市南明区老里坡 1 号
联 系 人：刘镜、王顺英
电子信箱：liu801108@ 126. com

十、鲟鱼流水优质生态养殖技术模式

（一）技术概述

1. 技术基本情况

贵州省冷水资源丰富，水质优良，无污染地下水年排泄量259亿立方米，深层地下水储量181亿立方米，大部分水温保持在16℃左右，加上全省众多水库深层水、河道水水温常年保持在15~25℃，水质、水温均适宜于鲟鱼的生长，发展鲟鱼养殖具有得天独厚的自然条件。此外，贵州山区流水养殖模式均利用高程落差，进排水自流，不用耗能，具有占用面积小、密度高、产量高、效益高和管理方便等特点。

鲟鱼流水优质生态养殖技术，是目前国内采用最多的一种养殖鲟鱼方式，占地面积小、产量高、管理方便，其主要特点是在固定形状、规模的鱼池内，提供稳定的水流量，保证水交换量的条件下进行养殖生产。近年来，在以“创新、协调、绿色、开放、共享”的发展理念引领下，贵州省依托喀斯特地区优质的水资源，努力克服养殖水域缺乏的短板，加大科技创新投入，大力推进渔业供给侧结构性改革，使渔业尤其是鲟鱼养殖获得持续较快发展。使贵州省鲟鱼养殖由养殖方式相对粗放，设施装备落后，拼资源消耗、拼要素投入，转变为加大科技投入，增加技术储备，提高养殖技术和管理水平，逐步产业化的鲟鱼养殖生产方式。

2. 技术示范推广情况

据不完全统计，贵州全省9个市（州）共有70余家企业，160多户农户开展鲟鱼养殖，年产值近2亿元，贵州省已成为鲟鱼养殖和外销的新兴区域。2017年贵州省鲟鱼产量7 857吨，占全国鲟鱼产量的9.46%；2018年10 512吨，占全国产量的10.85%；2019年14 101吨，占全国产量的13.82%，贵州鲟鱼产量及全国占比逐步提高。2020年贵州省鲟鱼产量19 096吨，较2019年产量增加35.42%。

仅江口县目前鲟鱼流水养殖面积43万平方米，鲟鱼产量4 480吨，鲟鱼鱼子酱加工厂年加工量20吨，生态鲟鱼综合产值达到1.7亿元以上。带动农户500户，1 500人（其中贫困户200户，720人）通过生态冷水鱼发展实现稳定脱贫，取得了良好的经济效益和社会效益。

3. 技术获奖情况

鲟鱼养殖技术及开发应用研究，2001年获贵州省农业厅科技进步一等奖，2004年获贵州省科技进步三等奖。

喀斯特山区鲟鱼健康养殖推广应用，2008年获贵州省农业丰收一等奖。

贵州省鲟鱼养殖技术推广与产业化示范，2010年获贵州省科技成果转化二等奖。

（二）技术要点

1. 环境条件

（1）场址条件。养殖场要选择在淡水水源丰富，远离污染源，通信、交通便利，电力充足的地方。产地环境条件应符合 GB3095 的规定。

（2）水源。水源水质应符合 GBⅡ607 的规定。

（3）养殖用水。养殖池水应符合 NY5051 的规定，要求水质清新，无浑浊、无污染。溶氧量>6 毫克/升；温度 10~26℃。

2. 鱼种培育

（1）养殖设施。

圆形玻璃钢培育缸。直径 1~3 米，深 0.3~0.7 米，上口进水使之旋转，底部排水，排污在缸底中央部位。

水泥池。圆形池规格、进排水系统同圆形玻璃缸。方形培育池池宽 1~2 米，池长 2~10 米，池深 0.4~1.0 米。水泥池内壁用水泥抹平压光。

其他。进排水设施（设备），充氧设备，控光设施，水处理设施。培育池设在室内或设有遮阴篷的条件。

（2）鱼苗放养。

放养前准备。放鱼前一周对养殖池用生石灰、漂白粉或碘制剂消毒。鱼苗入池前用 2%~3%的食盐溶液浸洗 3~5 分钟。

鱼苗来源及质量。从鲟鱼原（良）种场引进，要求规格整齐，体色纯正，体质健壮，无伤病，无畸形。外购鱼苗要经检疫合格。

放养规格、密度。根据池水交换量确定放养密度，日全池水交换 24 次以上，溶氧量>6 毫克/升，放养鱼苗的密度因鱼体规格不同而不同，5~10 厘米放 400~800 尾/平方米，10~15 厘米放 300~400 尾/平方米，15~25 厘米放 100~300 尾/平方米。

（3）饲养管理。

饲料。鲟鱼苗种饲料要求新鲜无霉变，粗蛋白含量≥48%，粗脂肪≥10%，钙≥1.5%，总磷≥1.0%，赖氨酸≥2.5%，粗纤维≤4.0%，水分含量≤10%，粗灰分含量≤11%。饲料为沉性硬颗粒膨化饲料，饲料安全、卫生指标应符合 GB13078 和 NY5072 和农业部 1224 公告的规定。

饲料投喂。鱼种规格 3~10 克时饲料粒径 0.3~1.5 毫米，10~20 克时饲料粒径 1.5~2.0 毫米，20~50 克时饲料粒径 2.0~3.0 毫米。根据水温高低、鱼体重适时调整投饵率，水温在 10~20℃时，投饵率占鱼体重的 5%~10%。鱼苗入池第二天开始投饵，鱼苗 3~10 克日投饵 8 次，10~30 克时日投饵 6 次。

池水调控。培育期间水温应保持在 15~20℃，水深保持在 40~80 厘米，池水流速控制在 0.05~0.15 米/秒，日池水交换 24~48 次。

日常管理。经常检查进排水管口有无堵塞，定期清洗沙网，及时清除塞物保证水体流畅。及时清理池内污物，鱼排泄物，及时捞出病鱼和死鱼，保持池内清洁。定期用

2%～3%食盐水溶液浸洗鱼体 3～5 分钟，或用 3 毫升/立方米的复合碘溶液浸洗消毒。

鱼苗分池。每隔 10～15 天进行一次筛选，将不同规格的鱼分池饲养，调整放养密度，制定投饵量。

3. 成鱼养殖

（1）养殖设施。

长条形水泥池用砖或毛石水泥砌筑，或用混凝土捣制而成，面积为 30～300 平方米，池内用水泥抹平压光，通常池长 10～30 米，池宽 3～6 米，池深 1.2～1.8 米，水深 1.0～1.5 米，池底坡降 10×10^{-3}～15×10^{-3}。

圆形水泥池用材料同长条形水泥池，面积在 50～100 平方米，通常池深 1.0～1.5 平方米，池底呈漏斗状，池底坡降 50×10^{-3}。

（2）鱼种放养。

放养前准备、鱼种来源及质量按鱼苗培育的规定执行。根据池水交换及溶解氧情况确定放养量，全池水日交换 6 次以上、溶氧量>6 毫克/升时，50～100 克的鱼放养密度 80～100 尾/平方米、100～200 克的鱼放养密度 60～80 尾/平方米、200～500 克的鱼放养密度 30～60 尾/平方米、500～1 000克的鱼放养密度 15～30 尾/平方米。

（3）饲养管理。

饲料为沉性硬颗粒饲料。含粗蛋白≥40%，粗脂肪≥12%，钙含量≥1.5%，总磷含量≥0.9%，赖氨酸≥2.4%，粗纤维含量≤5.0%，水分含量≤12.5%，粗灰分含量≤14%。饲料安全、卫生指标应符合 GB13078 和 NY5072 和农业部 1224 公告的规定。

30～50 克鱼投喂 2.0 毫米粒径饲料、50～100 克鱼投喂 3.0～4.0 毫米粒径饲料、100～250 克鱼投喂 4.0～5.0 毫米粒径饲料、250～500 克鱼投喂 5.0～6.0 毫米粒径饲料、500～1 000克鱼投喂 5.0～8.0 毫米粒径饲料。

日投饵率占鱼体重的 1%～3%，根据水温的高低、池鱼规格、数量适时调整。日投饵 2～4 次。

养殖期间水温应保持在 10～26℃，池水深度保持在 1.0～1.5 米，全池水日交换 10 次以上。

每月进行一次筛选，将大小规格的鱼分池饲养，调整放养密度，制定投饵计划。

4. 鱼病防治

养殖生产过程中以防为主，防治结合。定期用浓度 2%～3%的食盐水溶液浸洗 3～5 分钟。定期用生石灰，或复合碘溶液对设施、工具、水体消毒。

水霉病。食盐 3.0%～5.0%，浸浴 10～15 分钟；或用高锰酸钾 10.0 毫升/升，浸浴 1 小时；或用食盐 25.0 毫克/升+小苏打 25.0 毫克/升，浸浴 1 小时。

肠炎病。大蒜素粉（含蒜素 10%）200 毫克/公斤（体重），口服，连服 4～6 天。

指环虫病。食盐 3.0%～5.0%，浸浴 5～10 分钟。

车轮虫病。食盐 3.0%～5.0%，浸浴 5～10 分钟；或用福尔马林 30.0～50.0 毫克/升，全池泼洒。

气泡病。食盐 0.5%～1.0%，浸浴 10～15 分钟。

（三）技术依托单位

贵州省水产研究所（贵州省特色水产现代农业产业技术体系）
联系地址：贵州省贵阳市花溪区花溪大道南段 2448 号
邮政编码：550025
联 系 人：李正友、赵靓瑜
电子信箱：694869345@ qq. com
江口县畜牧产业发展中心
联系地址：江口县三星西路
联 系 人：廖泽龙
电子信箱：1816156786@ qq. com

第二篇

农业主推技术

一、春玉米宽膜覆盖根域集雨种植技术

（一）技术概述

1. 技术基本情况

针对贵州高海拔区因年均温较低、季节性干旱频发影响春玉米适期播种、出苗不整齐、不能正常成熟等问题，研究形成的技术体系。该技术在传统覆膜的基础上，加大覆膜宽度，增加了覆盖度，扩大集雨面，在播种穴处形成比膜面稍低的根域集雨区，早春提高了土温和土壤含水量，抑制了宽行间杂草生长，减少了养分挥发。具有显著的增温效应、集雨保墒效应和抑草效应，充分发挥水肥耦合效应，提高了肥料利用率。节水节肥节药、增产增收增效显著，具有轻简化、绿色化、节约化、可操作性强等突出特点。

2. 技术示范推广情况

2017—2020年在威宁、毕节等地进行推广应用，示范推广1.25万亩。

3. 提质增效情况

该技术模式比传统栽培增产12.77%；节水、节肥、节药22%；提高劳动生产率35%。该模式选用抗旱耐瘠抗病玉米新品种，为节水节肥节药奠定基础；采用宽膜覆盖，充分发挥地膜增温保墒抑草效应，提高了降水利用率，减少除草剂施用量，节约覆膜和中耕除草用工；施用有机无机缓控释肥，实现肥料平衡施用；此外，增温保墒后水肥耦合效应明显，提高了肥料利用率。

（二）技术要点

1. 选用抗旱耐瘠抗病玉米品种

选择适宜贵州高海拔区种植的节水抗（耐）旱、节肥增效、抗病耐虫的玉米品种，如华兴单7号、贵卓玉9号、金玉838、新中玉801等。

2. 宽膜覆盖、根域集雨种植

玉米采用宽窄行种植，行距为80厘米+40厘米，穴距50厘米左右，一膜盖4行。在耕整好的地块上按种植规格先挖穴、施肥、播种，再盖地膜、盖穴（种）。

挖穴。在平整土壤耕层上按行株距挖集雨播种穴，直径为15~20厘米，深度15厘米左右。

施肥。使用复合肥和农家肥作为基肥，用量分别为40公斤/亩和1 000公斤/亩左右，将复合肥和农家肥均匀施入播种穴。也可一次性施用缓控释肥80公斤/亩。

播种。在每穴内播3~4粒玉米种子，基肥与种子之间应间隔3厘米以上，以免烧种。

覆膜盖穴（种）：选择宽 180~200 厘米的白色地膜（厚度：0.008 毫米）覆盖。盖膜前应使集雨播种穴周围土面平整，在平整的土面上覆盖宽地膜，一膜盖四行。盖膜要做到平、紧、实，用土壤压实地膜四周，在宽行上适当盖土使膜压实，同时在播种穴上覆土，用细土壤盖播种穴同时用锄头在播种穴处打孔（出苗孔），在播种穴处形成根域集雨区，利于集雨出苗。在早春温度回升慢且春旱严重的地区，也可先挖穴覆膜，等雨后再用播种器及时播种（图 6）。

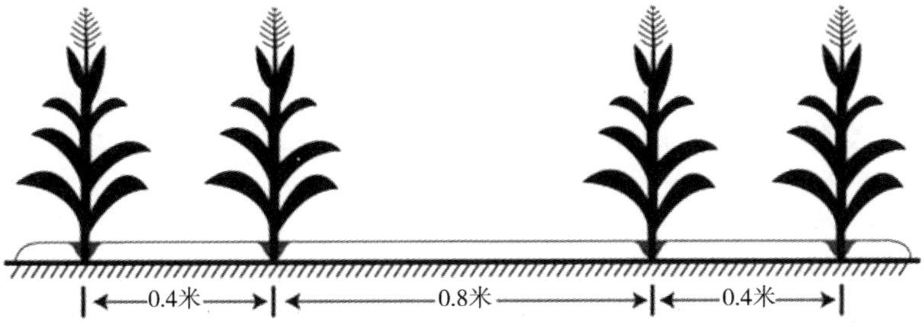

图 6　玉米宽膜覆盖根域集雨种植技术示意

3. 田间管理

定苗。在玉米出苗时应及时到田间检查，避免大土块压苗和出苗孔错位而影响出苗。植株 4~5 叶时及时定苗，去弱留强，每穴留苗 2 株。密度 6.75 万株/公顷。

追肥。定苗后施用提苗肥，追施尿素 150 公斤/公顷，促进植株生长整齐；在大喇叭口期用尿素追肥，用量 225 公斤/公顷。追肥宜用施肥器施在播种穴离植株至少 5 厘米远处。

其他。玉米生育期间基本上不用中耕除草，节约农动力。在灌浆期，要及时清理田间沟渠，做好防涝工作。田间病虫害防治同玉米传统种植方式。

（三）适宜区域

贵州高海拔及易出现季节性干旱的春玉米种植区。

（四）注意事项

盖膜时在宽行上进行间隔压土，使膜盖紧。出苗期及时引苗。

（五）技术依托单位

贵州省特色杂粮产业技术体系
联系地址：贵阳市云岩区延安中路 62 号
联 系 人：朱怡
电子邮箱：756716745@ qq. com
贵州大学农学院

联系地址：贵阳市花溪区贵州大学西校区
邮政编码：550025
联 系 人：宋碧
电子邮箱：sb6264@126.com

二、玉米“一增五改”高产高效技术

（一）技术概述

1. 技术基本情况

针对贵州玉米栽培密度不够、偏施氮肥、且一炮轰的问题，研究形成了贵州玉米“一增五改”高产高效技术体系，通过该技术，实现了玉米增密、调优群体结构、优化施肥方案与方式、秸秆还田的措施，玉米增密将原有稀大窝栽培改为合理密植，增加种植密度；改等行距栽培为宽窄行栽培，增加通风透光效果提高抗病性和光能利用率，提高果穗容重；改偏施氮肥和一炮轰施肥方式为配施有机肥和磷、钾肥，调整氮肥施用量、注重肥水耦合，改肥料浅施为深施，提高肥料利用率，提高玉米灌浆效率，改秸秆焚烧和浅旋耕为秸秆还田和深翻耕，进一步提高玉米产量。

2. 技术示范推广情况

自 2015 年开始就是贵州省高产栽培技术的核心内容，是贵州省农业主推技术，推广过程中，效果良好。在威宁、金沙、七星关等示范推广，产量增产 10%~20%。

3. 提质增效情况

和常规技术相比，可增产玉米 20%以上，水分、肥料利用率提高 10%以上，降低化肥、农药用量 5%以上，亩增收节支 100 元以上，同时秸秆部分还田，土壤肥力不断提高，可杜绝因秸秆焚烧造成的环境污染。

（二）技术要点

1. 品种选择

选用生育期适中、丰产、广适性和抗性较强、脱水快、紧凑型或耐密型玉米品种。采用品种必须选用经过国家或贵州省农作物品种审定委员会审定（认定）的玉米品种。种子质量必须符合 GB 4404 粮食种子的规定。

2. 种子处理

精选种子，晒种或拌种，提高种子发芽率。

3. 播种及方式

突出适时早播，贵州省一般在 4 月 20 日前播种完毕，高海拔地区在 5 月上旬播种完毕。根据水源条件选择播种方式，水源丰富的区域选择育苗移栽方式（营养球、营养块、漂盘育苗等），于一叶两心期移栽；水源匮乏的区域选择直播方式。

4. 栽培规格

突出宽窄行栽培和单株栽培，可选择宽行 80 厘米，窄行 40 厘米，株距 25～30 厘米，栽培规格按照（80+40）厘米×（25～30）厘米的方式，密度可达 3 700～4 400 株/亩。

5. 施肥

突出底肥、拔节肥、攻苞肥三个重要施肥时期，杜绝“一炮轰”施肥方式。根据土壤肥力水平，纯氮用量 14～20 公斤/亩，纯磷用量 4～7 公斤/亩，纯钾用量 5～10 公斤/亩折算肥料用量，氮肥按照底肥 20%～30%，拔节肥 20%～30%，攻苞肥 40%～60% 的施用量，磷钾肥一次施用的方式。施用时改表土浅施为深施，结合自然降雨和灌溉，提高肥效。

6. 水分管理

拔节期—小喇叭口期和大喇叭口期—抽雄期是玉米水分临界期，要注意水分管理，保持田间持水量在 70%～80%。

7. 秸秆还田

玉米秸秆采用秸秆粉碎机粉碎成 15～20 厘米长度，采用深旋耕的方式还田。

（三）注意事项

注意玉米群体结构，及时补苗、定苗，保证玉米种植密度。

（四）技术依托单位

贵州省农作物技术推广总站
联系地址：贵州省贵阳市云岩区延安中路 62 号
邮政编码：550001
联 系 人：邹军
电子邮箱：jeany9693@163.com

三、薏苡规范化高效种植技术

（一）技术概述

1. 技术基本情况

薏苡是“药（医）食同源”作物的典型代表，也是中国农业文明之滥觞。但是，在相当长的时间里，基本处于或半野生状态，因此区域性的零星种植就成为薏苡栽培生产的主要方式，而且单产水平不高。针对薏苡单产水平不高、连作障碍突出、种植生产的规范化程度不高等问题，该技术集成了薏苡的单作模式、膜侧栽培和间作套种三种生产方式，规范了薏苡的播种、水肥管理、病虫害防治等基本种植成产环节，为薏苡单产水平的提升和推广应用提供了基本规范。

2. 技术示范推广情况

薏苡单作高效种植模式：2016—2018 年，在兴义、兴仁、安龙、安顺、贞丰等县市推广应用 6.4 万亩，辐射带动约 19.2 万亩。

薏苡膜侧栽培种植模式：2018—2019 年，在兴仁市推广应用 2 万亩左右。

薏苡—大豆间作模式：2016—2017 年安龙县种植约 2 000亩。

3. 提质增效情况

该技术有效促进了薏苡单产水平的提升，使单产水平从原先的 150 公斤/亩提升至 250 公斤/亩，产量增幅达 60%。薏苡膜侧栽培模式和薏苡—大豆间作模式能有效实现薏苡苗期保墒、集水和有效利用土地资源的效果。

（二）技术要点

1. 薏苡单作高效种植模式

（1）品种选择与播种。一般在 3—4 月播种，10—11 月收获，选择适应贵州种植生产的地方栽培品种或新品种，主要有薏苡品种选择主要以黔薏苡 1 号、贵薏 1 号、安薏 1 号、兴仁白壳和晴隆糯薏苡等。直播法播种，行距 50~60 厘米，窝距 40~50 厘米；播种量 2.5~3.5 公斤/亩，条播或穴播，每穴播种子 8~10 粒保证出苗数，覆土盖平。

（2）种子处理与病害防治。选用当年种子进行播种，切忌使用陈年种子。播种前采用风选、粒选或水选等方法将未成熟的绿粒、不饱满的秕壳粒以及病虫害粒去除，选出粒大、饱满的种子进行播种。为了促进种子萌发和防止病虫害，播种前应进行种子处理。方法如下：①用 5%石灰水或硫酸铜、熟石灰和水按 1：1：100 比例配比溶液浸种 24~48 小时后取出，用清水冲洗干净晾干；②每 100 公斤种子用 2%戊唑醇可湿性粉剂、10%多菌灵可湿性粉剂或 15%三唑酮可湿性粉剂商品量 400~600 克拌种，或使用包衣剂包衣。

（3）田间管理。

定苗。4~6 叶期定苗，一般留苗 8 000~12 000株/亩，2~4 株/穴。

中耕除草和施肥。中耕除草往往结合施肥一并进行，一般进行 1~2 次，第一次在分蘖期（4~5 叶龄），结合定苗进行；第二次在拔节期（8~10 叶）进行，结合追肥、培土进行。施肥以有机肥为主，无机肥为辅，提倡使用农家肥、生物肥料等。基肥使用腐熟的农家肥 1 500~2 000公斤/亩或复合肥 40 公斤/亩，结合中耕除草，拔节期施用尿素 10~20 公斤/亩，抽穗期施用尿素 10~20 公斤/亩。

水分管理。以湿、干、水、湿、干相间管理为原则。即湿润育苗、干旱拔节、有水孕穗、足水抽穗、湿润灌浆、干田收获。

辅助授粉。薏苡是雌雄同株异花授粉植物。同一花序中雄花先成熟，与雌花不同步，往往需异株花粉授粉。一般靠风媒授粉，在开花盛期以绳索等工具或人工振动植株（上午10：00—12：00）使花粉飞扬，可提高授粉结实率。

（4）采收贮藏

9—10月，植株中下部叶片转黄，在田间籽粒80%左右成熟变色、变硬时收割。脱粒后种子经2~3个晴天的晾晒，种子含水量不高于13%时即可入库储藏。

2. 薏苡膜侧栽培种植模式

（1）精细整地。对冬闲地在冬前进行深翻，来年除去田间杂草刨细刨平，对种油菜地待油菜收获后及时清 除田间杂草进行深翻、刨细刨平。

（2）种子处理。播种前选取粒大、饱满的种子进行播种。为了促进种子萌发和防止病虫害，播种前采用3%~5%的生石灰水浸泡48小时，也可以用50%的多菌灵或80%的粉锈宁药剂按种子重量的0.3%~0.5%进行拌种，或使用包衣剂包衣。

（3）平衡施肥。根据土壤的肥力情况进行平衡施肥，有条件的地区要测量土壤的肥力水平，按照产量和质量目标，制定施肥种类和施肥量、施肥方法以及施肥时间，做到有机肥和无机肥相结合，氮、磷、钾肥相配合，施足基肥，为穗大粒多作保障。基肥：黔西南地区每亩主要以腐熟的农家肥1 500~2 000公斤和氮、磷、钾复合肥40公斤混合均匀，随旋耕整地时施入。追肥一般分1~2次追施，第一次追肥在4~5叶龄时，结合中耕，亩施尿素10公斤；第二次在拔节期进行或孕穗时进行，每亩施尿素20公斤，也可结合生长需求配合磷肥（过磷酸钙15公斤/亩）、钾肥（硫酸钾或氯化钾10公斤/亩）施用；在花期可用0.2%~1%磷酸二氢钾液进行叶面喷施。

（4）起垄盖膜。起垄规格一般采用等行距或宽窄行栽培，等行距时，行距一般70厘米左右；宽窄行栽培时，宽行80厘米，窄行60厘米。垄高一般15厘米，用规格宽90厘米的地膜覆盖窄行，膜的两侧用细土盖严、盖实，很好地起到保温、保水的作用。

（5）栽培时间及方法。一般在盖膜7天后开始栽培。直播法：将精选并处理好的种子在膜的两侧开窝播种，窝距40厘米，每窝8~10粒种子，每亩保证8 000~12 000株的基本苗。育苗移栽法：在膜的两侧垄沟内打窝，窝距40厘米，每窝栽种2~4株个植株生长健壮植株。

（6）田间管理。田间可根据当地的情形，注意中耕除草、病虫害防治和辅助授粉等。

（7）薏苡的收获。采收期因品种不同而异；早熟种采收期为7月至8月初；中熟种为8月下旬至9月中旬；晚熟种为10月下旬至11月中旬。当叶呈枯黄色、果实呈黄褐色、种子已有80%成熟时即可收割。种子脱粒后晴天晾晒至含水量≤12%后，放入阴凉、干燥、通风、防腐的地方贮藏。在土地平坦的地块，此环节也采用全程机械化进行收获。

3. 薏苡—大豆间作模式

（1）品种选择。薏苡选用株型直立、生育期相对较长（130~160天）、株高适宜（150~250厘米）、抗逆性强的优质高产品种。大豆选择株高相对较矮（60厘米以下）、耐隐蔽、分支少、结夹多、抗逆性强、早熟或中熟的高产优质品种，以保证大豆在薏苡抽穗开花之前收获采摘。

（2）间作方式。为实现高产高效，薏苡与大豆间作通常按行比1：1、1：2或2：2三种方式布局，即1行薏苡间1行大豆、1行薏苡间2行大豆（宽窄行间作）或者2行薏苡间2行大豆（宽窄行间作）的带状复合种植。薏苡与大豆1：1布局时，一般控制薏苡行间距75~90厘米，薏苡与大豆行距37.5~45厘米；薏苡与大豆1：2布局时，薏苡宽行间距100~110厘米，1行薏苡间作2行大豆，大豆行间距30~40厘米；薏苡与大豆2：2布局时，薏苡宽行间距90~100厘米，宽行间作2行大豆，薏苡与薏苡窄行行距为50~60厘米，大豆行间距30~40厘米。上述间作过程中薏苡以窝（穴）播或条播播种，每窝（穴）留苗2~4株，种植密度0.8万~1.2万株/亩；大豆条播（有条件的可以覆膜），密度控制在1.4万~2.2万株/亩。具体实施过程中可根据薏苡和大豆的品种特征、当地气候条件和地块特点进行适宜调整。

（3）合理施肥。施肥遵循“基肥为主，适时追肥”的原则，一般用量基肥1 500~2 000公斤/亩农家肥和过磷酸钙30公斤/亩，或者每亩使用硫酸钾型复合肥（N：P_2O_5：K_2O = 15：15：15）50公斤。期间可根据需求，在薏苡拔节期或抽穗期追施尿素20~40公斤。

（4）田间管理。主要有以下几方面注意事项。

定苗与补苗。当薏苡生长至4~6叶龄、大豆在第一复叶出现时，按照密度要求进行匀苗和定苗，对于少苗、缺苗区要及时补种。

中耕除草。间作种植模式通常能够有效预防杂草和追肥次数，施肥一般只用施足底肥即可，期间可根据具体情况进行1~2次中耕和1~2次中耕追肥。

病虫害防治。按照“预防为主，综合防治”的原则，优先采用农业防治、生物防治、物理防治，合理使用化学防治，由于薏苡、大豆在植物学分类上属于不同的科，它们对不同化学药剂的敏感性不同，所以对于农药等化学药剂的使用要严格控制，尽量采用生物防治、生物防治和物理防治。薏苡主要预防黑穗病、叶枯病病害和玉米螟（钻心虫）、黏虫（夜盗谷）虫害的危害；大豆主要预防大豆灰斑病、花叶病和蚜虫、食心虫等病虫害的发生。

（5）适时收获。大豆的收获既可以在鼓粒期收获鲜食大豆（毛豆），也在在成熟时收获干豆，待50%的大豆植株叶片基本脱落且全株有95%以上变为成熟颜色，从田间对杆荚进行收获，脱粒后及时晒干至籽粒水分在12%~13%时入库。当薏苡植株中下部叶片转黄，籽粒80%以上变色成熟时收割，脱粒，种子脱粒后晴天晾晒至含水量≤13%后，放入阴凉、干燥、通风、防腐的地方贮藏。

（三）适宜区域

薏苡单作高效种植模式和薏苡—大豆间作模式适用于贵州大部分薏苡种植区，如黔西南州的兴仁、兴义、晴隆及安顺、贵阳等地。薏苡膜侧栽培种植模式：主要适用于春旱相对较重，但空气湿度较大的地区，如兴仁市。

（四）注意事项

黑穗病害是薏苡的主要系统性病害，受种子带菌和土壤带菌的影响，发作概率高，危害大，要特别注意种子处理环节，进行拌药或包衣，预防黑穗病的发生。苗期注意玉米螟、黏虫、小地老虎和草地贪夜蛾的危害，抽穗期注意黑穗病和叶枯病的发生，及时拔除有病植株。

（五）技术依托单位

贵州省特色杂粮产业技术体系
联 系 人：朱怡
联系邮箱：756716745@ qq. com
贵州黔西南喀斯特区域发展研究院
联系地址：贵州省兴义市瑞金北路 14 号
联 系 人：李祥栋
电子信箱：lixiangDongsiji@ 163. com

四、马铃薯复种苦荞生产技术

（一）技术概述

贵州是我国苦荞传统产区和主要加工产品供应源，近年来苦荞产业呈现加工、销售规模快速增长，而种植规模持续减少的矛盾，传统春季净作模式因比较效益低不符合农民增收需求和产业发展需要，利用马铃薯收获后空闲地发展一季苦荞种植可有效化解产业难题。一是提高了土地复种指数，增加了单位面积产出；二是减轻了马铃薯连作障碍，促进了马铃薯产业持续健康发展；三是增加了苦荞种植面积，保障苦荞的生产和供应。2016—2020 年在威宁进行推广应用，累计示范推广 1. 5 万亩。

（二）技术要点

（1）品种选择。选择适应当地生态条件的、生育期短的苦荞品种，如黔苦 7 号等。

（2）整地。马铃薯收获后，应及时浅耕灭茬，然后深耕，深度 25 厘米以上。

（3）种子处理。采用水选、粒选等方式，剔除空粒、瘪粒、破粒、草籽和杂质，选用大而饱满且整齐一致的种子。在播种前的 5～7 天，在天气较为晴朗的上午 10：00—16：00，薄薄的摊开一层，并常翻动，晒 2～3 天。使用 30%咯菌腈・嘧菌酯・噻虫嗪种子处理可分散粉剂，按 67～100 毫升/100 千克种薯进行拌种，用水量控制在 700 毫升/100 千克种薯以下，防治蝼蛄、蛴螬、金针虫等地下害虫及黑痣病等病害。

药剂拌种最好的播种前 1 天进行，药剂种子拌匀后堆放 3~4 小时再摊开晾干。

（4）播种。马铃薯收获后及时复种苦荞，适宜播期在 7 月中旬至 8 月上旬，适时早播，避免早霜危害。播种应在晴天、土壤湿度不大的情况下进行。采用条播或撒播，应保证深浅一致，落籽均匀，然后视墒情进行镇压，确保全苗。每亩播种量 4~5 公斤。播种深度应在 3~5 厘米，墒情好稍浅，墒情差宜深。

（5）田间管理。发现缺苗断垄，应立即补种补栽。每亩留苗 8 万~10 万株。中耕除草 2 次。第一次人工中耕锄草在幼苗高 6~7 厘米时结合间苗疏苗进行；第二次中耕在封垄前，结合追肥培土进行，中耕深度 3~5 厘米。根据苗情和地力条件，结合第二次中耕，每亩追施尿素 5~7.5 公斤。对中后期肥力不足或表现脱肥的，可配合施用 1~2 次叶面喷肥，每亩可用 0.2%的磷酸二氢钾溶液 50 公斤均匀喷施。

（6）病虫害防治。主要有以下几种。

立枯病：发病时用 65%代森锌可湿性粉剂 500~600 倍液或 70%甲基硫菌灵可湿性粉剂 800~1 000倍液喷雾防治。

轮纹病：发病初期用 80%的波尔多液可湿性粉剂喷雾防治。

褐斑病：在田间发现病株时，用 40%多菌灵悬浮剂，或用 75%的代森锰锌可湿性粉剂等杀菌剂 500~800 倍液喷雾防治。

霜霉病：发病初期用 800~1 000倍液的 25%嘧菌酯悬浮剂，后期用 75%百菌清可湿性粉剂 700~800 倍液喷雾防治。

黏虫：可根据测报情况，在田间采摘卵块，搜集烧埋枯心苗、枯黄叶，把成虫消灭在产卵以前，把卵消灭在孵化以前，把幼虫消灭在 3 龄以前。幼虫发生密度大时，于上午 9：00 和 16：00 后，可将幼虫震落在容器或地下，集中消灭幼虫。

钩刺蛾：利用幼虫假死性和趋光性，实行灯光诱捕和人工捕杀。

（7）收获

苦荞植株 2/3 籽粒呈现本品种成熟色泽时收获。收获时，应选阴天或早晨露水未干时。

（三）适宜区域

毕节、六盘水等地区。

（四）注意事项

马铃薯收获后及时种植苦荞，避免早霜对苦荞的危害。

（五）技术依托单位

贵州省特色杂粮产业技术体系
联 系 人：朱怡
电子邮箱：756716745@ qq. com
贵州省生物技术研究所
联系地址：贵阳市花溪区金欣社区贵州省农业科学院

邮政编码：550000
联 系 人：卢扬
电子邮箱：499528997@qq.com

五、马铃薯增产增效栽培技术体系

（一）技术概述

1. 技术基本情况

针对贵州马铃薯种植区域广泛，生态类型多样，立体气候特点突出，马铃薯可基本实现周年生产，不同海拔区域、不同熟期马铃薯栽培技术差异较大，缺乏相对统一规范的技术模式，有针对性形成的关键技术及技术模式。通过栽培技术集成熟化，推广应用，形成适宜不同区域的增产增效栽培技术模式，解决区域间关键栽培技术精准配套问题。实现了贵州马铃薯生产良种良法配套，提高生产水平。

2. 技术示范推广情况

其核心技术“马铃薯增产增效栽培技术”自2008年以来，以高产创建、绿色高质高效行动、绿色增产增效技术示范推广等项目为载体，在全省大面积开展集成、示范、推广，多项措施作为贵州主推技术，2020年编入贵州省优质粮油生产技术指南，获得良好效果。2008—2015年在全省9市（州）54个县（市）实施转化232个万亩片，累计推广面积258.02万亩，加权平均亩产2 144.18公斤，小面积最高亩产达4 277.8公斤。2016—2018年，在全省9个市（州）916个镇（乡）累计推广面积2 646.7万亩，加权平均亩产1 191.83公斤，小面积最高亩产达6 931.24公斤。目前该技术正在毕节、遵义、黔东南、黔南、铜仁、六盘水等地65个马铃薯主产县推广应用。

3. 提质增效情况

和常规技术相比，应用该技术体系可增产马铃薯12%以上，水分、肥料利用率提高10%以上，降低化肥、农药用量5%以上，亩新增纯收益200元以上，同时马铃薯秸秆全量还田，肥效转化快，土壤理化结构得到改善，耕地地力得到保护。通过马铃薯增产增效技术体系应用且生产过程中减肥、减药，提高马铃薯品质。

4. 技术获奖情况

获2016年度贵州省科技成果转化二等奖；2016—2018年度全国农牧渔业丰收二等奖。

（二）技术要点

1. 选地与整地

马铃薯是茄科作物，不宜连作，不要选前茬作物为烤烟、茄子、辣椒、番茄等作物的地块，选非茄科轮作倒茬地。马铃薯耐贫瘠，但以耕层深厚、土壤肥沃、土质疏松、不易积水的沙壤土或壤土为最佳。一般来说，土壤耕整地要求深度达40厘米左右。旱地要做到耕翻前清洁地块，深翻细耙；稻田要在水稻收获后尽早耕翻降渍晾晒，播种前碎垡、开好边沟、中沟等排水沟。深耕可采用拖拉机翻犁、牛耕等，用旋耕机细碎土壤，一般旋耕2~3次。

2. 品种选择

中早熟品种。主栽品种有中薯5号、中薯3号、费乌瑞它等，试验示范表现优良的新品种有黔芋8号、滕育1号、希森6号、兴佳2号、荷兰15、华颂34、华薯2号、闵薯2号、红美等，主要在黔南、黔东南、遵义、铜仁、黔西南等地稻田冬种早熟区及毕节、六盘水等地海拔800米以下低热河谷地区种植。冬种条件下，中熟品种应在适宜播期范围内适当早播。

中晚熟品种。主栽品种有威芋5号、威芋3号、威芋7号、青薯9号、宣薯2号等，试验示范表现优良的新品种有黔芋8号、陇薯7号、丽薯6号等。主要在黔中、黔北、黔西北等海拔800米以上旱作区种植。

3. 种薯切块与拌种处理

选种及切块。采用一级脱毒种薯，播种前1~2天对种薯进行挑选，剔除病薯、烂薯、老龄薯。30~50克大的种薯不需切，直接用整薯；大于50克的薯块要切块，单个切块30~50克（鸡蛋大小），带1~2个芽眼。准备一个长方体的盒子装满75%酒精或0.5%的高锰酸钾溶液，把切刀置于溶液中浸泡，切到病烂薯时更换切刀，两把切刀交换使用。

拌种。药剂拌种可以预防干腐病、青枯病、环腐病、黑胫病、黑痣病、地下害虫等病虫害。常用拌种药剂有，58%甲霜灵锰锌可湿性粉剂（50克/100千克种薯）、70%甲基托布津可湿性粉剂（100克/100千克种薯）、噻霉酮（细刹）（15克/100千克种薯）、70%丙森锌可湿性粉剂（100克/100千克种薯）、22%氟唑菌苯胺悬浮种衣剂（8~12毫升/100千克种薯）、23%吡虫啉·咯·苯甲悬浮种衣剂（25毫升/100千克种薯）+60%氟酰胺·嘧菌酯水分散粒剂（15克/100千克种薯），77%硫酸铜钙可湿性粉剂（100克/100千克种薯），地下害虫发生区域可选择60%吡虫啉悬浮种衣剂（24~30克/100千克种薯），土壤贫瘠或种薯质量稍差可选用0.136%芸苔·吲乙·赤霉酸可湿性粉剂（1.5~2克/100千克种薯）等。滑石粉1.5公斤作附着剂。

4. 科学肥水管理

马铃薯是喜钾作物，施肥的关键是施足底肥，配方追肥，适当追肥。一般用腐熟农家肥1 000~2 000千克/亩（或商品有机肥300千克/亩），氮磷钾比为15：15：15的复合肥80~100千克/亩，硫酸钾10~20千克/亩作基肥一次性施入（或选用高钾薯类专用复合肥100~150千克）。注意种肥分离，避免烧种。出苗后根据植株长势追肥，第一次追肥在齐苗后，每亩用15千克尿素作追肥，第二、第三次在薯块膨大期用0.5%的磷酸二氢钾、或用300倍液根茎宝进行叶面喷施。

5. 晚疫病防控

从苗期至成熟收获期，重点预防晚疫病的发生和蔓延。晚疫病是危害马铃薯的主要病害，防治不当，会造成严重减产，素有“马铃薯癌症”之称。出苗后，要经常性田间观察或借助马铃薯晚疫病监测系统进行预测预报，密切关注晚疫病、早疫病等重大病害发生情况，当田间出现中心病株时，必须立即拔出中心病株并带出种植区销毁，中心病株周边重点消杀，整片种植地块统一药剂防控。在晚疫病发生蔓延之前，生产上建议苗齐后20天，可以先喷施80%代森锰锌可湿性粉剂、70%丙森锌可湿性粉剂等保护剂一次，预防晚疫病大爆发；出现中心病株后更换使用氟吡菌胺·霜霉威盐酸盐687.5克/升悬浮剂（银发利）、烯酰吗啉等治疗剂，间隔7~10天施药一次，建议防治3~4次。防治应以专业化统防统治为主，避开雨天、晴天中午阳光暴晒的时间施药，选择阴天或晴朗的早晨或午后喷雾防治，选用高效的植保器械，防治药剂要更换交替，并按照说明书进行。

6. 抗逆保生产

贵州各地无霜期长短不一，容易发生倒春寒天气，冰雹灾害天气也不可避免，这些不利天气都会造成马铃薯减产。如遇冻害或冰雹灾害，要及时扶苗整枝，土壤干旱要补水造墒，发生洪涝要抢排积水，及时叶面喷施0.3%~0.5%磷酸二氢钾、根茎宝300倍液等叶面肥、水溶肥补充养分增强植株抗性促进生长，延长生长期，适当晚收。若受灾严重，无法挽回，只能改种其他作物，减少土地和劳动力浪费。

7. 低海拔秋冬种早熟马铃薯高产栽培技术模式

早熟型优良品种+脱毒种薯+大垄双行净作+地膜覆盖+合理密度+配方施肥+绿色防控。采取大垄双行播种，行距1.1~1.2米，宽行距80厘米，窄行距30~40厘米，错窝摆种，窝距约25厘米，亩密度4 500~5 000窝。起垄做到高度适宜，垄面饱满、平整，地膜拉紧铺平紧贴垄面，膜边压实。地膜选用厚度0.01毫米以上的膜，覆盖方式主要有白膜覆盖+出苗期破膜引苗，黑膜覆盖+膜上覆细土自主出苗，黑膜覆盖+打孔播种+出苗后封口。

（1）常规人工播种。采用沟播、平播，摆种后施肥，然后起垄覆膜，垄高30厘米。

（2）全机械化播种。播种、起垄、覆膜一体化机械播种，播种前结合耕地将农家肥、商品有机肥、复合肥等肥料均匀撒施在地里。

（3）半机械化播种。基肥条施，小型起垄机起垄，黑膜覆盖、膜上移苗器打孔播种或机械开沟、人工常规播种。

8. 高海拔冷凉春种晚熟马铃薯高产栽培技术模式

中晚熟型优良品种+脱毒种薯+大垄双行净作+合理密度+机械化+绿色防控。选择耕地相对平缓（坡度≤15°），面积较大地块，采用耕、播、管、收全程机械化技术。大垄双行播种，行距 1.1~1.2 米，宽行距 80 厘米，窄行距 30~40 厘米，错窝摆种，窝距 30~35 厘米，中熟品种亩密度 3 500~4 000窝，晚熟品种密度 3 000~3 500窝。推荐两次中耕培土，第一次在苗齐后进行，锄尽杂草，适量培土，将垄沟土覆于垄顶，覆土 3 厘米左右；第二次在植株 20~25 厘米，锄尽杂草，大量向苗根壅土，培土又宽又厚，达到 5~6 厘米。中耕要做到不伤苗、不铲苗、不伤垄，土壤疏松细碎，垄沟窄、垄顶宽，可结合追肥进行。

9. 中晚熟马铃薯间套作高产栽培技术模式

中晚熟型优良品种+脱毒种薯+分带间套作+合理密度+绿色防控。采取 1.8~2 米开厢分带，推广马铃薯与玉米（大豆、高粱、蔬菜、荞麦、绿肥等）“二套二”技术，单垄两行马铃薯的窄行距为 30~40 厘米，窝距为 25~30 厘米，采用沟播，沟深 15 厘米，种植密度为 2 200~2 900窝/亩。预留行种植两行其他作物。可以根据对马铃薯、玉米、大豆、蔬菜、荞麦等作物的需求情况调整作物比例，可以 1∶1、2∶1、1∶2 等。

（三）适宜区域

低海拔秋冬种早熟马铃薯高产栽培技术模式适宜在黔南、黔东南、遵义、铜仁、黔西南等地稻田冬种早熟区及毕节、六盘水等地海拔 800 米以下低热河谷地区应用。高海拔冷凉春种晚熟马铃薯高产栽培技术模式适宜在黔西北种植区较大地块区域应用。中晚熟马铃薯间套作高产栽培技术模式适宜在黔中、黔北、黔西北等海拔 800 米以上旱作区应用。

（四）注意事项

根据生产区域气候、土壤、耕作制度等因地制宜选择技术模式。

（五）技术依托单位

贵州省农作物技术推广总站
联系地址：贵州省贵阳市云岩区延安中路 60 号
邮政编码：550001
联 系 人：付梅
电子邮箱：1185328578@ qq. com

六、乌蒙山区春作马铃薯高产栽培技术

（一）技术概述

1. 技术基本情况

针对乌蒙山区春作马铃薯产量低的问题。马铃薯播种早期遇干旱致使出苗不齐，幼

苗不健壮；后期雨水丰沛，容易在田间形成涝灾，大面积爆发晚疫病，在湿热环境下给病害防控带来困难。应用该技术，膜下铺设滴灌带，解决了马铃薯早期出苗干旱问题，同时实现水肥一体化，节约人工成本；田间管理时控制植株生长过旺，增加空气流动性，同时配合晚疫病防控，避免植株非正常死亡造成减产。实现了马铃薯生产农机农艺融合、良种良法配套、生产生态协调。

2. 技术示范推广情况

2020 年在威宁县麻乍镇箐岩村进行小范围示范，云薯 108 大面积测产亩产达到 5 014.65公斤，青薯 9 号平均亩产 5 371.41公斤，为贵州马铃薯单产最高纪录。目前该技术正在威宁马铃薯主产区小范围示范展示。

3. 提质增效情况

和常规技术相比，应用该技术块茎增产 2%～13%；水分、肥料利用率均提高，节约人工成本，田间管理措施可避免马铃薯地上植株非正常死亡，延长马铃薯生育期，提高马铃薯块茎品质。

（二）技术要点

1. 品种选择

青薯 9 号红皮、肉色淡黄、表皮光滑、抗病性强、商品薯率高；幼苗生长强、株丛繁茂性强、叶色浓绿、花色淡紫、结薯集中；植株耐旱，耐寒。云薯 108 黄皮黄肉，生育期长，高产、抗病性强、食味好。

2. 种薯处理

剔除病薯、烂薯。切块种薯的切块要在播种前 1～2 天进行。切块时根据薯块的大小和芽眼的分布要采取横竖切或环切等不同的切块方法。但要尽量减小伤口面积，不要切成条状或片状，每个切块必须应含有 1～2 个芽眼，平均单块重达 35～45 克。切块过程要注意切刀消毒，可使用 0.5%高锰酸钾溶液或 75%酒精不断浸泡或擦洗消毒，切刀最好两把以上，轮换使用。

通过给切好的薯块进行药剂拌种处理，提高出苗率和预防病害。采用药剂为广谱细菌性杀菌剂和真菌性杀菌剂，附着填充剂为滑石粉。亩需甲基硫菌灵或多菌灵可湿性粉剂 100～150 克，中生菌素或噻霉酮可湿性粉剂 30 克，滑石粉 5 公斤。将切好的种薯与混合均匀的药粉进行混合翻拌均匀，使每个薯块表面均匀附着一层混合药粉。

3. 铺设膜下滴灌带

滴灌带铺设采用单垄单带（1 垄铺 1 条滴灌带）模式，在马铃薯出苗期遭遇干旱可及时补充水分，可用来施用水溶肥，实现水肥精细化管理。

4. 植株控旺处理

马铃薯控旺要视情况把握时间以及使用次数。控旺不提倡用激素控旺，如多效唑、矮壮素等，易引起残留，提倡用三唑类杀菌剂控秧。第一次控旺时间可在垄与垄之间还有 5～8 厘米封垄时进行；如果雨水较多，植株开始疯长，可在每次打药时酌情加 20～

60毫升不等的三唑类杀菌剂；如果气候干旱，秧子已经封垄，可以打药时间隔一次使用三唑类的杀菌剂，可使叶片从绿变厚，抵抗力变强，避免炭疽病的发生，也可预防突然降雨，秧子控不住。同时在马铃薯植株封垄前以顺着垄沟两侧栽竹竿固定绑绳的方式搭支架，用绑绳在马铃薯行间“扶起”薯秧，防止后期薯秧生长旺盛造成倒伏。

5. 后期晚疫病和虫害防控

用药剂防治晚疫病是行之有效的，施药防治次数以3次为主，在未发生晚疫病前（现蕾期）先喷保护剂代森锰锌、丙森锌等，以后每隔10天左右轮换使用治疗兼保护剂氟菌·霜霉威、霜脲·锰锌、噁酮·霜脲氰等，或使用苯噻菌胺+小檗碱（霜疫杀手锏）和80%（烯酰吗啉+吡唑醚菌酯）（金霜）专用药剂防治马铃薯晚疫病。在发现中心病株后，应拔除病株并远离种植区深埋，并及时使用治疗剂。保护剂和治疗剂使用方法根据晚疫病发作情况而定。蚜虫防治药剂可使用旺亩特乳油2 000~2 500倍液叶面喷雾。马铃薯蓟马等其他虫害可选用阿维菌素、阿维·辛硫磷、苏云金杆菌、烟碱、鱼藤酮、苦参碱、氰戊菊酯、溴氰菊酯等药剂进行防治。

6. 块茎收获

采收薯块在田间晾晒2~4小时，晾干表面水分后，剔出病、烂、虫蛀、畸形薯及泥土等杂物，按照薯块大小分级，薯块分级装袋，分级标准根据市场需求确定。

（三）适宜区域

乌蒙山区春作马铃薯种植区。

（四）注意事项

种薯处理必须到位，即使播种，避免长时间堆放导致烂种；马铃薯植株封垄后要及时控旺，防止后期遇阴雨天气行间空气流通不畅，增加病虫害发生率，避免植株徒长至少株高过高引起倒伏，影响植株光合作用；晚疫病防控措施要及时，以防引起大面积爆发控制不住。

（五）技术依托单位

贵州省马铃薯研究所（贵州省马铃薯现代农业产业技术体系）
联系地址：贵州省贵阳市花溪区金竹镇金农社区
邮政编码：550006
联 系 人：范士杰
电子邮箱：mfsjgy200@ sina. com

七、有机高粱漂浮育苗宽窄行地膜覆盖移栽技术

（一）技术概述

1. 技术基本情况

针对贵州中高海拔区因早春气温回升慢，年均温较低、季节性干旱频发影响高粱适期播种、出苗不整齐、不能正常扬花和成熟，解决黑穗病发病重等问题，研究形成的技术体系。该技术在烤烟育苗技术基础上加以改进，采用大棚、简易棚等方式育苗，减少播种时和带病土壤的接触，减少黑穗病传播，同时促进该技术推广；并在传统移栽的基础，采用宽窄行栽培，通过覆膜提高田间通风透光，提高了土温和土壤含水量，抑制了宽行间杂草生长，减少了养分挥发，缩短高粱生育期，减少“秋风”对高粱扬花和灌浆的影响，提高高粱品质，增加产量具有良好的作用。同时对于节水、节肥节药、省工、增产、增收增效显著，具有轻简化、绿色化、节约化、可操作性强等突出特点。

2. 技术示范推广情况

2017—2020 年在遵义市等地进行推广应用，示范推广 10.65 万亩。

3. 提质增效情况

该技术模式比传统栽培增产 18.8%；节水、节肥、节药 19.5%；提高劳动生产率 37.3%。采用漂浮育苗节约了育苗用地、用水、用药和用工，大田栽培中充分发挥地膜增温保墒抑草效应，提高了降水利用率，减少除草剂施用量，节约覆膜和中耕除草用工；促进高粱提早成熟，减少病害发生，减少了病害防治成本和用工；此外，增温保墒后水肥耦合效应明显，提高了肥料利用率。

4. 技术获奖情况

获 2016 年度获农业部丰收计划二等奖；2017 年度贵州省科技成果转化二等奖。

（二）技术要点

1. 选用良种

茅台酒用高粱统一使用仁怀市丰源育种中心提供的“红缨子”品种。该品种属中熟酒用品种，具有种皮厚，支链淀粉高，单宁含量适中、酿酒不易糊化的特点。春播生育期 130~140 天，夏播生育期 120~130 天。

2. 漂盘育苗

有机高粱漂盘育苗是根据有机高粱生产的技术要求，将种子播在配置育苗营养土的

泡沫穴盘，漂浮在水面上，在人工控制条件下，提供高粱幼苗生长所需的光、温、水、氧气、营养物等，使秧苗在漂盘孔穴中扎根生长，并从基质和水池中吸收水分和养分的育苗方法。

（1）苗床地的选择。选择背风向阳、交通、水源方便、地势平坦的地方建棚，可以在自家院坝或园地里建棚。

（2）营养池制作。营养池可用砖砌（院坝可用）或直接在土中挖出泥土按标准箱制成土埂（压紧实，不能跨踏）。一般每个营养池（标准箱）长10米（根据需要可加长或缩短）、宽1.2米、深0.15米，周围走道1米。池底、侧墙要压紧实、平整，不能有尖锐石块、草根等，防划破薄膜。内铺垫双层聚乙烯膜（厚），以防漏水，又可保温。如有漏水，及时放水换膜。

（3）拱棚制作。分为小拱棚、简易大棚和标准大棚三种。

小拱棚制作。按长2.0~2.2米、宽3~4厘米的标准制作好竹条作为拱架，竹条要求光滑，以防刺伤手及薄膜。待漂盘制作好后再插上竹条拱架，每20~30厘米插一条即可，也可交叉插，牢固性更好。再在上面盖上2米宽的聚乙烯膜（厚），四周用土扎严。

简易大棚制作。用竹竿按宽4米，高2.5米搭建三角棚。棚好后，在棚内建两个标准营养池进行育苗。

标准大棚制作。标准大棚为钢架大棚，一般宽8米，长30米（可根据需要调整长度），需由专业人员安装。大棚内可设4个营养池。

（4）育苗盘选择。最好用聚乙苯、聚乙烯泡沫塑料制成的盘，可用3~5年时间，漂盘规格为长57厘米，宽33厘米，每盘160穴。

（5）营养土的配制。按腐熟有机肥、表土各30%，细肥土40%自行配制营养土原料，并用高锰酸钾进行消毒。选用符合有机生产要求的商品基质肥效果更好。

（6）装盘播种。播种前要对育苗盘等器具用高锰酸钾药液进行消毒，营养池中放好清洁水后并用硫酸铜消毒，以免水池生青苔。装盘前先把配制好的营养土（或基质肥）洒水湿润，育苗营养土的水分要求以到手握成团，松手即散为好，保证穴内育苗营养土填实，填满度至八九成，不架空，不过紧，每盘装2公斤左右。在移栽大田前15天，将精选种子浸泡2小时后滤干播种，每穴2~3粒，播完一盘后用木板轻压苗盘表面，使种子陷入营养土中，再用营养土适量盖种后将苗盘放入营养池内漂浮。

（7）施肥。营养液可以考虑用沼液，每标准箱200~300公斤沼液倒入水中即可，不应使用化学合成的肥料。如果没有沼液，只用清水也可，苗长到3叶一心时便移入大田，再追肥，保持营养液pH值在5~7。

（8）苗床管理。棚内温度保持在20~28℃，温度若超过30℃，应及时揭开两头薄膜让其通风，17：00后及时盖膜保温。苗长到3~4叶1心时即可移栽，在移栽前一周要陆续揭开两头及薄膜，移栽前1~2天将穴盘移出营养池放在室外土中断水、断肥，提高高粱的抗逆性和移栽成活率。

（9）注意事项。种子要精选、浸泡并晾干。营养土的成分、比例、水分要适当，确保漂盘能浮于水面，同时有一定的养分能供应高粱苗生长，农家肥须充分腐熟碎细，肥土不能太黏重。苗龄一般为15天左右3~4叶1心为宜，时间过长，根系过长过多，移栽时易伤根，影响成活。秧苗须根系较发达，移栽时将秧苗扶正后用细土掩盖好即可，不宜重压。

3. 地膜覆盖栽培

苗龄要求。漂盘培育的有机高粱壮苗，苗龄20天，叶龄4~5叶。

整地培肥。用旋耕机翻犁土壤，去除杂草，按亩用量100~200公斤生物有机肥（应经认证机构许可后使用）和1 500公斤充分腐熟农家肥混合施入，再用旋耕机翻犁一次。

起垄覆膜。按南北行向，按4尺开厢，用2尺起垄，用1米宽地膜覆盖，四周用泥土盖严，沟宽5寸，沟深4寸。

移栽规格。每垄栽2行，窝距7.5~8寸（1寸≈0.033米，全书同），窝栽2~3株，保证亩株数在6 000株以上。

移栽方式。用打孔器（可用木棍削成木尖）打孔，直径2寸，孔深2寸。轻轻放入高粱苗，用细土填平压实，浇足定根水。孔的周围薄膜一定要用土压实以防水分散失和杂草滋生。

栽后20天，用清粪水2 000公斤/亩淋施一次，栽后50天用清粪水2 000公斤/亩再淋施一次。注意防虫防病。

4. 田间管理

移栽返青成活后，及时查苗、补苗，保证基本苗。移栽成活后，结合查苗补苗，用清粪水1 000公斤/亩，追施一次活棵肥，移栽后一个月左右，结合中耕除草再追施清粪水1 000公斤/亩。禁止使用化学除草剂。

5. 病虫害防治

采用农业综合防治与生物防治相结合。注意对地老虎、蚜蝇、高粱螟、桃蛀螟及黏虫的防治，拔节期注意对高粱炭疽病、紫斑病、大斑病的防治。如发现蚜虫，可用0.3%印楝素水乳油800倍液防治；发现螟虫和黏虫，可用5%除虫菊素水剂800倍和3%苦参碱水剂600倍液防治；发现大斑病、紫斑病、炭疽病，可用25%吡唑醚菌酯悬浮剂800倍液防治。

6. 收获与贮藏

酒用高粱在蜡熟末期收获最为适宜，因为此时期营养物质停止积累，千粒重最高，淀粉含量也多，其特征是穗基部茎秆变黄，植株下部的4~6叶枯死，穗上下两端小穗外颖呈棕色，此时收获的高粱籽粒经晾晒后呈棕黄色，经济性状较好。高粱籽粒的干燥是保证贮藏期间品质不变的关键，收获脱粒后，晒到含水量在13%以下方可入库。收贮时要专收专贮，贴上标签。

（三）适宜区域

贵州中高海拔及易出现季节性干旱的高粱种植区。

（四）注意事项

盖膜时在宽行上进行间隔压土，使膜盖紧，移栽时注意用土封口。在高粱的生长期间，要防止有机磷类农药（特别是敌敌畏）对高粱的影响，除要在有机高粱地块内严禁施用以外，对挥发性强的有机磷类农药在有机地块以外 50 米区域内都要控制施用。

（五）技术依托单位

贵州省特色杂粮产业技术体系
联 系 人：朱怡
电子邮箱：756716745@ qq. com
仁怀市农业技术综合服务站
联系地址：贵州省仁怀市中枢街道老政府大院
邮政编码：564500
联 系 人：雷文权
电子邮箱：214356122@ qq. com

八、酒用高粱全程机械化生产技术

（一）技术概述

1. 技术基本情况

酒用高粱是贵州省千亿级产业烟酒产业中，白酒产业的重要原料作物。“十二五”以来，在以贵州茅台为代表的白酒产业的推动下，全省酒用高粱种植面积近 200 万亩。然而随着酒用高粱产业的不断发展，与之存在的机械化生产水平低，生产成本高，收获损失和霉变损失大等问题凸显。2020 年，以贵州茅台唯一指定的酒用高粱—“红缨子”品种为主，结合其植株高、穗头柔软弯曲、颗粒坚实、粒小皮厚等特点，开展酒用高粱全程机械化生产试验示范，重点解决育苗移栽、收获及烘干环节上存在的技术瓶颈。通过试验示范，大幅度提高了耕整地、育苗移栽、田间管理、收获和烘干等技术环节的机械化覆盖率，通过试验示范，项目区高粱生产综合机械化水平达到 79%。特别是机械化收获技术与烘干技术取得重大突破，机械化收获损失率控制在 3%~5%，远远高于国内先进水平。机械化烘干技术解决了酒用高粱的提质存储问题，大大提高了酒用高粱的经济价值。

2. 技术示范推广情况

2020 年，酒用高粱全程机械化生产试验示范项目在遵义市仁怀市长岗镇茅坡村实施，项目完成示范面积592亩。辐射带动了茅坡村高粱机械化应用5 000余亩。通过项目实施还直接和间接带动了长岗镇，五马镇、茅坝镇等高粱基地在高粱生产中较大范围引进使用机械作业，明显提高了高粱生产机械化覆盖率。通过项目带动，2020年仁怀市组织召开了“酒用高粱生产全程机械化技术应用现场会”示范效果良好，习水、播州、金沙、石阡等县区相继开展示范技术推广，技术推广覆盖面和应用面进一步增大增强。

3. 提质增效情况

机械化收获高粱损失率控制在3%~5%，单机日收获面积30亩以上，突破了“红缨子”高粱多年来一直无法机械收获的技术难题，每亩可节约150~200元生产成本。一台移栽机作业速度，相当于人工10人以上。机化耕作、植保方面，项目区比非项目区（人工栽培及小型机械作业）节约成本660元/亩。

（二）技术要点

1. 技术内容

机械化耕整地技术。主要采用微耕机和拖拉机进行土地耕整作业的技术。

机械化育苗技术。主要结合农艺措施采取育苗机具进行播种，漂浮育苗，在设施配备齐全的大棚育苗技术。

机械化田间管理技术。采用除草机进行除草作业；采用植保无人机开展植保作业的技术。

机械化收获技术。采用进过改装定制的割台配套谷物联合收割机主机进行收获作业的技术。

机械烘干技术。采用自动化程度较高的谷物烘干机进行烘干作业的技术。

2. 技术路线（图7）

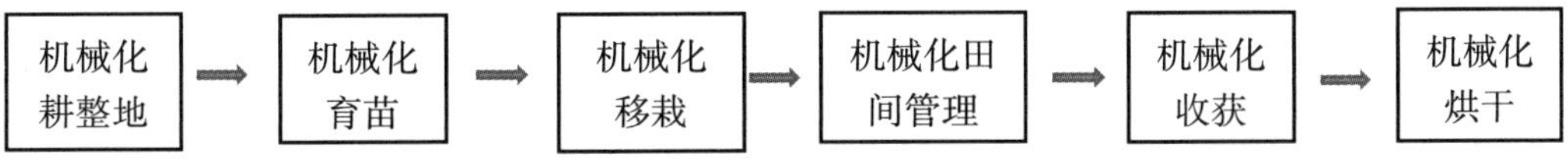

图7　技术路线图示意

3. 技术模式

（1）机械化耕整地。要求无漏耕，耕深达到20~25厘米，土壤细碎平整，土壤颗粒尺寸应≤30毫米，碎土深度应大于栽植深，作业时土壤含水率不大于30%。

（2）机械化育苗。采用与育苗机配套的160穴漂浮盘育苗，播种深度1.0~1.5厘米，盖种基质厚度1厘米左右。

（3）机械化田间管理。除草选在晴天，土壤含水率不大于25%进行，除草翻土深度5~10厘米，距离高粱植株5厘米左右为宜；无人机植保，要求要由专业技术人员按相关规定操作，作业时风速小于2米/秒，作业高度应控制在高粱上方2米左右，飞行速度尽量匀速，最好采用测绘规划自动作业，作业过程中不得关闭避障雷达。

（4）机械化收获。要求损失率控制在 5%以下，作业速度控制在 4~5 千米/小时，割台高度 40 厘米左右，收割时注意检查损失率变化，及时调整作业速度与割台高度，作业时收割机前进方向人员不进入，并及时清理影响作业的杂物。

（5）机械烘干技术。烘干后高粱籽粒含水量控制在 13.5%以下，采用低温烘干，注意把温度控制在 50~60℃，做到当日采收，当日烘干。

4. 主要农艺措施

（1）品种选择及处理。选用红缨子良种；种子处理：播前，将种子在阳光下晒 2~3 天。采用温汤浸种灭菌，用 55~57℃温水，浸泡 5 分钟，也可用石灰水浸泡 1 小时。

（2）采用漂浮育苗移栽。苗床主要选择水源方便，背风向阳。高粱 4 月上旬播种育苗，每穴播种 3~4 粒，每亩大田备苗 30 盘，播种后前 4 天注意保温，出苗后注意防止高温烧苗，移栽前 2 天移出育苗池开始炼苗。

（3）整地与施肥。前作收获后应立即灭茬，结合施基肥进行耕翻，深度 20~25 厘米。每亩施优质腐熟的有机肥 2 000~3 000公斤。

（4）移栽。当苗长至 4~5 叶时即可起苗移栽，除去病苗、弱苗、杂苗、带护根土。等行移栽，行距 60 厘米左右，宽窄行移栽，窄行 40 厘米左右，宽行 80 厘米左右，穴距 28 厘米左右，每穴 2 株，密度为 8 000株左右/亩。

（5）田间管理。移栽返青成活后，及时查苗、补苗，保证基本苗。并结合查苗补苗，每亩用清粪水 1 000公斤追施 1 次活棵肥，移栽后 30 天左右，结合中耕除草再追施清粪水 1 000公斤。

（6）病虫害防治。苗期害虫和地下害虫（地老虎、蛴螬、蝼蛄、金龟子）防治：采用冬前耕翻土壤，减少越冬虫量。害虫成虫羽化后，可用糖醋液诱杀，即糖、醋、酒、水按 3：4：1：2 的比例配制成糖醋液，每亩摆放 5~10 盘（钵）诱杀成虫。病虫害发生达到防治指标时采用植无人机进行虫害治。

发生高粱黑穗病、红条病毒病时人工及时拔除，带出田块集中深埋处理。高粱的其他病害防治主要通过选育抗病品种，防治田间渍水、清洁田园、实行轮作等措施进行防治。

（7）收获。高粱在蜡熟末期收获最为适宜，其特征是穗基部茎秆变黄，植株下部的 4~6 叶枯死，穗上下两端小穗外颖呈棕色。

（三）适宜区域

适宜于全省种植酒用高粱且有机械化作业条件的区域使用。

（四）注意事项

耕整环节，要求泥土细碎，土块直径≤3 厘米，耕深 15~18 厘米，碎土率≥75%，土壤含水率不大于 30%，以保障土壤耕作质量和高粱苗机械化移栽的存活率。移栽环节，建议平作，不建议起垄后在垄上移栽，便于机械化收获。收获环节，作业速度控制在 4~5 千米/小时。烘干环节，烘干温度控制在 50~60℃。

（五）技术依托单位

贵州省农业机械技术推广总站
联系地址：贵阳市云岩区延安西路242号
联 系 人：袁旭
邮箱：9499363@qq.com

九、黄壤稻田油菜稻茬免耕移栽化肥农药减施技术

（一）技术概述

1. 技术基本情况

油菜—水稻轮作是贵州主要的轮作模式，具有前茬水稻收获时间晚，油菜种植茬口紧的特点，通过免耕育苗移栽方式，可以有效缓解茬口矛盾，同时获得较高的油菜产量。该区域油菜种植主要以通用型15-15-15、14-16-15等养分总含量为45%的复合肥和尿素为主，油菜产量水平较高。本项技术针对油菜—水稻轮作区油菜生产中化肥、农药施用量较高，使用方法不科学等问题，结合区域油菜生长特点，以绿色、高产、高效为核心，在明确油菜养分需求规律的基础上，开展品种筛选、秸秆还田、种子包衣、免耕移栽、一次性缓控释肥应用、诊断追肥、综合除草防虫防病等单项技术研究，形成"秸秆还田、稻草覆盖、免耕移栽、种子包衣、化控除草、肥药减量"模式的油菜种植体系，建立"贵州喀斯特黄壤稻田油菜稻茬免耕移栽化肥农药减施技术规程"进行示范推广，达到减肥减药增效的目的，促进油菜产业的绿色可持续发展。

2. 技术示范推广情况

2018年以来，本技术单独或作为其他技术的核心内容，在国家油菜产业体系贵阳综合试验站和贵州省油菜产业体系各示范县进行推广实施，在播州、金沙、绥阳、黔西、瓮安、西秀、余庆、平坝、开阳、黎平、碧江等县（区）进行示范推广和辐射带动，获得良好效果，建立示范区19余万亩，完成核心示范1 900余亩，辐射带动面积约57余万亩，目前该技术正在贵州省油菜主产区推广应用。

3. 提质增效情况

2018—2019年度在播州区开展农民习惯种植模式与油菜绿色高效生产技术模式对比试验大田示范，应用本项技术模式比农民习惯种植模式纯效益增加126.0元/亩，能够达到节肥节药高产高效的目标，节本增效显著。通过该技术应用，可大面积较少化肥农药20%左右，较传统生产方式增产3%左右，提高肥料农药的利用率。

（二）技术要点

1. 稻田整地开沟

水稻收获后，不翻动表土，保留田块原来的土壤耕作方式。水稻收获前提前开沟排水，10 月 5—10 日采用履带收割机或人工收获水稻，稻草全量覆盖还田，稻桩留茬高度 15~20 厘米，稻草粉碎长度 10 厘米左右，起到稻草还田抑草、冬季保温保墒的作用。采用机械或人工开好三沟，沟宽 0.3~0.4 米，沟深 0.3~0.5 米，三沟通。

2. 品种选择与育苗移栽

选用庆油 3 号、黔油 28 号、油研 50、德油杂 11 号、德新油 49 号等耐渍与养分高效、抗（耐）病性好、适宜机械化生产的中熟至中晚熟油菜品种，采用福亮 40%溴酰·噻虫嗪种子处理悬浮剂进行种子包衣（每 1 000克油菜种子使用 5 毫升悬浮剂兑水 10 毫升进行拌种），进行苗床育苗。最佳移栽时间为 10 月 10—30 日，油菜“五叶一心”期，最佳移栽密度为 6 500~7 500株/亩，行距 0.4~0.6 米、窝距 16~33 厘米。

3. 肥料选择与施用

基肥，油菜移栽前，底施宜施壮油菜专用缓释肥（N：P_2O_5：K_2O=23：11：12），用量 45~50 公斤/亩或沃夫特缓控释肥（N：P_2O_5：K_2O= 23：11：12），用量 40~50 公斤/亩，可增施 150~200 公斤/亩商品有机肥。追肥，油菜生长期根据苗情诊断追肥，提苗肥，用尿素 5~8 公斤/亩追施，或薹肥，用尿素 5~8 公斤/亩追施。

4. 农药选择与施用

农药使用应符合 GB 4285 和 GB/T8321 规定。除草剂的选择与施用，播前：根据杂草情况，播前用 90%乙草胺乳油进行封闭除草，药剂量 50~80 毫升/亩。7~8 叶期：10.8%高效氟吡甲禾灵乳油 30 毫升+30%草除灵悬浮剂 50 毫升复配喷施除草；或用 30%草除灵悬水剂 60 毫升/亩和 8.8%精喹禾灵乳油 50 克/亩除草。杀虫剂的选择与施用，青荚期用 2.5%高效氯氟氰菊酯水乳剂 75 毫升/亩+2%磷酸二氢钾喷雾，防治蚜虫。初花期喷施 45%咪鲜胺水乳剂 50 毫升/亩防治菌核病。

5. 收获

5 月上中旬待全田油菜植株 70%~80%的角果色呈黄绿色至淡黄色，采用人工或机械收割，晾晒 5~7 天，成熟度到达 90%以上，择晴天脱粒。或全田 95%以上油菜角果变成黄色或褐色时，采用联合收割机收获。

（三）适宜区域

贵州稻田油菜生产区。

（四）注意事项

注意排水防渍；选用油菜中熟中晚熟抗耐病品种，种子包衣处理；选用适宜缓控释长效肥料；病虫害绿色防控或采用高效低毒低残留农药，采用飞防等方式高效精准施药。

（五）技术依托单位

贵州省油料研究所（贵州省油菜现代农业产业技术体系）
联系地址：贵州省贵阳市花溪区金欣社区贵州省农科院内
联 系 人：肖华贵、雷绍林
电子邮箱：437141070@qq.com，334639000@qq.com

十、黄壤稻田油菜浅耕分箱定量直（机）播化肥农药减施技术

（一）技术概述

1. 技术基本情况

油菜—水稻轮作是贵州主要的轮作模式，通过浅耕分箱定量直（机）播方式，可以减少劳动力等生产投入，获得较好的生产效益。本项技术针对油菜—水稻轮作区油菜生产中化肥、农药施用量较高，使用方法不科学等问题，结合区域油菜生长特点，以绿色、高产、高效为核心，在明确油菜养分需求规律的基础上，开展品种筛选、秸秆还田、种子包衣、定量直（机）播、一次性缓控释肥应用、诊断追肥、综合除草防虫防病等单项技术研究，形成“稻草还田、分厢定量直（机）播、以密补迟、种肥同播、肥药减量”模式的油菜种植体系，建立“贵州喀斯特黄壤稻田油菜浅耕分箱定量直（机）播化肥农药减施技术规程”进行示范推广，达到减肥减药增效的目的，促进油菜产业的绿色可持续发展。

2. 技术示范推广情况

自2018年以来单独或作为其他技术的核心内容，在国家油菜产业体系贵阳综合试验站和贵州省油菜产业体系各示范县进行推广实施，在贵州播州、金沙、绥阳、黔西、瓮安、西秀、余庆、平坝、开阳、黎平、碧江等县（区）进行示范推广和辐射带动，获得良好效果，建立示范区约25万亩，完成核心示范约1 900亩，辐射带动面积约21万亩，目前该技术正在贵州省油菜主产区推广应用。

3. 提质增效情况

2018—2019年度在播州区开展了农民习惯种植模式与本技术模式对比试验示范，与农民习惯模式相比，应用本项技术模式在化肥总量减少14.2%，农药投入量减少47.1%的基础上，油菜籽产量达到176.4公斤/亩，比农民习惯种植模式增产5.7%。应用本项技术模式比农民习惯种植模式纯效益增加163.0元/亩，能够达到节肥节药高产

高效的目标，节本增效显著。通过该技术应用，可大面积较少化肥农药 20%左右，较传统生产方式增产 3%左右，提高肥料农药的利用率，减少化肥农药排放。

（二）技术要点

1. 浅耕整地开厢

前茬水稻秸秆粉碎还田；根据田块大小、坡度、干湿度抢墒机械浅耕开沟起厢，以厢面宽 1.5~2.0 米进行开厢，沟宽 0.3~0.4 米，沟深 0.3~0.5 米，三沟直平通，沟间不通畅出人工疏通。

2. 品种选择及种子处理

选用宜迟播、中早熟、养分高效、耐密植、抗裂荚、株高适中、抗（耐）病强、适宜机械化收获的油菜品种，如黔油早 2 号、阳光 131、油研早 18 等。播种前采用种子包衣剂（福亮 40%溴酰·噻虫嗪种子处理悬浮剂）进行种子包衣处理：每 1 000克油菜种子使用 5 毫升悬浮剂兑水 10 毫升进行拌种。

3. 播种

最佳播期为 9 月 25 日至 10 月 15 日。结合机械浅耕开沟起厢采取种肥同播机机播或人工分厢定量撒播，根据分厢的厢面面积大小控制直播种子播种量，直（机）播用种量 300~400 克/亩，密度 20 000~25 000株/亩。

4. 肥料选择与施用

基肥，油菜播种前，底施壮油菜专用缓释肥（N：P_2O_5：K_2O=23：11：12），用量 45~50 公斤/亩或沃夫特缓控释肥（N：P_2O_5：K_2O =23：11：12），用量 45~50 公斤/亩，可增施 150~200 公斤/亩商品有机肥。追肥，油菜生长期根据苗情诊断追肥，提苗肥，用尿素 5~8 公斤/亩追施，或薹肥，用尿素 5~8 公斤/亩追施。

5. 农药选择与施用

农药使用应符合 GB 4285 和 GB/T8321 规定。除草剂的选择与施用，播前：根据杂草情况，播前用 90%乙草胺乳油进行封闭除草，药剂量 50~80 毫升/亩兑水 40 公斤喷施。5~7 叶期：10.8%高效氟吡甲禾灵乳油 30 毫升+30%草除灵悬浮剂 50 毫升复配喷施兑水 40 公斤喷施。杀虫剂的选择与施用，青荚期用 2.5%高效氯氟氰菊酯水乳剂 75 毫升/亩+2%磷酸二氢钾兑水喷雾，防治蚜虫。初花期喷施 45%咪鲜胺 50 毫升/亩防治菌核病。

6. 收获

5 月上中旬，待全田油菜植株 70%~80%的角果色呈黄绿色至淡黄色，采用人工或机械收割，晾晒 5~7 天，成熟度到达 90%以上，择晴天脱粒。或全田 95%以上油菜角果变成黄色或褐色时，采用联合收割机收获。

（三）适宜区域

贵州稻田油菜生产区。

（四）注意事项

注意排水防渍；选用油菜中早熟抗耐病品种，种子包衣处理；选用适宜缓控释长效肥料；病虫害绿色防控或采用高效低风险农药，采用飞防等方式高效精准施药。

（五）技术依托单位

贵州省油料研究所（贵州省油菜现代农业产业技术体系）
联系地址：贵州省贵阳市花溪区金欣社区贵州省农科院内
联 系 人：肖华贵、雷绍林
电子邮箱：437141070@ qq. com，334639000@ qq. com

十一、果林园区套种大豆栽培技术

（一）技术概述

1. 技术基本情况

针对贵州省在“十三五”期间因扶贫产业需要发展经果林面积较大，经果林（尤其是幼林期）具有较大的空闲土地和空间，套种大豆可以提高复种指数、实现“果—豆”双收，而在果林园区种植大豆需要选择特定的耐荫品种及配套的管理措施，形成应用技术体系。通过该技术，提出了果林园区套种大豆的地块选择、耕作方法、大豆品种选用、种子处理、大豆与果林套种的田间合理配置、播种方式、合理施肥、田间管理、病虫草害防控、成熟收获等技术方案，提高了果林园区套种大豆的产量，实现了贵州省果林套种的果—豆生产技术融合、生产生态协调、粮—果协同发展。

2. 技术示范推广情况

核心技术“果林园区套种大豆栽培技术规程”2020 年发布为贵州省地方标准，但该技术自 2016 年以来在贵州省各地与不同类型的果林园区（石阡的茶园、沿河的空心李子、息烽的葡萄园、盘州的金刺梨等）进行了小范围的示范，获得良好效果，每亩大豆产量达到 80~170 千克。

3. 提质增效情况

果林园区套种大豆与不种植大豆相比，应用该技术实现的大豆产量即是增产的收益，套种的大豆充分利用了果林园区空闲地的水分、养分和光能，增大了复种指数与土地资源、能源的利用，大豆种植根瘤菌固氮生产的生物氮肥被果林吸收利用，可降低果林的肥料施用量 10%以上，同时，套种大豆与不套大豆比较，每亩可为果林节省管理开支 300 元以上。

（二）技术要点

1. 套种条件

选择苹果、李、梨、桃、刺梨、猕猴桃、葡萄、茶等树种，树体宽幅行间距达1.2米以上且具有较好透光的经果林园地。

2. 耕作方法

种植大豆带宽度达1.5米以上的，选用小型旋耕机耕地，在耕作机械运行中，注意保持与经果树体的安全距离，确保不损伤害经果树体，做到精整细平。种植大豆带宽度在1.5米以下的，可人工耕作或免耕播种。

3. 大豆品种选择

选择产量高、耐荫性强、抗倒伏、耐旱、抗病虫等抗逆性较强、适应性广并经贵州省审定或经国家审定种植区域包含贵州省及西南山区、武陵山区的大豆品种，如黔豆7号、黔豆10号、黔豆12号等。

4. 大豆与果树体株行距配置

在经果林的宽行内顺向播种大豆，根据所种植经果林在各龄期的幅宽合理配置行数，保持大豆与经果树体四周距离60~80厘米，大豆行距30~40厘米，株距8~10厘米。

5. 播种方式

根据所种植经果林的幅宽及田间构架条件选择播种方法：幅宽大于3米的地块，选用3~4行的小型播种机械播种；幅宽小于3米的地块，选用1~2行的小型播种器播种或人工播种；在猕猴桃、葡萄等有支柱、棚网、钢丝网等设施并不适宜操作机械播种的，采用人工播种。播种时严格按大豆种植株行距技术参数进行，要求土壤湿度50%~70%，可选择在临近下雨前或下雨后播种，并按施肥配量要求施放底肥后下种，播下地的种子不应与底肥相接触，下种后用细土盖2~3厘米。

6. 田间管理

（1）施肥。种植的经果林为有机产品的，不可施用化肥，除有机产地外的种植地块可施肥，土壤肥力一般的地块，每亩施肥配量为钙镁磷肥16千克+硫酸钾5千克+尿素6千克，种植地土壤肥力较高的可适当减少用量，种植地土壤肥力较低的可适当增加用量。施肥方式为钙镁磷肥与硫酸钾在播种前或播种时作底肥施放，尿素在出苗后30~40天作追肥施放。

（2）间苗。在出苗后的第一片复叶出现时严格按照株行距及密度要求进行间苗，去掉弱、劣、病、残苗，保留健、壮苗。

（3）中耕除草。在大豆出苗后30~40天进行一次中耕并除草。在大豆整个生长过程中，田间出现杂草应及时拔除。

（4）病虫防控。防治原则：优先选用高抗或抗病虫品种，在虫害多发区采用物理防治，生物防治为辅助技术，在个别病虫害重发区针对所发生病虫种类选用化学药物防治。

①抗性品种：选择抗病虫能力较强品种，要求抗大豆花叶病毒达中抗（二级）以上。②物理防治：利用频振式杀虫灯诱杀多种害虫，于出苗后在每1公顷范围内安装1台频振式杀虫灯设备；用豆荚螟、食心虫专用性诱剂诱杀成虫，于6月中旬在每15~20亩范围内各安装1台豆荚螟、食心虫性诱剂设备。③生物防治：选择生物化学农药（信息素、激素、植物调节剂、昆虫生长调节剂等）和微生物农药（真菌、细菌、昆虫病毒、经遗传改造的微生物等）进行大豆病虫害防治；维护害虫天敌。④化学防治：根据种植地病虫发生情况选用低毒安全、对环境友好的化学农药，针对病虫害发生情况选择。

（三）适宜区域

贵州省经果林园区。

（四）注意事项

若树龄超过5龄以上，树体生长茂盛并对大豆荫蔽较重，不适宜套种大豆。

（五）技术依托单位

贵州省油料研究所（贵州省油菜现代农业产业技术体系）
联系地址：贵州省贵阳市花溪区金竹镇贵州省农科院内
联 系 人：朱星陶
电子邮箱：3503114553@ qq. com

十二、水稻优质丰产高效机插栽培技术

（一）技术概述

1. 技术基本情况

瞄准水稻机械化生产最薄弱环节——机械化插秧，针对贵州机械化插秧长期面临的育秧质量差、机插漏秧率高、高产与优质难以协同等关键难题研究形成的技术体系。筛选了适宜机插的水稻品种并制定了品种评价标准，解决了品种与机插方式不配套的问题；建立了以“合理播期+精确播量+水分调控”为核心的育秧技术，解决了杂交籼稻机插育秧出苗全苗难、适龄成毯难的问题；建立了以“高质量整田+合理移栽秧龄+精确机插规格”为核心的机插技术，解决了机插漏秧率高、基本苗严重不足的难题；研发了机插同步一次性施用缓混肥技术，减少了肥料用量和施肥次数，提高了肥料利用率和稻米食味品质。技术显著降低了水稻生产成本，大幅度提高了生产效率，实现了农机农艺融合、良种良法配套、生产生态协调、高产优质高效三协同。

2. 技术示范推广情况

2018—2020年在湄潭、兴义、西秀、麻江、黄平、锦屏、播州、石阡等地示范推广，核心示范区面积超1万亩。2018年、2020年采用该技术在兴义示范区亩产分别达到925公斤和1 031公斤，分别创造当年全省机插水稻产量记录。兴义机插核心示范区作为2020年全省水稻产业发展大会的参观现场，被《贵州新闻联播》《贵州日报》等媒体多次宣传报道。

3. 提质增效情况

与常规技术相比，本技术在节本增效、增产提质方面作用显著，一般亩增产15%以上，节约用肥20%，亩节约移栽和施肥人工成本200~250元，亩增收300元以上，减肥后稻米食味品质和生态环境效应明显改善。

(二) 技术要点

1. 选用宜机插优质食味水稻品种

选用生育期适中、出苗性好、分蘖较强、茎秆粗壮、抗倒伏力强、抽穗整齐、穗型中等偏上、对主要病虫害具有较强抗性的优质食味水稻品种；高产田块亩产达700千克产量潜力，稻米品质达国标二级以上。

2. 机插壮秧培育

4月上旬采取流水线机械化播种。播前对种子进行精选、消毒、浸泡和晾干，毯状秧盘每盘播种约2 900粒（大粒型70克/盘、小粒型60克/盘）；钵体硬盘每孔播2~3粒谷种。出苗阶段保持盘土湿润，出苗后以盘土发白、秧苗卷叶为准，及时喷水至盘土水分饱和；2叶1心时看苗施肥，后期干干湿湿，以干为主，利于根系盘结成毯。

3. 精确机插

移栽前2~3天精细整田，要求平整、土壤软硬适中、水分露泥为主。移栽时适宜毯状秧苗秧龄20~25天，钵体秧苗秧龄30~35天。选择出苗整齐的秧块栽插，适宜机插密度1.0万~1.3万穴/亩，行距一般30厘米，株距16~20厘米，也可采取宽窄行机插，每穴栽插2~3苗，机插漏插率控制在5%以内，基本苗2.5万~3.0万。

4. 肥水高效运筹

采用机插同步深施一次性缓混肥，纯氮总量约8千克/亩，氮—磷—钾营养成分超45%；也可采用人工撒施肥，纯氮总量约10千克/亩，底肥施用复合肥，机插后1周施分蘖肥，拔节期视苗情施用穗肥。移栽后1周内田间以露泥水为主，分蘖期保持1~2厘米薄水层，无效分蘖期排水晒田，拔节长穗期保持3~5厘米浅水层，灌浆结实期进行轻干湿交替灌溉，成熟前一周断水。

5. 主要病虫草害防控

插秧后7天左右用稻田除草剂与第一次追肥尿素混匀施用，施药时保持约3厘米的浅水达7天。苗期至拔节期注意防治叶瘟，破口期和齐穗期分别用20%三环唑100克兑水60千克喷雾预防穗颈瘟；抽穗后用井冈霉素等防治纹枯病。同时注意防治稻飞虱、二化螟和稻纵卷叶螟等虫害。稻飞虱亩用10%蚍虫啉15~20克兑水50千克喷雾；稻纵卷叶螟应在2~3龄幼虫盛期时用阿维菌素等喷雾防治。

（三）适宜区域

适宜贵州省海拔1 300米以下、水源方便的坝区。

（四）注意事项

机插水稻一次性缓控施肥应选择专业厂家的水稻专用缓控释肥，氮磷钾搭配合理，丸粒小、养分含量高。

（五）技术依托单位

贵州省水稻研究所（贵州省水稻现代农业产业技术体系）
联系地址：贵阳市花溪区金欣社区省农科院水稻研究所
联 系 人：李敏
电子信箱：233652981@ qq. com

十三、杂交水稻绿色高效精确栽培技术

（一）技术概述

1. 技术基本情况

贵州水稻大面积生产中还普遍存在栽培技术较为传统落后，如种植密度过小、有效穗数严重不足；氮肥施用不合理、习惯底肥“一炮轰”；水分管理不合理，习惯淹深水、不排水晒田等现象，且不同稻作区生产水平差异大，导致全省水稻单产水平低于全国水稻产量水平，与江苏、湖南等先进省区，尚有较大差距。为促进贵州杂交水稻精细化栽培，提高贵州水稻产量，针对水稻生产过程中施肥方法不合理、种植密度过稀等问题研究形成的技术体系。

2. 技术示范推广情况

本技术在全省6个市（州）的45个县（区）、287个乡（镇）、1 244个村实施示范推广，累计应用面积1 533. 94万亩，在贵州省大氛围示范展示及推广运用。

3. 提质增效情况

与非技术示范区相比，本技术比对照每亩增产稻谷68. 9公斤，增产14. 02%，新增纯收益193. 49元。

（二）技术要点

1. 育秧

（1）根据分蘖发生率将杂交水稻分蘖类型分为3类：分蘖弱（分蘖发生率≤75%）、分蘖中等（分蘖发生率75%~80%）、分蘖强（分蘖发生率75%~80%），以确定基本苗。

（2）播期在日均温稳定通过12℃（覆膜育秧通过10℃）时方可播种，一般在清明前后播种。

（3）种子处理选择晴天晒种，种子用40%三氯异氰尿酸（强氯精300~600倍液浸泡24~36小时消毒，清水洗净浸泡后催芽，在30~33℃条件下破胸，旱育秧种芽露白即可播种；或浸泡后直接用0.78%多·多唑（旱育保姆）拌种待播。

（4）旱育秧。苗床制作、调酸、施肥、消毒、播种苗床管理应符合DB52/T430—2001的规定。种子50~75克/平方米播种量，播种盖土后，每亩用40%的噁草·丁草胺（噁草酮6%，丁草胺34%）100~125毫升兑水40~50公斤喷雾厢面除草，覆盖地膜与拱膜，出苗立针后，去除地膜，保留拱膜，根据气温揭膜炼苗。

（5）施送嫁肥。移栽前3~5天施用尿素作送嫁肥，尿素施用量10~15克/平方米，尿素与水按1∶100兑水泼施。

2. 本田移栽

移栽叶龄5叶期移栽，秧龄一般为30~35天。栽插方式与密度按照品种的分蘖类型与不同稻区高产、超高产的目标有效穗，计算在有效分蘖临界期以前实际发生的分蘖，确定基本苗与移栽密度。目标有效穗为16万~18万穗/亩，分蘖弱的水稻品种其移栽密度为1.5万~1.6万穴/亩，栽插方式采用宽窄行，宽行33~36.3厘米，窄行距与穴距16.7厘米；分蘖中等的水稻品种其移栽密度1.3万~1.5万穴/亩，栽插方式采用宽窄行，宽行36.3~42.9厘米，窄行和穴距16.7厘米；分蘖强的水稻品种其移栽密度为1.1万~1.3万穴/亩，栽插方式采用宽行窄株，行距29.7~36.3厘米，穴距16.7厘米。

3. 施肥

肥料使用应符合NY/T496标准的规定。氮、磷、钾肥的比例，根据测土配方施肥田间试验结果计算确定，一般氮∶磷∶钾肥比例=1∶0.5∶1。目标产量650~700公斤/亩，每亩需施用尿素（有效含量46%）24.5公斤，过磷酸钙（有效含量16%）35公斤、氯化钾（有效含量60%）20公斤；目标产量700~800公斤/亩，每亩需施用尿素（有效含量46%）30公斤，过磷酸钙（有效含量16%）45公斤、氯化钾（有效含量60%）24公斤；目标产量800~900公斤/亩，每亩需施用尿素（有效含量46%）35公斤，过磷酸钙（有效含量16%）50公斤、氯化钾（有效含量60%）27公斤。

氮肥施肥时基蘖肥与穗粒肥的比例为5∶5；分蘖肥在移栽后5天施用，分蘖肥占基蘖肥氮量的40%~50%；穗肥在倒5叶至倒2叶分2次施用，分别占穗肥用量的60%和40%。磷肥全部作基肥。钾肥50%作基肥，50%在8~10叶龄期施用。酸性稻田每亩施 50~60 公斤硅肥作基肥，冷、烂、锈田每亩施 1~2 公斤锌肥作基肥。

4. 水分管理

浅水插秧，移栽后保持浅水 7 天，自然落干，保持湿润，分蘖数达目标穗数的 80%晒田控苗，后复水。拔节至孕穗期保持薄水层，后期干湿交替，一直保持到成熟。

5. 病虫害防治

坚持“预防为主，综合防治”的方针，农药使用符合 GB/T4285 农药安全使用标准、GB/T8321. 1—8321. 7 农药合理使用准则和 DB52/T476—2004 贵州省水稻超高产栽培技术规范中的相关规定。

（1）稻瘟病。在水稻破口期和齐穗期，选用 20%的三环唑可湿性粉剂 100 克/亩、40%稻瘟灵乳油 100 毫升/亩，兑水 60 公斤各喷雾防治 1 次。

（2）纹枯病。当 25 丛水稻中有 5 丛以上发病时开始防治，选用 30%苯甲・丙环唑（爱苗）15~20 毫升/亩或 1%井冈霉素可湿性粉剂 500 兑水 60 公斤喷雾，注意喷到水稻基部的茎秆上。

（3）稻曲病。在水稻破口前 5~7 天进行第一次施药，7~10 天后进行第二次施药。每亩用 30%苯甲・丙环唑（爱苗）15~20 毫升或 25%咪鲜胺乳油 50~60 毫升，兑水 60 公斤喷雾。

（4）稻飞虱。掌握在小若虫高峰期，每丛水稻 10 头以上，集中连片统一防治。每亩用 10%吡虫啉可湿性粉剂 15 克或 10%醚菊酯 50~70 克，加 60 公斤喷雾，注意喷到水稻基部的茎秆上。

（5）二化螟。在蚁螟孵化高峰后 3 天内，每亩用 25%杀虫双粉剂 1~1. 5 公斤拌细土撒施。

（6）稻纵卷叶螟。田间调查发现每 25 丛水稻中有新苞 8 个以上的稻田开始用药防治，每亩用 40%毒死蜱 50~100 克，2%阿维菌素 15~30 毫升兑水 60 公斤喷雾。

6. 收获

当 90%以上的谷粒黄熟，晴天及时收获。

（三）适宜区域

适宜贵州省全省水稻种植区域。

（四）注意事项

需准确标记叶龄。

（五）技术依托单位

贵州省水稻研究所（贵州省水稻现代农业产业技术体系）
联系地址：贵阳市花溪区金欣社区省农科院水稻研究所
联 系 人：李敏
电子信箱：233652981@ qq. com

十四、水稻化肥减量增效技术

（一）技术概述

1. 技术基本情况

为提高水稻生产效益，解决山区水稻施肥不合理，施肥无法量化、配方肥“下地难”，有机肥资源利用率低，耕地质量逐年退化等问题。依托农业农村部、财政部耕地质量提升与化肥减量增效项目，整合省级农业产业发展资金和农业技术服务资金，以水稻测土配方施肥、长期定位监测点和田间试验等数据为基础，应用大数据技术，示范推广有机肥替代化肥、绿肥种植、秸秆腐熟还田和测土配方施肥等核心技术，减少化肥施用量，提高水稻产量，促进化肥减量增效，降低农业面源污染。

2. 技术示范推广情况

2017—2019 年累计推广水稻化肥减量增效技术面积 953.37 万亩，涉及全省 8 个市（州）的 31 个县（市、区）、167 个乡镇、1 138个村、154.98 万农户。项目区测土配方施肥技术、绿肥高产种植技术、秸秆还田技术、增施有机肥施用技术等核心技术覆盖率达到 100%。水稻测土配方施肥技术推广区域比对照每亩增产水稻 49.43 公斤，增产 10.85%。水稻增施有机肥技术推广区域比对照每亩增产水稻 47.31 公斤，增产 10.68%。绿肥翻压还田后种植水稻比对照每亩增产水稻 48.21 公斤，增产 10.58%。秸秆还田后种植水稻比对照每亩增产水稻 48.24 公斤，增产 10.61%。目前该技术正在贵州省内水稻主产区推广应用。

3. 提质增效情况

据连续多年田间化肥减量试验结果表明，项目实施 3 年后，化肥施用量减少 10%~15%，仍可获得比对照（纯施化肥）高的作物产量，化肥施用量减少 20%~30%作物产量也可达到当地常规产量水平，其中以化肥施用量减少 15%的处理“用养”结合效果最好，可在获得较高产量的同时保持较好的耕地基础地力。由此可见，水稻化肥减量增效技术推广应用有效防止了耕地因过量施用化肥导致耕地质量退化及面源污染，促进化肥减量增效。据行业测算，2019 年全省水稻种植总施肥、亩施肥比 2016 年分别降低 19.14%、18.06%。

4. 技术获奖情况

获 2020 年贵州省农业丰收奖二等奖。

（二）技术要点

1. 增施商品有机肥技术

过度依靠化肥和过量施用化肥，对耕地质量负面影响大，也易造成农业面源污染，破坏生态环境。商品有机肥是将动物粪便经过工业化生物化处理后，渗入一定的微量元素，并与植物粉末混合制成的有机肥。施用商品有机肥与施用农家肥比较，具有施用方便，营养元素齐全，大幅度降低劳动强度，减少土壤病虫害发生，肥效显著等特点。增施商品有机肥是实现“用养”结合、降低劳动强度、稳定土壤供肥能力、减少化用施用量、提高作物产量及品质、促进规模化养殖企业粪便无害化处理、改善农业生态环境的重要技术措施。

2. 绿肥种植还田技术

按照耕地类型选用适用优良绿肥种子，根据目标产量确定播种量，采用根瘤菌、磷肥拌种，适时精量播种，于绿肥盛花期用旋耕机翻犁入土，5 天后即可种植下季作物；或在绿肥开花前收割一次作为牲畜饲料，待新发绿肥到盛花期时翻压入土。绿肥是优质的有机肥资源，具有固氮增肥功效，每年冬季种植一季绿肥并翻压入土，可改良土壤质地，提高土壤有机质含量，降低土壤酸性，改善土壤耕性，减少化肥投入量，提高耕地质量和农产品产量；果园种植绿肥，还能抑制杂草、涵养水源、减少水土流失。种植绿肥是一项季节性休耕、以养带种、以种促养、节本、增效、环保、不断提高耕地质量的重要技术措施。

3. 秸秆腐熟还田技术

作物秸秆富含有机质、N、P、K 及多种微量元素，通过机械粉碎、堆腐、拌入秸秆腐熟剂、免耕覆盖等技术集成，将作物秸秆就地还田，实现资源循环利用，既可改良土壤，增加耕地有机质投入，减少化肥施用量，又能杜绝秸秆焚烧，保护农业生态环境，节约资源，是贵州省农业资源循环再利用和实现化用施用量零增长的重要技术措施。

4. 测土配方施肥技术

为提高贵州水稻生产效益，推进水稻生产绿色发展，实现现代信息技术和大数据在测土配方施肥上的融合应用，针对水稻施肥技术熟化度差、配方传播难和配方肥下地慢、基层掌握配肥技术难的瓶颈，在原有测土配方施肥技术成果的基础上，吸收原有成果、集成信息技术和大数据、熟化测、配、产、供、销、施全产业链服务体系的转化机制，采用“水稻施肥信息服务系统（以下简称服务系统）+县区指导中心（乡镇销售门店+村组服务网点+农企对接平台）”的推广模式，实现水稻配方肥在全省大范围应用，有效解决了贵州配方肥下地瓶颈问题，实现现代信息技术和大数据在测土配方施肥技术推广中的高效利用，解决了作物配方肥在山区转化应用的技术难题，为贵州大数据的发展开辟了新的途径。

5. 绿色增产增效技术

绿色增产增效技术是一项综合利用技术，主要是在品种选择方面，以高产、优质、高效以及多抗的新品种；在肥料施用方面，应当基于绿色环保理念，适当增加有机肥的比例，并在化肥使用和技术环节上注意无毒无害化处理；在防控模式方面，应当以物理防治和生物防治为主，严格按照“高效、低残留”的策略进行合理防治，用以降低有害生物发生与危害的可能性；在共养模式方面，以种植养殖相结合的模式，如稻田养鸭、稻田养鱼等，不但能减少农药的使用，还能提高稻米品质，增加农业产出；在机械模式方面，大力推广水稻全程机械化的绿色增产增效模式。

6. 作物病虫害综合防治技术

保护和利用自然天敌的控制作用，通过合理的肥水管理，增强水稻自身的抵抗能力，采用科学的化学防治，达到经济、有效地控制病虫害，保护水稻安全生长。

（三）适宜区域

贵州省水稻种植区域。

（四）注意事项

各地可因地制宜，结合气候条件、水稻品种、土壤肥力等情况，推广先进适用的技术措施和技术模式。

（五）技术依托单位

贵州省土壤肥料工作总站
联系地址：贵阳市延安中路 62 号
联 系 人：谭克均、韩峰、夏忠敏
电子邮箱：287166459@ qq. com

十五、高海拔地区“春大白菜—夏秋甘蓝—秋冬萝卜”一年三季高效种植技术

（一）技术概述

1. 技术基本情况

高海拔地区“春大白菜—夏秋甘蓝—秋冬萝卜”一年三季高效种植技术，是在贵州山地不同生态区蔬菜“321”高效种植技术的研究与应用中，筛选出的适合贵州省高海拔推广的一项技术。选择耐抽薹大白菜进行反季节栽培，使之在大白菜的春淡季 4—5 月上市；选择耐热甘蓝等蔬菜进行夏秋反季节栽培，使之在 8—9 月上市；选择耐寒萝卜等进行正季栽培，使之在 11 月底至翌年 2 月中旬采收。

2. 技术示范推广情况

该种植技术 2018—2020 年在威宁县进行示范推广，2018 年累计示范 0. 768 万亩、

总产值12 280万元，推广4.12万亩、总产值44 080万元；2019年建核心示范区650亩、平均亩产值1.6万元左右，推广2万余亩、平均亩产值1.2万元以上；2020年建核心示范区1 200亩、平均亩产值2.8万元左右，全县推广5万余亩、平均亩产值2万元以上。目前该技术在贵州省高海拔地区推广应用。

3. 提质增效情况

通过各类错季蔬菜茬口的衔接，提高了城市蔬菜保供水平，缓解了淡季蔬菜供应紧张状况；在蔬菜种植过程中，增施有机肥，按照高标准、无公害生产技术规程操作和规范管理，产品质量达到国家无公害蔬菜产品标准要求，农产品质量有保障，保护人民身体健康。

4. 技术获奖情况

2018年，获贵州省农业科学院科学技术奖一等奖；2019年，获贵州省科学技术进步奖二等奖。

（二）技术要点

1. 茬口期安排

按白菜—甘蓝—萝卜顺序安排茬口。

春大白菜：2月中旬至3月上旬播种育苗，3月中旬至4月上旬定植，4月下旬至5月下旬采收。

夏秋甘蓝：于5月上旬至5月下旬露地播种育苗，6月上旬至6月下旬移栽，8月下旬至9月底采收。

冬萝卜：10月上旬至10月中旬直播，1月中旬至2月中旬采收。

2. 品种选择

白菜：选择冬性强、耐抽薹品种，如黔白5号、黔白9号、韩国强势、日本春黄白等。

甘蓝：选择早熟、丰产、耐热、抗逆性强的品种，如黔甘6号、中甘8号、中甘15号、夏光等。

萝卜：选择耐寒性强，不易空心的品种，如冬春2号、玉春剑、韩雪、冬春白玉萝卜等。

3. 田间管理

春白菜定苗或移栽成活后每亩追施清淡腐熟人畜粪尿1 000公斤，或随水追施尿素10公斤。莲座期和结球初期，各追施一次肥，每亩追施腐熟人畜粪尿1 500~2 000公斤，或施复合肥15~20公斤。甘蓝定植后及时浇定根水，遇久晴不雨时每2天浇一次水抗旱，雨水过多时及时排水。生长期追肥4次，苗期1次、莲座期1次、包心后2次。用腐熟的清粪水或沼液每50公斤加入100~200克尿素穴施，或每亩施15公斤复合肥、15公斤尿素，每亩尿素使用量不超过39公斤。结球期用0.2%磷酸二氢钾叶面喷施2次。萝卜在第2~3片真叶展开时开始间苗，拔除病弱苗、畸形苗和病虫危害的苗，每穴留健壮苗1~2株；破肚时定苗，拔除劣苗、杂苗，选留1株品种纯正的壮苗。定苗后，结合浇水每亩穴施10公斤尿素。莲座期，每亩穴施10公斤复合肥加5公斤尿素，肉质根膨大初期，每亩穴施10公斤复合肥。

（三）适宜区域

贵州省高海拔地区如威宁县、大方县、纳雍县等。

（四）注意事项

注意茬口期安排和白菜品种的选择，避免先期抽薹。

（五）技术依托单位

贵州省园艺研究所（贵州省蔬菜现代农业产业技术体系）
联系地址：贵阳市花溪区金欣社区贵州省园艺研究所
联 系 人：林萌
电子信箱：523047220@ qq. com

十六、低海拔地区茄子加茬栽培管理技术

（一）技术概述

1. 技术基本情况

在800米以下的低海拔地区，利用茄子再生能力进行二次栽培，能够做到一次种植两次收获。主要是利用植株下部再生，是在植株的下部选留再生枝，从门茄的主茎上选留两至三个再生枝，通过修剪及有效管理，进行加茬栽培，易于获得高产。同时节约了种子、育苗移栽等的人工及地膜成本，再生栽培技术管理的核心是通过剪枝和剪枝后加强肥水供应等措施，促使已趋于衰弱的植株发生新壮芽，生成新侧枝，重新形成旺盛的植株，并再次出现结果盛期。

2. 技术示范推广情况

该技术目前在罗甸、从江、榕江进行小面积示范推广，取得良好效果。2015年起结合相关科研项目及“贵州省蔬菜产业科技扶贫‘321模式’示范推广”的实施，在低海拔地区开展茄子再生栽培研究及示范，尤其秋淡蔬菜可供应茄子上市，补充了下半年茄果类蔬菜的空白。

3. 提质增效情况

早春茄子6月结束采收后，7月可进行二次修剪，节省了时间、人力和经济成本。

此外，越夏再生栽培茄还可以解决夏季育苗困难的问题，供应期从 4 月上旬至 7 月下旬，再从 9 月中上旬至 11 月下旬，额外增加了秋淡季供应，实现亩产 5 500公斤左右，（只收一茬的产量为 3 500公斤左右），高产高效是显而易见的。

（二）技术要点

1. 品种选择

在品种选择上应选长势旺盛，分枝能力强，抗逆性强，商品性好的品种。如天龙 8 号、黔茄 6 号、北京七叶茄等，最好是以托鲁巴姆茄为砧木进行嫁接的茄子苗栽培，这样可进一步增强品种的抗逆性。

2. 剪枝留芽（图 8）

修剪时间。7 月中旬后，由于高温干旱，茄子生长一般不良，产量降低，此时正是修剪母株的时候，选择一个晴好的上午，进行剪枝。避免下雨天修剪。

修剪技术。剪枝最好用果枝剪，剪成斜口，剪口应呈 45°左右的斜面。剪的高度在门茄位置的上方 20 厘米处，根据原植株分枝生长情况留下 “Y” 形老秆或三秆，并将门茄以下的侧枝和老叶全部摘除，注意剪时保护隐芽，老杆不可留太长，有两至三个芽即可。

剪后处理。剪后在剪口上涂抹 500 倍的 50%多菌灵或甲基托布津药液，防止伤口被病菌侵染。

剪下的枝叶要及时清理出田块，防止病虫害发生。

图 8　剪枝留芽

3. 肥水管理

茄子剪枝后需要浇一次大水，浇水量以渗透根系周围土壤为宜。前茬茄子经过几个月的生长，消耗了土壤中的大量养分。因此，剪枝后要及时追肥。每亩随水追施复合肥 25 公斤，剪枝后 15 天左右开始萌发新枝叶，第二次每亩追肥尿素 10~15 公斤，此时追肥以促进枝叶的生长。剪枝后一个月开始开花坐果，结果前期少浇水，土壤含水量不宜过高，否则易落花落果。采收开始后，每隔一周左右配合浇水，根据长势，每亩追肥尿素15公斤、硫酸钾7公斤，与可施有机肥1 000公斤，每三次浇水，一次追肥。

4. 中耕除草

采用地膜栽培的不进行中耕除草，无地膜覆盖的进行3次，植株修剪后，为促其加快发生新芽，生长新侧枝，要及时进行中耕松土，待新枝叶长出，再进行中耕除草。

5. 整枝

剪枝后8~10天腋芽可形成侧枝，新枝长至10厘米左右时，进行双杆整枝。留选两条粗壮且长势好的侧枝作为结果枝，其余侧枝全部抹掉，及时除掉基部的侧芽。再生栽培茄由于根系老化，营养吸收能力弱等原因需及时摘掉门茄促进上部茄果的生长，每株留3~4个果，以保证单果质量，及时打掉多余果、畸形果、小果和烂果，同时摘除门茄以下的枝叶。

6. 病虫害防治

该茬茄子以虫害为主，主要是粉虱、叶螨和蓟马。防治方法如下。

（1）物理防治。剪枝后及时清理枯枝落叶，减少前茬遗留的害虫数量，且及时悬挂黄蓝板。

（2）生物农药防治。防治粉虱可以使用生物肥皂和印楝素，防治叶螨可以使用矿物油，防治蓟马可以使用藜芦碱。

（3）生物防治。针对粉虱，投放丽蚜小蜂；针对叶螨，投放智利小绥螨；针对蓟马，投放东亚小花蝽和巴氏新小绥螨。

病害主要有绵疫病、轮纹病、黄萎病等。绵疫病及轮纹病在结果期用75%百菌清可湿性粉剂600倍液，或用甲基托布津600倍液，代森猛锌500倍两剂合用效果较好。黄萎病，发病初期用50%多菌灵，或用托布津500倍液灌根。

7. 采收

剪枝后45天，再生茄子达到商品成熟度。9月中上旬开始收获，过早采收产量低，过晚采收则果实口感不佳，在增加前期产量的同时有利于后期幼果的生长和发育，提高全期产量。

（三）适宜区域

贵州省低海拔区域（海拔800米以下）的茄子种植区。

（四）注意事项

修剪留枝芽及剪后管理。

（五）技术依托单位

联系地址：贵州省园艺研究所（贵州省蔬菜现代农业产业技术体系）
联 系 人：文林宏
电子信箱：595231309@ qq. com

十七、高山高原“韭黄”高效种植技术

（一）技术概述

1. 技术基本情况

韭黄是韭菜通过培土、遮光覆盖等措施，在不见光的环境下经软化栽培后生产的黄化韭菜。“韭黄”高效种植技术，充分利用贵州山区冷凉气候条件，发展优质高效韭黄产业。该技术主要包括品种选择、合理密植、科学施肥、绿色防控、软化栽培、适时采收，建立3~5年轮作制度。该技术适用于贵州省中高海拔地区，即海拔1 000~1 600米，年平均气温14~16℃，1月平均温3~6℃，7月平均温22~25℃，夏无酷暑，冬无严寒，雨量充沛的南亚热带气候区域。该技术能够解决传统栽培密度低、产量低的问题；利用PVC软化套桶代替水泥套桶，一是降低了劳动强度，二是提高了韭黄品质；采取改变栽培制度、实行农业、物理及生物防治技术进行绿色防控，提高韭黄品质，为贵州韭黄高质量发展提供技术保障，实现韭黄产业可持续发展。

2. 技术示范推广情况

该种植技术2018—2020年分别在安顺市普定县、平坝区、兴义市示范5 000亩、辐射带动10万亩，投产面积约5万亩，亩产量1.5~2.0吨，总产量7.5万~10万吨，亩产值1.2万~1.5万元，总产值6亿~7.5亿元。目前该技术正在贵州省中高海拔地区，即海拔1 000~1 600米，年平均气温14~16℃，1月平均温3~6℃，7月平均温22~25℃，夏无酷暑，冬无严寒，雨量充沛的南亚热带气候区域推广。

3. 提质增效情况

和传统单行种植技术相比，应用该技术每亩可增加亩产值约50%；利用PVC软化桶进行软化栽培适合贵州省地理条件，与传统水泥桶相比，节省了人工、运输成本，降低劳动强度且透气性强，遮光性好，提高了韭黄的外观品质。

（二）技术要点

1. 选择品种

生产韭黄应选叶宽，白（假茎）长，抗倒伏，优质高产品种。

2. 培育壮苗

育苗地头年秋末或当年早春整地做畦，每亩施充分腐熟农家肥2 000公斤，复合肥15公斤。浅翻耙平，肥土混匀后做1.2米宽的畦。种子要选新种，并做发芽试验，3月末至4月初播种。每畦播5行，每亩播种8~10公斤，可移栽8亩左右大田。播后浇足水，出苗后遇旱适时浇水，培养壮根苗。

3. 整地定植

每亩撒施腐熟鸡、猪粪2 000~3 000公斤，复合肥20公斤，尿素15公斤，硫酸钾15公斤，充分翻耕，使土肥混合。耙平后根据实际情况选择以下模式开沟。

宽行80厘米，窄行40厘米，穴距35~40厘米，确保每亩种植2 800~3 000穴，每穴25~30株，密度在8万株左右。单行种植密度约2 200株，密度在6.6万株左右。于6月上中旬，苗高15~20厘米时移栽到大田，第二年生产韭黄。种植沟深度20厘米以上。栽植深度以埋没根部为准，不能埋没心叶，定植后浇透定根水。

4. 肥水管理

定植后浇足定根水，如遇晴天，浇1~2次返苗水。生长前期根据天气、土壤墒情和长势灵活浇水，及时中耕保墒。生长中期适当加大追肥量，氮、磷、钾配施。每亩可施尿素20公斤，复合肥15公斤，注意及时培土。生长后期每亩追施三元复合肥（N：P_2O_5：K_2O=15：15：15）为主，配合施用生物有机肥80~100公斤。收获前10~15天禁止使用速效氮肥和人粪尿作为追肥。

5. 培土、割青

韭黄生产中培土2次，第一次在韭菜茎秆高10~12厘米时进行。当韭菜茎秆再次长到离土高度10~12厘米时，再次培土使茎秆高度在25厘米以上。在软化前，首先要进行割青。以韭菜分叉处以下1厘米为准，有利于韭黄的整理上市。

6. PVC套桶软化

使用轻便、无毒无害的PVC软化桶，PVC软化筒高度46厘米，上圆直径5厘米，下圆直径13厘米，厚度40丝比较合适。在夏天高温季节软化时用遮阳网覆盖在软化筒上，可降低桶内温度和湿度，韭黄品质更佳。

7. 病害防治

韭菜常见病害有疫病、软腐病、锈病、菌核病、灰霉病等。栽培中要加强苗期管理，培育壮苗，移栽前进行炼苗，提高秧苗的抗病力和抗逆性。实行轮作，不与前3~5年种植百合科作物地块连作。夏秋季节有条件的可使用遮阳网、防虫网覆盖栽培。加强田间管理，合理施肥浇水，大雨后及时排水，促进植株生长健壮，提高植株的抗病性和抗逆性。生产中和生产后保持田园清洁，收获后及时施肥。当出现明显病害时采用以下措施防治。

疫病防治：用72%克露600~800倍液、或用72.2%普力克600~800倍液、或用64%杀毒矾可湿粉剂400倍防治，要注意药剂轮换使用。

软腐病防治：发病时喷硫酸铜悬浮剂300~400倍液、或用50%琥胶肥酸铜可湿性粉剂500倍液，琥胶肥酸铜不能与碱性农药混用。

锈病防治：用15%粉锈宁1 500倍液、或用2%农抗120水剂100倍液、或2用%武夷菌素（BO-10）水剂100倍液防治。

菌核病、灰霉病防治：用70%甲基硫菌灵700倍或50%扑海因1 000~1 500倍液或

50%速克灵 1 500倍液防治。

8. 虫害防治

韭黄主要虫害有蚜虫、螨虫、蓟马、斑潜蝇、韭蛆等。蚜虫、斑潜蝇可优先黄板诱杀，用 10%吡虫啉 1 500倍液、高效氯氰菊酯乳油等进行防治。

韭蛆主要防治幼虫，在低龄幼虫发生盛期施药，每亩用 10%吡虫啉可湿性粉剂 20~30 克或 50 克/升氟啶脲乳油 200~300 克拌土撒施；也可以每亩用 21%噻虫嗪悬浮剂 450~550 毫升加水灌根。韭菜移栽时，用上述灌根药剂浸根，可杀死幼苗所带的幼虫。可在成虫羽化盛期上午 9：00—11：00，每亩用 4.5%高效氯氰菊酯乳油 10~20 毫升加水喷雾，间隔 5~7 天再防治 1 次。

9. 适时采收

软化时因受气温影响，软化时间在 12~25 天，原则上是当韭黄叶尖弯曲并开始变枯时采收。韭黄长度在 50 厘米以上，采收后及时清洗、晾干。

（三）适宜区域

该技术可以在中高海拔地区，即海拔 1 000~1 600米，年平均气温 14~16℃，1 月平均温 3~6℃，7 月平均温 22~25℃，夏无酷暑，冬无严寒，雨量充沛的南亚热带气候区域推广。

（四）注意事项

品种引进时先小面积试验再大面积推广，基要排灌设施完备。

（五）技术依托单位

贵州省园艺研究所（贵州省蔬菜现代农业产业技术体系）
联系地址：贵阳市花溪区金欣社区鑫中路 66 号
邮政编码：560006
联 系 人：林萌
电子邮箱：523047220@ qq. com

十八、白及生态种植技术

（一）技术概述

1. 技术基本情况

自 2013 年起，在贵州省现代中药材研究所副所长吴明开博士团队技术攻关下，独创了马鞍型白及组培种茎培育技术体系，包括无菌播种、组培种球培育、驯化马鞍型白及组培种茎等技术，种苗块茎2~3个带芽分叉、块茎全长3厘米以上，白及组培种茎直接下地播种，操作如同常规农作物耕作简单易行，出苗率95%~99%，技术成熟。白及栽种2~5年采挖，其中3年生连根鲜货平均每亩产量5 946斤，近二十年白及鲜货产地价格每斤（1斤=0.5千克，全书同）12~75元，1亩白及7.1万元，除去成本每亩利润5万元以上，贫困户种植1亩即可脱贫致富，提供了产业脱贫新案例。贵州地区多山、多林地，将药材回归到森林环境中，既能解决土地资源问题、提高林地经济效益，也可提高药材品质，促进林农增收。

2. 技术示范推广情况

贵州省现代中药材研究所联合安龙欣蔓生物科技有限公司独创白及“马鞍型”驯化苗和高产栽培技术，首次培育出农业生产用苗，保障药材品质和产量，支撑培育了“安龙白及”国家地理标志保护产品和中国农产品区域公用品牌（全国18个药材品牌）。建设了1万平方米组培苗生产车间、全国最大规模的20万平方米白及“马鞍型”驯化苗大棚和连片基地5 000亩，全省发展了7.8万亩以上，占全国70%。构建了产品研发、生产与销售较为完整产业体系的白及万亩科技产业园区，产值10亿元以上。在全国中药材领域，白及首个实现从种源、种苗生产、基地建设、药材加工与销售全产业链核心技术与规模掌控的品种，打造出技术引领多年生药材产业扶贫成功案例。目前已在贵州省20多个县（市）以及安徽、浙江、湖北、重庆、广西、云南等地推广面积10 000余亩。

3. 提质增效情况

安龙钱相街道5 000亩连片种植基地产值3.5亿元，每年直接支付当地农户1 150万元，为1 000余农户提供就业与收入保障。带动建档立卡贫困户650户2 544人，其中266亩基地与350户1 422人建档立卡贫困户形成利益联结，除了土地租金、劳务收入外，连续3年户均每年先分红1 600元，3年后销售产值超过868万元时，350户贫困户还能分享到超过部分70%的收益。依托白及基地，安龙县钱相街道三道墙村等村级平台公司代入股600万元财政扶贫资金到安龙欣蔓生物科技公司，连续三年提前保底分红45万元，覆盖建档立卡贫困户300户1 122人，三年后返还600万元。

4. 技术获奖情况

获得贵州省科技进步奖三等奖3项，专著《贵州珍稀药材白及》获第二十二届（2013年度）中国西部地区优秀科技图书二等奖；贵州省农科院科技进步一等奖1项，贵州省专利优秀奖1项。

（二）技术要点

1. 白及种植工艺

绿色农产品要求产品中农药残留量、重金属含量、硝酸盐及其他有毒有害物质不超过允许标准或不得检出。其生产的技术路线为：以农业综合预防措施为基础，协调应用物理防治和其他生物防治技术；创造有利于白及生长而不利于病虫害发生的生态条件，科学地选用高效、低毒、低残留的化学农药，严格按照农药使用数量、次数等的规范要求进行，确保产品中的农药残留量低于国家的标准。

在生产管理过程中采取下列几项措施：严禁化学农药与化肥的使用、控制允许使用农药与肥料的用量及使用时期、集成应用最新的绿色栽培技术和管理措施，使白及产品各项指标完全符合绿色农产品的相关标准。本项目拟根据基地的环境条件，按照《中药法》《绿色农产品》的要求，示范推广贵州省地方标准《白及绿色生产技术规程》，在实施过程中严格遵守，把好生产过程质量关。

2. 种苗质量标准

（1）野生块茎驯化。野生白及经人工驯化栽培，当年形成的块茎，具 2~4 个叉状分支，可以作为大田栽种种苗。

（2）马鞍型白及组培种茎。用于种植的白及苗不应带检疫性病害，无污染、无烂茎、无烂根，叶片数 3~4 片，块茎 2 个分叉以上、马鞍型。种苗质量应符合表 3 要求。

表 3　白及商品苗分级

分级/项目	茎粗（厘米）	株高（厘米）	叶片（片）	马鞍型块茎 2 个分叉全长（厘米）	根（条）
优质苗	≥0.25	≥15.0	3~4	≥4	≥8
合格苗	≥0.15	≥10.0	2~3	≥3	≥5

3. 大田栽培

（1）选地整地。白及宜选择远离城区、工矿区、交通主干线、工业污染源、生活垃圾场等的坡度较为平缓、附近有较丰富水源、周围生态环境良好，土质疏松、肥沃、通透性好、排水方便的微酸性沙壤土种植。土壤环境质量应达到 GB 15618 规定要求，水质应达到 GB 5749 生活饮用标准，空气应达到符合 GB 3095 要求，肥料质量要符合 NY/T 496 规定。白及地四周建设防护网，隔离外来侵害。按 300~500 公斤/亩放入腐熟的干牛粪等有机肥作基肥，改良土壤，土地深翻 30 厘米，耙细，开沟起垄。垄面宽 1.0~1.5 米，沟宽 30~40 厘米、深 15~25 厘米。山坡仿野生种植基地选择遮阴率 50% 以下、腐殖土丰富的疏林地，割除杂草，株行距距 30 厘米×40 厘米挖穴，穴深 15 厘米进行栽种。

（2）移栽。宜于 3—7 月或 9—12 月雨后移栽，土壤干燥时可提前 2 天灌溉后再移栽。移栽时在垄面开沟，5 000~6 000株/亩。

（3）田间管理。每年 6—9 月，可以离地高 1.0~1.5 米搭设遮阳网。采取人工除草，禁止使用除草剂。连续干旱时，可采取漫灌方式灌水，搭建遮阳网保苗。雨季应及时清理排水沟渠，保证白及栽培地里没有积水。在整个生育期应保持白及地下块茎部位土层湿润，土壤含水量保持在 50%~80%。每年 10—12 月白及倒苗后，用 800~1 000公斤/亩干牛粪撒施于厢面作追肥。

（4）病虫害防治。为害白及的主要有铁锈病、蚜虫、地老虎。要及时清沟除草，保持田间清洁，发现病株立即将附近几株一起连根拔出带出田间烧毁或深埋。病虫害防治禁止使用化学合成农药，而只能使用生物农药。生物农药的使用应符合 GB/T 8321 和 GB 5084 的规定。地老虎、金针虫可人工捕杀和诱杀。

（5）采收与初加工。大田栽种 2~4 年后，于 7—10 月晴天采挖。采挖以人工方式为好。将连串块茎分成单个，洗净，并按大、中、小分类置沸水锅内煮烫至内无白心，捞起，晒至全干。煮烫块茎时要随时搅动，保证其生熟均匀。也可趁鲜切片，晒干。

4. 林下栽培

（1）种苗。国家农产品地利标准“安龙白及”“马鞍形”驯化苗，白及种子无菌播种，组培快繁，驯化块茎 2~3 个分叉，最大两个分叉全长 3 厘米以上。

（2）选地与整地。林地选择远离城市污染源和工业厂房的地区，以保证白及质量。坡地土层较厚，不得低于 30 厘米，主要在林窗、林缘山地和郁闭度 50°以下稀疏林地栽种，林内多散射光，林下凉爽潮湿，堆积的落叶腐烂分解后便是天然肥料，增加了土壤腐殖质，还能改善土壤通透性。林地山坡每隔 40 厘米采用人工松土或挖掘机松土，沟深 20~25 厘米；行距 40~50 厘米，不翻耕，保持原土层不变。

（3）栽种。春秋两季均可定植，幼苗比较脆弱，宜避免强光直射，应该选择阳光较弱的下午或者阴天种植。小锄头挖穴，放置苗后，细土盖平，株距 20~30 厘米，亩栽 1 500株。

（4）管护。除草机割除行间杂草，保持通风即可。冬季倒苗后，撒施参有复合肥的腐熟农家肥，每亩施用农家肥 50~100 千克，复合肥 5~10 千克。一般季节不需要浇灌，严重干旱天气要人工浇水或人工喷淋叶片，多雨季节清沟排水，防止积水。

（5）采收。在完成 3~5 个生长周期后，7—10 月晴天。首先将林地内的枯枝落叶清除，然后通过人工使用两齿大锄头离植株 30 厘米处逐步向茎秆处挖取，抖去土块，去除根须，或轻便机械采收。运回加工，用清水洗净后，放入沸水中熬煮，见白及无白心即可。捞出后自然冷却，放在阳光下晒干或者烘箱中烘干，也可趁鲜切片，干燥即可。

（三）适宜区域

野生白及分布于陕西南部、甘肃东南部、江苏、安徽、浙江、江西、湖北、湖南、广东、广西、四川和贵州等地。贵州安龙、安顺、兴义、都匀，四川乐山、内江，陕西渭南、汉中，湖南桑植，湖北咸宁、鹤峰，安徽池州、安庆，河南灵宝，浙江临海等地是其适宜区，贵州安龙、兴义是其最适宜区。

（四）注意事项

对基地大气、土壤、水质进行定期检测，对药材生产全过程实施动态监督管理，确保生产中严格执行标准作业流程。

应用生物防治技术对白及的病虫害进行生物防治，在提高产量的同时降低农药残留。

初加工的白及，放水中煮沸时要随时搅动，保证其生熟均匀，随即捞起，晒至全干，遇到阴雨天及时烘干。

种子、药材等在生产、储存、运输等过程中进行检验和检疫，确保其符合《中华人民共和国中医药法》等法律法规要求。

（五）技术依托单位

贵州省农作物品种资源研究所（贵州省中药材现代农业产业技术体系）

联系地址：贵州省贵阳市小河区贵州省农科院院内

邮政编码：550006

联 系 人：彭竹晶

电子信箱：423451208@ qq. com

十九、铁皮石斛林下附生栽培技术

（一）技术概述

1. 技术基本情况

贵州省山地和丘陵占国土面积92. 5%，截至2021年1月，全省森林面积已达60%。针对目前林地与土地利用率低，森林生态系统的经济功能低下的现状，西南喀斯特地区资源保护和生态综合治理需要一个创新的思路。铁皮石斛的林下附树栽培，不仅回归本源，提高药材品质，还能够实现林地资源最大利用化、缓解种植土地少的矛盾、推动区域经济循环可持续发展、保障林农经济效益稳步增长。立足于喀斯特地区裸露石灰岩特别丰富的优势，研究喀斯特石漠化地区林下附石种植模式，推断发展“点石成金”的林下铁皮石斛栽培立体复合产业是生态环境保护和农户经济收益的双赢。贵州省现代中药材研究所针对石斛种苗繁育与喀斯特山区人工种植等方面取得较大进展，开创了“薜—石斛—桑”立体栽培及修复石漠化的新型模式，并在安龙县德卧镇建设有“薜—石斛—桑”林下种植试验基地。在铁皮石斛回归适宜生境过程中开展活树附生栽培或直接石漠化裸露基岩上产出高经济价值，利用林地资源进行合理种植，发展“产业需求→石漠化治理→生态种植”新模式。

2. 技术示范推广情况

贵州省现代中药材研究所联合安龙欣蔓生物科技有限公司，充分利用资源、技术、人才等优势，安龙县德卧镇建设有铁皮石斛林下仿野生栽培试验基地500亩，组培生产车间3 000平方米，组培苗驯化大棚10万平方米。采取公司+合作社、公司+农户等多种形式进行基地建设，已在德卧镇毛杉树村，龙广镇小场村、栖凤社区作坊村、大坪村建成铁皮石斛示范种植基地300亩，规范化种植基地80亩。

3. 提质增效情况

我国西南地区特有的森林环境，以树干为“地”，保水而不涝，树冠为“棚”，光照充裕还不强，为铁皮石斛的生长提供了适宜的环境，是铁皮石斛仿野生栽培的“上佳的良田”。贵州省部分地区，森林资源中分布大量的蜂巢状石灰岩，也是发展石斛的“上佳的良田”。黔南、黔西南石斛主要分布区，石漠化问题严重，以石为“地”、以树冠为“棚”，辅助遮阳、喷灌等人工设施，利用苔藓覆盖石灰岩表面建设石斛原生态种植基地，既解决了石漠化问题，又发展了林下经济。由于石斛回归自然生长地，达到野生的品质，具有极高的药用与经济价值，而且成本低，市场需求大，达产后每年收获石斛茎条，持续采收几十年石斛，每亩年收益2万~3万元，实现“点石成金”。根据目前种植的情况，铁皮石斛进行仿野生种植效果非常好，甚至比用标准化大棚进行种植长势好，每亩投入比常规设施栽培种植节约6万元以上，从而大大增强了该技术推广的前景。

4. 技术获奖情况

贵州省科技进步奖三等奖2项。

（二）技术要点

1. 岩面附生栽种

（1）苔藓定植。苔藓植物洁净后，移植于岩面，喷灌保持苔藓植物鲜活。

（2）种苗。驯化1~1.5年的组培苗，不应带病虫害，且应符合表4要求。

表4　种苗技术要求

编号	茎长（毫米）	茎粗（毫米）	叶片数（片）	叶片长（毫米）	叶片宽（毫米）	节间数（个）
Ⅰ	≥60.00	≥6.5	≥6.0	≥31.0	≥12.0	≥6.0
Ⅱ	40.0~60.0	6.5~5.5	4.0~6.0	27.0~31.0	10.0~12.0	4.0~6.0
Ⅲ	≤40.0	≤5.5	≤4.0	≤27.0	≤10.0	≤4.0

（3）移栽时间。4—9月。

（4）栽种方法。铁皮石斛移栽于布满鲜活苔藓植物的石灰岩表面。

（5）栽种密度。株行距（5~8）厘米×（6~10）厘米，5 000丛折合为1亩。

2. 活树附生栽种

（1）栽种时间。4—9月。

（2）林地选择。林分郁闭度为0.6~0.7、光照入射强度为空地的60%~70%，活树生长旺盛、无病虫害、主干较粗壮、树皮较厚的不易掉落。

（3）种苗。驯化1~1.5年的组培苗，不应带病虫害，且应符合表5要求。

表 5 组培苗技术要求

编号	茎长（毫米）	茎粗（毫米）	叶片数（片）	叶片长（毫米）	叶片宽（毫米）	节间数（个）
Ⅰ	≥60.00	≥6.5	≥6.0	≥31.0	≥12.0	≥6.0
Ⅱ	40.0~60.0	6.5~5.5	4.0~6.0	27.0~31.0	10.0~12.0	4.0~6.0
Ⅲ	≤40.0	≤5.5	≤4.0	≤27.0	≤10.0	≤4.0

（4）栽种方法。将一丛丛铁皮石斛苗用宽 8~10 厘米的环保的麻网、麻索和苔藓从上而下绑在树上，离地面高 1.2~2 米部位。安装自动雾状喷头，空气相对湿度控制在 60%~80%。

（5）栽种密度。从层距 25~35 厘米，每层丛距 6~8 厘米，每株树根据树干大小捆绑 50~100 丛，5 000丛折合为 1 亩。

3. 田间管理

（1）定苗。移植后 1 个月，间除弱苗、病苗，并进行补缺补稀。

（2）肥水管理。在 4—10 月，铁皮石斛栽植基地空气湿度保持在 70%~90%，持续晴天在 10：00 以前或 16：00 后进行喷灌，4—9 月，间隔 20~30 天喷施叶面肥，肥料符合 NYT394 绿色食品肥料使用准则。

（3）摘花。种植 1 年以上铁皮石斛 4—6 月开花，不留种的植株可以采摘花，及时加工成花茶。

（4）除杂除草。每年人工除杂除草 3~6 次。

（5）管护。冬季适量修剪乔木，可减少对铁皮石斛的损坏，减轻蜗牛等害虫的发生程度。

（6）病虫害防治。乔木林下附生种植通风条件好，偶见少量黑斑病，未对铁皮石斛生长造成影响。虫害主要为蜗牛，可在危害高峰期，于阴雨间歇期撒施 6%四聚乙醛颗粒剂，傍晚撒在林下诱杀；有机种植可养殖家禽，利用鸡的活动破坏害虫环境，保证种植生态效益。

（三）适宜区域

本技术适用于贵州（及贵州相似生境地区）铁皮石斛的林下附石种植栽培。

（四）注意事项

遵循“预防为主，综合防治”的植保方针，加强植物检疫（执行国家植物检疫法规的检疫检验规定，选用无检疫性有害生物的健壮种苗，按《中华人民共和国植物检疫条例》执行），通过加强栽培管理，科学施肥等栽培措施，采用农业防治、物理防治、生物防治、化学防治，将病虫还控制在允许范围内。

（五）技术依托单位

贵州省农作物品种资源研究所（贵州省中药材现代农业产业技术体系）

联系地址：贵州省贵阳市小河区贵州省农科院院内
邮政编码：550006
联 系 人：刘海
电子信箱：654206879@qq.com

二十、太子参生态栽培技术

（一）技术概述

1. 技术基本情况

太子参为石竹科植物孩儿参的干燥块根，又叫孩儿参，以干燥块根入药，有补益脾胃和益气生津的功能，主要用于食欲不振、病后虚弱、食欲不振、肺燥干咳等症，是健胃消食片等中成药的主要原料。太子参最初的主要产区为福建、安徽、江苏等地，1992 年引种到施秉县后，得到大规模的种植，逐渐成了太子参的主要产区。近年来，随着经济高速增长和生活日渐改善，对太子参的需求逐年上升。而野生太子参资源锐减，人工种植逐渐成为太子参药材的主要来源。

贵州地处云贵高原，多山地和丘陵，具有典型喀斯特地貌，海拔落差较大，气候呈多样性，灾害性天气种类较多，对农业生产有一定影响。太子参栽培易受人为因素和环境因素影响，因价格上升而盲目引种扩种，以及栽培过程中种源混乱、连作障碍、病虫害严重等问题，均严重妨碍了太子参种植产业的健康发展。因此，需要不断探索和发现太子参的生长需求规律，大力开展太子参生态栽培。

2. 技术示范推广情况

太子参生态栽培技术示范当前已在施秉等地示范 100 亩，辐射推广 500 亩，相关后续研究仍在持续开展。

3. 提质增效情况

在开展技术试验过程中，与传统种植相比，产量和品质差异不显著。太子参栽培农药和肥料费用一般一年每亩 800 元左右，开展生态种植一年每亩 400 元左右，可节约成本 400 元。传统除草每年 4 次左右，以见草务尽为原则，临工劳务费按照每天 80 元，每亩地每次需要 2 天，每年每亩劳务费在 640 元以上；在生态栽培技术中，每年 2～3 次，临工劳务费按照每天 80 元，每亩地每次需要 2 天，每年每亩劳务费在 320～480 元，较前者至少减少 160 元的成本。

（二）技术要点

1. 种植要求条件

太子参喜欢肥沃、疏松、腐殖质含量较为丰富的砂质土壤。温和湿润的气候比较适宜太子参的生长，怕高温曝晒，抗寒能力较强。海拔要求在 800~2 700米。

2. 选地与整地

太子参种植宜选择疏松肥沃，向北、向东略带斜坡的沙壤土种植。太子参不宜重茬，种植 2~3 年应轮作 1 次，前作物忌茄科植物，以甘薯、蔬菜、豆类及禾本科作物为宜。一般在早秋作物收获后，将土地翻耕，播种前结合基肥施用再翻耕一次。

施足基肥，一般每亩用腐熟的厩肥、人畜粪等混合肥 3 000公斤和过磷酸钙 30 公斤，捣细撒匀后再行耕耙、整细土壤，除净草根、石块等杂物，用 50%多菌灵可湿性粉剂 800 倍液或 50%辛硫磷乳油 800 倍液喷洒土表消毒。整宽 1. 3 米、高 25 厘米的畦，畦长依地形而定，畦沟宽 30 厘米。

3. 繁殖方法

太子参的繁殖方式主要有种子繁殖和块根繁殖两种方法，人工种植中以块根繁殖为主。块根繁殖具有产量高、品质好、销量大等优点，而种子繁殖具有块根小、产量低缺点，主要用来培育种苗。

（1）块根繁殖。太子参可横栽也可竖栽。横栽时在畦面上开设直行条沟，沟深 7~10 厘米，向沟内撒入腐熟基肥并稍加细土覆盖，将种参平卧摆入沟中，头尾相接，株距 5~7 厘米，行距 15 厘米，最后将畦面整理成弓背形。竖栽时在畦面上开设直行条沟，沟深 13 厘米，将种参斜排于沟的外侧边，芽头朝上面，离畦面 7 厘米，株距 5~7 厘米，要求芽头位置一律平齐，习称“上齐下不齐”。然后再在第二沟内摆种，以此类推，栽后将畦面整成弓背形。

（2）种子繁殖。在 5—6 月当果实将要成熟前，连果柄剪下，置室内通风干燥处阴干后，收集种子，立即进行混砂湿藏，放于大小适宜的木箱中，上面不加盖，置通风阴凉处，待秋季或翌年春季播种。每亩用种量约 2. 5 公斤，用种子繁殖时收获时间晚一年。

4. 田间管理

（1）中耕除草。太子参出苗时生长缓慢，越冬期杂草生长较快，早春应浅锄 1 次，旺盛生长期内除草 1~2 次，需除尽高于植株的杂草，低矮杂草无须每次除尽。

（2）浇水。栽植后若遇秋干，土壤干燥，可浇水多次，以保持土壤湿润，促使生根。冬季雨雪、春季雨水偏多，注意清沟沥水，切忌畦面积水。

（3）追肥。太子参施肥以农家肥、复合肥基施为主。生长期间慎用追肥，以防疯长，一般在苗 2 叶 1 心期看苗施用复合肥，少施、早施，用量 75 公斤/公顷，特别瘦弱苗，可用尿素液叶面喷施。追肥不宜过迟，量不宜太大，否则会造成植株徒长，须根过多，产量下降。

5. 病虫害防治

（1）白绢病。选用无病虫危害的健壮种根进行种植为佳。选用地势高、燥，地下水位较低的沙壤土进行种植。整地前亩施石灰 30～40 公斤，进行土壤消毒。施用腐熟的人畜粪肥，防止肥料带病菌浸染。栽种前用 50%甲基硫菌灵 800 倍药液浸种 10 分钟，或将杂草铺于地面放火焚烧杀菌处理。

（2）根腐病。选用健壮无病的种根；不在发病的田块中留种，以减少病害。与禾本科等作物实行 3 年以上的合理轮作。选择地势高燥、排水良好的沙壤土种植。加强田间管理，合理施肥，多施有机肥，增施磷钾肥。雨季及时排除积水，注意疏松土壤，提高植株抗病能力。发病初期及时拔除中心病株，并选用 50%多菌灵可湿性粉剂，或 70%甲基硫菌灵可湿性粉剂 500～1 000倍液等浇灌病穴及周围植株。

（3）立枯病。收获后及时清理田间病残体，并带出田外集中销毁。与高粱、水稻等禾本科作物轮作 3 年以上。雨后及时开沟排水，降低田间湿度。在播种或移栽前，每亩用 50%多菌灵可湿性粉剂 2.5 千克。若发现病株及时拔除烧毁，并在病穴处浇注 10%石灰水进行消毒。并根据病情可选用 75%百菌清可湿性粉剂 600～800 倍液。

（4）病毒病。选用无病毒病的种根留种。科学肥水管理，增施磷钾肥，注意排灌结合，提高植株自身抗病能力。认真清园，减少越冬病源。在太子参生长期，及时灭杀传毒虫媒，可选用 10%吡虫啉可湿性粉剂 1 500倍液、25%吡蚜酮可湿性粉剂 2 000倍等喷施。发病症状出现时，可选用磷酸二氢钾或 20%吗胍·乙酸铜可湿性粉剂 500 倍液。

（5）叶斑病。注意清洁田园，加强管理提高植株抗病力。发病期可选用 70%代森锰锌可湿性粉剂 500 倍液，或用 75%百菌清可湿性粉剂 500～600 倍液，或用 64%可湿性粉剂 500 倍液等药剂喷施。

（6）霜霉病。注意清洁田园，清除病残落叶。加强管理提高植株抗病力。发病期可选用 70%代森锰锌可湿性粉剂 500 倍液，或用 75%百菌清可湿性粉剂 500～600 倍液，或用 64%噁霜·锰锌可湿性粉剂 500 倍液等药剂喷施。

（7）黑斑病。注意清洁田园，清除病残落叶。加强管理提高植株抗病力。发病期可选用 70%代森锰锌可湿性粉剂 500 倍液，或用 75%百菌清可湿性粉剂 500～600 倍液，或用 64%噁霜·锰锌可湿性粉剂 500 倍液等药剂喷施。

（8）紫纹羽病。加强田间管理，增施磷钾肥，使幼苗健壮，增强抗病力。雨季多雨时应及时开沟排水，降低田间湿度。病区在播种或移栽前，每亩用 50%多菌灵可湿性粉剂 2.5 公斤。发现病株及时拔除烧毁，并在病穴处浇注 10%石灰水进行消毒，并根据病情可选用 75%百菌清可湿性粉剂 600～800 倍液，或用 50%多菌灵可湿性粉剂 800～1 000倍液。

（9）锈病。清除转主寄主。发病期，可选用 15%粉锈宁可湿性粉剂 1 000～1 500倍液，或 50%萎锈灵乳油 800 倍液等药剂喷施防治。

（10）虫害。太子参虫害主要有蛴螬、地老虎、蝼蛄、金针虫等。可采用灯光诱杀成虫。施用的粪肥要充分腐熟，最好用高温堆肥。田间发生期可用 90%敌百虫 1 000倍或 75%辛硫磷乳油 700 倍液浇灌。用 90%敌百虫 25 克拌炒香的麦麸 5 公斤加适量水配成毒饵，于傍晚撒于田间或畦面诱杀。

6. 初加工方法

太子参的初加工方法包括晒干和烫制晒干。

（1）晒干。将新鲜太子参用清水洗净后，摊于晒场上，晒至3~6成干时，进行搓揉，搓去须根和泥土，再晒至脆干。

（2）烫制晒干。将鲜参洗净后，用沸水浸烫1~3分钟提出水面，晒干入药。

7. 药材商品规格

太子参以身干、无细根、大小均匀、色微黄者为佳。

（1）外观性状。呈细长纺锤形或细长条形，稍弯曲，长3~10厘米，直径0.2~0.6厘米。表面黄白色，较光滑，稍有纵皱纹，凹陷处有须根痕，顶端有茎痕。质硬而脆，断面平坦，淡黄白色，角质样；或类白色，有粉性。气微，味微甘。

（2）商品规格。烫参，面光色泽好，呈淡黄色，质地较柔软；统货，牙黄色，粗壮，无须根杂泥，大小均匀。

8. 质量检测

（1）按干燥品计算。水分≤14.0%，总灰分≤4.0%，水溶性浸出物≥25.0%。

（2）重金属残留量。重金属总量≤ 20.0毫克/公斤；铅≤5.0毫克/公斤；镉≤0.3毫克/公斤；砷≤2.0毫克/公斤；汞≤0.2毫克/公斤；铜≤20.0毫克/公斤。

（三）适宜区域

太子参在贵州省最适宜的种植区主要有：黔东南州的雷山县、施秉县、黄平县、凯里市、麻江县、丹寨县，黔南州的福泉市、都匀市、龙里县、贵定县、瓮安县、平塘县东部，贵阳市清镇市、修文县、息烽县、开阳县，毕节黔西县、金沙县，遵义市汇川区、红花岗区、播州区、仁怀市东南部、湄潭县、桐梓县中部，铜仁松桃县等。

（四）注意事项

生长条件选择。选择适宜太子参的生长条件。太子参喜欢肥沃、疏松、腐殖质含量较为丰富的砂质土壤。温和湿润的气候比较适宜太子参的生长，怕高温曝晒，抗寒能力较强，海拔要求在800~2 700米。

种源选择。选择贵州当地审定品种“黔太子参1号”。特别是在贵州省黔东南的施秉、黄平县一带种植最多，辐射16个县（市）。该品种也使贵州成为国内三大产区之一。

种植技术。严格按照太子参生态栽培技术执行各环节，由技术支撑单位全程指导。

（五）技术依托单位

贵州省农作物品种资源研究所（贵州省中药材现代农业产业技术体系）

联系地址：贵阳市花溪区贵州省农业科学院科技创新大楼贵州省农作物品种资源研究所

联 系 人：杨平飞

电子信箱：910634222@ qq. com

二十一、贵州道地药材半夏规范化生产技术

（一）技术概述

1. 技术基本情况

针对贵州省半夏生产中种源混乱、栽培模式和种植方式多样、技术标准不一等造成的产量不稳定、质量参差不齐甚至不达标的现象，特别是生产过程中乱用除草剂和农药，造成产品农残超标，土壤污染等问题，研究形成的道地药材产地半夏规范化种植技术体系。通过该技术的实施，规范了半夏生产过程中的种源选择；种子精选和种子处理；肥料的选择及施用；栽培及田间管理技术；采收及产地加工等技术措施，在确保优质的基础上，提升了半夏高产稳产能力，降低了风险，同时也降低了乱施农药化肥对土壤造成的生态影响。实现了良种良法配套，生产生态协调，质量效益提升，推动贵州道地药材半夏持续健康发展。

2. 技术示范推广情况

《贵州道地药材半夏规范化生产技术》在2012年毕节市农业科学研究所研究成果《喀斯特山区道地中药材半夏种植技术示范与推广》的基础上，经过多年的提升改进和不断完善形成的。2018年，在赫章、威宁、纳雍、七星关、大方等县区进行小面积示范，获得良好效果。2019年，在赫章县双坪乡安山村进行该技术200.5亩示范，平均亩产为1 006.9公斤。2020年在赫章县双坪乡犀牛山村进行示范，面积229.82亩，平均产量844.59公斤，较对照亩净增81.06公斤以上，增产率11.12%以上。目前该技术正在毕节市赫章、威宁、纳雍等半夏主产区推广应用。

3. 提质增效情况

采对该规范化生产技术，能够在确保半夏产品品质达标的基础上，提升半夏的高产稳产性能，经2019—2020年的示范，采用该技术较常规技术增产11.2%以上，且具有较好的稳产性。同时通过减少化肥和农药的使用量，一方面起到提高产品品质的作用，也有效降低对土壤的污染，具有较好的生态效益。

4. 技术获奖情况

2012年获贵州省科技进步三等奖。

（二）技术要点

1. 种植地块选择

在黔西北地区，适宜选择海拔2 000米左右缓坡地，长年雨雾多的区域，种植地块

要求五年以上未种植过半夏、魔芋等天南星科植物的地块，同时要求土壤质地疏松、肥沃、通透性好、呈中性反应的沙性壤土。

2. 良种的选择

优先选择经试验示范表现优良并通过审定认定的品种，如赫麻芋 1 号和赫麻芋 2 号，也可选择在本区域经多年试种表现优良的地方品种如威宁圆叶、威宁尖叶和黑叶子等。

3. 种茎精选和种茎处理

半夏一般采用种茎播种，播种前要精选无机械损伤、发霉变质、直径在 0.8~1.2 厘米范围内的健康无病的当年新生种茎作播种材料。

播种前用多菌灵、甲基硫菌灵等杀菌剂进行浸种处理，一般用 800 倍液浸种 12 小时后，将种茎捞出在太阳光暴晒到干即可，浸种可起到减少种茎带病、提高出苗率、降低病虫害等效果。

4. 播种

（1）播种期。一般为春播，播种时间 3—4 月均可。

（2）播种量。一般掌握在粒与粒之间距离 3~4 厘米，折合亩播种量为 150~200 公斤，经验值为每净平方米 0.5 公斤左右。

（3）播种方法。开厢撒播（有条件的可以机械完成开厢工作），厢宽 70~80 厘米，厢间距 50 厘米。在开好的厢面进行人工撒种，对过密和过稀的区域进行人工辅助调整密度。

（4）施肥及覆土。采用“一次性给肥”技术进行施肥，既可满足半夏对肥料的需求，还可减少后期追肥的劳动成本，具体方法是在年前将腐熟有机肥与磷肥按照 20∶1 的比例进行混拌均匀后堆腐备用，播种后按 2 000公斤/亩的标准均匀撒施厢面，然后覆第一层土，覆土厚度 2 厘米左右，在覆完第一层土的厢面上再按 30 公斤/亩的标准均匀撒施一道三个 15 的复合肥，然后再覆第二次土，厚度 8~10 厘米，清洁平整厢面和厢沟，完成播种（图 9）。

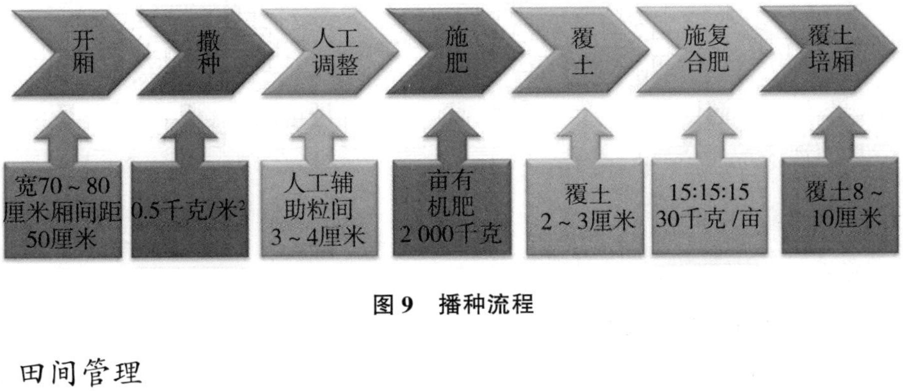

图 9　播种流程

5. 田间管理

（1）水分管理。播种后，要保持土壤墒情，以利出苗，如条件允许，可用遮阴网遮盖，保持厢面湿润，出苗后尽快移出。如雨水过多，要开好排水沟，注意排水。

（2）追肥管理。半夏齐苗后视苗情可进行一次追肥，一般每亩用尿素6公斤兑水浇施，起到追肥和浇水的作用，促进半夏生长。

（3）除草管理。半夏除草采用人工除草，禁止使用除草剂，除草关键要做到“除早、除小、除了”，从半夏播种出苗后，即开始人工除草，在杂草较小时除草，一方面避免后期杂草长大后再除草对半夏的损伤，同时除草更有利于除尽，保持田园清洁，以利半夏生产。

6. 病害防治

半夏病害防治应遵循“以防为主，绿色防控”的原则。对半夏生产危害的主要病害是半夏块茎腐烂病，主要预防措施是采取“选用抗病品种”“选用优质健康种子并进行种子处理”等措施进行病害预防，一旦发病，提早采取将发病区域的半夏植株和土壤移出的物理隔离方法切断传染源，防止进一步传染造成更大损失。半夏其他病害有叶斑病、猝倒病等，发病时尽量选用中草药制剂等生物农药或高效、低毒、低残留化学农药进行防治。

7. 采收及加工

（1）商品半夏。8月半夏倒苗后即可采收，新采收的半夏水分重，易脱皮，此时可用半夏去皮机去皮，清洗并晒干或用专门的烘干机烘干即可得半夏商品。采用烘干机时必须严格进行温度管理，全程温度不能超过55℃。

（2）留种半夏。9月后采收，采收后将粒茎≥1.2厘米的半夏拣出作为商品半夏，同时将损伤和病变的半夏拣出，留下粒茎小于1.2厘米的半夏球茎作种，作种半夏放置阴凉通风处摊放，厚度在5厘米左右，并时检查和翻摊，避免腐烂，次年播种时节即可播种，也可网袋装袋储藏，到次年播种时储藏的种半夏可能会略有失水干缩的情况，但不会影响播种出苗。

（三）适宜区域

黔西北半夏主产区。

（四）注意事项

禁连作，间隔时间5年以上。半夏怕涝，因此种植地块宜选择排水方便的缓坡地，禁选易渍水的坝地。

（五）技术依托单位

毕节市农业科学研究所
联系地址：毕节市七星关区朱昌镇现代农业园区内
邮政编码：551700
联 系 人：唐映军
电子邮箱：470066802@qq.com

贵州大学
联系地址：贵阳市花溪区贵州大学西校区
邮政编码：550025
联 系 人：张明生
电子邮箱：mshzhang@ 163. com

二十二、黔产钩藤规范化生产技术

（一）技术概述

1. 技术基本情况

钩藤是贵州道地药材，也是地理标志产品，目前在贵州的种植面积已达 40 万亩。本技术针对钩藤育苗困难，移栽成活率低，田间管理不规范，生产成本居高不下等问题，研究形成的黔产钩藤规范化生产技术体系。通过适宜的播种期与拱棚—营养袋育苗技术，有效提高了钩藤种子的出苗，节约了种子量，且便于移栽，提高了成活率。移栽过程中，通过覆膜移栽，提高了土壤水分利用效率，降低了草害的发生率，减少了农药的使用量和人工除草成本，可有效降低药材中的农药残留量。通过适时、规范的采收与加工，避免了药材成分不合格，产量低等问题，提高了药材的质量与产量。实现了黔产钩藤的规范、绿色高效生产、生产生态协调。

2. 技术示范推广情况

2018 年以来，在剑河县、丹寨县、道真县等多地进行示范、推广，获得良好效果，2018—2020 年，在剑河、丹寨、锦屏、台江等种植基地，采用该技术小面积生产示范。目前该技术正在贵州省钩藤药材主产区推广应用。

3. 提质增效情况

和常规技术相比，应用该技术可提高出苗率 10%以上，移栽成活率提高 10%以上，增产钩藤药材 10%以上，水分、肥料利用率提高 10%以上，降低化肥、农药用量 5%以上，亩增收节支 100 元以上，同时钩藤非药用部位得到了较好的利用。钩藤的规范化生产还减少了水土流失、具有较好的经济社会效益和生态效益。

（二）技术要点

1. 播种与育苗管理

（1）圃选择与整地。钩藤种苗繁育的苗圃地应选地势平坦、灌溉排水方便、肥沃、疏松、无污染的土壤。早春（2—3 月）深耕 20～30 厘米，充分整细整平。苗床每畦规格厢宽 1. 2 米、长 10～20 米、沟深 10 厘米、宽 30 厘米，结合整地每亩施腐熟厩肥

2 000~2 500公斤作基肥并翻挖整细，耙平。用50%多菌灵750倍液喷施厢面，给苗床土壤消毒，5天后播种。

（2）种子处理与播种。按种子量3.75公斤/亩，种子：草木灰：细河沙=1：4：10比例将钩藤种子充分拌匀，在整好土的厢面上均匀撒播，若露地播种，应盖小拱膜，搭遮阳网遮荫；大棚播种也应盖小拱棚膜，注意保持棚内苗床的湿度和温度。

（3）出苗前管理。保持膜内温度18~27℃，高于30℃时，揭膜通风降温；保持小拱膜内湿度在80%~90%；及时进行人工除草。

（4）苗期管理。严防各种病虫害发生，适时肥水灌溉，以促进苗木健壮生长。主要抓好以下环节。

通风。出苗后注意通风，天气高温时白天应揭小拱棚膜，大棚育苗应启动通风设施保持棚内空气流动，降低棚内温度，夜晚重新覆膜，保持小拱棚膜内温度，确保种子完全萌发出苗。

揭膜。出苗后30~40天完全揭膜。

间苗。在苗长高至5厘米左右时开始间苗，密度控制在100株/平方米，采用“起大苗，留小苗”进行间苗。

假植。对间苗间出来的大苗，按10厘米×10厘米密度在苗床厢面上假植。按间距10厘米，开深5厘米小沟起厢，按10厘米株距把大苗排入小沟内，盖上细土至完全盖住幼苗根部，最后浇足定根水。

除草。完全揭膜前人工除草每10天除草一次，完全揭膜后在杂草生长旺季按2次/月除草，10月至翌年3月进行2~3次除草。

追肥。苗长高至5厘米左右时进行追肥，追肥方法是配制2%尿素和3%磷酸二氢钾混合溶液用喷雾器喷施，亩尿素—磷酸二氢钾混合溶液用量为30公斤，此后每隔半个月按上述喷施一次。

灌溉。定期检查苗床湿度，发现苗床土层1~2厘米土壤干燥时应及时浇水。

摘心打叶。当苗长高至10厘米以上时，剪去顶尖，留3~4片无病虫害、叶色新鲜的叶片，打去其余叶片，并抹去腋芽。

2. 移栽定植

（1）整地。对选定的钩藤种植地定植前按行距2.5~3.0米、株距1.5~2.0米开穴，穴径约40厘米，穴深约30厘米，每穴施入腐熟厩肥5公斤和复合肥0.25公斤，与表土拌匀。

（2）定植。钩藤幼苗高40~100厘米时即可于2—4月进行移栽定植，移栽定植前适当节制浇水，进行蹲苗。如遇苗床干燥，须先行浇水，使土壤湿润松软，便于起苗、带土移栽。定植时按每穴1株栽入事先挖好的定植穴内，扶正苗木，用熟土覆盖根系，填土至穴深1/2时，将苗木轻轻往上提一下，以利根系舒展，再踏实土壤，填土满穴，浇透定根水。移栽苗成活后，应全面检查大田缺窝或死苗情况，以便及时补苗。

钩藤苗出圃合格要求：实生苗苗龄2年以上，扦插苗苗龄1年即可；地径大于0.6厘米，苗高大于40厘米；根系完整，侧根数不少于4条，侧根长度20厘米以上；无病虫害，无机械损伤。

3. 田间管理

（1）浇水补苗。在定植后的半个月内，尤遇干旱时更应及时浇水，抗旱保苗。在雨季尚应注意排水，以防积水过多，根系生长不良。定植成活后，须全面检查，发现死亡缺株的则应及时补上同龄钩藤苗，以保证全苗生产。

（2）松土除草。通过中耕，翻土，改善土壤结构，促进肥力，同时铲除杂草灌木，清洁林地，可防止病虫害发生。定植后，每年冬末春初中耕 1~2 次，范围为树冠下 20 厘米内，中耕深度约 10 厘米，不漏耕。用宽 15 厘米左右的锄头除草，但靠近植株的杂草宜用手拔除。

（3）合理施肥。钩藤苗定植返青成活后，施尿素 30 克/株；6—7 月开花前结合中耕除草追施一次微生物菌肥或有机无机复合肥，按 0.5 公斤/株撒施于植株周围，并覆盖细土；11—12 月施磷肥 0.5 公斤/株，以利植株安全越冬。

（4）修枝整形。定植第一年，当钩藤茎藤长到 50 厘米以上时，及时剪去顶端以保持植株高度在 50 厘米以内；侧枝多于 3 枝时，应剪去弱枝、枯枝和病虫枝。第二年冬季开始定型，保留植株高度在 100 厘米左右，分茎数 3~4 株，其余部分用枝剪剪去。第三年后，每年冬季进行修剪，保留植株高度在 150 厘米左右，剪去其余部分，清除植株基部的枯枝和病虫枝。修剪可结合采收进行，通过剪顶以促使健壮新梢的萌发，提高产量。此外，钩藤定植二年后可搭架以引枝藤攀缘，也可就地利用株旁林木让枝藤攀缘其上。

（5）打花序。除预留采种地外，对其余的钩藤于现花蕾时用枝剪剪去带花序的枝条，以免因养分过度消耗而影响药材产量和品质。

4. 病虫害防治

在遵循“预防为主，综合防治”的原则下，坚持“早发现、早防治”“治早治小治了”，选择高效低毒低残留的农药对症下药地进行钩藤主要病虫害防治。

（1）根腐病。发病初期可选用 25%多菌灵 1 000倍，或用 20%甲基立枯磷乳油 800~1 200倍液，或用 75%百菌清可湿性粉剂 600~800 倍液等药剂灌施。

（2）软腐病。保持通透性，注意苗圃地不能太湿；发病初期可选用 50%氯溴异氰尿酸可溶粉剂 600~800 倍液或 20%噻森铜悬浮剂 300~500 倍液进行均匀喷雾。

（3）蚜虫。为害期可选用 95%矿物油乳油 100~200 倍液或 10%吡虫啉可湿性粉剂 4 000~6000 倍液，或用 5%啶虫脒乳油 3 000~4 000倍液等药剂喷雾。

5. 合理采收

钩藤定植 2 年后即可采收药材。于 11—12 月当钩呈紫红色时，选晴天或阴天采收。采收后，用枝剪剪下或镰刀割下带钩的钩藤枝条，去尽叶片，去除病枝，捆成 3~5 公斤/小把，运回待初加工。

6. 合理初加工

钩藤通过晾干表面水分后，需进行初步拣选，去除夹杂在钩枝中的茎段/藤、叶片及其他杂质。将拣选后的钩藤枝条直接晒（晾）干。或用剪刀从采收的钩藤枝条上剪下带钩茎枝（茎枝与钩约等长，2~3 厘米），晒（晾）干或蒸片刻（或于沸水中略烫）后晒（晾）干即可入药，蒸或烫的目的是使其色泽紫红、油润光滑。也可于55℃烘房内烘干即得。

（三）适宜区域

黔东南剑河、黎平、锦屏、榕江、从江、岑巩、镇远、三穗等地，黔南三都、独山、长顺等地；黔北的遵义、桐梓、务川等地；黔东的江口、德江等地。

（四）注意事项

应注意栽培地选择。

（五）技术依托单位

贵州中医药大学
联系地址：贵州省贵安新区花溪大学城栋青南路
联 系 人：魏升华
电子信箱：weishenghua6512@ 126. com

二十三、黑木耳高效栽培技术模式

（一）技术概括

木耳，属担子菌纲，木耳目，木耳科。主要分布于贵州、黑龙江、吉林、福建、台湾、湖北、广东、广西、四川、云南等地。本技术解决了以下主要问题：菌袋制作不规范；灭菌不彻底；无菌操作不严格；菌丝停止生长；伤热“烧菌”严重；朵形难看、个体大、质量差；开口方法不适宜、方法不得当；催耳管理；出菇管理；病虫害防治；采收不及时、晾晒方法不得当。目前林下地摆、挂耳、田间地摆等已大面积推广应用。

（二）技术要点

1. 季节安排

袋栽黑木耳分秋栽和春栽两季。应避免过早或过迟接种，影响菌棒成品率。

（1）秋季栽培。秋栽接种一般在旬平均气温低于30℃时进行，具体接种时间应根据海拔高度以及温度、湿度等适当提前或推后，一般安排在7月中下旬至9月中下旬，700~800米以上海拔地区可在7月中下旬开始制袋接种，平原地区9月较为合适。

（2）春季栽培。春栽接种期一般安排在旬平均气温上升到20℃往前推80~90天接种，一般在11—12月。低海拔地区不适合春季栽培。

2. 材料与配方

培养料以桦、杨、柳科等阔叶树种木屑或棉籽壳为主，麦麸、米糠等可作为黑木耳栽培的辅料，所有原料应符合 NY 5099 的要求。配方①：木屑 89%，麦麸（或米糠）10%，石膏粉 1%。配方②：棉籽壳 89%，麦麸（或米糠）10%，石膏粉 1%。按配方将各种培养料混合后，加水充分搅拌均匀，培养料含水量控制在 50%~55%。

3. 菌种

（1）菌种。生长在适宜基质上具结实性的菌丝培养物，包括母种、原种和栽培种；选择种性清楚、适宜袋栽、抗逆性强、高产优质的品种；菌种质量符合 GB 19169—2003 规定。菌丝洁白，细羊毛状，毛短、整齐浓密，粗壮有力，生长均匀，上下一致。

（2）栽培种。由原种移植、扩大培养而成的菌丝体纯培养物。栽培种只能用于栽培，不可再次扩大繁殖菌种，也称三级种。

4. 拌料

按配方比例准确称好主料和辅料，先将麸皮、石膏、石灰等辅料依次混合，搅拌均匀，再将辅料拌入主料，后将木屑主料堆放在干净的水泥地上，一层主料一层辅料堆放后进行干拌一次，然后红糖溶解于水，通过糖水加入料中，反复搅拌 2~3 次，适量加水，达到适宜的含水量（55%~60%）。栽培基质处理符合 NY 5099—2002 要求，不允许加入农药。水质符合 GB 5749 的要求。

5. 装袋灭菌

（1）菌袋材料。选用高密度低压聚乙烯塑料袋，应符合 GB 4806.7 的规定。采用折角 15 厘米×55 厘米、厚 0.045~0.055 毫米的筒袋。

（2）灭菌冷却。常压蒸汽灭菌，要求 5 小时内使灭菌容器内温度达到 100℃，保持 100℃，8~10 小时。高压灭菌，要求 0.12 兆帕，4~8 小时。注意：料袋放置不可过多，并留有一定通气孔便于排净冷空气。灭菌结束后，待灭菌容器内温度自然降至 50~60℃时，将料袋搬到消毒后的通风、阴凉、干净冷却室，冷却堆叠不宜超过 10 层，袋内料温降到 30℃以下时应及时接种。

6. 接种

接种应按无菌操作要求进行，接种室（箱）在接种前消毒一次，料袋和接种用品、菌种搬入后二次消毒，接种室、接种箱的空间消毒选用经登记的气雾消毒盒，接种室消毒时间为 25~30 分钟，开放式接种箱为 3 小时以上。接种用具、菌袋外表处理及接种者双手应采用 75%的酒精或 0.2%高锰酸钾溶液擦洗消毒。

在菌棒上用接种打孔棒均匀地打 3~4 个接种穴，其中一穴尽可能靠近扎袋口。接种口直径 1.5 厘米左右，深 2.0~2.5 厘米。打穴应与接种相配合，打一穴，接一穴，打穴棒要旋转抽出，防止穴口膜与培养料脱离。去除菌种上部 1.0~1.5 厘米的老化层，每袋栽培种（15 厘米×28 厘米）接种 15~20 袋，每袋接 3 穴，环境温度应控制在 28℃以下进行，白天温度较高时可利用早晚进行接种。接种穴封口用地膜或套袋封口。

7. 菌丝培养

使用前彻底打扫，清除棉子壳、砻糠等容易孳生螨虫的杂物。菌棒移入前 2 天进行环境杀虫和空间消毒。培养室内搭建培养架的，菌袋采取分层排放。堆叠培养的，一般堆高6~8层，以“井”字形或三角形堆放，要防止菌袋堆叠过高，培养料被挤压，造成袋与料脱离，影响出耳。室外层架堆放要求第一层离地40厘米，每层堆4~5层，并注意避光。要结合翻堆，调整堆内小气候。一般每隔15天左右翻堆一次，如发现杂菌污染要及时处理。菌丝培养过程中应根据发菌情况及时调控温度，特别留意堆内温度变化。夏季接种的主要是控温。秋季接种的主要是升温保温。萌发期，室温控制在28~30℃，以利于菌丝定植，使菌丝迅速吃料。扩展期，将温度降至25~26℃，以适当控制菌丝生长速度，使菌丝生长健壮有力。菌丝生长3~4厘米后，掀开封口膜，温度控制在22~25℃。20天后，应注意散堆，关注气温反常，导致堆内温度过高而“烧菌”。空气相对湿度为65%~70%。培养室要遮光，接近黑暗，防止过早形成耳芽，影响产量。保持培养室空气新鲜，注意通风换气。掀封口膜前，每天通风换气1次，每次0.5~1.0小时；掀封口膜后，每天通风换气2次，每次0.5~1.0小时。

8. 刺孔催耳

刺孔工具可用直径0.5~1毫米钉头制成类似刷子状，使用前应进行消毒。菌丝长满耳袋时进行一次刺孔，不应在料与袋壁脱空和已污染部位刺孔。刺孔后应减少单位面积的堆放量。每袋菌棒上刺9~10行，孔数100~110个，孔径2~3毫米，孔深5毫米，呈品字形，均匀分布。每袋菌棒上刺13~14行，孔数150~180个，孔径4毫米，孔深5毫米，呈“品”字形，均匀分布。完成刺孔后，菌棒应按三角形或井字型堆放，打开门窗，创造良好的通风和光照条件，促进菌丝恢复及生理成熟。刺孔催耳养菌时间一般为7~10天。幼耳形成后保持相对湿度80%~90%；成耳期保持相对湿度90%~95%，并逐渐拉大干湿差。

9. 地栽出耳

（1）耳场整理（图9）。选择环境清新，地势平坦，水源充足，排水良好，用电、运输方便地块，作为耳场。床面宽1.2~1.8米，龟背状，可排6~9袋，过道0.5米，同时作为雨季排水沟引出耳场。床高根据地势可在10~20厘米，地势低洼，易发生涝害，可适当高些，反之略低，长度以40米为宜，便于喷水均匀和管理。做好耳床，打碎土块、压平压实，慢慢浇重水，使床面吃透水。垄面喷封闭除草剂，可选用50%乙草胺80~100毫升兑水30升均匀喷洒在栽培床上；杀虫剂可选用甲拌磷均撒或根据危害虫源选择合适农药按说明均匀喷施；杀菌剂可在垄面与垄间撒一层生石灰进行消毒。处理好的耳床，为防止出耳期喷水泥沙喷溅，通常铺设与床同宽的地膜，膜上具孔或人为设孔，余水可经孔口渗入畦床，防止积水，并保证排水沟通畅。

（2）耳芽生长期管理。当耳芽出齐后进行分床，注意轻拿轻放，倒立摆放，每平方米摆放25袋，间距10厘米，不可过多，密度过大两袋耳片易接触、粘连，造成地层空气不流通，耳片缺氧，生长缓慢，造成严重减产。此期通常需6~10天，称为“耳芽生长期”即从原基形成到耳芽长至1~2厘米的管理。此阶段珊瑚状的耳芽刚刚形成，相当细嫩，既需要水分，又不能浇大水，以免嫩小的耳基吸水过多造成烂耳或脱落，水分过小则造成耳芽收缩影响生长，此期要做到耳芽始终保持湿润生长状态，管理上注

图 9 耳场整理

意：①盖草帘的，要去掉塑料布，向草帘上喷水，使草帘始终保持湿润；②盖遮阳网的要将塑料布掀开，直接向菌袋上喷雾状水，然后盖严，给床内增加湿度，以便使耳芽出的更齐，长得更快（图 10）。

图 10 耳芽生长期

（3）子实体分化生长期管理。子实体生长期，此时耳片分化向外伸展，孔口处彻底封住，应加大浇水量，如气温在 20℃以下，可在上午 10：00—16：00 之间喷水，温度在 20℃以上，早晚喷水，避免高温天气浇水，形成高温高湿，气温在 28℃以上时，菌床上方必须盖有遮阳物，并加大通风，以免菌体发热影响产量。从子实体分化至成熟期的管理，此阶段将草帘、遮阳网、塑料布全部收起，使子实体在全光的条件下分化成长。大湿度、大通风是黑木耳迅速成长的关键，但持续喷水，常造成营养供应不足，耳片虽然伸展较快，耳片薄，且容易产生流耳。在水分管理上，要遵循“干长菌丝，湿长耳”的规律，采用“干干湿湿，干湿交替”的管理方法，早晚或夜间向菌袋、耳片上直接喷水，采取喷 5~10 分钟，让耳片及耳基吸水伸展，停 7~10 分钟，再喷 15~

20 分钟，喷透、喷匀为止，白天气温高时不喷，被称为“白天养菌、晚上长耳”。出耳旺盛期，相对湿度要求 85%～95%，做到阴雨天少喷，晴燥天多喷，耳片膨胀、湿润、新鲜为水分适宜，如耳片积水，说明耳片吸水能力减弱，水分过大（图 11）。

图 11　子实体分化生长期管理

10. 大棚吊袋出耳

（1）大棚规格。棚顶高度一般 3 米，肩高 2 米，早春栽培大棚的顶部及四周全部覆盖塑料膜和 85%～95%遮阳网，用于保温、保湿、遮阴和防止降雨过量。大棚分棚架一体式与棚架分体式，棚架一体式是吊袋直接拴在大棚主体框架上，棚架分体式是大棚与拴绳的框架分开，目前较多采用棚架分体式的大棚进行吊袋生产。根据大棚的宽度，棚内框架设置横杆，用于栓绑吊绳，每米两个横杆为一组，间距 30 厘米，过道 60 厘米。横杆长度依大棚的长度而定，通常根据棚长间隔 10～12 米留 60 厘米横向通道，便于空气流通和操作。在过道棚顶设置微喷支管，间隔 2 米安装雾化喷头，喷头距离吊袋不少于 40 厘米（图 12）。

图 12　大棚吊袋出耳

（2）挂袋。每平方米早春 70～80 包，早秋 60～70 包摆放，在棚内横杆上，每隔 20～25 厘米处，按“品”字形系紧 2～3 根尼龙绳，并底部打结。把已割口的菌袋袋口朝下夹在尼龙绳上，然后用铁丝钩或专用三角塑料套固定，第二袋按同样步骤将菌袋放固定套钩上，一般每组尼龙绳可立体吊 7~8 袋。吊袋时每行之间应按“品”字形进行，袋与袋之间距离不宜少于 20 厘米，行与行之间距离不能少于 25 厘米。菌袋离地面 40 厘米，利于通风。吊绳底部用绳连接在一起，可避免通风相互碰撞。

（3）催芽管理。挂袋后 2 天内不要浇水，使菌丝与料袋充分粘贴，温度 18~22℃，地面浇水，使棚内空气相对湿度保持在 85%。2~3 天后菌袋菌丝恢复，可以向菌袋喷雾水，间歇式、少而勤，以袋壁挂轻微小水珠为准，保持湿度达到 90% 即可，此阶段切忌浇重水，切忌大通风偏干，以保湿为主，每天早、晚通风，每次 30 分钟，根据光照强弱，开启遮阳网调节，持续 7~10 天，耳芽形成绿豆大小。

（4）生长期管理。耳芽边缘分化出耳片，并逐渐向外伸展。此阶段应逐渐加大浇水量，调节塑料布和遮阳网高度，增加通风和光照，逐渐创造干湿环境，根据气温情况，白天大通风，晚上间歇喷水，浇要浇足，干要干透，充分满足木耳“干养菌丝、湿长耳”的特殊生长需求。大棚立式栽培，因区域间温差大，干湿不均衡，通风透光较差，相互制约突出，必须认真协调温、湿、光、气之间矛盾，即减少强光照袋时间和缩短通风时间，保持菌丝活力和袋内水分，增加茬数，又满足最基本优质耳生产条件，恰到好处，是取得高产、优质的基础。

（5）转潮管理。每潮耳采收后，将大棚塑料膜和遮阳网卷至棚顶，停止喷水养菌 5~7 天，以利菌丝恢复。第八天开始喷细水，早晚各喷 1~2 次，每次喷 8~15 分钟（下雨天除外），待新耳芽形成后再次喷水进行下一潮出耳管理，即“干干湿湿”水分管理。“晒袋”管理是避免耳片发黄的关键措施。不见光、温度高、耳片生长速度过快是耳片黄、薄的主要原因。

11. 采收方法及干制

当耳片充分展开，直径 3~4 厘米时，就要及时采收，此时木耳干制后呈碗状，耳厚、型好，价格高且好销。而当耳片达 5 厘米以上时，干耳多呈“耳”状或片状，失去小孔单片木耳品质好、价格高的优势，效益自然也就低很多。采收前 1~2 天停止喷水，选择晴天上午采摘，拿起菌包，轻触即可掉下，对于生长一致性高的菌包，一次性采下，而同步性差，可采大留小。采收的木耳，要尽快剪去基部培养料，去除杂质。摊放竹制晾席或尼龙纱网架上，架高 30~50 厘米，便于通风和防止泥土混入。湿耳摊晾要薄，并且均匀，不可堆积，不宜翻动，当耳片略干，耳根未干时，再将其摊厚晾晒，这样晒出的木耳易成碗状，形好。半干耳一般摊厚 20 厘米左右，勤翻动几次，晴天一天即可晒干，含水量达到 13% 以下。为防止雨天和尘杂飘落，通常在晒床上增设拱形棚，雨天罩上塑料膜。

干耳含水量超过 14%，贮存期易发霉、生虫，但含水量低于 12%，则贮运过程耳片易碎。检测采用烘干法。感官判断，握之声脆，扎手，具有弹性，耳片不碎为含水量适当；握之咯吱声响，扎手易碎，为干燥过度；握之无声，不扎手，手感柔软，为含水量过多。

干制木耳，装入含有内膜袋的编织袋内，密封贮存。采用小包装袋，每包 100~200 克，放入干燥剂后封口。若贮存期半年以上，自然干制木耳必须经过 60~65℃复烤，才能装袋密封。贮存仓库应通风干燥，无异味，并定期抽查，防止发生变质。

12. 病虫害防治

黑木耳的病害主要表现为杂菌的侵染，常见杂菌有绿色木霉菌。代料栽培黑木耳害虫的危害较少，在菌种生产和栽培室常见害虫有螨虫。病虫害采用“预防为主，综合防治”的原则，严格控制农药使用。

预防方法严格把好关种源关、培养料质量关和灭菌关三个环节。净化栽培环境。清除栽培场所的枯枝落叶，菇房培养室和出菇场地要远离禽畜舍和粮食、饲料仓库、垃圾场，培养房、耳场在使用前用二氯异氰尿酸钠消毒粉喷雾或熏蒸处理以杜绝初侵害螨源。保持卫生，减少病源，给黑木耳创造适宜的栽培环境。适期接种，使黑木耳菌丝体优先占据培养基，采收时彻底清除耳根，减少杂菌的入侵机会。加强科学管理，调节好栽培环境的温度和湿度，加强通风管理，保持栽培场所空气清新。发现病害及时清除或隔离，出耳期间禁用农药，耳潮期间如需用药，选用在食用菌上登记可使用的农药，按 GB/T 8321规定执行。如螨害发生后，可在发菌期和采耳后用杀螨药剂菇净喷雾处理，出耳期蛞蝓用四聚乙醛颗粒剂撒施。

13. 培养残料的处理

培养残料要及时运离生产场地。培养残料可以作灭菌燃料、有机肥料以及二次利用等综合利用。

（三）技术依托单位

铜仁职业技术学院（贵州省食用菌现代农业产业技术体系资源与育种功能实验室）
联系地址：贵州省铜仁市自由路 2 号
联 系 人：顾昌华
电子信箱：1145078537@ qq. com

二十四、红托竹荪林下种植技术

红托竹荪隶属真菌门，担子菌亚门，腹菌纲，鬼笔目，鬼笔科，鬼笔属真菌。我国的红托竹荪人工种植起源于贵州省织金县。2000 年 8 月，中国食用菌协会授予贵州织金“中国竹荪之乡”，2010 年 9 月，贵州“织金竹荪”获得国家质检总局国家地理标志产品保护认证。目前，贵州已经形成以织金县为集散地，以毕节市、安顺市、黔西南州等为主产区，并向全省其他市州辐射的竹荪产业。红托竹荪已列入“贵州省发展食用菌产业助推脱贫攻坚三年行动方案（2017—2019 年）”和“贵州省食用菌产业发展规划（2020—2022 年）”重点发展品种。

（一）主要种植品种

黔优 1 号，yzs020、黔丰 1 号。

（二）适宜种植区

贵州红托竹荪野生资源主要分布在乌蒙山区、大娄山区、武陵山区、雷公山区等海拔 800~1 500米区域，且主要分布于竹林，如毛竹、苦竹、慈竹、平竹、麻竹、楠竹、金竹、水竹、桂竹、箭竹等。竹荪菌丝多生长在竹林和其他林地 20~60 厘米土层，此土层内布满了腐烂和半腐烂的竹根、竹鞭和其他树兜。竹林砍伐后的 4~6 年是竹荪大量发生期，以后采集量急剧下降，生长旺盛的竹林内竹荪少，衰败的竹林竹荪易发生。正常季节可在海拔 800~1 500米的林下种植，冬季可以到黔西南、黔南和黔东南南部各县的低热河谷区域种植。不同海拔高度的山区，也可以通过选择一些小气候条件，如低山区宜选温度较低湿度较大的阴坡或有遮阴条件的树林种植，中山区宜选择半阴半阳的山坡，高山区宜选择阳坡。

（三）种植环境条件

1. 温度

红托竹荪为中温型菌类，菌丝生长温度范围为 5~30℃，16℃生长明显加快，22~24℃最适宜，超过 26℃菌丝开始衰弱，超过 30℃菌丝体发黄老化，0℃以下和 35℃以上，菌丝即由白色变成红色或暗红色，很快衰退或死亡；子实体形成和生长发育温度范围为 16~28℃，20~22℃最宜。

2. 湿度

菌丝生长阶段适宜的培养基相对湿度是 60%~70%，空气湿度 65%~75%，土壤含水量 15%~20%；子实体形成和生长发育阶段适宜的培养基含水量为 70%~75%，空气湿度 75%~80%，土壤含水量在 25%~30%，湿度不适宜会抑制菌丝生长和子实体分化、生长，甚至引起菌丝和子实体干死或缺氧窒息死亡；菌球处于球形期和桃形期适宜的相对空气湿度为 80%以上，成熟到破口期 85%以上，破口到菌柄伸长期 90%以上，撒裙期为 95%以上。

3. 通风透气

红托竹荪属好气性食用菌，菌丝生存的基料、土壤和子实体生存的空间，氧气充足，菌丝生长和子实体形成及生长才健康，氧气不足，菌丝生长和子实体形成及生长缓慢甚至死亡。土壤宜选择呈团粒结构的腐殖土，粗细土搭配要适宜，有助于透气。林下种植场地选择要防止积水，做好排水，防止淹水导致缺氧。

4. 光照

菌丝体生长和原基形成阶段不需要光，无光菌丝生长健壮洁白，有光会导致菌丝变红老化；散射光有助于子实体生长发育，种植场地光照强度可控制在 100~200 勒克斯；直射光往往导致子实体变成紫红色，甚至萎缩死亡；林下种植时，如郁蔽度过高，光线不足，会导致温度、湿度和通风不适宜，菌丝和子实体适宜生长时间缩短，产量降低。

5. pH 值

菌丝生长的适宜 pH 值为 5.5~6.5，最佳 pH 值为 6.0 左右，培养基物和覆盖培养基 pH 值在 5~6 均有利于原基形成和子实体生长发育。

（四）种植基地选择及整地

1. 种植基地选择

宜选择坡度为 6~10°的缓坡林地或沟谷林地，山脊林地处不宜；郁蔽度较高的阔叶林、针叶林、混交林或竹林，以有箭竹生长的树林为佳、通风透光良好，夏季地表无太多阳光直射，郁闭度过高和大森林的深处不宜。夏季较凉爽，最高地温一般不超过 28℃；空气湿度一般为 70%~90%，土壤一般含水量适中；土层厚 50 厘米以上、土壤肥沃、微酸性、富含腐殖质、具有良好团粒结构、土质疏松、排水良好且不易干旱、喷水后土表不易板结的壤土。栽过红托竹荪的窝需休闲 4~5 年后才可再栽红托竹荪，但也可以采用未栽过红托竹荪的土壤换掉老窝中的土壤连续种植红托竹荪，年种植 40~50 平方米/亩，采用小窝化栽培，可有效减少病虫害，实现每亩林地内的轮作。无大型野生动物出没，不宜选择白蚁活动频繁的地方。红托竹荪种植场地要求有水源（必要时建固定水池），排灌方便（必要时建立灌溉设施）；自然灌溉用水和人工灌溉用水符合饮用水水质要求，产地大气无污染。

2. 种植基地整地

红托竹荪林下种植面积以“窝”为单位计算，森林覆盖率 50%以上的地区，郁闭度 0.6 以上，每亩林地间伐量或利用枝杈量可种植 40 平方米；其种植场地可据实际布置“窝”，不一定连接成片，整地时，应砍掉栽植点过密的杂草、灌木和散生竹，挖掉大块石头，把土表渣滓清除干净，直接挖穴栽种；陡坡的地方可稍整理成小梯田，开穴栽培，穴底稍加挖平，也应有一定的斜度，便于排水；雨水多的地方，种植场不宜过平，应保持一定的坡度，有利于排水。

（五）林下种植方法

菌棒脱袋覆土种植是目前林下种植竹荪采用的方法，将木材、秸秆等粉碎，添加营养物质，通过堆料发酵，装袋、灭菌、接种、发菌等工序制作成菌棒，培养发好菌后脱袋覆土种植。种植流程为：种植季节确定→菌棒选择→挖窝→摆放菌棒→覆土与覆盖物。

1. 种植季节

红托竹荪林下种植主要采用菌棒脱袋种植，贵州全省海拔 800~1 500米的区域可采用正常季节 3—5 月种植，一般菌棒覆土后 20~40 天即可产生原基，3 个月完成第一茬菇的采收，再两个月完成第二茬菇的采收，所以菌棒种植后要确保有 6 个月的温度适宜红托竹荪生长发育和出菇。在低海拔、低纬度、热量条件好的地区，可秋季 8—9 月种植，5 月之前完成采收，实现错季种植，效益较高。

2. 菌棒选择

选择长满的菌棒，且菌龄低于 120 天、无污染、无虫害、菌丝洁白粗壮的菌棒。要求菌棒无污染，外观菌丝白色、浓密，长满或接近长满，无老化和萎缩现象。购买菌种时须选择技术条件较好的菌种公司生产的菌种。

3. 挖窝

在选好的地块上先把地块表面上的枯枝烂叶及表层的腐殖层刮在一旁，然后进行挖窝。林下挖窝要求：每窝坑深 12 厘米、宽 40 厘米、长 60 厘米，亦可根据林下实际情况对尺寸适当调整，但宽度不宜超过 60 厘米，长度不宜超过 1 米，窝之间间隔至少 30 厘米。要求坑底平整，底层留 3~4 厘米的疏松土壤。

4. 摆放菌棒

提前 2~3 天将种植窖整平消毒，菌棒脱袋后，首尾相接并列平铺在种植窖上，间距 10 厘米，由于红托竹荪具有显著的边际效益，边缘要比中部出菇好，一般红托竹荪种植窖制作时采用小厢种植法，即菌床宽度为 2 个菌棒为适宜，覆土后为 45~50 厘米。

5. 覆土与覆盖物

菌棒脱袋平铺于种植窖后即开始覆盖土 3~5 厘米，喷洒 1 次大水，覆盖松针等覆盖物 1~2 厘米基。

（六）生长期管理

1. 安全管理

仿野生林下种植需做防止蚂蚁、老鼠等动物的破坏。

2. 湿度管理

种植红托竹荪的湿度非常关键，在湿度管理过程中要控制菌棒的湿度，土层内及其土层表面不能发白、变干，也不能水分含量过高，才能确保菌棒的湿度适宜以及菌丝生长粗壮密集。若覆土发白、变干时，可洒少量水，加盖木叶，但下雨时节不能让太多的水流入种植窖内，以免造成湿度过大淹死菌丝。

3. 光照管理

红托竹荪喜欢在阴凉潮湿的环境中生长，菌丝生长时不需要光照，以半阴半阳的条件下生长为最佳，红托竹荪菌蕾生长期间不能有长期暴晒，否则菌蕾皱缩失水后很难开伞，或者开伞菌柄会折断影响品质，因此需要经常关注覆盖物，防止菌蕾直接暴露在光照下失水皱缩。

4. 温度管理

红托竹荪林下种植要做好温度调控，低温时要盖膜保温，以避免低温导致的生长缓慢或休眠；高温时要加盖覆盖物隔热，防止高温度导致休眠或灼伤。

（七）采收、加工和贮藏

1. 采收

竹荪多于每天清晨 5：00—6：00 破蕾而出，到 9：00—10：00 菌裙张开，孢子开始自溶，到下午子实体开始萎缩倒闭，要及时采收。菌柄较脆，易断，采收时需特别小心。采收时要不影响到旁边的竹蛋，避免自溶孢子将菌柄弄脏后难以清洗。

竹蛋采收：商品竹蛋采集期为尖顶期竹蛋，采摘时间为上午 10：00—12：00，采摘时一手托住竹蛋，另一手用小刀将竹蛋从基部割下，采收过程中，尽量不要破坏下面的菌丝和周围的菌蕾。采收时应保持清洁，外观形态完整。

竹花采收：竹花采收期为破壳后，子实体开始或已经撒裙时，采摘时间一般为上午，采摘时一般分三步采收法；第一步，揭盖；第二步，割花；第三步，去托。

2. 清洗

将菌盖摘下用 50~70℃的温水浸泡 5~6 小时后清水冲洗即可。如果有充足的时间可以用冷水浸泡过夜后清洗，这样能较好地保持菌盖的品质，其他部位不用清洗。

3. 烘干

红托竹荪子实体采收后应及时烘干，延长干制时间将直接影响品质，一般于采收后 2 小时内烘干。烘干不能用煤火直接烘烤，需用热风烘干或者电热烘箱烘干。采用低温烘干法即可保持红托竹荪的原形与色泽，即先 55℃烘 4 小时后 45℃烘 6 小时即可。烘烤过程中，需要注意排湿，避免在高温高湿条件下，引起红托竹荪发黄现象。红托竹荪以菌柄无严重皱缩、颜色洁白，菌盖灰白色，菌柄与菌盖完整为佳。

4. 贮藏

烘干后回潮 10 分钟进行装袋，可放置在较厚的不透气大塑料袋里保存，回潮太久不易保存。塑料袋置于阴凉干燥的冷库贮存，一般要求仓库湿度低于 30%，避免干品红托竹荪吸湿后发黄。暂时销售不了的红托竹荪每月打开塑料袋晒一下太阳或者排湿，否则湿度一高红托竹荪会变黄甚至腐烂，影响价值。

（八）技术依托单位

贵州省农作物品种资源研究所（贵州省食用菌现代农业产业技术体系资源与育种功能实验室）

联系地址：贵州省贵阳市花溪区金欣社区贵州省农科院农业科技创新大楼

联 系 人：朱国胜

电子信箱：49514224@ qq. com

二十五、冬荪林下种植技术

冬荪又称竹下菌、男荪、无裙荪等，为担子菌亚门，腹菌纲，鬼笔目，鬼笔科，鬼笔属真菌。冬荪自然条件下于林下腐殖质层中单生或群生，其出菇温度较低，子实体开伞在秋冬季节。冬荪喜温凉湿润环节，更适合林下种植，在贵州毕节市已有较大面积的人工种植，2016 年 11 月，贵州“大方冬荪”获得国家地理标志产品保护认证，现已辐射到德江、雷山等天麻产区。冬荪已列入“贵州省发展食用菌产业助推脱贫攻坚三年行动方案（2017—2019 年）”和“贵州省食用菌产业发展规划（2020—2022 年）”重点发展品种。

（一）主要种植品种

黔密 1 号，黔壮 1 号，黔黄 1 号。

（二）冬荪适宜种植区

贵州省内乌蒙山区、大娄山区、武陵山区、雷公山区等海拔 1 400米以上的区域为最适宜种植冬荪区，海拔 1 000~1 400米为次适宜区，海拔 1 000米以下的区域为不适宜区，其中乌蒙山区的大方县和百里杜鹃为贵州省冬荪的原产地。以竹林最为常见，如毛竹、苦竹、金竹，也常见于青冈栎等阔叶树混交林，松和栎等针阔叶混交林。冬荪菌丝多生长在林地下 20~60 厘米土层内，此土层内布满了腐烂和半腐烂的竹根、竹鞭和其他树兜。竹林砍伐后的 4~6 年是冬荪大量发生期，以后采集量急剧下降，生长旺盛的竹林内冬荪少，衰败的竹林冬荪易发生。

（三）冬荪种植环境条件

1. 温度

冬荪生长发育的温区为 5~30℃，不同品种、不同生长时期的最适温度皆不相同。冬荪菌丝生长温度 10~30℃，最适温度 20~22℃，菌种培养时需要避免温差，防止冷凝水形成；播种时需避开低温期和高温期。若是高海拔地区，由于有效积温低，尽量提前播种。冬荪原基分化温度 12~30℃，最适温度 15~25℃，适当的温差刺激利于原基的扭结形成。冬荪菌蕾生长温度为 8~30℃，最适温度为 18~25℃，温度过低菌蕾生长缓慢，温度过高容易导致菌蕾不可逆失水干瘪或死亡。子实体开伞期温度 1~30℃，最适温度 15~25℃，冬荪开伞耐受温度范围广，只要没有结冰都可以开伞，温度过高会使子实体失水难以开伞。温度越低，开伞速度越慢，开伞时间越长。

2. 湿度

冬荪菌蕾和子实体的含水量较大，子实体的含水量 92%左右，菌托含水量高达 97%。冬荪菌种培养料的含水量 55%~63%为宜，水分过少不发菌，水分过大容易在瓶底积水缺氧，菌丝无法生长。菌丝培养空气湿度保持在 50%~65%即可，湿度过高易感染杂菌。在子实体原基分化和生长阶段，空气相对湿度 80%~90%为宜，低于 50%原基不分化，即使分化也会缺水枯萎死亡。子实体开伞湿度 70%~90%为宜，湿度过低菌蕾容易失水不开伞，湿度过高菌蕾顶端容易发霉感染。

3. 空气

冬荪属好气性食用菌，菌丝培养用的基料、覆盖用的土壤和子实体出菇的空间均需要保证透气性。空气中氧含量正常（21%左右），菌丝生长和子实体生长发育才健康，缺氧条件下，菌丝生长和子实体生长发育缓慢甚至死亡。土壤宜选择呈团粒结构的腐殖土，粗细土搭配要适宜，有助于透气。林下种植场地选择要防止积水，做好排水，防止淹水导致缺氧。

4. 光照

冬荪同普通食用菌一样，菌丝生长不需要强光，强光会抑制菌丝生长，因此菌种培养室需要遮光。光线对冬荪的原基分化影响不大，一般原基形成于遮盖物下方，光强100~200勒克斯。冬荪菌蕾生长和开伞不需要光照，黑暗条件下菌蕾皆能正常生长和开伞，有光线反而降低菌蕾生长和开伞速度，因此冬荪在夜间开伞较多，白天开伞较少，自然采摘也一般选在早上采摘。

5. 酸碱度

冬荪比较适宜微酸性条件，培养基物和覆盖土壤的pH值在菌丝生长阶段为5.5~6.5，子实体发育阶段为4.6~5.5，过酸和过碱都不利于冬荪的生长发育。在冬荪菌丝生长过程中菌料pH值会逐渐降低，因此菌种制作过程中不建议使用过多石灰；同时种植场地多选择微酸性土壤场地。

（四）种植场地选择及整地

1. 种植场地选择

坡度为6°~10°的缓坡林地或沟谷林地为好，山脊林地处不宜；郁闭度较高的阔叶林或竹林，以有箭竹生长的树林为佳、通风透光良好。夏季较凉爽，最高地温一般不超过28℃；空气湿度一般为70%~90%，土壤一般含水量适中；土层厚50厘米以上、团粒结构好、土壤肥沃、土质疏松、排水良好且不易干旱、微酸性、富含腐殖质、具有良好团粒结构、喷水后土表不易板结的壤土；栽过冬荪的窝需休闲4~5年后才可再栽冬荪，但也可以采用未栽过冬荪的土壤换掉老窝中的土壤连续种植冬荪，年种植40~50平方米/亩，采用小窝化栽培，可有效减少病虫害，实现每亩林地内的轮作；夏季地表无太多阳光直射，如阳光过强需搭建遮阳网，郁闭度过高和大森林的深处不宜；无大型野生动物出没，不宜选择白蚁活动频繁的地方。冬荪种植场地要求有水源且排灌方便；自然灌溉用水和人工灌溉用水符合饮用水水质要求，产地大气无污染。不同海拔高度的山区，也可以通过选择一些小气候条件，如低山区宜选温度较低、湿度较大的阴坡或有遮阴条件的树林种植，中山区宜选择半阴半阳的山坡，高山区宜选择阳坡。

2. 整地

冬荪林下种植面积以“窝”为单位计算，森林覆盖率达50%以上的地区，郁闭度0.6以上，每亩林地间伐量或利用枝杈量可种植40平方米；其种植场地可据实际布置“窝”，不一定连接成片，整地时，应砍掉栽植点过密的杂草、灌木和散生竹，挖掉大块石头，把土表渣滓清除干净，直接挖穴栽种；陡坡的地方可稍整理成小梯田，开厢种植，厢底稍加挖平，也应有一定的斜度，便于排水；雨水多的地方，种植场不宜过平，应保持一定的坡度，有利于排水。

（五）林下种植方法

冬荪林下种植一般采用小窝式种植方法，主要因为林下空间有限，难以挖沟做畦或开厢，传统种植方法有木块种植法、木块木屑种植法、木块秸秆种植法等，种植流程为：种植季节确定→菌种选择→材料准备→挖窝→铺放下层菌材→摆放菌种→铺放竹叶→撒白糖→上层菌材→覆土及覆盖物。

1. 种植季节

3—5月为冬荪菌丝生长期，6—7月冬荪原基分化形成菌蕾，8—9月为菌蕾生长期，10—11月菌蕾开伞长出子实体即采收期。冬荪种植在每年10—12月，翌年3—5月，尽量避免霜雪天气种植，以免冻坏菌丝。10—12月种植可采用木块种植法，3—4月可采用木块+木屑种植法，4—5月可采用纯木屑种植法。

2. 菌种选择

需选用菌龄3~4个月的优质冬荪种植种，菌种无杂菌污染，外观菌丝白色、浓密或成束状，长满或接近长满，无老化和萎缩现象。

3. 材料准备

主要种植材料为阔叶树木材、树枝，其中以青冈树、毛栗树为优，桦树、杨树次之。辅料可采用林中常见的箭竹枝、竹叶、阔叶树叶等。覆盖物一般以第一年干松针、阔树叶为优，并且比较常见。另外还可用木屑、农作物秸秆、火麻秆、果树修剪枝、枯枝落叶等代替纯木材种植。

参考配方：①阔叶树木块35千克/平方米，冬荪种植种2千克/平方米，白糖或麦麸0.15千克/平方米，箭竹叶或阔叶树叶1千克/平方米。②阔叶树木块18千克/平方米，冬荪种植种2千克/平方米，白糖或麦麸0.15千克/平方米，箭竹叶或阔叶树叶1千克/平方米，玉米秆5千克/平方米或火麻秆12千克/平方米或果树修剪枝15千克/平方米。③阔叶树木块18千克/平方米，冬荪种植种2千克/平方米，白糖或麦麸0.15千克/平方米，箭竹叶或阔叶树叶1千克/平方米，粗木屑10千克/平方米。

种植材料预处理：将新鲜的阔叶树木材切割成长5~10厘米，厚度2~5厘米大小的块。新鲜的箭竹用铡刀切成5~8厘米长度，随用随切。不能使用存放时间长而发霉的箭竹和木材，长时间存放过干的木材要提前浸泡1天，然后拿出沥水至不再有大量水滴渗出时后使用。其他材料如农作物秸秆、火麻秆、果树修剪枝的除了切割成5~10厘米长度外，需要提前浸泡1天，然后拿出沥水至不再有大量水滴渗出时后使用。

4. 挖窝

在选好的场地上先把地块表面上的枯枝烂叶及表层的腐殖层刮在一旁，然后进行挖窝。林下挖窝要求：每窝坑深12厘米、宽40厘米、长60厘米，亦可根据林下实际情况对尺寸适当调整，但宽度不宜超过60厘米，长度不宜超过1米，窝之间间隔至少30

厘米。要求坑底平整，底层留3~4厘米的疏松土壤。

5. 铺放下层菌材

将准备好的木材块整齐铺放在底层并压实，以看不到土壤为宜，厚度6~9厘米，铺材时尽量均匀，下层菌材以木材为主。

6. 摆放菌种

将称好的菌种掰成猕猴桃大小的菌种块并摆放在铺好的木材上，菌种块间距为4~6厘米。

7. 铺放竹叶、撒白糖、摆放上层菌材

摆好菌种后再铺上一层箭竹，用量以盖住底材为准，再撒上少许白糖或麦麸，接着再铺3~5厘米的上层菌材，上层可用木材块，也可用农作物秸秆、火麻秆、木屑、果树修剪枝、枯枝落叶等代替。

8. 覆土与覆盖物

菌材放完后盖上疏松、干净的土壤，覆土约5厘米为宜，覆土形状呈微弧形隆起，最后再覆上1厘米左右厚度的松针或枯蕨草。覆盖物厚度应适宜，太厚菌丝直接长在覆盖物上，分化形成原基形成无效菌蕾，影响产量，太薄会导致冬荪蛋易受到太阳灼伤。覆土不能用容易板结的土，并且土中不能有杂菌和太多杂草根（如蒿草），若有需要清理后才能利用。

（六）生长期管理

1. 安全管理

冬荪林下种植需做防护措施，避免牛羊家畜破坏，严防蚂蚁、老鼠等小动物的破坏。

2. 湿度管理

种植冬荪的湿度非常关键，在湿度管理过程中要控制栽种材料的湿度，菌丝生长阶段土层内及其土层表面不能出现发白、变干的情况，确保内层材料的湿润以及菌丝生长粗壮密集。若覆土发白、变干时，可洒少量水，加盖木叶，但下雨时节不能让太多的水流入材料内，以免造成湿度过大淹死菌丝。

3. 空气

冬荪属好气性食用菌，菌丝培养用的基料、覆盖用的土壤和子实体出菇的空间均需要保证透气性。空气中氧含量正常，菌丝生长和子实体生长发育才健康；缺氧条件下，菌丝生长和子实体生长发育缓慢甚至死亡。土壤宜选择呈团粒结构的腐殖土，粗细土搭配要适宜，有助于透气。林下种植场地选择要防止积水，做好排水，防止淹水导致缺氧。

4. 光照管理

冬荪喜欢在阴凉潮湿的环境中生长，菌丝生长时不需要光照，以半阴半阳的条件下生长为最佳，林下种植模式成为冬荪高产的较佳选择。另外冬荪菌蕾生长期间也不能有长期的暴晒，否则菌蕾皱缩失水后很难开伞，或者开伞菌柄会折断影响品质，因此需要经常关注覆盖物，防止菌蕾直接暴露在光照下失水皱缩。

5. 温度管理

冬荪林下种植要做好温度调控，低温时要盖膜保温，以避免低温导致的生长缓慢或休眠；高温时要加盖覆盖物隔热，防止高温度导致休眠或灼伤。

（七）采收、加工和贮藏

1. 采收

冬荪采收期一般在每年 10—12 月，由于冬荪菌柄较脆，易断，采收时需特别小心。另外不同品种的特征不同，采摘方式也有区别。菌托菌柄难以分离的品种需先将菌托去掉得到菌柄，一般品种可直接轻旋菌柄即可将菌柄完整取出。另外若是孢子较多的品种可将菌盖单独放置集中清洗，以免孢子自溶将菌柄弄脏后难以清洗。

2. 清洗

不同品种有不同的清洗方法，菌盖较容易清洗的品种可直接用水枪冲洗，菌盖难以洗净的品种可将菌盖摘下用冷水浸泡过夜后单独清洗。

3. 烘干

冬荪子实体采收后应及时进行烘干，延迟干制将直接影响品质。冬荪的烘干不能用煤火直接烘烤，需用热风烘干或者电热烘箱烘干。先 70℃烘干 1 小时杀青，然后将温度降低至 40℃持续烘干至恒重。烘烤过程中，需要注意排湿，避免在高温高湿条件下，引起冬荪发黄、发黑现象。冬荪以菌柄无严重皱缩、颜色洁白或淡黄色，菌盖灰白色或金红色，菌柄与菌盖完整为佳。烘干后回潮 10 分钟进行装袋，可放置在较厚的不透气大塑料袋里保存，回潮太久不易保存。

4. 贮藏

置于阴凉干燥的冷库贮存，一般要求仓库湿度低于 30%，避免干品冬荪吸湿后发黄发黑。暂时销售不了的冬荪需每月打开塑料袋晒一下太阳或者排湿，否则冬荪会变黄甚至腐烂。

（八）技术依托单位

贵州省农作物品种资源研究所（贵州省食用菌现代农业产业技术体系资源与育种功能实验室）

联系地址：贵州省贵阳市花溪区金欣社区贵州省农科院农业科技创新大楼

联 系 人：龚光禄

电子信箱：137910142@ qq. com

二十六、天麻林下仿野生栽培技术推广

（一）技术概述

1. 技术基本情况

天麻是传统名贵中药材，贵州是全国知名的天麻道地产区，《中国道地药材》记载野生天麻的道地产区在西南，尤以“贵天麻”最为驰名，产品“麻形饱满、质地紧密、药效佳”。从20世纪60年以来，天麻在贵州已有60余年人工栽培历史，种植区域覆盖全省66个县（区），特别是省领导领衔高位推进以来，天麻种植规模迅速增长，截至2020年底，全省天麻种植面积超过24万亩，初步形成了种植、加工、销售等完整产业链条，已成为乌蒙山、武陵山、雷公山、娄山关等区域内巩固脱贫攻坚成果和乡村振兴的重要产业。

天麻人工栽培有大田、仿野生、室内等多种栽培模式，天麻人工栽培有大田、仿野生、室内等多种栽培模式，贵州省天麻以仿野生栽培为主，即选择原生环境或相类似的天然环境进行人工栽培，有效解决了天麻在人工种植过程中品质下降、伐木种麻与生态环境保护之间的矛盾等问题，是一种生态效益和经济效益共赢的种植模式。为充分发挥贵州省丰富的林地资源优势，减少天麻栽培对农田占用和环境破坏，切实解决全省天麻种植标准化程度不高、生产管理水平较低、经济效益不突出的问题，不断推进贵州省天麻高质量发展，加快推进贵州省天麻产业转型升级。

2. 技术示范推广情况

2017年以来，天麻林下仿野生栽培技术推广单位以国家中医药管理局“国家基本药物所需中药材（天麻）种子种苗繁育基地建设项目”为契机（国中医药科技中药便函〔2014〕117号），配套实施贵州省中药材现代产业技术体系建设、贵州省农村产业革命中药材产业发展基地建设等项目，熟化构建了贵州天麻仿野生栽培技术体系，4年累计在4个市州7个县区累计有效推广面积45.60万亩，单位加权平均亩产量210.46公斤，增幅38.76%，平均亩产值10 196元，品质指标是《中国药典》标准（0.25%）的1.6倍。

3. 提质增效情况

一是原生态低密度种植实现了闲置林地资源变产业发展资产，让绿水青山变金山银山。种植密度控制在40平方米/亩，这样既有足够的轮作空间，又能就地取材，合理利用林地中的树枝和落叶，按照每年40平方米的循环间隔使用，即使不原窝种植，也至少可以使用5~6年。

二是仿野生栽培天麻产品质量优良，麻形饱满、质地紧密、药效佳。试验发现，天麻素和对羟基苯甲醇含量高于《中华人民共和国药典》(2015 版) 0.25%要求，鲜天麻价格高于安徽、陕西等地市场价格 20~24 元/公斤。

三是生态循环种植实现了废菌材的重复利用，走出林麻共赢路子。天麻种植中菌材浪费的现象十分普遍，天麻—冬荪、天麻—竹荪、天麻—黄精生态循环种植模式，节省成本 50%，产值增加近一倍，生态恢复缩短 1 年。

四是经济效益巨大，助农增收效果突出。天麻是短平快、一年见效的道地药材品种，每年 11 月至第二年 2 月种植，第二年 11 月至第三年 1 月收获，生产周期 1 年，不施肥，不占耕地，不占农忙时节，且仿野生天麻市场稳定。

4. 技术获奖情况

教育部高等学校科学研究优秀成果科技进步二等奖 1 项；贵州省科学技术进步奖三等奖 1 项；贵州省农业丰收奖一等奖 1 项；铜仁科学技术进步奖二等奖 2 项；毕节市科学技术进步奖三等奖 1 项；黔东南州科学技术奖三等奖 1 项。

(二) 技术要点 (图 13)

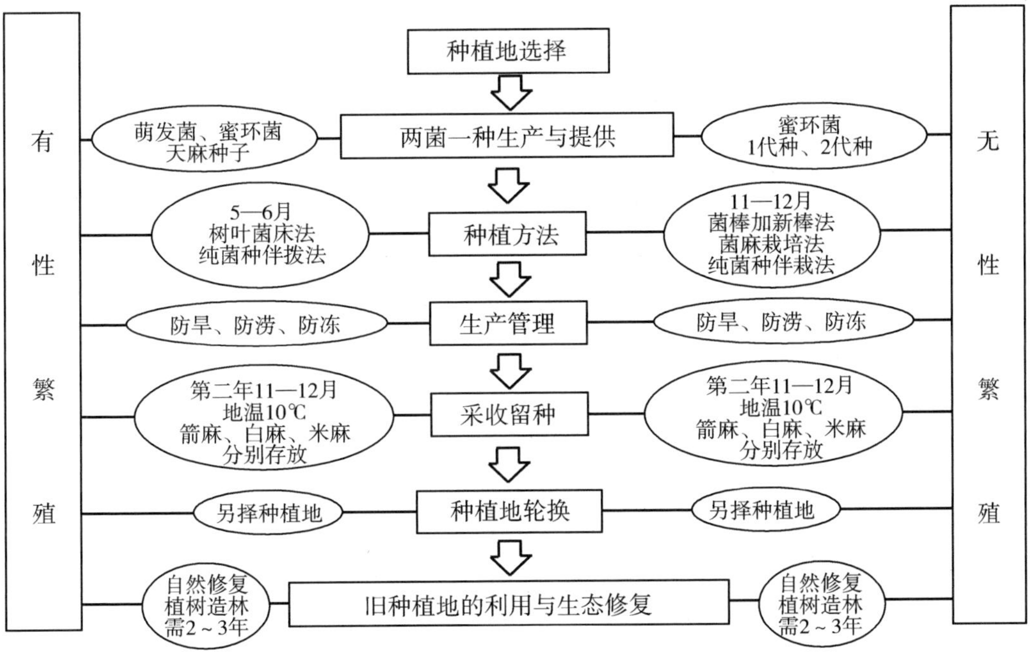

图 13 技术要点

1. 栽培条件

选择海拔 700~2 000米，疏林山坡，植被以阔叶树为主的杂木，竹木混交林地，土壤为沙砾土、沙质壤土，土层深厚，富含腐殖质，疏松肥沃，排水良好。

2. 培养菌枝

主要用于培养菌材和菌床、补充菌种。选壳斗科阔叶树种（青杠、板栗）的枝条，斜砍成 8~10 厘米长短节，用 0.25%硝酸铵液浸泡 10 分钟后捞出（如无硝酸铵则省略此步），在栽培场地挖 30 厘米深 60 厘米见方的坑，先在坑地平铺 2 厘米厚一层干的湿润的阔叶树落叶，然后一根靠一根地摆上两层树枝。在两层树枝上撒一些人工培养的三级蜜环菌种，再撒一些腐殖土或砂质细土，土的厚度以刚盖好树枝为准，盖好土后先浇适量的水，检查泥土覆盖情况，再在上面铺二层树枝，撒适量的三级菌种，按此法培养 4~5 层，顶上盖 1 厘米细砂土或腐殖土，再覆一层树叶、茅草等保墒。

3. 培养菌材

选直径 6~10 厘米树棒（阔叶树均可，如青杠、板栗、毛栗、马桑、化杆等），斜锯成 45~60 厘米长的节段，每隔 8~10 厘米砍一个鱼鳞口，深度破皮达木质部即可，较细的砍二排，粗的砍 3~4 排。直径超过 10 厘米的可一破为二，直径超 20 厘米的不宜选用。挖坑深约 45 厘米，坑底先铺一层 2 厘米厚的湿润树叶，树叶上平摆树棒一层，盖一层细砂土或腐殖土，并用土填好棒间空隙，每两根棒之间加入菌枝 3~4 段，如培养的量少，也可直接加入培养好的三级菌种。如此法摆放 4~5 层，每层摆放完节后，应浇适量的水，全部结束后再盖上 10 厘米厚砂土，覆盖树叶等保墒（图 14、图 15）。

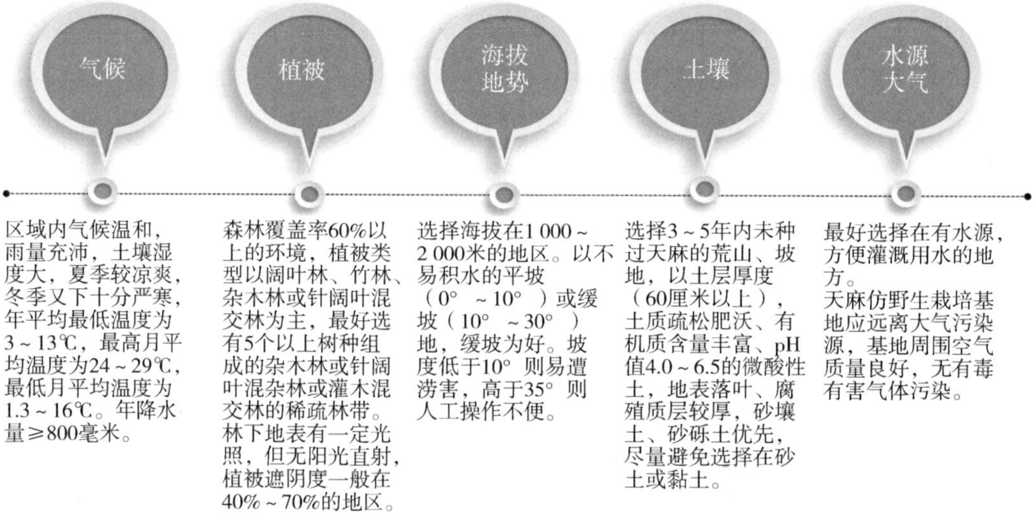

图 14 培养条件

4. 培养菌床

冬麻栽种在 6—8 月培养，有性繁殖播种在当年的 3 月上旬培养。挖长 70 厘米，宽 60 厘米，深约 30 厘米的坑，坑底平铺一层树叶，然后放 5~6 根树棒，两棒间摆放 2~3 段已培育好的菌枝，宜可用蜜环菌生产种浇适量的水，覆土至棒平，然后用同法培养上层，上层用较细的棒 6~8 根，盖 10 厘米厚的土，再盖树叶等保墒（图 16）。

用于无性繁殖播种的菌棒可在每年6—8月培养。用于有性繁殖的菌材，在海拔1 500米以上的地区9—10月培养；海拔1 500米以下的地区2—3月或9—10月培养。适宜树种有壳斗科、桦木科、大风子科、蔷薇科、豆科等不含芳香油脂的树种均可栽种天麻，其中以青冈、漆树、水白杨、旱冬瓜等树种为佳。

木材规格为：大木材即底材（直径：6～10厘米；长度：40～45厘米）、小木材（直径：3～5厘米；锯成35～40厘米长的小段，并在相隔5厘米的地方砍成鱼鳞口或者锯成5～6厘米长的小段）。底材用量为25～30千克/米^2，小木材5千克/米^{2}左右。

图 15　培养过程

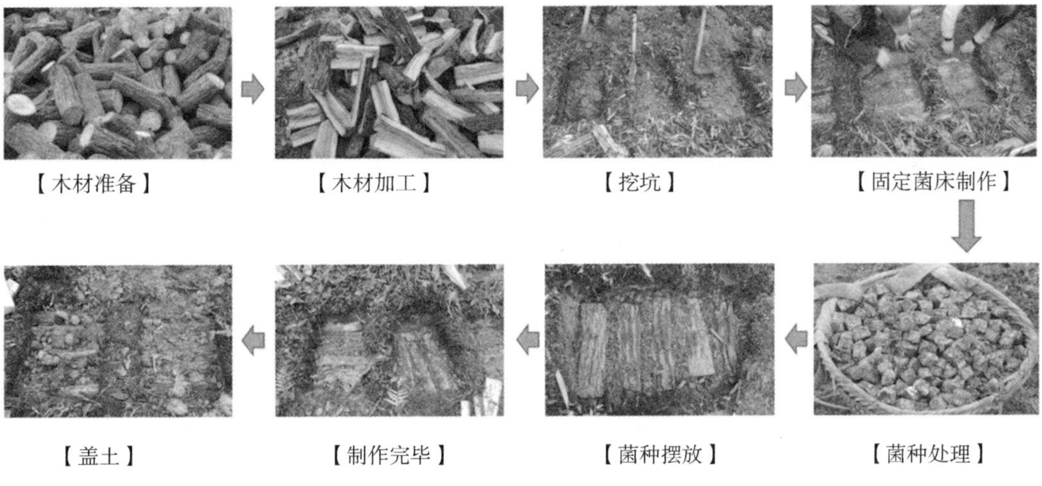

图 16　操作步骤

5. 无性繁殖栽培

冬栽，在 11 月收获天麻时，边收边栽，12 中旬至翌年元月中旬气候寒冷，麻种易遭冻害。应避免霜冻天栽麻。密环菌在 10℃ 的条件下即可生长，初冬栽种后，密环菌索虽不能侵入天麻皮层，但可附着在表皮上，越冬后天麻开始生长即有营养供给，新生麻会迅速生长，但刺伤的麻种在越冬时将会腐烂降低成活率，影响产量。

春栽，越冬后2—3月栽种，适宜冬季地温在5℃以下地区。小麻种的选择，有性繁殖培育的1~2代白、米麻或野生白、米麻。重量最大不超20克，最小不低5克，体表呈黄白色、新鲜、无病害（特别应检查无介壳虫害的种麻），无密环菌索侵染，无机械撞伤（这一点容易忽视，是影响天麻产量的重要因素）。小麻种栽种，宽50~100厘米，穴长60~100厘米或长沟，深20~30厘米（寒冷地区窝稍浅一些）。挖开菌床，拿出上层菌棒，下层菌棒不动，在下层棒间用小铁铲在放种麻的地方挖一个小洞放入种栽，盖土至平。

6. 有性繁殖

以天麻的种子播种栽培。在11月收天麻时，选个体重150克以上，顶芽完好，饱满、红润，无病虫害，无蜜环菌索缠绕者。作宽50厘米的厢，两厢中间留50厘米宽人行道授粉，栽时箭麻平放，顶芽朝上，且向厢两边摆放。株距3~4厘米，盖土4~5厘米。人工授粉，采收种子，低温2~3℃保存，及时播种。将已培养好，无污染的三级萌发菌种，放入塑盆中，每穴用1瓶（约350克），将粘在一起的树叶一片片分开后，在背风处将采收的天麻朔果内的种子抖出，轻轻撒在菌叶上，边撒边拌均匀，每窝用果实10~15个（由两人操作，防湿手粘种子）。播种新挖播种穴，每穴约0.5平方米，窝底铺一层湿树叶，将拌种的菌叶对半分开，取一半撒在底层树叶上，撒拌种菌叶后，摆新棒5~6根，两棒相距2厘米左右，将三级蜜环菌种从培养瓶中掏出，每瓶约50支，两棒之间和棒头放5~6根菌枝，盖土（刚盖好树棒），再撒一层树叶后，将另一半拌种菌叶撒在上面，上层放较细的棒7~8根，同法放蜜环菌枝后盖土，穴顶盖10厘米土并盖5~7厘米左右树叶、茅草等，每窝用蜜环菌2瓶（约1 000克）。注意：播种后如天旱，发现3~5厘米深土层干燥就应浇水，40天以内不能用大水浸漫，以浇湿干土与下层湿土相接为宜（图17、图18）。

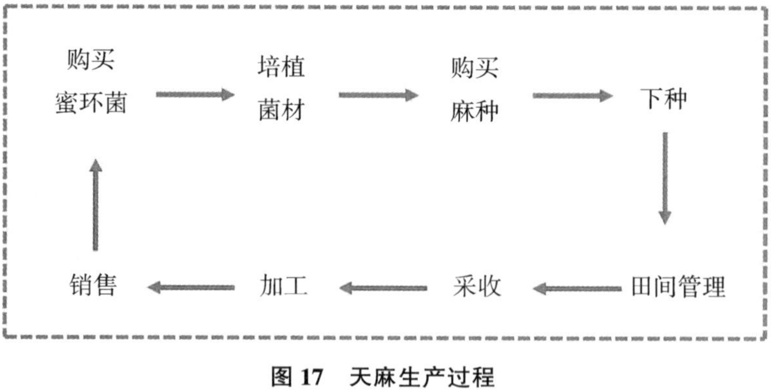

图17　天麻生产过程

7. 田间管理

6—9月是天麻生长旺期，需水量较大，应注意防旱。当土壤干燥后，应于天麻窝的上方挖一洞穴，查看菌棒水分及长势，相对湿度低于80%，即可浇水，浇水应从上方慢慢渗入。

防涝：暴雨后应检查易积水的天麻窝穴，做好及时排水。秋季气温降低，天麻生长

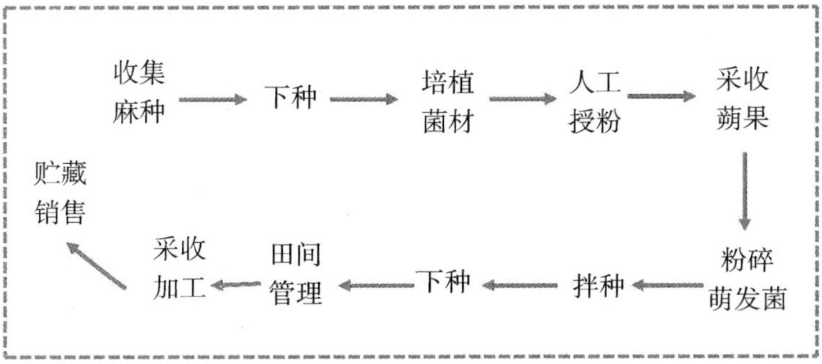

图 18 天麻管理过程

缓慢，尤要注意。

防冻：天麻分布层的土温在5℃以上，不会受冻，如严寒则要盖草盖土防冻。

8. 采收

天麻采收期一般 11 月初至 12 月上旬，采收时除去天麻窝顶覆盖物将窝内菌棒轻轻挖起，取出箭麻、白麻、米麻（分别存放），然后将四壁挖动，轻取轻放，仔细装运。

9. 种植地轮换与生态修复

天麻采收后，留下麻穴，麻穴不再用于种植天麻，需要进行生态修复，修复期间，对天麻种植地进行轮换，另择地种植，待 2~3 年生态修复及麻穴土壤恢复后，方可再种植。生态修复可以自然调节植被，或人工植树造林，在麻穴中种植青杠树、板栗、马桑等天麻菌材来源常用树种。

（三）适宜区域

贵州省 700~2 000米海拔及以上区域。

（四）注意事项

生产中注意长期干旱条件下的水分管理；采挖时不能使用机械、器械等工具，用手细心起土，勿损伤天麻鹦哥嘴和块茎；批量运输时，运输工具须干燥清洁，严防日晒雨淋，避免酸碱及有害气体侵入箱（袋）内；蒸煮和干制过程中不得使用硫黄。

（五）技术依托单位

贵州大学
联系地址：贵阳市花溪区甲秀南路贵州大学西校区
邮政编码：550025
联 系 人：黄明进
电子信箱：361219373@ qq. com
贵州省农业技术推广总站

联系地址：贵州省贵阳市延安中路
邮政编码：550000
联 系 人：唐成林
电子信箱：673370283@qq.com

二十七、辣椒丰产栽培技术

（一）技术概述

1. 技术基本情况

传统的辣椒栽培主要是撒播育苗，选用种质退化的本地品种，栽种时一窝栽 5~9 株，顺田湾，不覆盖地膜，乱用农药，不培肥土壤，因此，栽培管理粗放，单产低，效益不高等，制约了辣椒产业的发展。2008 年，在遵义辣椒科技园，开始漂浮育技术、增施腐熟有机肥、规范化移栽、病虫害综合防治等综合配套技术，同时提出实施辣椒换种工程。经过广泛收集国内外辣椒栽培先进技术成果，坚持“集成与创新”，积极开展试验研究，最终形成以新品种推广为核心，主推辣椒集约化育苗技术，配套“高厢覆膜、水肥一体化栽培、高效接茬模式、生物肥有机肥推广、新型山地机械推广、绿色防控”“六统一”综合丰产栽培技术，建立起播州区及贵州辣椒栽培技术体系，利用播州区完备的农技推广体系，推进示范推广，提高各项技术的覆盖率，实现增产增收，走出了一条播州区和贵州省辣椒栽培技术的新路径。

2. 技术示范推广情况

辣椒丰产栽培技术的核心技术是实施辣椒换种工程、漂浮育技术、增施腐熟有机肥、规范化移栽、病虫害综合防治等综合配套技术。辣椒丰产栽培技术自 2008 年在原遵义县三岔镇辣椒科技园成功推广以来，2008—2020 年累计在遵义市播州区推广 500 万亩；2012 年以来，遵义市的绥阳、湄潭、正安等县开始陆续推广；2015 年，贵州其他州市开始推广，该技术单独或作为其他技术的核心内容，在贵州省各地进行示范、推广，获得良好效果。目前该技术正在贵州辣椒主产区推广应用。

3. 提质增效情况

辣椒丰产栽培技术和传统的辣椒栽培相比，种子成本约有增加；集约化育苗节省土地 50%，每亩降低人工成本达 20%以上，可节约用工成本 100 元/亩。通过生物有机肥推广，减少了化肥施用量，避免土壤板结，水土流失，培肥了土壤，肥力不断提高，提高了蓄水保墒能力，并可杜绝因化肥不合理使用造成的环境污染。通过高厢覆膜，提高了规范化栽培水平；由于漂浮育苗技术的应用，减少了苗期病虫杂草的为害，且不需要施用农药，大田期病虫草害较轻；通过绿色防控，减少了农药施用量，对环境和辣椒的农残污染小，有利于绿色和有机辣椒的生产及保证食品和环境的安全；因应用绿色防控技术，减少农药用量 20%以上，节约农资成本 100 元/亩。总之，通过丰产栽培技术的应用，减肥、减药，提高了辣椒品质。

（二）技术要点

1. 品种选择

（1）品种选择。应选择符合市场需求，优质、高产、抗病、商品性好、连续坐果能力强的辣椒品种。如：遵义朝天椒 1 号即遵辣 9 号、遵义朝天椒 6 号即骄阳 6 号；锥型朝天椒：遵义朝天椒 2 号即卓椒 8 号、遵义朝天椒 4 号即赤艳 3 号；珠子型朝天椒：遵义朝天椒 3 号即贵遵朝天椒 5 号；遵义线椒：遵义线椒 1 号即卓椒 8 号、遵义线椒 2 号即满分 215 等杂交辣椒品种。

（2）种子质量。应符合 GB 16715.3—2010 的规定，选用种子纯度和发芽率要达 95%以上，净度达 98%以上发芽势强的良种。

（3）种子处理。包衣种或非包衣种子均要在晴天晾晒 3~5 小时，后再播种。

2. 育苗

采用漂浮育苗方式进行辣椒集约化育苗。

3. 移栽

（1）辣椒地选择。辣椒地宜选择年前种植非茄科作物的田土，且田土要肥沃，阳光要充足，能排能灌；严禁在烤烟、茄子等茄科作物种植过的土地上连作。

（2）整地施基肥。移栽前田块需整地。辣椒根系浅、采收期长，需肥量大，年前每亩需施腐熟的有机肥 2 000~2 500公斤，将施腐有机肥撒施到土面，然后深翻到土层中，移栽前 15 天进行璇耕一次后开厢，一般开厢 1.5 米，厢开好后亩施生物有机肥 100 公斤+45%复合肥 100 公斤，使用的肥料应符合 NY/T 394—2013 的规定。在整个生长期内辣椒怕水淹，因此大田要注意开沟排水，无论是田是土，都要开好沟，移栽前开好边沟、破沟、“十” 字沟。然后用机器或人工起垄，形成厢面宽 80 厘米，厢沟 70 厘米，垄高 20 厘米的栽培垄。

（3）盖膜。起垄后人工浇透水或下雨淋透后，土壤墒情较好时盖膜。盖好膜后等待移栽。

（4）移栽时间。遵义地区辣椒移栽时间一般宜选择在 4 月中旬至下旬。辣椒苗龄达到 60~70 天，椒苗长出 8~12 片真叶后，即可移栽。

（5）打孔移栽。可根据品种设置窝距和行距，一般遵辣 9 号、骄阳 6 号等杂交辣椒品种每亩移栽 2 500~3 000株。即每垄移栽 2 行，行距 60 厘米，窝距 30~35 厘米，单株种植。移栽前每穴施入适量生物菌肥（如草根 8 号 3 克或者 12 菌 20~40 克），移栽结束后随即浇足定根水，以便椒苗茁壮成长。

4. 田间管理

（1）追肥管理。

提苗肥。椒苗定植成活后 10 天内施提苗肥，每亩用猪粪水 1 000公斤，尿素、辣椒专用肥各5公斤作为提苗肥，切忌多施，以早施轻施为主，便于促进辣椒苗的根、茎、叶生长。

稳苗肥。稳苗后一月内，看苗的长势情况追施适量尿素以满足辣椒开花结果的需要，要防止追肥过多引起植株徒长、落花；当辣椒开花而果实还不多时，每亩用清粪水1 500公斤+专用复混肥20公斤淋窝，喷施开花素叶面肥（每包兑水15公斤），以满足分枝。挂果肥：移栽两个月后，当椒株大量挂果时，应重施挂果肥，一般每亩施猪粪肥1 500公斤，辣椒专用肥施30公斤，因施用量大，肥料要施在距植株群根6~10厘米以外，以免烧根，还需培土起垄，利于排水防病。此时正值6、7月交替时节，是辣椒的结果期，要注意防止落花、落果、落叶，通过喷施高0.3%钙磷酸二氢钾溶液+0.2%尿素液等叶面肥进行防治，在采收1~2次果后，每隔10天分别喷一次。采收期应施补给肥，辣椒挂果多，养分消耗大，每采收一次需要采取肥料补给。

（2）水分管理。当天干土壤墒情低于60%时，椒苗发生萎蔫，浇水方式尽量采用喷滴灌系统或人工窝施，切忌大水漫灌。在整个生长期内辣椒都怕水淹，因此要注意开沟，特别是下大雨，要注意排水，切忌厢沟有水。

（3）植株调整。门椒以下的侧枝及时抹掉，结果期将植株下部的老叶、病叶打掉。四门斗椒坐住后，隔行将上部保留1~2片叶剪去促进继续抽枝结果。进入炎热季节，植株生长茂密时，随时剪去多余枝条或已结过果的枝条，并疏去病叶病果。

（4）培土。6月中下旬进行培土1~2次，确保辣椒不倒伏。

5. 病虫害防治

（1）主要病虫害。主要病害为病毒病、疫病、青枯病、炭疽病等。主要虫害为地老虎、蚜虫、烟青虫、棉铃虫等。主要螨类为茶黄螨、红蜘蛛等。

（2）农业防治。选用抗病虫品种，培育适龄壮苗，严格实施轮作制度，清洁田园，深翻炕土，减少越冬虫源；采用高垄地膜覆盖栽培；合理密植，科学施肥和灌水，培育健壮植株；及时摘除病叶、病果，及时拔除病株，带出田间或棚室外烧毁或深埋。

（3）物理防治。田间悬挂黄板诱杀蚜虫、白粉虱、斑潜蝇等；糖醋液诱杀小地老虎；频振式杀虫灯诱杀烟青虫等害虫；田间铺银灰膜或悬挂银灰膜条趋避有翅蚜；人工摘除害虫卵块和捕杀害虫。

（4）生物防治。保护利用自然天敌如瓢虫、草蛉、蚜小蜂等对蚜虫自然控制。积极推广植物源农药、农用抗生素、生物农药等防治病虫。

（5）化学防治。根据病虫害的预测预报，及时掌握病虫害的发生动态，严格按照NY/T 393—2013规定选用生物制剂或高效、低毒、低残留、与环境相容性好的农药，且不同农药应交替使用，任何一种化学农药在一个栽培期内皆只能使用一次。

①苗期猝倒病。在发病初期，用50%多菌灵可湿性粉剂或64%杀毒矾可溶性粉剂1 500~2 000倍液，稀释后喷雾进行防治。

②苗期灰霉病。在发病初期，用40%嘧霉胺可湿性粉剂或50%腐霉利可湿性粉剂、50%异菌脲可湿性粉剂1 500~2 000倍液，稀释后喷雾进行防治。

③病毒病。在病毒病发病初期用8%宁南霉素水剂、0.5%香菇多糖水剂等农药1 500~2 000倍液喷雾1~2次，每隔5~7天施用一次。

④疫病。在疫病发病初期用58%甲霜锰锌可湿性粉剂1 500~2 000倍液，稀释后喷

雾进行防治。

⑤青枯病。在青枯病发病初期用50%甲基硫菌灵悬浮剂1 500~2 000倍液灌根。

⑥炭疽病。在炭疽病发病初期，用80%代森锰锌可湿性粉剂或50%多菌灵或80%波尔多液可湿性粉剂可湿粉剂1 500~2 000倍液。

⑦小地老虎。卵孵化盛期至2龄盛期用4.5%高效氯氟氰菊酯1 000倍液防治。

⑧蚜虫。有蚜株率达20%时，用1.5%苦参碱水剂或10%吡虫啉可溶性粉剂1 500~2 000倍液，稀释后喷雾进行防治。

⑨烟青虫、棉铃虫。卵孵化盛期至2龄盛期，用1%甲氨基阿维菌素苯甲酸盐微乳剂或5%氯虫苯甲酰胺悬浮剂1 500~2 000倍液，稀释后喷雾进行防治。

⑩茶黄螨、红蜘蛛。在茶黄螨发生初期用用34%哒螨灵乳油或8%中保杀螨或10%浏阳霉素乳油等农药1 000~2 000倍液，稀释后喷雾进行防治。

6. 农药安全间隔期（表6）

表6　农药安全间隔期

防治对象	防治时期	农药名称	使用剂量毫升（克）/亩	施药方法	安全间隔期天数
猝倒病	发病初期	50%多菌灵可湿性粉剂	16~20克（苗期）	喷雾	15
立枯病	发病初期	5%井冈霉素水剂	100毫升	喷雾	14
灰霉病	发病初期	50%腐霉利可湿性粉剂	33~50克	喷雾	7
		40%嘧霉胺可湿性粉剂	25~90克	喷雾	7
		50%异菌脲可湿性粉剂	50~100克	喷雾	7
疫病	发病初期	58%甲霜锰锌可湿性粉剂	150~180克	喷雾	10
		50%异菌脲可湿性粉剂	50~100克	喷雾	7
		80%代森锰锌可湿性粉剂	150~200克	喷雾	14
炭疽病	发病初期	80%波尔多液可湿性粉剂	300~500倍液	喷雾	15
		50%多菌灵可湿粉剂	80~100克	喷雾	7
		80%代森锰锌可湿性粉剂	150~200克	喷雾	14
病毒病	发病初期	8%宁南霉素水剂	75~104毫升	喷雾	7
		0.5%香菇多糖水剂	200~300毫升	喷雾	10
青枯病	发病初期	50%甲基硫菌灵悬浮剂	35~47克	灌根	7
蚜虫	有蚜株率达20%时	1.5%苦参碱水剂	30~40克	喷雾	10
烟青虫、棉铃虫	卵孵化盛期至2龄盛期	1%甲氨基阿维菌素苯甲酸盐微乳剂	10~20毫升	喷雾	5
		5%氯虫苯甲酰胺悬浮剂	30~60毫升	喷雾	5

7. 采收及采后处理

根据市场需求和辣椒商品成熟度分批及时采收。采收过程中所用工具应清洁、卫生、无污染。采后剔除病、虫、伤果，有泥沙的应清洗，达到感官洁净。清洗水应符合NY/T 391—2013中加工用水要求。根据大小、形状、色泽进行分级包装。包装贮存容器应光洁、平滑、牢固、无污染、无异味、无霉变，避免二次污染。

（三）适宜区域

贵州省及相似生态区。

（四）注意事项

根据病虫害预测预报，及时掌握病虫害的发生动态，科学合理安全使用农药。

（五）技术依托单位

遵义市播州区农业农村局
联系地址：贵州省遵义市播州区南白西大街南段145号
联 系 人：彭思云
电子邮箱：1051347199@ qq. com
贵州省辣椒研究所（贵州省辣椒现代农业产业技术体系）
联系地址：贵州省贵阳市花溪区金欣社区省农科院内
邮政编码：550006
联 系 人：詹永发
电子邮箱：2439405178@ qq. com

二十八、辣椒膜内点灌施肥技术

（一）技术概述

1. 技术基本情况

贵州辣椒种植面积达500万亩，产量600万吨，产值300亿元，在贵州农业产业中占有较大的比重，在全国的排名均占第一，是名副其实的辣椒生产大省。但受日照和喀斯特区域条件影响，天气阴雨多湿，土地碎片化严重。且随着工业化和城镇化发展，从事农业的人口大幅减少。因此，贵州辣椒生产周期相对较长、不便于机械化生产、单产偏低，成本较高，制约了辣椒产业的持续发展。特别是种植成本过高，是许多辣椒种植合作社生存发展的最大困难。

施肥是保证辣椒产量的重要环节，辣椒是无限生长作物，要实现高产，分期平衡施肥是关键。在施肥过程中，除了把握施足基肥外，适时合理进行追肥，才有利于辣椒获得高产。辣椒栽植后，一般还需追肥 3 次，即定根肥、提苗肥和花果肥各 1 次，才能获得高产。在整个生产过程中，按常规方法作业，仅追肥 1 项，每亩需要用工 4~6 个，折合劳动力成本达 320~600 元，占整个辣椒生产劳动力成本的 15%~20%。因此，追肥环节也是辣椒生产成本过高的原因之一。

当前，辣椒生产普遍实现了地膜覆盖栽培，怎样进行膜内施肥，是一个显而易见的问题。在土地质量较高的平原地区，采用滴灌等技术就能解决。但贵州因土地碎片化严重，山高坡陡，水源匮乏，滴灌技术无法使用。而采用常规的施肥方法，不仅效率低，效果差，不精准，浪费肥料，还会破坏地膜，失去地膜覆盖栽培的效果。

近年来生产上推广只施基肥的方法。这种方法节约了追肥用工成本，但为了保证辣椒全期生长需肥量，在肥料的配比、选择和用量等上面增加了难度和成本。如需要选择高成本的特制缓释肥料，施肥量需增加 30%~50%，肥料成本增加 200 元左右。另外，只施基肥会造成前期肥料过足，营养生长过旺，植株高大，易倒伏，郁蔽度高，后期生殖生长弱化，落花落果严重，果实膨大受限，成熟期延长，产量受到影响。为了防止辣椒植株倒伏，增加了大量人力物力成本。一般情况下，只施基肥的方法较既施基肥、又施追肥的方法减产 10%以上。

采用膜内点灌施肥技术，能克服常规施肥的弱点；较只施基肥的方法既降低施肥量，又对肥料的要求相对不严格，降低成本，实现辣椒增产。因此，该技术有较大的推广潜力。

2. 技术示范推广情况

该技术已经在全省多个县（市、区）进行了示范展示，特别是在绥阳县、湄潭县、播州区等地的推广应用面积较大，效果显著，得到了相当的认可。

3. 提质增效情况

在辣椒生产上采用点灌追肥，能节约劳动量投入，减少肥料施用量，增加产量，提高投入产出率。

（1）常规辣椒种植操作环节复杂，投工投劳多，劳动强度大，一茬辣椒亩投入劳动量达 20~22 个工，其中追肥环节用工量达 2~3 个。采用点灌技术，用工量仅为 1~2 个，较常规追肥大幅减少了用工量和用工费用投入。

（2）常规施肥第一次至第三次追肥均用普通三元复合肥，施肥量分别为 10 公斤、30 公斤和 40 公斤，肥料成本为 240 元。采用喷雾器点灌施肥，第一次和第二次追肥均用水溶性高氮复合肥，施肥量分别为 5 公斤和 15 公斤，第三次追肥为水溶性高钾复合肥 10 公斤，肥料成本为 220 元。采用背负式施肥器施肥，第一次至第三次追肥均用普通三元复合肥，施肥量分别为 10 公斤、20 公斤和 30 公斤，肥料成本为 180 元。

（3）在单株双行定植，1.3 米包厢起垄，株距 40 厘米，银黑膜覆盖，以 40 公斤生物菌肥作为基肥，其他栽培管理条件均一致的情况下，常规追肥亩产量为 2 800~3 200

公斤，点灌追肥产量为3 000~3 500公斤，但使用背负式施肥器较使用常规喷雾器点灌施肥用工时间更短、劳动强度更低。以每公斤鲜椒3元计算，常规追肥、喷雾器点灌追肥和背负式施肥器点灌追肥每投入1元人民币的产出分别为15.56~24.00元、21.43~35.00元和23.68~40.38元。

（二）技术要点

1. 点灌施肥工具

背负式施肥器或者手动喷雾器和电动喷雾器及配套施肥枪等。

2. 点灌施肥时间

一般分三次进行，第一次在辣椒定植后当日，第二次在定植后15~20日，第三次在第一至二层椒果红熟采收后进行。

3. 肥料选择

第一次和第二次点灌施用高氮复合肥，总养分≥50%、$N:P_2O_5:K_2O=30:10:10$或$N:P_2O_5:K_2O=15:15:15$的普通复合肥。

第三次点灌施用高钾复合肥，总养分≥57%、$N:P_2O_5:K_2O=12:5:40$或$N:P_2O_5:K_2O=15:15:15$的普通复合肥。

4. 施肥量及施肥液配比

第一次点灌施肥，主要结合浇定根水和防除地老虎进行，按每亩施入高氮复合肥5公斤或普通复合肥10公斤、氯氟氰菊酯150~200毫升，水溶性生根肥300~400克。每15公斤水加入300~400克高氮复合肥或普通复合肥600~800克、10毫升氯氟氰菊酯（1 500倍液）、20克水溶性生根肥充分搅拌混合，每穴点灌液量100毫升左右。

第二次施肥为提苗肥，促进植株营养生长，并结合病害预防，按每亩施入高氮复合肥15公斤或普通复合肥20公斤，十三烷醇100~150毫克，可结合防病需要，按防病要求加入农药。每15公斤水加入800~1 000克高氮复合肥或普通复合肥1 000~1 300克，十三烷醇7~8毫克，充分搅拌混合，每穴点灌液量100毫升左右。也可根据土壤墒情，在控制亩施肥总量不变的情况下，通过增加和降低施肥浓度，实现减少和增加点灌液量，达到施肥和保墒双重效果。

第三次施肥为提苗肥，促进植株生殖生长，保花保果，按每亩施入高钾复合肥10公斤或普通复合肥30公斤和硼肥1.0~1.5公斤。每15公斤水加入800~1 000克高氮复合肥或普通复合肥1 500~2 000克和60~80克硼肥充分搅拌混合，每穴点灌液量100毫升左右。也可根据土壤墒情，在控制亩施肥总量不变的情况下，通过增加和降低施肥浓度，实现减少和增加点灌液量，达到施肥和保墒双重效果。

5. 点灌方法

第一次点灌用喷头将肥液点灌在辣椒根茎部覆盖泥土表面，让肥液沿根茎周围浸入根部，起到定根水和防治地下害虫的作用。

第二次点灌都是将施肥枪在离根茎部10~15厘米处破膜将施肥枪插入，插入深度达 5~10 厘米时进行点灌。

第三次点灌都是将施肥枪在离根茎部 15~20 厘米处破膜将施肥枪插入，插入深度达 10~15 厘米时进行点灌。

6. 点灌防病

（1）疫病。辣椒疫病初期，结合施肥每壶水加 80%烯酰吗啉可湿性粉剂 5 000倍液，或者用 50%的氰啶胺可湿性粉剂 1 500倍液，或者用 72%霜脲可湿性粉剂 800 倍液进行灌根，间隔 7~10 天灌一次，连灌 2~3 次。点灌施药时，喷杆插入距离根茎部 15 厘米，深 5 厘米左右，溶液剂量 100 毫升左右。

（2）青枯病。发病初期，青枯立克 30 毫升兑一壶水，进行灌根，7~10 天灌一次，连灌 2~3 次。发病中前期，青枯立克 50 毫升兑一壶水，进行灌根，7 天灌一次，连灌 2~3 次。点灌施药时，喷杆插入喷杆插入距离根茎部 15 厘米，深 5 厘米左右，溶液剂量 100 毫升左右。

（三）适宜区域

贵州省整个辣椒栽培区。

（四）注意事项

肥料施用应符合 DB52/471 无公害农产品肥料使用准则。根据作物需水量和对土壤墒情的监测，进行适时适量的科学灌溉。点灌用水应符合 GB5084-92 农田灌溉水质标准，并对灌溉用水进行科学合理的调度。病虫害防治应符合 GB 4285 农药安全使用标准。

（五）技术依托单位

贵州省辣椒研究所（省辣椒现代农业产业技术体系）
联系地址：贵州省贵阳市花溪区金欣社区省农科院内
邮政编码：550006
联 系 人：詹永发
电子邮箱：2439405178@ qq. com
遵义市播州区农业农村局
联系地址：贵州省遵义市播州区南白西大街南段 145 号
联 系 人：彭思云
电子邮箱：1051347199@ qq. com

二十九、黔茶系列新品种及配套高效栽培集成技术生产

（一）技术概述

1. 技术基本情况

贵州省茶叶研究所历经20余年，培育出黔茶1号、黔茶8号、苔选0310、黔辐4号等茶树良种，并配套开发出集母本园建设、短穗扦插技术等于一体的黔茶系列新品种繁育及推广技术。黔茶系列新品种具备成活率高、抗性好、产量高、适制性广的特点。其生产的产品品质较为突出，有别于现大面积推广种植的福鼎大白茶品种所生产的产品。该系列品种适应贵州特色山地环境，又能提供多样化茶叶产品加工需求。针对性解决了贵州茶区自主知识产权品种利用不足，茶叶产品特色不鲜明的典型产业发展问题。

2. 技术示范推广情况

近年来，贵州省茶叶研究所在全省范围内建立了10余个黔茶新品种示范园，得到企业好评。在湄潭、道真、兴仁已建立1 000余亩母本园，每年可为7.0万亩新植茶园提供种苗。

3. 提质增效情况

黔茶系列新品种整体表现优良、独具贵州特色，产量及品质均比目前贵州省主栽的福鼎大白茶表现优异。如在相同栽培条件下，黔茶1号产量比福鼎大白茶高21.6%，所制绿茶具花香，滋味甘滑的特色；黔茶8号春季萌芽比福鼎大白茶提早约5天，相同栽培水平下，氨基酸比福鼎大白茶含量高1个百分点以上，所制绿茶带花香显甜香；苔选0310对茶树主要害虫茶棍蓟马、小贯小绿叶蝉和绿盲蝽均抗性强，比福鼎大白茶在贵州的适应能力强，长势好，产量高20%以上；黔辐4号则生长旺盛、采摘工效高，是开发贵州针形名优茶、工艺白茶的最适良种。

4. 技术获奖情况

2016年，《黔湄系列国家级无性系茶树良种集成推广及产业化应用》获贵州省科技成果转化二等奖。黔茶1号、黔茶8号、苔选0310、黔辐4号均获植物新品种权证书，受植物新品种权保护。其中黔茶8号通过全国农业技术服务中心鉴定，获鉴定证书。

（二）技术要点

黔茶系列新品种繁育及推广技术包括苗圃地建设、高标准花园建设。其中苗圃建设中需要应用茶树良种短穗扦插繁育技术，高标准茶园建设需要应用到高产优质茶园栽培

技术。

1. 优质穗条养留

推广无性系良种，首先要建立好采穗母本园，以提供优质插穗。在正常的培育管理条件下，6~10 年生的母本园，每亩可产穗条 1 200~2 000公斤，可提供 2~3 亩苗圃扦插，可繁殖苗木 30 万~50 万株，可种植 100~150 亩茶园。根据市场需求按上述参数计算配套。采穗母本园多为生产、养穗结合，春茶生产名优茶，之后插穗留养。因此，养穗母本园种植规格及幼龄期的管理，均与采叶茶园相同，可按丰产茶园的标准实施。

母本园主要栽培管理技术包括：①加强肥培管理。养穗前 1 年秋冬季每亩用饼肥 200~250 公斤，硫酸钾 20~30 公斤，过磷酸钙 30~40 公斤，拌匀以基肥方式一次施下。②合理修剪。秋冬扦插在春茶采摘后修剪，保证树冠面抽出健壮穗条。③病虫害防治。按照采叶茶园的标准进行病虫害防治。

2. 苗圃地建设

（1）苗圃地选择。土壤要求 pH 值 4.0~5.5，土壤结构良好，土层深度 40 厘米以上，地势平坦，水源条件良好。

（2）苗圃地整理。全面翻耕苗圃地，深度 30~40 厘米，配合基肥施用，用肥量每亩 150~200 公斤腐熟饼肥。扦插苗畦长 15~20 米，宽 100~130 厘米。一般平地和缓坡地畦高 10~15 厘米，水田或土质黏重地，畦高 25~30 厘米。

（3）铺盖心土。取地表 20 厘米以下红壤或黄壤心土作为扦插土，铺设 3~5 厘米。

3. 短穗扦插

（1）扦插穗的选取。从良种母本园中剪取红棕色、半本质化、健壮、无病虫害，具饱满腋芽的枝梢（图 19）。

图 19　扦插穗选择

（2）扦插穗的标准。每穗要求 1 芽 1 叶 1 节，长 3~4 厘米，如节间较短，1 芽 1 叶 1 节不足 3 厘米，可取 2 节，并剪去中间叶。要求剪口平滑，上下剪口平行，穗条的上下剪口要求光滑，并与饱满腋芽呈平行的斜面，上剪口留桩 3 毫米左右为宜，过短易伤腋芽，过长则又会延迟发芽。剪口斜向与叶向相同较适宜，腋芽饱满，叶片完整，无病虫害（图 20）。

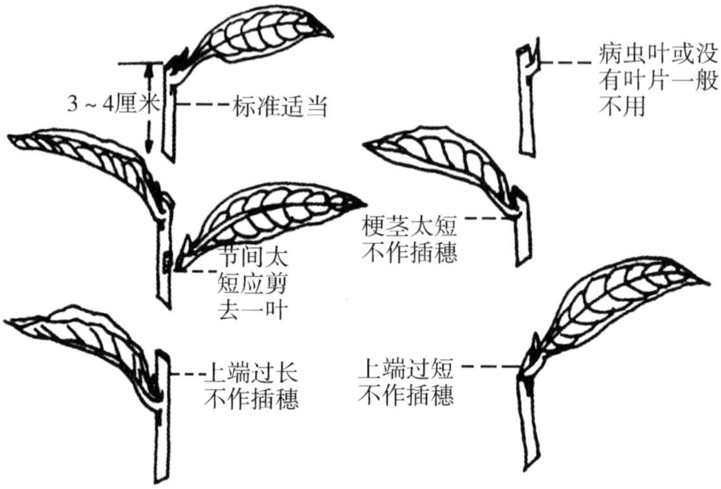

图 20　扦插穗选择标准

（3）扦插技术要求。扦插前将苗床充分喷湿，待表土不粘手时再按茶树叶片长度划线，一般插穗行距 8～10 厘米，株距 2～3 厘米。以叶片不重叠为宜，用拇指、食指和中指捏住插穗叶片下部将插穗直插或稍斜插入土中，深度以露出叶柄为宜，叶片顺风且叶片朝向一致，边插边将土壤稍加压实，使插穗与土壤紧贴以利发根。扦插时，剪下的穗条尽快存放于阴凉处，做到当时剪，当天插完，以保持插穗的新鲜。扦插前可将剪好的穗条放入稀释 500 倍的 ATP 生根粉溶液中浸泡 2 小时，可提高穗条成活率（图 21）。

图 21　穗条扦插方法

4. 苗圃管理

正所谓是“三分插七分管”，在苗圃扦插完成后，苗圃的管理工作是非常重要的。短穗扦插苗木成活率的高低主要取决于合理的遮荫、浇水（即温度和水分的控制）和防止病菌的感染，其次是除草、追肥及病虫害的防治等管理工作。

5. 高标准茶园建设

根据生产需求，主动进行推广，按高产优质茶园栽培技术堆积进行高标准茶园建设指导，从源头上推动产业结构调整。

（三）适宜区域

适宜在贵州各茶叶主栽县（市、区）推广。

（四）注意事项

苗圃地的选择，应选择在地势平坦开阔、水源便利之处。

（五）技术依托单位

贵州省茶叶研究所（贵州省茶叶现代农业产业技术体系）
联系地址：贵阳市花溪区贵州省农业科学院茶叶研究所
联 系 人：陈正武
电子信箱：510594147@ qq. com

三十、茶树病虫害全程绿色防控技术

（一）技术概述

1. 技术基本情况

茶叶作为贵州支柱产业，已成为贵州全省脱贫攻坚和乡村振兴的支撑力量、优势产业的发展龙头、生态产业的重要抓手，“干净茶”已然成为贵州茶的代名词。截至2020年底，全省茶园种植面积突破700万亩，其中投产面积60余万亩。随着茶园种植面积在不断增大，受种植结构调整和气候的影响，近年茶园病虫草害呈加重发生态势，病虫害已成为制约贵州茶园绿色健康发展的重要障碍因素。

为持续有效控制贵州省茶园病虫害，确保贵州茶的质量安全和茶园的生态安全，实现茶产业提质增效。2012年以来，贵州省植保植检站组织全省9个市（州）43个茶叶主产县（市、区）实施了《贵州茶园病虫害绿色防控技术集成与应用》。项目围绕贵州“干净茶”的目标，以生态系统建设为中心，强化茶园生态控害和茶树自身抵御病虫害，依托全省茶园病虫害绿色防控技术服务专家团队，开展了大量试验研究示范应用和推广，在明确贵州省茶园病虫草种类和主要病虫害发生规律的基础上，集成以套种蜜源诱集和驱避植物、土壤健康调理等生态调控技术，赤・吲乙・芸苔、氨基寡糖素等免疫诱抗，害虫诱捕、信息素应用等理化诱控，释放天敌、使用生物农药等生物防控，高效低风险农药、高工效精准施药器械等科学用药，形成适应不同茶区的全程绿色防控应用技术体系。

2. 技术示范推广情况

2017—2019年累计推广面积874.55万亩，2020年推广392.93万亩，绿色防控覆盖率达55.11%。培训1 523期75 504人次，总体防控平均效果为83.31%，减少用药2.5次，减少农药施药量67.56克/亩，全省茶叶产品农药残留合格率100%，部分茶区产品符合欧盟标准。单位规模增产34.26公斤，新增净产值521.44元，年经济效益105 969.01万元，推广投资年均纯收益率为1∶16.18。在茶区建茶园用农药规范化专营店（专柜）314个，服务对象满意度达到96.62%。项目出版《茶园杂草彩色图谱》等著作4部，制定《茶圆赤星病监测与无害化治理技术规程》等标准10项，发表论文25篇，编制《欧标碾茶园质量安全管控技术》等9个技术方案，发布茶叶病虫情报1288期30 701份，取得了显著的经济效益、社会效益和生态效益。

3. 提质增效情况

茶叶产品农药残留合格率都达到100%，部分项目区符合“欧标茶”标准，均能符合食品安全国家标准或农产品质量安全行业标准，加快推进了贵州省“三品一标”认证，创建特色突出、特性鲜明的地理标识和知名品牌，为贵州省绿色农产品质量安全和农业生态环境安全提供了有力保障。

通过加大茶园病虫害绿色防控技术措施和安全用药水平的培训力度，提高了茶农病虫识别能力和安全用药防治的意识，培养了茶农科学防控的意识。在9个市（州）46个县（市、区）建314个茶园用农药规范化专营店（专柜），规范门店100%实行分类经营，100%实行台帐管理，为持续保障贵州省茶叶安全生产提供了重要的技术支撑和技术队伍。

2017—2020年总体防控效果达83.31%，减少农药施药量67.56克/亩，农药的减少不仅节约了成本，改善了茶园生态环境，促进了茶园生态的良性循环，有效延缓了害虫的抗性增加和再猖獗。

加大了生态调控、免疫诱抗、天敌控害等绿色控害技术的使用率，大幅降低了农药使用次数和使用量，保护了天敌资源，改善了生态环境。项目实施的生态调控措施套种间作的树木、显花蜜源植物、诱集植物等增加了茶园生态多样性，改善了茶园周边环境，生态效益显著。

4. 技术获奖情况

2020年获贵州省农业丰收一等奖。

（二）技术要点（图22）

1. 生态调控

（1）增强茶园生态体系对害虫种群控制的能力。利用茶园生物多样性良好的生态环境，建立生态岛；茶园周边种植除虫菊、波斯菊、万寿菊、墨西哥鼠尾草、紫苏等显

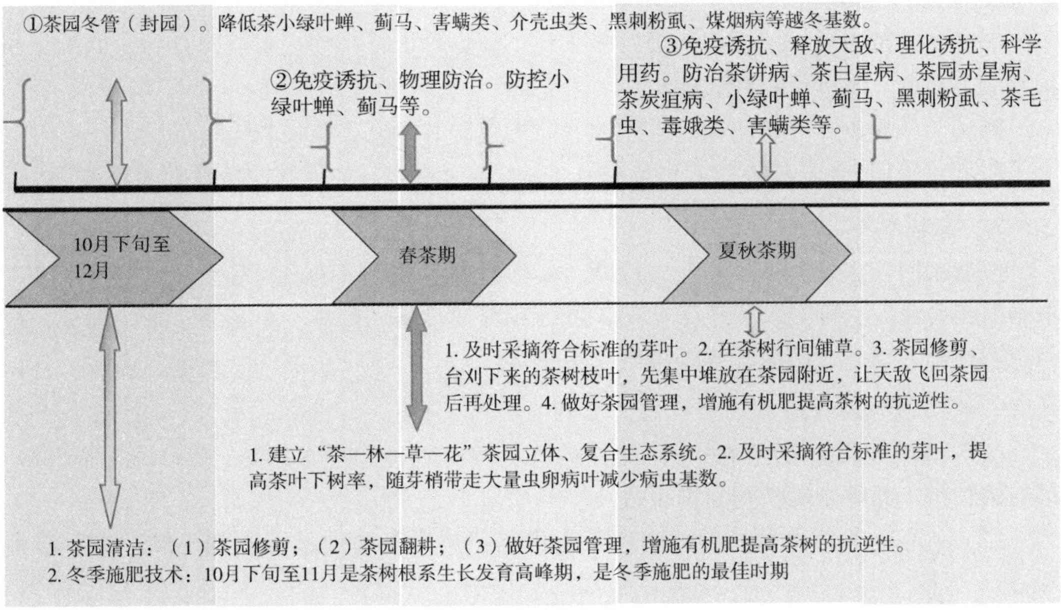

图 22　茶园生态体系技术要点

花植物，创造有利于蜘蛛、小花蝽、瓢虫、草蛉、捕食螨、寄生蜂等天敌生存和繁衍条件，保护土著天敌，充分发挥生物种群多样性对害虫种群控制的能力；在茶园周围种植香茅草等趋避植物，香茅草鲜草茎叶中的挥发成分，对茶小绿叶蝉成虫有一定的趋避作用。

（2）及时采摘、合理修剪，减轻病虫害危害。一是及时采摘符合标准的芽叶，提高茶叶下树率，随芽梢带走大量虫卵病叶减少病虫基数。二是合理修剪和台刈，根据成龄茶园生长和病虫害情况，科学采取轻修剪、深修剪、重修剪或台刈措施。一般春茶结束后的修剪按 15 厘米厚度留叶层；如鸡爪枝较多，需进行深修剪（15 厘米左右），深修剪时既要确保蓬面有效叶层厚度，又要确保茶园蓬面无鸡爪枝，保持茶蓬整齐和旺盛的育芽能力；对于病虫害发生严重或茶树衰老的茶园要进行重修剪或台刈，增强衰老茶树的树势和更新复壮。修剪或台刈剪下的枝条要及时清出茶园并集中销毁或无害化处理。

（3）科学施肥和土壤调理，采养结合、恢复树势。通过培育健康土壤生态环境，增加土壤肥力和有益微生物数量，提高肥料利用率，使茶树根系健康，抗逆性增强。时间：春茶采收结束修剪后和冬季修剪结束后。①春茶采收结束修剪后，及时浅耕疏松土壤，清除杂草，浅耕深度 10~15 厘米，沟施茶叶专用肥，施肥时，将枯草芽孢杆菌（欧盟有机认证）和蚯蚓蚓激酶与追肥（茶树专用肥）混拌撒施，施后覆土。②冬季修剪结束后，深施基肥，施基肥时，将枯草芽孢杆菌（欧盟有机认证）和蚯蚓蚓激酶（有机认证）与基肥（茶树专用肥）混拌撒施，施肥可沿行间开沟 20~30 厘米深施，也可结合深耕进行，施后覆土，对梯级茶园，肥料施在梯级内侧。③针对土壤板结茶园，施肥覆土后，采用耕地液均匀喷施茶蓬土表，疏松土壤，改善土壤板结状况。

2. 免疫诱抗

提升茶树抗逆能力，促进茶树健康生长，减轻病虫害危害。茶树在早春茶芽生长期抗寒能力最弱，容易出现低温寒害。

时间。早春茶芽开始萌动时、寒害过后天气转好时、春茶采收修剪后。

药剂。采用5%氨基寡糖素水剂或0.136%赤·吲乙·芸可湿性粉剂叶面喷雾。

3. 释放天敌

根据茶园害虫发生种类和危害程度，实施以虫治虫、以螨治螨等天敌防控技术。可根据茶园害虫发生种类，在发生初期，选择释放捕食螨、蠋蝽、小花蝽、寄生蜂等，控制茶园蓟马、粉虱、小绿叶蝉和鳞翅目害虫等。

4. 理化诱控

（1）应用太阳能杀虫灯或太阳能高效害虫诱捕器。诱控茶毛虫、茶尺蠖、茶毒蛾、茶细蛾和茶小卷叶蛾等鳞翅目害虫成虫。

（2）性信息素害虫诱捕器。诱控茶毛虫、茶尺蠖等鳞翅目害虫和小绿叶蝉等吸汁性害虫。

5. 茶园冬管药剂封园

（1）封园时间。在冬季修剪、施肥结束后。

（2）封园药剂及技术。可选择采用99%矿物油乳油（有机认证，安全间隔期为零）与赤·吲乙·芸苔，或用42%寡糖·硫黄，或用45%石硫合剂。防治茶小绿叶蝉、介壳虫、黑刺粉虱、茶叶螨类、煤烟病等多种茶树病虫害，同时，降低冬季低温茶树冻害的危害程度，保障春茶生产安全。

（3）操作注意事项。时间选在11—12月，气温在4℃以上，药剂封园应及时，低温将导致封园效果降低。封园喷药时要将药液均匀喷洒到茶丛上下、内外以及叶片正面背面，以提高防治效果。石硫合剂属强碱性农药，忌与波尔多液、铜制剂、机械油乳剂及在碱性条件下易分解的农药混用。

6. 科学安全用药防治

茶区全面施用符合欧盟标准的低毒低残留农药，优先选择生物源和矿物源农药，全面禁止施用高毒高残留农药和化学除草剂，严格农药施用备案制度。根据病虫害发生情况，掌握防治关键时期和农药安全间隔期，科学合理使用农药。（推荐农药见《贵州茶园绿色防控产品应用指导名录》）。

（1）防治茶饼病、茶白星病、茶圆赤星病、茶炭疽病等病害。在发病初期，可选择多抗霉素、申嗪霉素、低聚糖素、嘧啶核苷类抗生素等药剂防治。

（2）防治茶煤烟病、黑刺粉虱。在早春或秋茶采摘结束后，采用矿物油防治，既可抑制病害的发展，还可兼治蚧类、螨类等害虫。

（3）防治茶小绿叶蝉。在卵孵化盛期或低龄若虫高峰期，选择采用金龟子绿僵菌CQMa421、球孢白僵菌、苦参碱等均匀喷雾，兼治蚜虫、螨类及茶毛虫等鳞翅目害虫。

（4）防治蓟马类。在低龄若虫高峰期，选择采用苏云金杆菌、乙基多杀菌素喷雾防治，同时防治小绿叶蝉，兼治茶毛虫等鳞翅目害虫。

（5）防治茶毛虫、毒蛾类等鳞翅目害虫。防治适期为卵孵高峰期或低龄幼虫高峰期，防治指标为百丛卵块 5 个以上或每平方米有虫 7 头以上。可选择甘蓝夜蛾核型多角体病毒、短稳杆菌、金龟子绿僵菌 CQMa421 等喷雾防治。

（6）技术要求。药剂防治的农药选择要根据有机、欧盟标准的农药残留标准来决定。具体使用浓度、使用方法及安全间隔须仔细阅读农药标签和产品说明书。

（7）施药器械，采用高工效低容量喷雾器或植保无人机，实施精准施药，提高农药利用率。

（三）适宜区域

贵州省及西南茶区。

（四）注意事项

该技术模式适用于茶叶种植面积 100 亩以上的规模化茶园，要求种植农户对新技术接受较快，具备小学毕业以上的文化程度。

（五）技术依托单位

贵州省植保植检站
联系地址：贵阳市延安中路 62 号贵州省植保植检站
联 系 人：谈孝凤
电子信箱：1213933620@qq.com
贵州大学绿色农药与农业生物工程教育部重点实验室
联系地址：贵州省贵阳市花溪区贵州大学
联 系 人：金林红
电子信箱：linhong_j@126.com

三十一、贵州山地灰萝卜高效间套种技术

（一）技术概述

1. 技术基本情况

近年来，国家实施西部大开发、新阶段扶贫攻坚和石漠化综合治理项目实施，产业结构的进一步的调整，以建设生态畜牧业为目标，把畜牧业培育成后续支柱产业等政策支持，给畜牧业发展带来了良好机遇。然而，人多耕地少、粮食产量低、饲料粮供给不足，很多地区山高坡陡、土壤贫瘠、地块破碎，难以建植成片草地，这些都造成饲料生

产用地不足，制约了贵州省畜牧业发展。为大力发展饲草基地及冬闲田土种草养畜。为使有限的土地能生产出更多的饲料，发挥土地的最大生产潜能，大力利用冬闲田土种草，选育生长周期短、产量高、营养丰富、适应性强的适合贵州本土的优良品种迫在眉睫。

随着草地畜牧业的迅猛发展及青绿多汁饲料品种的缺乏，选育生长周期短，适宜轮作换茬的高产优质饲料作物，为饲料生产提供科学的轮、套、间作生产模式，从而满足种草养畜产业发展的需要。

2. 技术示范推广情况

在独山、贵阳、松桃、道真等地建立良种生产试验，种子生产等。松桃、思南、铜仁、大方、习水、道真等地开展高产栽培示范、培训等。

3. 提质增效情况

为加速灰萝卜品种的推广，发挥其在种植业结构中的独特作用，针对贵州草地畜牧项目县长期存在优质青饲草不足的矛盾，根据冬闲田土区生态特点和粮食作物收获后长时间空闲，秋后光温资源浪费的现实，种植生长期短的灰萝卜，研究分析灰萝卜相对效益较好的茬口和关键栽培技术，充分利用冬闲田土，扩大饲草复种规模，有效提高农区规模化养殖饲草料供给能力。

通过对灰萝卜多元复合高效种植模式研究，形成了粮饲接茬、经饲接茬、果草间作、草饲套种、草地混播建植等多种高效复合种植模式。

（二）技术要点

1. 玉米/水稻/红薯—灰萝卜—马铃薯粮饲接茬种植模式

9 月中旬以前收获玉米等粮食作物后，立即翻耕种植灰萝卜，可采用直播种植，行株距 40 厘米×30 厘米，穴播 8~10 粒，每亩大田需用种子 0.15 公斤，5 叶期每穴定苗 1 株，密度 5 560株/亩。

9 月中旬以后收获粮食作物的地块，采用育苗移栽，8 月中下旬整理苗床育苗，苗床面积与大田面积之比一般控制在 1∶10 左右，即每亩大田所需苗床面积应在 0.1 亩左右。每亩苗床播种量控制在 0.5 公斤左右，即每亩大田只需用种子 0.1 公斤。苗龄 30 天左右，5~6 叶时移栽大田。翌年 1 月上中旬，块根膨大停止后收获块根和茎叶利用，可安排接茬种植一季马铃薯。留种地 5 月上中旬收种后接茬种植粮食作物。

2. 烤烟/番茄/辣椒—灰萝卜经饲接茬种植模式

烤烟等经济作物 2 月中下旬育苗，大田实行“宽行窄株”种植，行距 120 厘米，株距 50 厘米。8 月底 9 月初，经济作物采收后期或结束后在垄行上种植两行灰萝卜，行株距 60×30 厘米，密度 3 700株/亩。

3. 葡萄（梨）/灰萝卜果草间作种植模式

葡萄篱架 2.0~2.8 米，8—10 月采收完葡萄后至新梢充分成熟，结合葡萄园中耕培土，施足基肥，在篱架两侧葡萄株外侧种植灰萝卜，行株距 100 厘米×30 厘米，密度

2 200株/亩。早熟园可采用直播种植，晚熟园宜提前育苗，采收完葡萄后移栽果园。

翌年 1 月块根膨大停止后收获块根和茎叶利用。葡萄冬季修剪，一般在秋季落叶后 1 个月左右到翌年萌发前 20 天左右进行。过早、过晚修剪都会造成树体严重损伤，损失养分，引起株体生长衰弱。根据树势强弱和结果母枝的长短，葡萄冬季修剪原则是：强蔓长留，弱蔓短留；上部长留，下部短留。

灰萝卜抗旱性强，易出苗，封行早，管理方法简单易行，在 12 周内就能提供适口性和营养价值很高的饲料，与果树争肥争水矛盾较小。从 10 月至翌年 3 月底，果树生理代谢缓慢，而此阶段灰萝卜生长较旺，与果树生长高峰相错。因此果园合理套种饲料作物，不但可以提高土壤肥力，改善环境，而且可以抑制杂草生长。菜花的开放能招蜂引蝶，有助果树授粉，实现果草双丰收。

4. 草种生产田//灰萝卜草饲套种模式

高羊茅等种子生产地采用行距 50 厘米，播幅 15 厘米，无性扩繁行株距 50 厘米×30 厘米。6 月采收高羊茅种子后，清除秸秆，中耕松土施肥，再生草长到 40 厘米右右刈割养畜利用，7、8 月在草地行间套种灰萝卜，行株距 65 厘米×30 厘米，密度 3 420株/亩。翌年 1 月块根膨大停止后收获块根和茎叶利用。

5. 黑麦草+鸭茅+高羊茅+白三叶（苜蓿）+灰萝卜混播建植模式

为了尽量发挥不同草种的优点，克服单个草种的不足，开展了黑麦草、鸭茅、高羊茅、白三叶（苜蓿）与灰萝卜不同品种混播试验，采用 1：2：1：0.3：0.2 混播比例，充分利用灰萝卜早生快发的特性，提早草地的建植利用速度，提高产量目标。

6. 栽培技术要点

（1）品种选择。选用早熟、丰产、抗逆性强、适应性广，鲜草适口性好，而且还有抗倒伏、种子产量高，可提高种子产量。种子要求饱满，纯度>95%，净度>90%，发芽率>80%。

（2）播期。为了提高鲜草产量，根据土壤墒情抢季节早播。一般在秋收前 10 天左右播种育苗。早收地区也可在秋收后再播种。

（3）播量。秋后复种饲用灰萝卜以收获其营养器官为主要目的，因此，可以适当加大播种量，以密增产。一般每亩播 0.1~0.2 公斤为宜，育苗移栽每亩 5 500株左右。

（4）播种。秋收前选择地块播种育苗，苗龄 20 天左右移栽大田。秋收后翻地施足基肥播种，直接穴播撒种，然后用耙将细土浅覆种子埋入土中。

（5）查苗补苗。墒情好时，播种后 3~4 天即可出苗，出苗后及时查看苗情，对于较大面积的无苗缺苗区域，及时进行补苗，补苗补种后有条件时可适当喷洒少量水，以促进保苗出苗。

（6）田间管理。3~5 叶期间苗和定苗，视生长情况可适当追施提苗肥 5 公斤，生育中期，结合中耕培土追施复合肥 10 公斤左右，保证后期长势。

（7）病虫害防治。由于复种饲用灰萝卜生长期短，采收早，故绝大多数地区在采收前一般不会发生病虫草害问题。对于历年病害虫害发生较重地区可在出苗后 20 天左右进行菜青虫、蚜虫等的综合防治。

（8）根据需要分期采收。结合饲用灰萝卜的不同用途，在不同叶龄适期收获。作鲜草饲料的田块，10 叶期开始分期采收叶片利用，每次采收 2～3 叶，1 月上中旬将块根一并收获保存，冬季喂养牲畜。留种田在开花前随时采收叶片利用，翌年 5 月收获种子。作绿肥的田块在抽薹开花期翻耕入土还田。

（三）适宜区域

广泛适宜于贵州省广大农区一年一熟有余、两熟不足、海拔高度在 1 800米以下的广大地区。

（四）注意事项

秋冬季经济作物的种植，首先应选好田块，一般应满足土层深厚、土质偏砂、排灌方便、肥力较高等基本条件；其次必须根据养殖需求来确定种植规模和收获时间，以获得较好的经济效益；十字花科作物连作障碍突出，应实行不同的作物种类轮作。

（五）技术依托单位

贵州省草业研究所
联 系 人：李娟
电子信箱：383168910@ qq. com

三十二、特色猪生态养殖技术

（一）技术概述

1. 技术基本情况

特色猪生态养殖技术主要针对贵州省特色猪产业发展种源和模式技术需求，以贵州省畜牧兽医研究所正在培育的“黔猪配套系”“黔猪高繁黑母系”以及贵州省固有的地方猪、含地方猪血缘的特色猪为对象，与贵州省畜牧兽医研究所新培育的猪用优质、高产国审牧草新品种黔中金荞麦耦合，配套黔中金荞麦种植、收割及生物发酵处理等技术，形成因地制宜、适度规模、种养结合、生态循环的特色猪生态养殖技术体系。

技术的推广，主要解决四个问题：一是特色猪产业发展过程中面临的种源选择问题，“黔猪高繁黑母系”的推广，解决了贵州地方猪繁殖力偏低的问题，“黔猪配套系”推广，解决贵州省特色猪养殖过程中面临的生长速度慢、瘦肉率低的问题；二是特色猪养殖过程中饲料成本偏高的问题，通过本技术应用，特色猪养殖过程中，育肥期间利用青绿饲料替代精饲料，可替代精饲料 30%以上、节约饲料成本 20%左右；三是特色猪品质提升和保障问题，本技术通过种草养猪模式，为特色猪提供优质青绿饲料或生物发酵饲料，提升猪只健康水平和猪肉产品肉质风味；四是通过猪—草配套，在生态循环过程中，实现养殖粪污肥料化利用，避免生猪养殖废弃物环境污染、同时降低牧草种植成本。

2. 技术示范推广情况

本技术已在小范围展示和局部推广。

3. 提质增效情况

通过本技术，“黔猪高繁黑母系”与传统地方猪品种相比，经产母猪繁殖力提升50%左右（窝产健仔12头以上），“黔猪配套系”商品猪300天出栏体重比传统地方猪品种提高50%左右，达150公斤/头，瘦肉率比传统地方猪提高10个百分点以上，达到50%~55%；特色猪生态养殖过程中，育肥期精料被30%以上青绿饲料替代，养殖饲料成本节约20%左右，可显著提高特色猪养殖经济效益。同时通过种养结合生态循环，避免生猪养殖废弃物污染环境，利用粪肥种草可改良提升土壤品质，具有明显的生态环境效益。

4. 技术获奖情况

黔中金荞麦新品种培育获贵州省农业丰收奖二等奖，并通过省级和国家牧草新品种审定；生猪疫病防控技术获贵州省科技进步三等奖、国家农牧渔业丰收奖二等奖、贵州省农业丰收奖一等奖。

（二）技术要点

1. 黔猪高繁黑母系

利用太湖猪对贵州地方猪品种繁殖性能进行遗传改良，形成高繁品系，稳定提升地方猪繁殖性能，初产母猪窝均产健仔9头、经常母猪窝均产健仔12头，28天断奶仔猪重6.5公斤左右。母猪断奶后7天内发情率85%以上，发情明显易配。

2. 黔猪配套系

以“黔猪高繁黑母系”为母本母系、定向选育的可乐猪为母本父系、定向选育的巴克夏为终端父本，经选育后3系配套，合成“黔猪配套系”。商品猪300天出栏体重150公斤、瘦肉率50%~55%、肌内脂肪含量3.5%左右。

3. 猪—草配套技术

以特色猪与黔中金荞麦（夏秋季）和其他牧草（冬春季）结合，养殖规模与种植面积配套，特色猪养殖为牧草种植提供肥料、牧草种植为特色猪养殖提供高产优质青绿饲料，通过种养殖规模调控，实现种养结合生态循环。

4. 黔中金荞麦收割机械与生物发酵保存技术

黔中金荞麦收割机械与生物发酵技术。通过设计和改良黔中金荞麦收割机械，收割能力达5吨/小时以上；通过生物发酵技术，有效实现黔中金荞麦生物发酵体质和长期保存使用。

5. 生猪疫病防控技术

利用贵州省畜牧兽医研究所自主研发的7项国家发明专利技术（疫病诊断、中兽药组方等），以及与企业联合引进的生猪疫苗新兽药成果转化，实现特色猪生态养殖疫病防控。

（三）适宜区域

适宜于全省范围内，具有牧草种植用地和圈舍建设临近条件的区域。

（四）注意事项

本技术推广过程中，应注意猪—草配套结合，即1亩地种植配套8~10头猪养殖，同时种植区应与养殖区相邻以实现低成本的种养结合生态循环。

（五）技术依托单位

贵州省畜牧兽医研究所（贵州省生猪现代农业产业技术体系）
联系地址：贵州省畜牧兽医研究所
联 系 人：史开志
电子信箱：shkzjjp@163.com

三十三、生猪健康养殖技术

（一）技术概述

1. 技术基本情况

由于经济、社会、地理和历史等多方面的原因，贵州省生猪养殖业发展水平相对较低，特别是中小规模或农户养殖群体，长期面临能繁母猪产能低、仔猪存活率低、育肥猪养殖单位饲料成本高和养殖效率（益）不高的问题，导致养殖场、养殖户生猪养殖经济效益难以保障，困扰贵州省生猪产业整体水平的提升。

解决了种公猪精液品质调控和提升、母猪炎症控制、母猪人工授精、母猪早期妊娠诊断和母猪管护等母猪繁殖技术问题；解决了仔猪腹泻和保育仔猪呼吸系统疫病的诊断和预防控制等仔猪疫病防控技术问题；解决了地方饲料资源在生猪养殖中的开发利用、山区非常规饲料资源全价配合等育肥猪经济型饲料营养供给技术问题。

2. 技术示范推广情况

本技术已在较大范围内推广应用。

3. 提质增效情况

通过种公猪精液品质监测和提升，配合人工授精和早期妊娠诊断技术，结合母猪体况控制和改善、母猪产后炎症控制和治疗，中小型养殖场、养殖合作社、养殖户母猪产仔性能大幅提升，优秀种公猪利用率提高 10 倍以上；母猪断奶后 7 天内发情率由 80%提高到 93%左右；断奶母猪发情后配种受胎率由 75%左右提高到 87%左右，能繁母猪平均窝产活仔数由 8.7 头提高到 10.2 头左右。

通过兽用中草药防控技术与疫苗免疫、抗生素合理使用结合，小规模养殖场、合作社和养殖大户仔猪腹泻发生率由 35%左右降低至 8%，腹泻仔猪死淘率由 60%以上降低至 10%以内；保育仔猪呼吸系统疫病死亡率由 5.6%下降至 3.2%，保育后健仔率提高 5%以上。

通过开发利用贵州山区饲料资源，结合前期（仔猪阶段）疫病控制，中小规模养殖场、合作社和养殖大户育肥猪养殖饲料单位成本降低 12%左右，料肉比降低 0.14。

4. 技术获奖情况

仔猪腹泻中兽药控制技术获贵州省科技进步三等奖；猪传染性胸膜肺炎控制技术获贵州省科技进步三等奖；育肥猪饲料营养控制获贵州省科技进步三等奖；生猪疫病防控技术获贵州省科技进步三等奖、国家农牧渔业丰收奖二等奖、贵州省农业丰收奖一等奖。

（二）技术要点

1. 种公猪精液品质监测和提升技术

主要是种公猪精液质量，包括精液量、精子密度、精子活力、精子畸形率、精液中病原微生物携带情况监测，以及精液品质营养调控、饲养管理调控和中兽药调控技术。

2. 母猪管护技术

主要是母猪适配阶段把握确定、母猪体况营养调控、发情异常或配而不孕母猪药物处理、母猪产后炎症管理和药物控制。

3. 人工授精和 B 超早期妊娠诊断技术

主要是发情观察和鉴定、精液稀释和保存、适时输配、输配技术和 B 超早期妊娠诊断技术。

4. 仔猪腹泻和保育猪呼吸系统疫病防控技术

主要是病原感染谱揭示、母猪科学免疫和免疫效果监测评估、兽用中草药防控结合抗生素合理使用、母猪健康调理和环境控制技术。

5. 地方饲料资源开发利用技术

主要是油菜饼粕、酒糟、豆腐渣、红薯加工副产物、糠麸、藤蔓等山区饲料资源的脱毒、发酵、保存和全价配合利用技术。

6. 配套技术

核心技术推广过程中，主要配套猪场生物安全防控技术推广，特别是在非洲猪瘟发生背景下，通过提升猪场生物安全水平以减低非洲猪瘟发生风险。该配套技术主要包括消毒剂的筛选、消毒程序优化、消毒效果检测。

（三）适宜区域

全省范围内均可推广。

（四）注意事项

在非洲猪瘟将长期常态化存在的背景下，技术推广过程中需高度重视猪场生物安全防控，杜绝非洲猪瘟的发生和流行。

（五）技术依托单位

贵州省畜牧兽医研究所（贵州省生猪现代农业产业技术体系）
联系地址：贵阳市南明区龙洞堡老里坡
联 系 人：史开志
电子信箱：shkzjjp@ 163. com

三十四、矮脚鸡林下生态养殖技术

（一）技术概述

1. 技术基本情况

针对矮脚鸡林下生态放养过程中环境承载能力、饲养饲料、放养鸡舍的规范性、生态养殖优质肉鸡的优质优价问题进行研究，形成技术体系。放养实验论证了林地生态放养鸡的环境承载能力问题；通过放养鸡舍的设计改造，解决了林下生态鸡养殖管理和圈舍搬迁轮牧的问题；通过溯源系统的建立，让消费者扫描了解生态鸡养殖过程，让消费者了解、认可、信任购买林下生态养殖的矮脚鸡，解决了林下生态养殖的优质鸡以白条鸡进入市场的优质优价问题。

2. 技术示范推广情况

矮脚鸡林下生态养殖技术在贞丰县玉龙禽业有限公司进行了150亩板栗林下生态放养示范，年增收10多万元。在乌当百宜鸿越宜百养殖有限公司进行示范推广，同时在贵阳乌当同创生态养殖基地对黑羽鸡、瑶鸡进行林下生态养殖示范推广。实现了林、鸡和谐共生，提高了林地的生态效益和经济效益。

3. 提质增效情况

应用该技术，饲料中添加牧草，饲养成本降低10%以上；规范放养圈舍建造，提高放养过程中的环境可控性，放养轮牧工作圈舍搬迁的便利性。放养场地溯源系统的建立，饲养出的矮脚鸡比市场价高20%以上。生态林地养鸡，有效地促进林、牧结合，相互促进，共同发展。鸡觅食林中的虫、草，排泄的粪便增加了地力，又有利于树木生长。

（二）技术要点

1. 林下生态放养环境承载能力

通过放养实验论证，实现林下放养林、草、鸡和谐共生时林地环境承载能力为每亩50~80只矮脚鸡。

2. 林下放养生态饲粮配制

放养过程中饲料中添加4%的苜蓿草粉，矮脚鸡的生长性能、肉质营养成分最佳。

3. 林下生态放养可移动圈舍设计改造

圈舍主架体与舍顶、底网均通过螺栓紧固连接，整个圈舍可以实现快速拆卸和组装；所述舍顶可快速拆卸后折叠，方便了丘陵山地林下养殖圈舍运输及轮牧养殖，所用材质具有隔热保暖功能；所述窗体可以快速取下并可快速装配，方便圈舍清扫作业，且窗体可实现上下推拉可对舍内温度及冷暖情况进行控制；所述底网与侧网的设计具有防蛇和防鼠功能，同时可实现通风功能；所述太阳能发电系统可实现对整个圈舍提供照明、喂养设备、环境监测设备和远程控制提供能源；所述环境监测设备可实现对圈舍内的养殖环境进行数据采集，并将数据发送至云端；所述云平台可对采集的环境数据进行储存，供用户使时查询；所述手机端远程控制系统可实现对整个设备进行远程控制、视频监控、接收和访问云端数据信息，实现养殖区域多个圈舍的远程管理（图23）。

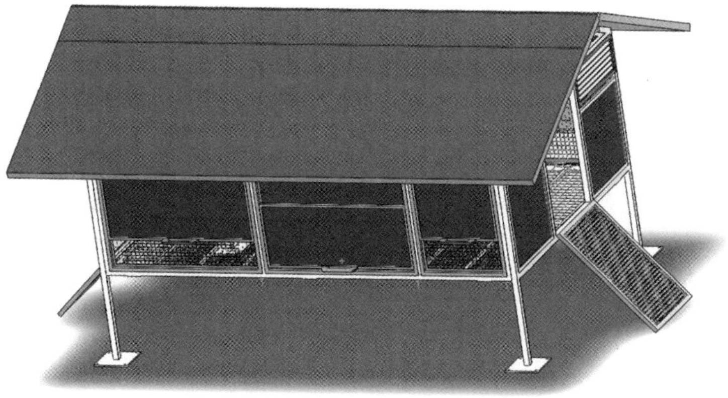

图23　林下生态放养鸡圈舍示意

4. 林下生态鸡放养溯源系统的建立

利用脚环进行追溯，覆盖家禽生长全过程、覆盖家禽销售全程、消费者扫描脚环上的二维码进行追溯查询，构建互联网销售平台。

（三）适宜区域

贵州省内密度适宜的林地。

（四）注意事项

冬季环境较为恶劣，缩短林地圈舍外放养时间

（五）技术依托单位

贵州农业职业学院（贵州省生态家禽现代农业产业技术体系）
联系地址：贵州（清镇）职教城乡愁校区水塘路3号
联 系 人：曹娟　电子信箱：473015941@ qq. com
贵阳乌当同创生态养殖基地
联系地址：贵阳市乌当区水田镇三江村四组
联 系 人：张跃平　电子信箱：1129877538@ qq. com

三十五、稻田渔业综合种养技术

（一）技术概述

1. 技术基本情况

2017年，铜仁市农业委员会成立了稻田综合种养技术集成与示范项目领导小组和技术指导小组，2018年，铜仁市成立了生态渔业发展工作专班。各区县也同步成立了稻田综合种养技术集成与示范项目领导小组和技术指导小组。几年来，全市重点推广示范稻—鱼、稻—鳅、稻—虾、稻—蟹等4种稻鱼渔业综合种养模式。通过技术集成、总结和示范推广，对田间工程技术、水产品稻田养殖关键技术、病虫草害防控关键技术、水质调控关键技术、施肥技术及稻田渔业水产品捕捞技术等多项技术进行了总结完善。制定了《稻田养鱼田间工程设计与改造指导意见》，同时编制了《铜仁市稻渔综合种养技术指导手册》。在稻田渔业综合种养技术上取得了明显提升。

2. 技术示范推广情况

2017年以来，在铜仁市10各区县总计示范推广稻田渔业综合种养112.25万亩，涉及全市159个乡镇1 189个村、社区，累计带动农户26.61万农户106.48万人。全市累计建立100亩以上集中连片示范基地38个，其中2017年6个、2018年12个、2019年20个。

（二）技术要点

1. 稻鱼模式

（1）田间工程。

稻田选择。养鱼稻田选择一般要求水源充足、清新，无污染，进出水方便，蓄水能力较好，暴雨不易被淹，夏季不易干旱。稻田保水性能好，土壤以黏土、壤土为宜。

稻田改造。养鱼稻田的田埂要进行改造，一般以高出稻田 40~50 厘米为宜，田埂底宽 2~3 米，顶宽 1~2 米，加固田埂时要捶紧夯实，堵塞漏洞，防止裂缝、漏水，塌陷逃鱼，有条件的地方可以用石料、水泥等材料护砌。稻田四周开挖养殖沟，一般宽 2~3 米，深 50~80 厘米，配套灌排设施，灌排分开，一般水稻种植占地比例 90%左右。

进排水系统。建立独立的排灌系统，并实行灌排分开，灌溉水引自自流河，无交叉污染。

防逃设施。进出水口要按照拦鱼设施。拦鱼栅的材料可用竹篾、塑料蔑、铁丝网等编制而成，以拱形或“人”字形为好。进水口处鱼栅凸面朝外，出水口处鱼栅凸面朝里。拦鱼栅的宽度和高度视稻田面积而定，一般宽度要比进出水口宽 40 厘米，两边各以 20 厘米嵌入田埂中，高度比田埂高出 40 厘米为宜，底部以 20 厘米插入泥中。拦鱼栅的孔目要根据放养鱼种的规格来进行调整。

（2）前期准备。

消毒除野。养鱼稻田一定要清田消毒，以清除鱼类的敌害生物（如黄鳝、老鼠等）和病原体（主要是细菌、寄生虫类）。清田消毒药物主要有生石灰、茶枯、漂白粉等。生石灰有改善 pH 值的作用，尤其适用于酸性土壤。清田消毒应在放鱼前 7~10 天进行。

施肥肥水。在苗种放养前 5~7 天，施用基肥进行适当肥水，可培育天然饵料，方便鱼苗或鱼种放养后进行摄食。基肥量占全年施肥量的 2/3 左右，一般以厩肥、绿肥、粪肥为主，也可掺一定量化度肥，在耕田后或耕田时施下。基肥量根据稻田土质肥瘦程度而定，通常每亩施有机肥 400~500 公斤。

（3）苗种放养。

品种选择及规格。稻田中适宜养殖耐浅水、耐高温性情温和、不易外逃而又是杂食或草食性鱼类，如草鱼、鲤、鲫、银鲫、杂交鲤、工程鲫等吃食性鱼类，套养少量鳙鱼和小规格肉食性鱼类。放养鲤鱼，一般都放养当年鱼种，3.3 厘米以上即可放养，鲫鱼在 3 厘米左右即可放养。鱼种放养时间越早，养鱼的季节就越长，因此应尽量争取早放养，当年孵化的鱼种待秧苗返青后即可放入。放养隔年鱼种则不宜太过早，约在栽秧后 20 天放养为宜。成鱼养殖，主养草鱼的稻田可搭养 15%~20%团头鲂，15 尾左右的鲤鲫和 15 尾左右的鲢鳙；主养鲤的稻田可搭养 15%~20%鲫，20 尾左右的鲂鲴类、和几尾鲢；主养鲫的稻田可搭养 20~30 尾草鱼，10 来尾鲴和 10 来尾鲢；主养团头鲂的稻田可搭养 20~30 尾的鲫、10 来尾鲤和 15 尾左右的鲢鳙。

苗种投放技术要点。苗种放养前，应对鱼苗进行消毒或者注射疫苗，放养前一般用 2%~3%的食盐水浸泡 10~15 分钟消毒，再缓缓倒入鱼溜中。放养时，运鱼水温和田水水温温差应≤3℃，否则在放养前要将运鱼水温进行调节。

（4）日常管理。

——投喂管理。饵料是鱼类生长的基本保证。稻田水浅，天然饵料有限，为提高稻田产量，必须补充人工饵料。草鱼最喜爱的是苦草，其次是轮叶黑藻、水生植物、陆生嫩青草。鲫虽食性杂，但喜爱底栖动物，尤以软体动物为最爱，有机腐殖质亦可接受。鲤则不太挑食，无论粗细，一概全收。稻田养鱼前期以萍、草、虫等天然饲料及农家下脚料为主；中后期以商品饲料为主，主要有配合饲料、麦麸、豆饼、菜籽饼、小麦、米糠等。

饲料需求量。每亩净产 50 公斤鱼饲料需要量：主养草鱼需青料 1 000~1 500公斤；需菜饼、糠，麸 40 公斤或配合颗粒饲料 20 公斤。主养其他吃食性鱼需菜饼、糠，麸 150 公斤或配合颗粒饲料 50 公斤。每亩净产 100 公斤鱼的饲料需求量：主养草鱼需青料 2 500~3 000公斤，配合颗粒饲料 50 公斤，适当补充农家饲料。主养鲤、鲫等需配合颗粒饲料 90 公斤，适当补充麦麸、豆饼、米糠、小麦等农家饲料。

投喂技术。投喂人工饲料应坚持做到“四定”原则，即“定时、定位、定质、定量”。投料地点需固定在鱼凼（沟）内。饲料每天投 1~2 次。第一次在上午 7：00—9：00，第二次在 15：00—17：00 为好。青饲料应新鲜，以当天吃完为宜，次日投草前需将陈草捞去。浮萍覆盖鱼凼水面不可超过 30%。先青饲料后配合颗粒饲料，不喂变质饲料。

——水位管理。养鱼稻田水深最好保持 7~16 厘米深，养鱼苗或当年鱼种水深保持 10 厘米左右，到禾苗发蔸拨节以后水深应加到 13~17 厘米。随着水稻生长，鱼体长大，适当增加水位，一般控制稻田水位 10 厘米以上。一般稻田因保水不及池塘，需定期加水，当水温达到 35℃以上时，应及时换水降温或适当加深田水。

——水质管理。在高温天气，长期蓄水的养鱼稻田水面常会漂浮一层翠绿色膜状物，可能会造成稻田水体缺氧，引起鱼类浮头甚至死亡，应经常加注新水或换水。同时，可在鱼沟中化水泼洒生石灰，改良水质和底质，用量为每亩水面 10~20 公斤。

——日常巡田。在整个养殖期间，应坚持每日巡田。经常检查拦鱼设施，疏通排洪沟，在雷雨之夜要加强巡视，防止洪水漫坎和鱼类逃逸。经常注意防范鼠害和鸟害。

——疾病防治。坚持预防为主，防治结合的原则。有条件的地方，草鱼种投放时进行免疫注射或浸泡。鱼病发生时要及时对田水消毒，并投喂药饵进行治疗。渔药使用宜参照 NY 5071 渔药使用准则进行。提倡用中草药防病治病，坚决避免使用禁用渔药或停用渔药。

——捕捞上市。捕鱼前先把鱼溜鱼沟疏通，使水流畅通，捕鱼时于夜间排水，等天亮时排干，使鱼自动进入鱼沟鱼溜，使用小网在排水口处就能收鱼。挖有鱼凼的稻田则于夜间可把水位降至鱼沟以下，鱼会自动进入鱼凼。若还有鱼留在鱼沟中，则灌水后再重复排水一次即可，然后以片网捕捞。若捕捞在水稻收割前进行，为了便于把鱼捕捞干净，又不影响水稻生长，可进行排水捕捞。在排水前先要疏通鱼沟，然后慢慢放水，让鱼自动进入鱼沟随着水流排出而捕获。如一次捕不干净，可重新灌水，再重复捕捞一次。

——越冬管理。稻田鱼类在收稻时未销售，需要经越冬时，应适当加深水位以确保在冬季枯水时期稻田有足够的水位，同时深水位有利于水温保持，防止冬季冰冻影响鱼类存活。

2. 稻鳅模式

（1）稻田养鳅工程建设。

稻田选择。要选择水源充足、水质良好、排灌方便、无冷浸水、土壤保肥保水能力强、周围没有污染的壤土或黏土稻田，面积以便于管理和投喂为原则，一般 3 300平方米左右为一个种养单元为宜。

田间改造。开挖鱼沟、鱼凼。在稻田田埂内侧四周开挖环形沟，沟宽 0. 5～1. 0 米、深 0. 3～0. 5 米。稻田面积较大时，田间可挖“十”字、“田”字、“目”字或“井”字形田间沟，可比环形沟略窄、略浅（宽、深各 0. 3 米）。鱼凼可以提供夏季避暑和秋冬季泥鳅捕捞场所，一般大小为 3～5 平方米，深 0. 5 米，形状可为圆形、方形、菱形等。环形沟、田间沟、鱼凼要相连相通，面积控制在稻田面积的 5%～10%。鱼凼最好选择在便于投喂的位置，如进出水口处或横埂边。有条件的地方，可以用外围沟渠做鱼凼。开挖环形沟的泥土可以夯实田埂，加高、加宽、加固田埂，田埂高 0. 5～0. 6 米、宽 0. 3～0. 5 米，埂顶至少高出田面 0. 3 米。

设置防逃设施。在田埂和环形沟之间设置防逃网，一般用塑料板或尼龙膜，底部插入泥土中 0. 3 米，用桩、铁丝固定，高出田埂 0. 3 米。进排水口要安装拦网，排水口一侧田埂上设置 1～2 个保证水位的溢水管或溢水口并设置拦鱼网（栅），防止漫水逃鳅。

（2）鳅种投放管理。

消毒除野。环形沟、田间沟和鱼凼要用 30～50 公斤/亩生石灰消毒。

施肥肥水。每亩稻田在投放鳅苗前施用 300～400 公斤/亩有机肥作基肥。

苗种放养。稻田养鳅多是种植一季稻。一般在插秧后放养鳅种，中稻田在 7 月前投放，也可以在 4 月中下旬投苗寄养。放养密度视稻田条件、放养规格和养殖方式而定。靠人工投饵施肥的稻田，每亩可放养规格为 6 厘米长的鳅种 2 万尾左右；靠天然饵料的稻田，可放养同规格鳅种 0. 7 万尾左右。放养前，苗种要用 3%～5%的食盐水浸泡消毒 10 分钟。

（3）日常管理。

投喂管理。泥鳅为杂食性鱼类，在天然水域中以昆虫幼虫、水蚯蚓、底栖生物、小型甲壳类动物、植物碎屑、有机物质等为食。鳅种放养 5～7 天内，因稻田中培育了大量天然饵料，一般不需人工投喂饲料。投喂的饲料可以选择鱼用配合饲料、泥鳅专用饲料或者是鲜活饵料等。人工投喂初期，将饵料均匀撒在田面上，再逐步缩小投喂范围，最终在鱼凼中定点投喂，引导泥鳅在鱼凼中集中摄食。最好是投喂浮性颗粒饲料，粗蛋白含量在 35%以上，以确保满足泥鳅生长需要。每天上午和下午各投喂 1 次，投饲量一般按泥鳅总体重的 3%～5%计算，上午投喂日饵量的 40%，下午投喂日饵量的 60%。也可按泥鳅实际的吃食情况而定，每次投喂的饵量以 2 小时吃完为标准。鳅种放养 30 天后，每隔 15 天每亩追施发酵有机肥 30～50 公斤，以促进田间饵料生物生长，供泥鳅摄食。水温超过 30℃，减少投饵或不投饵。

水质管理。保持田中水质清新，适时加注新水。稻田水深度保持在 5 厘米以上，养殖中期（7 月中旬）高温季节，田水深度应保持在 10 厘米以上。养殖期间 3~5 天换水一次。在日常巡查中，如发现水质变坏至泥鳅发生缺氧时应立即换水。

疾病预防。稻田养殖泥鳅管理得当，一般很少发病。预防方法：每隔 15~20 天，每亩用漂白粉 1.5 公斤或生石灰 15 公斤兑水进行水体消毒，经常清除残饵，做好日常用具的消毒。严禁使用明令禁止的农药、渔药。

敌害预防。在放养鳅种前要彻底清田，清除田边杂草，保持养殖环境卫生，进水口要用铁筛网围拦好，防止野杂鱼随流水进入池中。饲养管理期间，要及时清除敌害生物，严防敌害生物侵入，如发现蛙类应及时捕捉，蛙卵要及时打捞干净。预防水鸟伤害最简单、最经济的方法是在稻田两侧（东西向或南北向）的田埂上每隔 30 厘米固定一个木（竹）桩（也可利用防逃网固定桩），高出田埂 30~40 厘米，两两对应的桩上牵上 6 磅胶丝线（直径 0.2 毫米），拉直绷紧，设置成一排排平行的防鸟线，可有效防止水鸟对泥鳅的捕食。

捕捞与越冬。平时可根据市场行情和生长情况捕大留小，在 10 月中旬到 11 月可集中捕获。未捕完的泥鳅可集中在田凼中，在田凼里铺设和加盖稻草，让泥鳅钻进沟凼底部淤泥和稻草中避寒越冬。也可提高水位越冬，择时捕捞上市。

3. 稻虾模式

（1）田间工程。

稻田选择。选择水源充足、无污染源的田块，田块要求相对平整，便于加固田埂和设置防逃设施，土壤以保肥力、保水性强的黏性土壤为宜。

环沟建设。沿稻田田埂内侧 0.5~1.0 米处开挖环形围沟，沟宽 3 米左右，沟深 1.0~1.5 米。稻田面积较大的，还要在田中间开挖田间沟和垄沟，田间沟沟宽 1~2 米，沟深 0.5~0.8 米；垄沟沟宽 0.4~0.5 米，沟深 0.3~0.4 米。

田埂加固。利用开挖环形沟挖出的泥土加固、加高、加宽田埂。田埂加固时每加一层泥土都要进行夯实，以防渗水或暴风雨使田埂坍塌。田埂应高于田面 0.8 米以上，埂底宽 3~5 米，顶部宽 2~3 米。

防逃设施。用水泥瓦或塑料板沿田埂四周围成封闭防逃墙，防逃墙高 40~50 厘米，四角转弯处成弧形。进排水口应加设铁丝网、栅栏或筛绢网等防逃设施。

进排水设施。进、排水口分别位于稻田两端，进水口建在稻田一端的田埂上，进水口用 60~70 目的长型网袋过滤进水，防止敌害生物随水流进入。排水口建在稻田另一端环形沟的低处。按照高灌低排的格局，保证水灌得进，排得出。

（2）前期准备。

除野消毒。稻田改造完成后，第一年环沟内要进行消毒，消毒用生石灰 100~150 公斤/亩兑水 20 厘米进行消毒，杀灭敌害生物和致病菌，预防小龙虾疾病发生，第二年后因为沟内留有亲虾，应选用鱼藤精、茶饼汁或二氧化氯、过氧化物消毒剂进行消毒。

水草种植。水草在小龙虾稻田养殖中起着非常重要的作用，小龙虾的规格、品质、产量与水草的生长情况密切相关。目前，在小龙虾稻田养殖环沟内主要栽种的水草有伊乐藻、轮叶黑藻、苦草等。其中：伊乐藻发芽早，长势快，5℃以上即可生长，在寒冷的冬季能以营养体越冬，在早期其他水草还没有长起来的时候，只有它能够为小龙虾生长、栖息、蜕壳和避敌提供理想场所，但是伊乐藻不耐高温，而且生长旺盛，当水温达到 30℃时，基本停止生长，也容易死亡引起水质变坏。在铜仁市等武陵山片区，因属山地丘陵地带，山泉水资源丰富，水温常年偏低，池塘养殖小龙虾一般首选伊乐藻。轮叶黑藻是一种再生能力较强的耐高温水草，对环境适应能性强，生长周期长，可采用芽孢播种或营养体移栽等方式进行栽种，但一般在水温 15℃以上时才开始发芽生长。苦草营养价值高，净水能力强，生长快，耐高温能力较强，一般在清明前后种植，在水温回升至 15℃以上时播种。

水草栽种前，在环形沟内施用农家肥等基肥 50~100 公斤/亩，过 10~15 天后移栽水草。当伊乐藻、轮叶黑藻、苦草等水草生长不良时，可于 4—5 月在四周环沟移栽一定数量的水花生。水草覆盖率控制在 50%~60%为宜。常见的水草栽种方法如下：

伊乐藻。在每年 12 月至翌年 3 月，将伊乐藻切成 8~10 厘米的一段段的段株与泥土适当拌合一下，栽种在浅水区，株距在 50~80 厘米，水位控制在 10 厘米，每亩种植在 20~30 斤右，到高温期来临时将头部 30 厘米割去，让其在水下生长，防止 7—8 月高温期烂根枯叶。

轮叶黑藻。每年的 12 月到翌年 3 月是轮叶黑藻芽苞的播种期，应选择晴天播种，播种前池水加注新水 10 厘米，每亩用种 0.5~1 公斤，播种时按行、株距 50 厘米将芽苞 3~5 粒插入泥中，或者拌泥土撒播。当水温升至 15℃时，5~10 天开始发芽，出苗率可达 95%。轮叶黑藻营养体移栽繁殖在每年的 3 到 4 月之间。一般在谷雨前后，控制池塘水位在 10~15 厘米，将长至 15 厘米的轮叶黑藻切成长 8 厘米左右的段节，每亩按 30~50 公斤均匀泼洒，使茎节部分浸入泥中。约 20 天后全池都覆盖着新生的轮叶黑藻，可将水加至 30 厘米。

苦草。在水温回升至 15℃以上时播种，每亩（实际种植面积）播种苦草籽 100~150 克。直接种在池底上，播种前向池中加新水 3~5 厘米，最深不超过 20 厘米。选择晴天晒种 1~2 天，然后浸种 12 小时，捞出后搓出果实内的种子，并清洗掉种子上的黏液，再用半干半湿的细土或细沙拌种全池撒播。为促进苦草分蘖，抑制叶片营养生长，6 月中旬以前池塘水位应控制在 50 厘米以下。

（3）苗种放养。

放养种虾。种虾选择颜色暗红或者红色、有光泽、光滑、无附着物、体格健壮、四肢齐全，规格在 20~30 尾/公斤的成虾，放养时间在 8 月下旬至 9 月上旬为宜，放养量在 20~30 公斤/亩。

放养幼虾。幼虾选择颜色青或者嫩红色、有光泽、无附着物、附肢完整、活力强的幼虾，规格在 200~400 尾/公斤，放养时间在 3—5 月为宜，放养量在 3 000~5 000尾/亩。如果是经过消毒的稻田，放苗前要注意试水，确保水体适宜虾苗生长。苗种放养时将苗种均匀散放在田埂四周，以便虾苗更快的分散开来。

（4）养殖管理。

投喂管理。亲虾放养后，根据水温适当投喂优质配合饲料，加强小龙虾营养，促进亲虾繁殖孵化幼虾。当水温低于 12℃时，可不投喂。翌年 3 月份或放养幼虾后，当水温上升到16℃以上，根据田中水草及天然饵料情况投喂饲料，投喂量为稻田虾总重量的1%~4%。在小龙虾养殖前期，每日投喂两次，重点以傍晚投喂为主，占总投喂量的70%左右；中后期每日傍晚投喂一次。饲料要选择优质配合饲料，中后期可适当增加植物性饲料投喂比例，可用的植物性饲料有饼粕、麸皮、米糠、豆渣等。

水质管理。小龙虾生长要求水体溶氧丰富，水质清新。日常保持水体溶氧在5毫克/升以上，pH值7.5~8.5。2—3月，可将水位适当降低，以便水温尽快升高，同时，注意肥水，每亩可施用发酵好的畜禽粪肥100~150公斤，一方面可以培养天然饵料，同时可促进水草生长，亦可少量多次施用复合肥肥水，一次施用量以1~1.5公斤/亩为宜。随着气温升高，逐渐加深水位，到夏季高温季节，保持稻田水位在40厘米左右，可通过经常换水、施用益生菌等方式调节水质，一般每7~10天换一次水，换水量在1/3左右，在换水后根据需要可每半个月至一个月使用聚维酮碘进行一次消毒，消毒后1~2天补充益生菌，益生菌以EM菌、乳酸菌、芽孢杆菌等为主，每半月施用一次。注意在小龙虾大量蜕壳时不宜换水和消毒。另外值得注意的是，本地水源矿物质较为丰富，一般情况下不需要补充过多钙镁产品，但在大量蜕壳时可适当补充。

水草管理。伊乐藻和轮叶黑藻适口性强，但水温连续30℃以上时开始败坏，需要及时清除或“打头”处理；生长过密时要及时分块，5~6米隔出一条宽2米的通道；发现水草疯长，缓慢加深水位，草头没入水面30厘米以下，抑制水草的光合作用。水草覆盖面占环沟面积的50%左右为宜。

蜕壳管理。小龙虾是蜕壳生长，从虾苗到成虾的整个生长过程会发生多次蜕壳。蜕壳是小龙虾生长发育、增重和繁殖的重要标志，因此其蜕壳成功率直接关系到小龙虾的存活率、规格和产量。影响小龙虾蜕壳的因素有很多，主要有营养积累、光照、溶氧、水体环境、外部应激等。要确保小龙虾蜕壳成功率，通常在做好科学投喂和水质、水草管理的同时，要勤补钙镁，可在小龙虾集中蜕壳前后以及每隔15天左右泼洒一次生石灰，1米水深的池塘每亩用量为10公斤，或定期使用其他虾蟹类补钙产品，增加水体钙离子浓度，有利于小龙虾的蜕壳成长。

疾病防治。采取“预防为主、防治结合”的方针，努力提高小龙虾抗病能力。可定期用生石灰或漂白粉等氯制剂消毒，经常加注新水，使用益生菌调节水质，保持水体环境优良。同时，可在配合饲料中添加维生素C、维生素E等多种虾类维生素，增强小龙虾免疫力。值得注意的是，养殖密度越大，病原微生物传染概率越高，因此需控制放养密度在合理区间。

越冬管理。越冬期间的稻田管理工作主要是通过增减水位来控制稻田水温，促使稻田环境更适合小龙虾虾的生存和繁育。小龙虾越冬前（即10—11月）的稻田水位应控制在20~30厘米，既可使部分稻茬再生，又可避免因全部淹没水下，导致稻田水质过肥缺氧，而影响小龙虾的生长，同时可通过阳光的作用提高稻田内水温，利于小龙虾生长；越冬期间，要提高水位进行保温，一般控制在60厘米以上。

捕捞上市。捕捞工具主要是地笼。地笼网眼规格应为2.5~3.0厘米，只捕获成虾，幼虾能通过网眼跑掉。成虾规格宜控制在30克/尾以上。第一季捕捞时间从3月初开始，到6月上旬结束（捕大留小），直至捕不到成虾为止。在收虾笼时，应将捕获到的小龙虾进行挑选，将达到商品规格的小龙虾挑出，将幼虾马上放入稻田，并勿使幼虾挤压，避免弄伤虾体。如果要捕捞虾种出售，可在3月下旬开始捕捞，4月底结束。第二季捕捞时间从8月下旬开始，到9月上旬结束（捕小留大）。

4. 稻蟹模式

（1）稻田准备。

稻田选择。选择靠近水源、水质良好、不经其他农田而能直接进水的田块，土质以沙壤土最适宜，黏土次之，面积3~10亩。

田间改造。参考稻虾模式。

防逃设施。参考稻虾模式

进排水设施。进出水口分别建在田块两端，用涵管或砖砌均可，出水口要保证能放干田中水，并用网片等做好拦逃。

（2）前期准备。

消毒除野。在稻田放水前一星期，彻底清除稻田及蟹沟里的蛇、鼠、蛙、野杂鱼等敌害生物。然后每亩稻田用75公斤左右生石灰化水全田泼洒消毒。

水草种植。蟹种放养前，在围沟内移栽苦草、轮叶黑藻等沉水性植物，保证蟹沟内水草覆盖率达30%左右。具体水草种植技术参见稻虾养殖技术。

早期培水。从事扣蟹养殖的稻田，在放苗前15天左右还应进行水体培养。可以用农家肥、有机肥堆在围沟边沿，进行浮游生物培养，将水色培养成黄绿色或茶绿色或浅褐色为宜；如果在发现水色偏淡，可以在放苗前5天左右施用尿素1~2公斤/亩水面，过磷酸钙0.5~1.0公斤/亩水面。将浮游生动物控制在2~5个/毫升就可以放苗了。

（3）蟹苗放养。

扣蟹养殖。大眼幼体应选择长江水系的河蟹作为亲本的人工培育的蟹苗。最好选择长江水系的河蟹土池培育的蟹苗。购苗时应注意区别真假蟹苗，一是大小：真蟹苗14万~16万只/公斤。假：24万~30万只/公斤。二是体色：真蟹的颜色是黄带青，而且有些透明。假的蟹苗的颜色是青黑色的，而且透明不明显。三是外形：真的蟹苗体偏长而且细，假的蟹苗体偏粗而胖。四是真蟹苗的第二、第三对步足的最后一节内侧有四个锯齿，而假蟹苗不具有此特征。五是真蟹苗变成一期幼蟹，具有4枚前额齿，假蟹苗或多或少，不是4枚。

购买蟹苗时，应对蟹苗的质量进行鉴别，鉴别方法如下：蟹苗的大小应该整齐，要求90%以上的大眼幼体规格一致。蟹苗的体质健壮活动能力强，质量好的蟹苗把水沥干后，用手抓一把后，轻轻捏一下，放在平坦的地方，蟹苗能迅速向四周散开，从体色和光泽度上鉴别蟹苗，优质蟹苗体色黄中带青，有光泽，劣质蟹苗，外观很嫩，无光泽。买苗时应选择个体较大的苗14万~16万只/公斤，为优质苗；18万~20万只/公斤，为一般苗；22万~30万只/公斤，为差苗或假苗。

放养时间。5月中旬，在水温15℃以上的晴好天气进行放苗。

放苗注意事项。放苗前把整个装苗的网箱放在池水中适应2分钟左右，起水后停留5分钟，连续2~3次，待蟹苗逐步吸足水分和适应水温后，将大眼幼体沿池四周均匀摊开于田埂边沿，让蟹苗慢慢地自动散开游走。

成蟹养殖。

扣蟹选择。以长江水系的蟹种最适宜，天然捕捞或人工培育的均可。蟹种要求体质强壮、规格整齐、现捕、现运、现放、暂养时间不宜过长，否则影响成活率，最好走“自育自养”之路。“早熟蟹”和“小老蟹”（小绿蟹）不论个体大小都不能投放。长江天然捕捞的蟹种中“早熟蟹”极少，人工培育的较多。凡雌蟹腹部已长成团脐，四周布满刚毛的为早熟蟹；雄蟹用手摸尖脐，基部两侧多有突出的为“早熟蟹”。

扣蟹选择200只/公斤以下的为宜，最好个体在10克以上的为佳；扣蟹在春节前后放养为宜，要注意合理控制暂养密度，一般在400~600只/亩为宜，密度过大，成活率和规格会大幅下降。

放养注意事项。蟹苗运达养殖地块后，要立即将蟹苗箱卸下，放在阴凉处，待蟹苗箱内温度与自然气温相近时再开箱放苗。

放苗前，一定要注意稻田水体中是否还有药物毒性的存在。检查的方法是，取少量蟹苗放人稻田的某一局部水域中“试水”，若这些苗1天后活动是正常的，则表明水体中药物毒性完全消失，即可放苗。

蟹苗暂养。有条件的地方，最好修建暂养池，在蟹苗放入稻田大面积养殖前进行暂养。暂养池的选择，目前采用两种方式，一是临近水渠的稻田，二是排水沟。注意的是：稻田要保水、沟渠要做好防逃。暂养池进排水自成体系，进排水口对角设置。放蟹苗前将原有水排掉，反复进排水两到三次，进行洗池，然后进新水，滩面水深保持在20厘米。

暂养池的大小依据暂养时间来确定，就是说在插秧前放入大面积养殖的，暂养时间为30~40天，河蟹在一次壳后二次壳前，亩暂养在30~40公斤是上限。插秧以后放入大田的，暂养时间为一般在40~60天，在环境好的暂养池中，能完成两次壳，那时池负载量将是入池时的1.5倍以上，亩暂养入池时苗量不能超过25公斤。

暂养阶段，适当控制动物性饵料投喂量，防止脂肪量过大，扣蟹提前性发育；暂养结束放入大田时候重新过数、选苗，淘汰未蜕壳的懒蟹。

（4）日常管理。

投喂管理。稻田中有一定的生物饵料可供河蟹摄食，但要取得高产、高效还必须投喂一定量的人工饲料。人工饲料有动物性饵料（小杂鱼、小虾、螺蚌肉等）、植物性饵料（小麦、蚕豆、玉米、马铃薯、水草等）。日投饵量为在田蟹重的3%~8%，根据河蟹的不同生长阶段及每天的吃食情况加以调整。一般每日投喂两次，上午投喂一次，占日投饵量的1/3，剩下的傍晚一次投喂。投饵要均匀布点，多点投喂，可将饲料放在围沟内侧畦面上，或用网布、纱布等做成罾形食台，饵料投在食台上。腐败变质的饵料不能投喂。在饵料种类搭配上要保证动、植物饵料相结合，并根据不同生长阶段有所侧重。3—5月，河蟹经过越冬体质较弱，要多投喂精制配合饲料或动物性饵料等；6~8月应多投喂植物性饵料，除玉米、小麦等煮熟投喂外，还可增投南瓜、山芋等；9~10月是河蟹育肥阶段，应多投动物性饲料和含淀粉量较高的精饲料。同时为保证动物性饲料充足供给，养殖户于蟹种放养前在围沟内可每亩投放鲜活螺蛳150公斤。

水质管理。首先要经常换水。早春每月1~2次；春末夏初每7~10天一次；盛夏高温季节每 3~5 天一次；伏季特别是蟹出池前一个月更应经常换水，对防止后期成蟹死亡和提高成蟹品色均有利。每次换水量不得超过 1/3，并注意内外水温差不要超过 30℃，同时防止急水冲灌，以免影响河蟹正常生活。其次要经常调节水中钙质含量。幼蟹投放后每隔 20 天左右泼一次生石灰，按沟面积计算，每次每亩用 10 公斤。最后在 6 月下旬至 9 月上旬，每 15 天泼洒 1 次光合细菌，每次每亩 2 公斤，不但能改善水质，降低发病率，而且还能使河蟹色泽鲜亮。

水草管理。要及时捞出漂浮和腐烂的水草，特别是伊乐藻；在高温季节及时割除多余的水草，防止浮出水面。在水草生长不良时，可适当施用相关肥料促进水草生根和生长，如矮壮素，钾肥，磷酸二氢钾、磷硼肥等。

蜕壳管理。河蟹蜕壳时间内，河蟹完全丧失抵御敌害和回避不良环境的能力。人工养殖促进河蟹同步蜕壳和保护软壳蟹是提高河蟹成活率的技术关键之一。

方法：保持水位稳定；适当时机换水，刺激整齐蜕壳；饵料中加入一定的蜕壳素；有较多的隐蔽物；在蜕壳时期适当补充钙镁等虾蟹多矿，促进河蟹硬壳。

疾病防治。采取“预防为主、防治结合”的方针，努力提高小龙虾抗病能力。可定期用生石灰或漂白粉等氯制剂消毒，经常加注新水，使用益生菌调节水质，保持水体环境优良。同时，可在配合饲料中添加维生素 C、维生素 E 等多种虾类维生素，增强河蟹抵抗力。

捕捞上市。一是性成熟季节，利用河蟹上岸习性徒手捕捉，可占产量的 70%；二是用丝网或地笼横拉蟹沟待傍晚成蟹绕沟爬行时张网捕捉。

（三）适宜区域

适合稻渔综合种养的所有地区均可推广。

（四）注意事项

科学把握种稻、放苗的时间，从而实现高质高产的目标。在推广应用过程中，需结合当地气候、水源水质等实际情况，选择合适的水稻和水产品养殖品种，合理规划稻田设施建设、种养殖时间、比例、收获方式等内容。

（五）技术依托单位

贵州省水产研究所
联系地址：贵州省贵阳市花溪区花溪大道南段 2448 号
邮政编码：550025
联 系 人：李正友
电子信箱：694869345@ qq. com
铜仁市渔业技术推广站
联系地址：铜仁市碧江区黑松塘路 4 号
联 系 人：贺兵
电子信箱：45132656@ qq. com

三十六、稻—鱼—鸭生态综合种养

（一）技术概述

1. 技术基本情况

据民族迁徙情况及风俗习惯推断，稻田养鱼在贵州省有近千年的历史。在黔东、黔南一带侗族、苗族、水族等少数民族聚居的地方，稻田养鱼尤为普遍，以放养鲤鱼为主，自繁、自育、自养。随着养殖技术的发展和国家正常的鼓励支持，贵州省地区传统的稻鱼养殖模式逐渐发展成为新型的稻渔综合种养，养殖面积、产量及品质都得到了极大的提高。

稻渔综合种养是当前我国生态循环农业经济的主要模式之一，已成为实施乡村振兴战略和产业精准扶贫的重要抓手，在促进农民增收和农业增效中发挥着越来越重要的作用。受取缔网箱养殖的影响，贵州省水产养殖产量，养殖户收益下滑较为严重。因此，稻渔综合种养在促进贵州省水产养殖发展、精准扶贫及乡村振兴中的作用明显。

稻鱼鸭系统是典型的人工生态系统，这种以鸭食虫、以鱼食草、用鸭鱼粪做肥料的稻鱼鸭复合系统，具有保护生物多样性、控制病虫害、调节气候、涵养水源等多种生态功能。位于贵州省东南部从江侗乡稻鱼鸭系统，也已有上千年历史。当地根据自然条件，形成了在水稻田中“种植一季稻、放养一批鱼、饲养一群鸭”的农业生产方式。该模式在促进水稻、鱼、鸭品质，提高农民生产效益方面发挥重要作用。这种“稻鱼鸭种养殖复合系统”的生态农业文化瑰宝，被列为全球重要农业文化遗产进行保护。

2. 技术示范推广情况

据统计，2018 年贵州省稻渔综合养殖面积达到了 179. 44 万亩，产量达到了 45 581 吨，为全国稻渔综合种养养殖面积、产量前 10 的省份之一。稻—鱼—鸭生态综合种养在贵州省从江县推广面积较多，2011 年贵州从江稻鱼鸭系统入选全球重要农业文化遗产保护试点地，2013 年从江稻鱼鸭系统入选第一批中国重要农业文化遗产。目前，稻鱼鸭生态产业示范园已纳入了省级农业产业园和黔东南州绿色生态现代生态农业工程。以高增、加榜、刚边、往洞、斗里、丙妹、谷坪、贯洞等 8 个乡镇为主，辐射带动全县 21 个乡镇发展稻鱼鸭生态种植养殖。以种稻为主体，种养结合，稳粮增效，提升水稻的品质，建立“稻鱼鸭共生、稻鱼藕连作”的标准化生产模式。

3. 提质增效情况

从江县发挥“稻鱼鸭系统”品牌效应，大力实施生态产业，促进了农业文化瑰宝的传承、保护和发展，也促进了农业增效和农民增收。2015 年，从江在全县的 5 万亩稻田中对“稻鱼鸭种养殖系统”进行了示范点推广，稻田测产每亩增产稻谷 5%～15%，平均亩产稻谷 669.5 公斤，生产鲜活田鱼 24.3 公斤，鸭 44.7 公斤，平均亩产值在 6 000元以上。2020 年，实施标准化稻鱼鸭生态种植面积 12 万亩，建立优良育种繁育基地 3 个；渔业增加值占农业增加值的比重达到 10%，水产品总量达到 6 000吨；稻田综合种养每亩实现产值 5 000元以上。

（二）技术要点

1. 稻田准备

（1）加高加固田埂。田埂高度要达到 0.5~0.6 米，顶宽 0.4 米，加固时每层土都要夯实，做到不裂、不漏、不垮，在满水时不能崩塌，确保田埂的保水性能。

（2）开挖鱼沟鱼凼。沟、凼的面积不应超过稻田面积的 10%。

鱼凼：大小视稻田的面积大小确定，面积一般为 5~20 平方米，开挖在田中央或田头间，一般为长方形、正方形或圆形，深为 1.0~1.2 米。

鱼沟：沟宽 0.6~0.8 米，深 0.5~0.6 米，主沟开在田中央，沟的形状根据田块的大小而定。“十”字形、“一”字形、“井”字形和“工”字形并与鱼凼相通。鱼沟也可在播种后开挖，将沟处的稻株移植在鱼沟内壁。

（3）开好进、排水口，安装拦鱼设施。进、排水口选择在稻田相对两角的田埂上，在进、排水口安装拦鱼设施（鱼栅）。拦鱼设施（鱼栅）的形状以“︵”或“∧”为好，材料用竹篾、金属丝、树枝条、尼龙筛绢布网片等编织而成。鱼栅高度，上端比田埂高 30 厘米，下端扎入田底 20 厘米，其宽度要与进、排水口相适应，安装后无隙。孔目视饲养鱼的规格而定，一般 3~10 厘米的鱼，鱼栅孔目 0.5 厘米。鱼栅的安装，进水口处鱼栅凸面向外，出水口处凸面向里，鱼栅入泥深度 20~35 厘米。

（4）搭好鸭棚、食台。在田边或田埂边比较宽阔的地方搭建鸭棚，供鸭栖息，鸭棚高度为 0.8 米、长为 1.8~2.5 米、宽为 1~1.5 米。采取棚顶遮盖，三面作挡，防寒保温和防止兽害，鸭棚内高出地面，用平砂、土壤或谷草等通风透气性好的材料铺垫面，每亩建鸭棚 1~2 个。在鱼凼内用宽木板、竹板或塑料板等材料搭好一个食台，架于鱼凼上，稍高于水面即可。

2. 品种选择

水稻选择高产、质优、抗病、耐寒、抗倒伏、适应强的中熟品种；鱼苗选择生长速度快，适应能力强，耐浅水的杂食性和草食性鱼种；鸭选择成活率高，生长速度快，适应能力强，产蛋多的品种。

3. 水稻种养

（1）种子质量。纯度、净度和发芽率分别达到在 99%、98%和 80% 以上。

（2）播种时期。日均气温在 12℃以上时可以播种，一般在 4 月 5 日前后即可（在养殖水产品投放前 35~45 天前播种）。

（3）种子处理。

晒种。浸种前选晴朗、温暖天气，每天上午 8：00—15：00，放在背风向阳处，连续晒种 2~3 天。

选种。分风选和溶液选。风选：用簸箕或风车吹，剔除空壳、草籽、草叶等杂物；溶液选：有水选、泥水选、盐水选等，留下溶液下层饱满优质稻种，选后要清洗种子。

种子消毒。为了杀死附在种子上的病菌和干尖线虫，催芽播种前必须进行种子消毒，用 40% 三氯异氰尿酸（强氯精，种子袋内配装）300~600 倍液浸泡 12~24 小时消毒，水面约高于种子面，中间搅拌 2~3 次，清水略冲洗种子后再浸种。

浸种。将消毒后的种子用清水浸泡 12~24 小时，中间搅拌 2~3 次，将种子捞出用清水略冲洗、滤干水分即可催芽，催芽至根长半粒谷即可播种。

（4）育秧。

旱育秧：播种量按 50~75 克/平方米，播种后盖土，盖土要薄，以种子不外露为宜。盖土后每亩用 40%噁草丁草胺 100 毫升加水 45 公斤喷雾厢面防杂草。然后盖膜，立针后根据气候揭膜。当秧苗长至 3 叶时，逐渐揭膜炼苗，促根，同时追施断奶肥，喷药防病虫。在移栽前，秧苗追肥应分多次轻施，当秧苗长至 5 叶左右时即可移栽，移栽前 3~5 天苗床施尿素按 10~15 克/平方米作“送嫁肥”。

两段育秧：旱育秧长至 2.5 叶时寄插到秧田。秧田应选择水源方便，土壤肥沃的田块。每亩施过磷酸钙 50 公斤，硫酸锌 2 公斤，精细翻耕、耙平、开厢，厢宽 1.5 米，厢面无水即可寄栽，寄栽规格 3.5 厘米×3.5 厘米，秧苗成活后，追肥和防病虫与旱育秧相同，移栽前 3 天每亩施尿素 4 公斤作“送嫁肥”。

（5）秧苗移栽。

大田翻耕与培肥：如无油菜等轮作作物，实行秋翻耕冬炕，减少病虫草源基数。翻犁、旋耕结合，耕层 0.15~0.2 米，推荐使用农家肥，每亩 1 500~2 000公斤进行培肥，撒匀后旋耕。移栽前 20 余天泡田，田间呈“花达水”状态，泡田 5~7 天，有利于降低杂草和病害基数。

适时移栽：稻田消毒和施肥后，秧龄期 30 天左右，秧苗长到 5 叶 1 心时移栽。

移栽密度：栽秧苗 8 000~10 000穴/亩，采用宽窄行移栽方式：宽行 0.4~0.43 米、窄行 0.26 米、株距 0.16~0.24 米。杂交稻每穴栽 2 株谷秧，糯禾每穴栽 3~4 株谷秧。

栽插要求：拉绳打点定距插秧，行穴距均匀整齐，苗直根伸，栽插深度不超2 厘米。

4. 鸭

为防止鱼、鸭之间“大鸭子吃小鱼”的现象，选择放养大规格鱼种、小规格鸭苗。

投放鱼种后 20 天左右，按照 10~20 只/亩的比例，投放 20 日龄注射过疫苗（禽流感、大肠杆菌、肝炎）的鸭苗。每天需要赶鸭子下田觅食，晚上再将鸭子赶回鸭棚。

稻田能为鱼、鸭提供部分饵料，但往往不能满足高密度精养条件下的需要，可在鱼种下塘后根据天然饵料的多少，适当投喂碎米、米糠、玉米、饲草以及配合饲料等，投喂时间一般为 9：00。必要时于 15：00 增喂 1 次。饵料投在凼中食台上，小鸭在傍晚投饲 1 次，0.5 公斤以上大鸭中午可增投饲 1 次，饲料主要为谷物。在喂食饲料时可掺适量土霉素防止鸭病发生。

5. 其他

查看水位、水质是否正常，观察鱼类活动情况有无异常，检查鱼类有无浮头、检查鱼和鸭有无死亡和生病现象发生，是否受到敌害侵袭，如水蛇、水鸟等。如鸭已生病，应及时发现，并进行隔离处理。

做好防洪、防旱、防逃、防盗工作。严禁在田中洗涤农药器械等。

6. 收获

当85%~90%的谷粒黄熟，选择晴天及时收割脱粒，晒干贮藏。

稻谷将成熟或晒田收割前，当鱼长到商品规格时，就可以放水捕鱼。捕鱼前应疏通鱼沟，缓慢放水，使鱼集中在鱼沟、鱼凼内，在出水口设置网具，将鱼顺沟赶至出水口一端，让鱼落网捕起，达到上市规格的食用鱼上市出售，其他的放回稻田继续饲养或转入其他水体饲养。

为防止成鸭采食快成熟的稻谷，均应安排在水稻成熟前及时收回田中成鸭。若有个别不能上市的，也要“转田”饲养，防止鸭吃谷穗。

（三）适宜区域

适合稻渔综合种养的所有地区均可推广。

（四）注意事项

结合当地气候、水源水质等实际情况，选择合适的水稻和鱼鸭养殖品种，合理规划稻田设施建设、种养殖时间、比例、收获方式等内容。

（五）技术依托单位

贵州省水产研究所
联系地址：贵州省贵阳市花溪区花溪大道南段2448号
邮政编码：550025
联 系 人：李正友
电子信箱：694869345@ qq. com

三十七、小蚕标准化与大蚕省力化高效蚕茧生产技术

（一）技术概述

1. 技术基本情况

贵州得天独厚的生态气候和优越的自然条件决定了种桑养蚕的高度可行性和丝茧产品的高品质，是“东桑西移”后期工程理想的承接地。自2006年以来，“东桑西移”工程在贵州实施，桑蚕产业成为荔波县、独山县脱贫攻坚“一县一业”主导产业，凤

冈县富民强县主导产业，特别是对“9+3”贫困县（纳雍、威宁、赫章、罗甸、从江等）作为县市区的特色产业发展，助力脱贫攻坚和乡村振兴发挥了重要作用。得到了各级政府的关心和支持，通过小蚕共育标准化，大蚕省力化饲养、方格蔟自动化上蔟来实现良种良法，生产出优质茧，助农增收，助推蚕桑产业发展，在贵州山区取得经济和生态效益双丰收。

2. 技术示范推广情况

核心技术“小蚕标准化与大蚕省力高效蚕茧生产技术”自2018年以来单独或作为其他技术的核心内容，在贵州省遵义市凤冈县等地进行示范、推广，获得良好效果。2019年，全程采用小蚕标准化共育，大蚕省力化饲养、方格蔟自动化上蔟等技术，示范蚕种2 860张，生产蚕茧11.45万公斤，销售蚕茧收入420万元，张种成本节约100元，张种新增收益316元。助推产业发展，至2019年12月新发展桑园2 500亩。2020年，示范蚕种5 000多张，生产蚕茧22.5万公斤，销售蚕茧收入855万元，张种成本节约118元，张种新增收益352元。2020年7月，凤冈县出台了《凤冈县蚕桑产业发展实施意见（2020—2022年）》，把蚕桑业作为凤冈优势产业规划发展，通过与平台公司、贵州省蚕业研究所等单位合作，至2021年3月，已完成新建桑园5万亩，项目投产后农民仅蚕茧收入2亿元以上。目前“小蚕标准化与大蚕省力高效蚕茧生产技术”正在贵州各蚕区推广应用。

3. 提质增效情况

和常规技术相比，张种成本节约100元以上，张种新增收益300元以上，经济效益显著。同时在石漠化地区，桑树的生态修复功能也颇具优势。发展生态桑园，既可以保水固土、改善生态环境、提升空气质量，还可以为当地农民脱贫致富增加新产业。是符合生态文明建设的根本要求，这也是今后蚕桑产业稳定发展的大好机遇。2020年6月14日，在凤冈县进化镇、永和镇进行现场测产，平均张种产鲜蚕茧量47.65公斤、全茧量2.301克、茧层量0.50克、茧层率21.78%，分别较对照种增产16.99%、增长14.25%、21.95%、7.29%。

（二）技术要点

1. 优质高产蚕新品种选择

抗病性强、好饲养、多丝量的新品种如贵蚕7号、贵蚕8号、贵蚕9号、贵蚕10号。

2. 小蚕共育标准化

利用国家授权发明专利“家蚕饲育方法”（2015108653049）和进入实质审查“一种桑叶保鲜剂及其制备方法”（2020111249761）开展小蚕共育标准化，育出发育整齐、健康、好饲养小蚕。发放给蚕农饲养，饲养周期以往从25~30天缩短到16~18天，提高饲养成功率和蚕室蚕具的利用率，从3~4批提高到5~6批次，降低了劳动力和劳动强度。下一步将创新“十天养蚕模式技术”，进一步确养蚕保成功率，降低蚕农风险。

3. 大蚕省力饲养技术

利用进入实质审查“一种桑叶保鲜剂及其制备方法”（2020111249761）和“一种蚕用消毒杀菌剂及其使用方法”（2020111233373）开展大蚕省力化饲养技术，免除蚕沙，直至上蔟后清除掉蚕沙，大大降低了劳动强度，减少了劳动力投入，一人饲养蚕种2~3张提高到7~12张。

4. 方格蔟自动化上蔟

五龄大蚕适熟之后，利用方格蔟自动上蔟方式就是将方格蔟悬挂在蚕座上方，距离蚕座1~2厘米，蔟间距12~15厘米为宜，然后让熟蚕自己爬上去吐丝结茧。在方格蔟自动化上蔟技术应用中，能够将劳动强度降低，促进劳动效率的提高，让熟蚕能够快速上蔟营茧，提高蚕茧生产量5%左右，同时上车茧率1~2个百分点，提高解舒率5%左右。

（三）适宜区域

适宜贵州及全国各蚕区。

（四）注意事项

蚕室选址（地势高燥）、通风排湿。

（五）技术依托单位

贵州省蚕业研究所
联系地址：贵州省贵阳市花溪区金欣社区省农科院内
邮政编码：550006
联 系 人：余文中
电子邮箱：384539157@qq.com

三十八、农区害鼠绿色防控技术

（一）技术概述

1. 技术基本情况

鼠害是人类面临的一个重大问题，也是制约农业发展的重要生物灾害之一。全省常年农田鼠害发生面积在800万亩左右，若不及时组织防治，每年将会造成粮食损失15万吨左右，常年农舍鼠害发生300万户左右，平均每户储粮损失75公斤左右，平均储粮损失率为3%左右。由于农区鼠害是一个连续发生的过程，每年防治后都不可能完全消灭，防治后残存的害鼠通过繁殖后代加入种群，田间鼠密度将会慢慢回升，又对农作物造成危害。为了有效地控制农区鼠害的发生和危害，减少鼠害损失，贵州省长期以来对农区鼠害监测与防治技术进行了深入的研究与推广应用，取得了显著成果。

针对目前鼠害防治的主要手段仍是化学药物灭鼠，因长期使用杀鼠剂灭鼠导致害鼠产生抗药性，防治效果下降，同时造成污染环境等一系列问题。为减少鼠药使用量，保护生态环境，保障农业生态安全，推动农药零增长行动，提高防治效果。在过去研究成果的基础上，2014 年以来，通过实施相关鼠害科研项目，深化科技攻关，集成了一套切实可行的毒饵站灭鼠技术和 TBS 灭鼠技术等农区害鼠绿色防控技术，并开展大面积推广应用，解决了农区安全使用药物灭鼠的关键技术。

2. 技术示范推广情况

毒饵站灭鼠技术从 2003 年已在全省农区灭鼠中得到了广泛的应用，创新了农区灭鼠的投饵技术，解决了农区安全使用药物灭鼠的关键技术，形成了以毒饵站灭鼠技术为核心的农区害鼠绿色防控技术体系。TBS 灭鼠技术从 2010 年开始在水稻田、马铃薯田、玉米地、蔬菜地、葡萄园等生境类型地试验示范应用，提升了鼠类无害化控制技术，实现了灭鼠技术向安全、绿色、无害化发展，丰富了害鼠绿色防控技术措施。

通过在全省建立农区害鼠绿色防控示范区 50 个、鼠药零投放灭鼠示范村 15 个，大力推广毒饵站灭鼠技术和 TBS 灭鼠技术等绿色防控技术。2016—2018 年全省累计完成毒饵站灭鼠技术推广应用有效规模 1 175. 76万亩，鼠密度由灭鼠前的 5. 98%下降到灭鼠后的 1. 09%，平均防治效果 81. 77%，单位规模增产 41. 87 公斤，单位规模新增净产值 260. 81 元，总经济效益 21. 3 亿元，取得了显著的经济效益。全省共安装 TBS 灭鼠围栏 1 500余套，完成 TBS 灭鼠技术核心示范面积 70 万余亩，对农田害鼠的控制效果达 55%左右，确保了农业生态安全。

3. 提质增效情况

通过大力推广毒饵站灭鼠技术和 TBS 灭鼠技术，全省每年约 60 万户农户从中受益，亩减少化学鼠药投入 25. 4 克，化学鼠药使用量减少 21. 7%。同时，创新宣传培训方式，提高了广大干部和群众对灭鼠工作必要性和重要性的认识，培养了一大批灭鼠技术骨干和农民灭鼠能手，形成了一支责任心强、掌握科学技术的灭鼠队伍，普及了农区害鼠绿色防控技术，减少了鼠药使用量，保护了生态环境，保障了农业生态安全，保护了人民群众身体健康，推动了农药零增长行动，提高了科技成果覆盖率，有效地控制了鼠类的发生和危害，收到了明显的社会和生态效益。

4. 技术获奖情况

《农区害鼠种群生态及监测治理标准体系研究》获 2016 年贵州省科技进步二等奖；《贵州省农区害鼠绿色防控技术集成与应用》获 2019 年全国农牧渔业丰收一等奖。

（二）技术要点

1. 毒饵站使用类型

主要有 PVC 管毒饵站、竹筒毒饵站、简瓦毒饵站、矿泉水瓶（饮料瓶）毒饵站、花钵毒饵站、水泥毒饵站、瓦筒毒饵站等。其中，以 PVC 管毒饵站、竹筒毒饵站使用较为普遍。

2. 毒饵站制作方法

（1）竹筒（PVC 管）毒饵站。制作材料为当地产的竹子或市场上销售的 PVC 管材，直径 5~6 厘米，室外毒饵站将竹子（PVC 管）锯成 45 厘米长的竹筒（PVC 管），把竹节中间打通，竹筒（PVC 管）两头各留 5 厘米长的“耳朵”防雨，用铁丝做两个固定脚作支架，耳朵朝下，将铁丝脚架插入田埂，离地面 3 厘米左右，以免雨水灌入；室内毒饵站直接将竹子（PVC 管）锯成 30 厘米长的竹筒（PVC 管），打通竹节即可。

（2）简瓦毒饵站。直接用农村盖房用的筒瓦，将筒瓦两片合起来用铁丝扎紧即可。

（3）塑料毒饵站。制作材料为塑料，外形尺寸长 235 毫米、宽 80 毫米、高 80 毫米，圆弧尺寸 75 毫米，洞口尺寸宽 75 毫米、高 80 毫米，踏板距洞口外边尺寸 50 毫米，踏板高度 18 毫米，定位销尺寸距外型端面 25 毫米。

（4）矿泉水瓶（饮料瓶）毒饵站。制作材料为使用过的矿泉水瓶（饮料瓶），直接把矿泉水瓶（饮料瓶）两端去掉，用铁丝把两端固定，铁丝留 15 厘米用于插于地下。

（5）花钵毒饵站。将口径为 20 厘米左右陶瓷花钵的上端边缘敲开一个缺口，缺口口径在 5~6 厘米之间，翻过来后扣在地面即可。

（6）水泥毒饵站。用水泥制作而成，长 20~25 厘米，高 10~12 厘米，口径 5~6 厘米。

（7）瓦筒毒饵站。用黏土制成长度 40 厘米、内径 10 厘米、内呈圆柱形，经窑高温烧制而成。

3. 毒饵站放置数量及位置

毒饵站投放数量根据田间害鼠密度多少来确定，农田害鼠捕获率在 10%以下，每亩放置毒饵站 1~2 个，害鼠捕获率在 10%以上，每亩放置毒饵站 2~3 个，将毒饵站固定于田埂或沟渠边，离地面 3 厘米左右。农舍每户投放毒饵站 2 个，重点放置在房前屋后、厨房、粮仓、畜禽圈等鼠类经常活动的地方，用砖块等物固定。

4. 毒饵站投饵量及时间

每个毒饵站放置毒饵 20~30 克，放置 3 天后根据害鼠取食情况补充毒饵。毒饵站可长期放置，重复使用。投饵时间选择在春秋两季，鼠类防治关键时期，集中统一投放。

禁止使用国家明令禁止的毒鼠强、毒鼠硅、甘氟、氟乙酰胺等剧毒鼠药，选择使用高效、低毒、无二次中毒的抗凝血杀鼠剂，如 0.5%溴敌隆水剂、0.5%溴敌隆母粉、0.005%溴鼠灵毒饵、0.0375%杀鼠迷毒饵等，也可直接选择商品毒饵。

5. TBS 灭鼠围栏使用材料

（1）捕鼠筒。材料为铝铁皮，厚度约为 0.5 毫米，呈半圆形，筒直径上部 25~30 厘米，下部 30~35 厘米，筒高 50~55 厘米，底部留 4 个直径小于 0.5 厘米的圆孔，使筒内雨水能够渗出。

（2）围栏及固定杆。围栏材料为金属筛网，孔径≤1 厘米、高度>50 厘米；固定杆材料为钢筋，长 100 厘米，作用是固定围栏，其间距为 4～5 米，每个围栏需围栏 60 米，固定杆 16 根。

（3）调查解剖工具。长柄铁夹（从捕鼠筒中取鼠用）、捕鼠袋、常规直尺、电子天平、医用解剖刀、消毒剂、口罩及医用手套等。

6. TBS 灭鼠围栏安装方法

主要有常规封闭式（矩形）TBS 灭鼠围栏、开放式（直线型）TBS 灭鼠围栏、超大封闭式 TBS 灭鼠围栏、超大开放式 TBS 灭鼠围栏四种。

（1）常规封闭式（矩形）TBS 灭鼠围栏。一个整体的常规封闭式（矩形）TBS 灭鼠围栏长 20 米，宽 10 米，围栏地上部分高度 30～40 厘米，埋入地下深度>20 厘米，用固定杆固定，沿围栏边缘每间隔 4 米埋设 1 个捕鼠筒，围栏长边放置 4 个捕鼠筒，短边放置 2 个捕鼠筒，共 12 个捕鼠筒，捕鼠筒直边紧贴围栏，上沿与地面平行，并在围栏上剪一个宽 15 厘米，高 10 厘米的方形开口，供鼠类。

（2）开放式（直线型）TBS 灭鼠围栏。在田间按直线直接安装 1 个 60 米开放式 TBS 灭鼠围栏，或者按直线安装 2 个 30 米开放式 TBS 灭鼠围栏，每 5 米埋设 1 个捕鼠筒，共 12 个捕鼠筒。

（3）超大封闭式 TBS 灭鼠围栏。根据田间地形，沿田埂或土边安装许多个 TBS 灭鼠围栏，围栏封闭，长度不限，每 5 米埋设 1 个捕鼠筒，捕鼠筒数量不限，使用超大封闭式 TBS 灭鼠围栏控制害鼠，可根据当地实际情况增加围栏长度和捕鼠筒数量，实现对更大范围内害鼠的控制。

（4）超大开放式 TBS 灭鼠围栏。根据田间地形，沿田埂或土边安装许多个 TBS 灭鼠围栏，围栏不封闭，长度不限，每 5 米埋设 1 个捕鼠筒，捕鼠筒数量不限。

7. TBS 灭鼠围栏设置与维护

平坝区可选择使用常规封闭式（矩形）TBS 灭鼠围栏、超大封闭式 TBS 灭鼠围栏，山区、坡地可选择使用开放式（直线型）TBS 灭鼠围栏、超大开放式 TBS 灭鼠围栏。围栏内作物可早于围栏外作物 7～10 天播种，使其围栏内作物长势早于围栏外作物长势，有利于诱捕鼠类。农田每 300～500 亩安装 4 个围栏，每个围栏相距 100 米，围栏设置数量不限。

及时清除 TBS 灭鼠围栏捕鼠筒内的淤泥、积水和杂物等，及时清除围栏捕鼠筒外开口处的杂草，以便鼠类能够顺利进入。发现青蛙掉入捕鼠筒内要及时取出放生，以保护农业害虫天敌，维护种群生态平衡。

（三）适宜区域

毒饵站灭鼠技术适宜全省农田、旱地耕作区和农舍区灭鼠。TBS 灭鼠技术适用于全省农田、旱地耕作区鼠害防控，特别是在经济作物生产区使用 TBS 围栏灭鼠，更具有经济价值。

（四）注意事项

使用毒饵站灭鼠时，由于不同类型毒饵站各具优缺点，各地应根据当地鼠种种类选择使用不同类型毒饵站。在投药期间要及时检查毒饵的取食情况，如果毒饵的消耗很大时，应增加投放次数。杀鼠剂及毒饵应由专业人员负责保管、发放，与其他物品分开存放，所用灭鼠工具、容器及投药器材均注明“有毒”字样，使用后及时清洗，投饵后剩余的毒饵应及时回收。投放毒饵后，应设立警示标志，5~10 天内禁止放养禽畜，投饵后及时搜寻、清理死鼠，作无害化处理。使用抗凝血类杀鼠剂投饵期间应配备解毒药剂，如发现误食中毒，就近送医。抗凝血杀鼠剂配备维生素 K_1。

使用 TBS 围栏灭鼠时，设置多少个 TBS 灭鼠围栏才具有代表性，安装 TBS 灭鼠围栏方式，才能达到很好的控制效果，各地可根据实际情况确定围栏数量及安装方式。在开展 TBS 围栏灭鼠操作过程中，操作人员应佩戴口罩、手套等防护用品，同时，做好围栏设施维护保养，确保监测和防控效果。

（五）技术依托单位

贵州省植保植检站
联系地址：贵阳市延安中路 62 号贵州省植保植检站
联 系 人：谈孝凤
电子信箱：1213933620@ qq. com
贵州省农田鼠害研究协作组
联系地址：贵州省余庆县植保植检站
联 系 人：杨再学
电子信箱：3296945645@ qq. com

三十九、周年覆盖水土保持和耕地保育型保护性耕作技术

（一）技术概述

1. 技术基本情况

针对贵州石漠化地区农业生态环境脆弱、土壤耕层浅薄、耕地质量差、水土流失严重、农村劳动力短缺等问题，结合保护性耕作能够有效防治水土流失、提高土壤肥力、节约劳动力及简便易学，在该地区应用前景广阔的优势。根据喀斯特地区不同耕地质量耕地现存问题，有针对性地设置了多种保护性耕作关键技术及配套技术，形成了适用于喀斯特地区周年覆盖水土保持和耕地保育型保护性耕作技术体系，为贵州省喀斯特地区

农田生态治理及农业绿色发展提供理论依据和技术支撑。采用种植绿肥或秸秆覆盖等地表覆盖、少免耕及轮作休耕、横坡垄作等保护性耕作技术并与有机培肥技术相结合可减少土壤侵蚀，防止水土流失，同时有效防控农田杂草，提高土壤肥力，减少化肥农药施用量。该技术的实施实现了喀斯特地区不同生产力耕地种养结合，进而有效预防和防止耕地质量较好的耕地进一步退化，并实现退化耕地的生态修复。

2. 技术示范推广情况

结合国家轮作休耕示范工作，核心技术在开阳县建立核心示范基地 200 亩，辐射带动 2 000亩。经过采集土壤样品对比分析休耕前后、休耕地块与对照地块土壤有机质及土壤含水率差异，结果显示休耕后较休耕前土壤有机质含量增加了 31. 2%，休耕地块土壤有机质较对照地块有机质增加了 18. 5%，土壤含水率增加了 21. 3%。

3. 提质增效情况

在无石漠化及耕地质量较好的耕地上，合理利用绿肥进行间套作或轮作，可使作物增产 10%，并改善土壤理化生性质，提高作物复种指数的同时协同提升耕地地力。

在石漠化较轻耕地质量存在一定退化风险的平耕地上，与传统技术相比，采用秸秆覆盖+免耕+一次性施肥技术，可增产 20%以上，化肥和农药减施 20%，每亩节约劳动成本 500 元，土壤有机质含量增加了 20%，土壤含水率提升了 13. 9 个百分点。在石漠化较轻耕地质量存在一定退化风险的坡耕地上，与传统技术相比，采用有机无机配施+横坡垄作+秸秆覆盖+等高植物篱，地表径流量减少 85. 3%，总氮和总磷流失量分别减少 79. 0%、80. 8%，降低了农业面源污染风险。

在石漠化较严重且交通不便的耕地上，结合国家耕地休耕示范工作，合理种植豆科类绿肥或牧草，土壤有机质和全氮含量显著增加，可实现退化耕地修复并推动畜牧业发展。

（二）技术要点

1. 绿肥在作物间套作轮作系统中的应用

粮食作物生产中可在行间间作或套作绿肥，小季作物如小麦等可套作冬季绿肥箭筈豌豆或光叶紫花苕子，并于绿肥盛花期将其刈割还田；大季作物如玉米等可在行间间作豆类作物如大豆或饭豆等。

2. 平耕地保护性耕作

（1）秸秆覆盖。玉米收获后将玉米秸秆留茬 20~30 厘米割断，并将玉米秸秆整秆放于玉米茬之间，玉米行间播种油菜。油菜收获后将油菜秸秆齐地割断，并将油菜秸秆整秆放于油菜种植行间，于油菜种植行上播种玉米。

（2）油菜免耕播种。选择优质、高产、抗倒伏能力强的中早熟油菜品种，于玉米收获后播种（10 月中下旬）油菜种子或进行育苗移栽，播种深度一般在 20~40 毫米，排种均匀，覆土严密。油菜采用打穴点播方式进行播种。

（3）玉米免耕播种。选择经审定并适宜本地种植的中晚熟玉米抗病品种，于油菜收获后既可进行播种（4 月中下旬至 5 月上旬），播种深度控制在 30~50 毫米，排种均匀，覆土严密。玉米采用打穴点播方式进行播种。

（4）一次性施肥。采用有机肥+缓控释肥相结合的方式于作物播种时进行一次性施肥，作物生长后期不再追肥。

3. 油玉二熟制坡耕地保护性耕作

（1）横坡垄作。玉米和油菜种植前全田翻耕进行横坡起垄，玉米垄高 20~25 厘米，垄宽 40 厘米；油菜垄高 20~25 厘米，垄宽 30 厘米。

（2）秸秆还田。秸秆放置于垄行间，采用整秆还田的方式进行，秸秆还田量为全量还田。

（3）等高植物篱。每个小区在最靠近坡底集流沟处和小区中间，种植双行植物篱。植物篱起垄种植。植物篱品种及种植密度为：黄花菜，3 米一带，每带两行，行宽 25 厘米，株距 15 厘米，每穴 2 株。

4. 种植绿肥休耕

在休耕耕地上种植绿肥，并在适宜时期将其刈割翻压还田，以达到培肥土壤、保护耕层防治土壤侵蚀和保持土壤良好耕作条件的目的。贵州绿肥资源品质丰富，箭筈豌豆、苕子、紫云英、紫花苜蓿等豆科类绿肥在全省种植面积较大，经验丰富，因而凡条件允许的休耕耕地应尽可能种植绿肥。

绿肥一般结合翻耕在 9 月中旬到 11 月初之间播种，可单种一种绿肥或多种绿肥混播，播种量 30~75 公斤/公顷。冬绿肥第二年春天在花蕾期到盛花期进行刈割翻压还田。若混播冬绿肥和其他绿肥如黑麦草等，可在春季、夏、秋三个季节各收割一次将其就地还田，待下一年翻耕时一起翻压还田。休耕耕地周围秸秆资源丰富可结合进行秸秆还田。

5. 种植牧草休耕

在休耕地种植黑麦草、紫花苜蓿、三叶草等肥饲兼用作物，放牧或乂割饲养家畜过腹还田的方式，培肥土壤。种植牧草适用于全省各处，以集中发展畜牧业较多的区域结合农业产业结构调整进行为好。

结合秋季翻耕，于 9—11 月进行全田撒播，播种量 30~75 公斤/公顷，播种时结合施用畜禽粪便 1~5 吨/公顷。每年刈割 3~5 次，紫花苜蓿最佳刈割时期为开花初期、刈割留茬高度 4~5 厘米。黑麦草刈割的适宜期一般以拔节前 0. 7 米左右高时为好，留茬高度不应低于 5 厘米。

6. 种植其他豆科类作物休耕

在休耕耕地上种植豆类作物（黄豆、饭豆、蚕豆、豌豆等），利用豆类作物固氮作用培肥土壤的同时可增加农民经济收入。可结合全省种植业产业结构调整进行。

采取豌豆（或豆科类冬绿肥）+大豆（或饭豆）轮作的模式，保证休耕耕地周年有作物覆盖。豌豆或冬绿肥于 9 月至 10 月播种，采用条播或点播的播种方式进行，播量 150~750 公斤/公顷。可采摘豌豆尖或成熟时收获豌豆荚作为经济部分带走，其他部分全部还田。大豆于每年 4 月播种，播种量 60~90 公斤/公顷。可采摘毛豆或黄豆带走，其他部分全部还田。

（三）适宜区域

喀斯特地区旱耕地。

（四）注意事项

休耕技术应在石漠化较严重的耕地上开展，耕地质量较好的耕地应采取适合的间套作轮作及保护性耕作技术，避免耕地撂荒。

（五）技术依托单位

贵州省土壤肥料研究所
联系地址：贵州省贵阳市花溪区金竹镇贵州省农业科学院土壤肥料研究所
联 系 人：刘彦伶
电子信箱：lyl890615@ 163. com

四十、百香果篱壁架垂帘式修剪技术

（一）技术概述

1. 技术基本情况

针对百香果产区种植时采用棚架的搭架模式，枝条上架后未进行牵拉，枝条缠绕、重叠，透光率低，通风不畅，病虫害严重、果园经济效益不显著、种植成本高等一系列问题，开展百香果篱壁架栽培垂帘式修剪技术研究后形成的技术体系，通过该技术，实现了山地种植百香果搭架生产技术难题，解决了百香果种植生产成本高问题；通过垂帘式修剪技术提高了果园通风透光效率，间接减少了植株菌类病害的发生，减少了病虫害施药次数，提高了果品质量。实现了贵州百香果生产即要产量又要生态的栽培协调。

2. 技术示范推广情况

自 2018 年以来，在百香果适宜种植区域（万亩片、千亩村）罗甸县、惠水县、安龙县、从江县等进行较大范围的示范、推广，获得良好效果。

3. 提质增效情况

应用该技术 2019 年在镇宁县良田镇百香果种植基地获得产量为 768 公斤/亩，最高达 894 公斤/亩；和常规技术（600 公斤/亩）相比，增产 28%；应用该技术每 10 天用药 1 次，和常规技术（7 天用药 1 次）相比，减少农药用量 25%，通过该技术的应用且生产过程中减少生产成本、减药，提高了百香果生产效益。

（二）技术要点

1. 品种选择

目前贵州的主栽品种为："台农 1 号""黔香 1 号"和"黄金百香果"。其中"台农 1 号"和"黔香 1 号"为紫果类型，特性是生长势旺，产量较高，可达到每亩近 1 000公斤，果实香味浓郁、酸甜适中；"黄金百香果"为黄果类型，不耐低温，产量为每亩 400~600 公斤，但其风味更甜，价格也略高于紫果类型。建议百香果种植初学者选择紫果类型种植，待掌握百香果种植管理方法后再更换黄果类型的品种进行种植。

2. 苗木选择

现生产上使用较多的苗为扦插苗和嫁接苗。扦插苗价格相对较低，可有效降低建园成本，但种植后极易感染根部疾病，不建议在多雨、潮湿、水田建园的果园使用；嫁接苗除了根系抗性较好，生长势也较扦插苗更好，农户可根据自身经济情况进行选择。苗质量可通过植株大小、叶片与根系好坏来衡量，株高以 30~50 厘米，茎粗 3~6 毫米，有 3~5 片完整、无病斑、厚实有光泽的叶片为佳。根系以白根繁多且茁壮的苗更好。

3. 建园

（1）整地起垄。提前至少一个月平整土地、翻晒土壤。起垄时垄宽 1 米，沟宽1 米（行距 2 米），垄高 0. 3~0. 5 米。起垄前沿垄向施入腐熟的农家肥与土混匀，每亩不少于 4 吨（每株约 50 斤）。平地及梯地建园需挖排水沟，沟深 40 厘米左右，沟间距不超过 100 米，缓坡建园保证雨水能正常排出即可。

（2）支架搭建。目前产业上以篱壁架为主流。搭架时以水泥桩、钢管或竹架作为立柱搭建，立柱长度 2. 2~2. 7 米，其中地上部分 1. 7~2. 2 米。篱笆架立柱株行距为 4 米×2 米，在立柱顶部及中部拉设钢丝绳（图 24）。

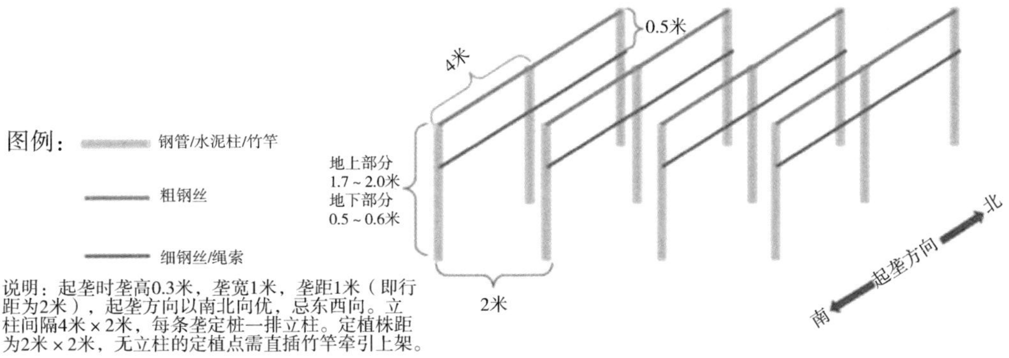

图 24　篱壁式示意

4. 定植

通常选择在 3 月 10 日左右，倒春寒之后的阴天或小毛毛雨天按照 2 米×2 米的株行距进行定植，若遇连续晴天应避免正午定植。定植时用生根粉溶液浸透苗根，深挖坑，浅植苗，用细碎土壤盖过根系，覆土厚度不超过 1 厘米。定植后必须浇透定根水。

5. 苗期管理

百香果苗期可分为缓苗期、牵引期和上架期。

定植后两周内为缓苗期，需注意天气变化，连续高温干旱时每日浇水。

植株上架前为牵引期，应及时疏除所有侧枝及花果，促进主蔓生长，在植株旁直立细竹竿牵引主蔓上架，将植株顶端轻捆在竹竿上，每周施 1~2 次腐熟的清粪水或者低浓度尿素水促进上架。

植株上架后至出花前为上架期，应停止使用清粪水或尿素水。若为篱笆架，需在植株上架 10 厘米后打顶，在顶部及第二根钢丝绳的左右两个方向各留 1 条一级蔓，疏除其他一级蔓。若为棚架，则需在植株上架 10 厘米后打顶，在纵横四个方向的钢丝绳上各留 1 条一级蔓并轻捆固定，疏除其他一级蔓。

6. 垂帘式修剪

在一级蔓延伸至钢丝末端时可进行打顶，每条一级蔓上保留 5~6 根二级蔓，使其自然下垂呈垂帘状，不可攀附在棚架或篱笆架顶端，梳除其他二级蔓。重点保留二级蔓上花果，对花果量超过 5~6 个的二级蔓进行打顶，梳除所有三级蔓及徒长的二级蔓（超过 50 厘米无花果）。当前批次果实采收后，梳除果实已全部采收的二级蔓，每梳除一条二级蔓，可在一级蔓上多保留一条新萌发的二级蔓，使每条一级蔓上的二级蔓总量不超过 5~6 条（图 25、图 26）。

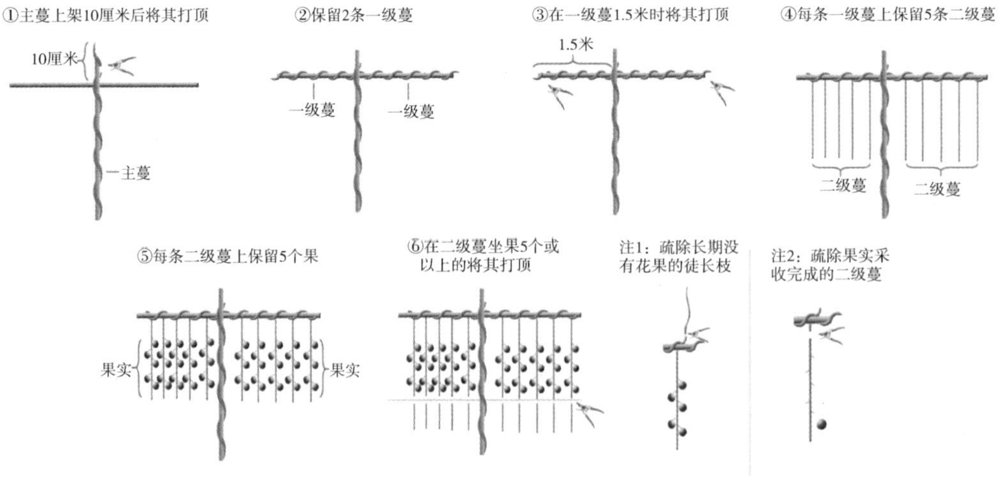

图 25 垂帘式修剪示意

图 26　垂帘式修剪场景

7. 肥水管理

在二级蔓基本成型后喷施一次 0.5%磷酸二氢钾压氮催花，花果期若有条件应每周喷施高硼叶面肥，有效提高坐果率，保证果实外观品质。每次大批量采收果实后应每株环施 1 公斤左右磷钾肥，为下一批果实提供养分。

8. 杂草防治

生产上可通过铺防草布（园地地布）来彻底隔绝杂草，有效降低管理成本。也可在植株上架全园除草后铺撒藿香蓟等草种，通过种间竞争淘汰其他野生高秆杂草，在防草同时提高果园土壤有机质。

（三）适宜区域

省内年均温 17℃，4 月均温 17.5℃，10 月均温 19℃，光照降雨充足的中酸性沙壤土区域。

（四）注意事项

如果在平地建园，遇水涝必须注意及时排水。

（五）技术依托单位

贵州省果树科学研究所（贵州省精品水果现代农业产业技术体系）
联系地址：贵阳市花溪区金欣社区省农科院果树所内
联 系 人：韩秀梅、陈楠
电子信箱：406784155@qq.com；312053734@qq.com

四十一、黔莓一号、二号草莓的高效栽培技术

(一) 技术概述

1. 技术基本情况

随着黔莓一号、黔莓二号栽培面积不断扩大，因种植户栽培技术参差不齐，植株管理跟不上，病虫害防控不到位，导致产量低、品质差、畸形果多等问题。针对黔莓一号、黔莓二号的特征特性，建立了这两个品种的配套优质高产栽培技术，发挥了品种耐粗放、高产高效的特性。针对黔莓一号、黔莓二号生长势强、植株健壮、抗病性强、耐寒、耐热、产量高、早熟、风味浓、连续结果性好等品种特征特性，通过栽培方式、定植时期、田间管理、病虫害防治等方面连续多年多地的栽培试验，总结了配套栽培技术，制订了《草莓‘黔莓一号’‘黔莓二号’生产技术规程》，建立了关键技术标准：大棚栽培株行距20厘米×25厘米，亩栽苗7 000株，露地栽培株行距25厘米×25厘米，亩栽苗6 000株；黔莓二号分蘖性强，在生长周期内要及时去除过多分蘖芽，保留2~3个芽；叶片大，生长快，春季过后要及时整理叶片，保证植株通风透光。该技术的应用成效显著，现两个品种已经成为贵州大棚和露地栽培的主栽品种，成为了贵州草莓种植户特别是新增种植户的首选，且有效提高草莓种植户的收益。

2. 技术示范推广情况

随着黔莓一号、黔莓二号高效栽培技术的应用，在贵州省的栽培面积正不断扩大，成为草莓产区的主栽品种之一，占贵州省草莓栽培面积的30%；并且已引种到四川、北京、云南等13个省、市（区），影响力不断增大。品种的优良性得到全国同行的认可，黔莓一号在2013年被中国园艺学会草莓分会评为全国主推的“十大国产品种”，目前已成为四川凉山州的主栽品种之一，黔莓二号也成为北京市的5个主栽品种之一。

3. 提质增效情况

两个品种已经成为贵州大棚和露地栽培的主栽品种，成了贵州草莓种植户特别是新增种植户的首选。其次，黔莓一号、黔莓二号抗性强，产量高，种植过程中大大减少农药使用量，不但节约成本，而且更利于鲜果的质量安全，也利于初种者“傻瓜式”栽培，容易成功。两个品种鲜果产量都比较高，早熟性好，耐储运，品质佳。在贵州栽培生产中，经测算平均每亩增产幅度达6.26%，大棚黔莓一号、黔莓二号平均亩产比章姬、红颊增产100~130公斤，露地平均每亩增产30~50公斤。

4. 技术获奖情况

黔莓一号、黔莓二号两品种在全国草莓大会上获奖8次（其中“金奖”1项、“一等奖”1项、“二等奖”2项、“银奖”1项、“铜奖”1项、“优秀奖”1项、“优胜奖”

1 项)，被中国园艺学会草莓分会评为“十大国产草莓品种”之一，现已成为多个草莓产区的主栽品种。2015 年制订了《草莓‘黔莓一号’‘黔莓二号’生产技术规程》。2016 年“草莓新品种选育与配套栽培技术研发及应用”获省科技进步三等奖；2020 年“贵州适栽草莓品种产业化关键技术集成与应用”获省科技进步三等奖。

（二）技术要点

1. 品种特征

（1）黔莓一号（贵州表现）。该品种植株高大健壮，生长势强，早熟，匍匐茎发生容易；花序连续抽生性好，花数适中；果实圆锥形，鲜红色；风味酸甜适口，可溶性固形物含量 9.5%~11.2%，维生素 C 含量 90.93 毫克/100 克；果实硬度较大，储运性较好；平均单果重 26.4 克，单株平均产量 290.4 克，亩产 2 300~2 600公斤，3 月前产量占总产量的 56.4%；耐寒性、耐旱性较强；抗白粉病、炭疽病能力强，抗灰霉病能力中等。

（2）黔莓二号（贵州表现）。该品种植株高大健壮，生长势强，分蘖性强，极早熟；果实圆锥形，鲜红色；果肉口感佳，香味浓郁，风味酸甜适口可溶性固形物含量 10.3%~11.8%，维生素 C 含量 90.38 毫克/100 克；果实硬度大，储运性较好；平均单果重 25.2 克，单株平均产量 268.8 克，亩产 2 200~2 400公斤，3 月前产量占总产量 59.8%；耐寒性、耐热性及耐旱性较强；抗白粉病、炭疽病能力强，抗灰霉病能力中等。

2. 土壤消毒

利用太阳能、灌水闷田、药剂消毒方式进行单一或交叉处理。

3. 定植

（1）定植时期。露地栽培在 10 月上中旬定植；设施栽培在 8 月中旬至 9 月中旬。

（2）定植密度。设施栽培，株行距 20 厘米×25 厘米，每畦定植 2 行，每亩栽植苗 7 000株。露地栽培，株行距 25 厘米×25 厘米，每畦定植 2 行，每亩栽植苗 6 000株。

（3）定植方法。弓背朝向畦沟，要求“浅不露根，深不埋心”，定植后，浇足定根水。

（4）缓苗期到盖膜前的管理。定植 7~10 天，要求每天早晚各浇水 1 次，保持土壤湿润，直到定植苗完全成活。盖膜前及时查苗补缺、中耕除草，用 $N:P_2O_5:K_2O=15:15:15$ 的复合肥，按 15~20 公斤/亩浇施追肥水 2~3 次，及时摘除枯、黄、老、病叶和匍匐茎、侧芽等，保留 5~6 片健壮叶，注意预防炭疽病、白粉病、红蜘蛛、蚜虫等。

4. 田间管理

（1）盖棚膜。在 10 月下旬至 11 月上旬盖棚膜。使用 0.06~0.08 毫米的长寿无滴膜，一年一换。

（2）铺滴灌带。盖棚膜后，将塑料滴灌带小孔向上平铺在畦面两行植株之间。

（3）盖地膜。设施栽培在 11 月上中旬盖地膜，覆盖幅宽 130 厘米，厚度 0.015 毫米的黑色地膜。盖膜后，立即破膜提苗，先将膜四周拉紧固定，正对株心于膜上开一小口将苗引出膜外，注意不要损伤茎叶，将膜紧贴土面，注意膜面整洁，防止破损，保持到采果结束。

露地栽培在 12 月中下旬至次年 1 月上中旬，将草莓园松土、除草，一次性浇足水，用 $N:P_2O_5:K_2O=15:15:15$ 的复合肥，按 15~20 公斤/亩冲施一次肥，盖地膜。白色、黑色地膜均可。用白色地膜覆盖的，覆盖完后可让草莓在膜下越冬，在农历正月十五前后破膜，破膜时要注意外界天气的变化，将膜剪开一个“十”字口炼苗 3~5 天后再将整株苗拉出膜外。盖黑色膜立即破膜提苗。

（4）棚室温湿度调控。每天通风换气，晴天早揭迟盖，阴天迟揭早盖，忌几天不通风透气。

温度调控。开花前，白天温度 20~30℃，夜间 8~12℃；开花结果期白天温度 20~25℃，夜间保持 8℃左右；果实膨大期和成熟期白天温度 20~35℃，夜间 5~8℃；高于 35℃要注意加大通风口和延长通风时间降温。

湿度调控。空气湿度保持在 50%~60%。重视通风换气降湿。开花期要求避免喷雾农药和叶面追肥。

（5）肥水管理。覆盖地膜后采用膜下滴灌，15~20 天灌水一次，冬季适当减少灌水次数。盖地膜后，用 $N:P_2O_5:K_2O=15:15:15$ 的复合肥上清液通过膜下滴灌追施，浓度以 0.3%~0.4% 为宜，每采一茬果浇灌一次；视植株长势可 20 天用浓度为 0.2%~0.3%磷酸二氢钾补充一次根外追肥。

（6）植株管理。在整个生长发育期，要及时摘除脚叶、病叶、烂果、病果、匍匐茎及结果后的花序梗；冬季保留 6~7 叶，3 月后植株可只留 4~5 片叶；黔莓二号分蘖性强，需要人工及时去除多余的芽，保留 2~3 个芽即可。

（7）辅助授粉。在开花期中午 11：00—14：00 花粉散开时，用鸡毛或毛笔在花朵中扫动进行人工授粉，也可在大棚内放养蜜蜂授粉，每 180 平方米放置一箱，10 月下旬放入，至翌年 3 月下旬移出棚外。

（8）病虫害防治。主要病虫害有白粉病、灰霉病、炭疽病、螨虫、蚜虫、蓟马等。坚持预防为先，农业防治、物理防治、生物防治为主，化学防治为辅的原则。

（三）适宜区域

在黔莓一号、黔莓二号主栽区应用，根据区域气候特征选择相应的栽培方式，在高海拔、高纬度地区适宜温室栽培，中纬度地区适宜大棚栽培，低海拔、低纬度地区适宜露地栽培。

（四）注意事项

黔莓二号分蘖性强，需要人工及时去除多余的芽，保留 2~3 个芽即可。

（五）技术依托单位

贵州省园艺研究所

联系地址：贵阳市花溪区金欣社区贵州省园艺研究所
邮政编码：560006
联 系 人：林萌
电子邮箱：523047220@ qq. com

四十二、蜂糖李早结丰产栽培技术

（一）技术概述

1. 技术基本情况

蜂糖李生长势旺，进入结果期晚，进入结果期后坐果率偏低、产量低。为解决该问题，在贵州省精品水果产业技术体系栽培功能试验室及2019年中央和省级农业生产发展（第三批农村产业革命水果产业发展）专项资金技术服务项目资助下，开展了蜂糖李控旺促花、保花保果技术研究与示范，初步实现4年结果、产量提高80%以上。

2. 技术示范推广情况

技术在小范围示范展示。

3. 提质增效情况

针对蜂糖李产量低等关键问题，在镇宁县良田镇板袍村开展保花保果、修剪促花、科学施肥等增产关键技术研究与试验示范，示范面积合计125亩，对示范点开展了现场测产，试验示范区产量863. 66公斤，对照区产量462. 24公斤，产量提高了86. 84%。在惠水断杉镇开展幼龄（4年生）蜂糖李园开展控旺促花、修剪促花、施肥促花试验示范，示范面积合计500亩，对示范点开展了现场测产，试验示范区产量543. 52公斤，对照区产量216. 56公斤，产量提高150. 91%，达到了早结果预期目标，取得了较好示范效果。

（二）技术要点

1. 幼树期管理

（1）加强肥水管理。定植时施足底肥，株施腐熟农家肥或有机肥30公斤以上；春季萌芽后，用0. 3%的尿素溶液或清粪水提苗，每月2~3次，持续到立秋前后。

（2）重视整形（第一、第二年）。蜂糖李一般采用三主枝开心型树形。定干高度70厘米，萌芽抽梢后选留三个不同方向健壮梢培养主枝（层内距10~15厘米），其余梢抹除，主枝长到60厘米后摘心，留主枝延长枝和2根侧枝，主枝延长枝和侧枝长到50厘米后再次摘心，进一步扩大树冠，并培养二级侧枝和结果枝组，冬季拉枝，拉枝角度45°~60°，第二年缓放二级侧枝和其上结果枝。

（3）做好控旺促花（第三年）。根据果园旺长情况可选用修剪控旺、化学药剂控旺或物理手段控旺，一般的旺长树在夏季通过摘心、拿枝、扭枝和拉枝来控旺，稍旺的树可在新稍旺长期喷 PBO 或多效唑控旺，较旺的树可通过环扎（绞缢）控旺。

2. 结果树管理

（1）保花保果。

——花芽萌动期（2 月上中旬）灌水（土壤湿润的果园不用灌溉），亩施 20 公斤左右高氮复合肥。

——盛花期（3 月中旬）喷 0.3%硼酸+1%蔗糖+授粉坐果精 200 倍液，进行放蜂（壁蜂）和人工授粉。

——谢花期（3 月底 4 月初）喷 300 倍蕾果保或国光优丰 1 000倍+国光络康 600 倍+国光果动力 3 000~5 000倍。

——第二次生理落果期（4 月中下旬）国光优丰 1 000~1 500倍+洛佳钙 1 500~2 000倍（氨基钙）2~3 次（时间间隔 10~15 天），减少落果、防裂果。

——果实膨大期（5 月中下旬）株施 1~1.5 公斤左右高钾复合肥或喷 2~3 次 0.3%的磷酸二氢钾或喷 2~3 次 2 000倍大满贯提高果实品质，可适当加施钙肥减轻裂果。

（2）成熟期控水提质。

控制土壤墒情，果实成熟前 30 天左右保持土壤含水量为最大持水量 60%~70%。果实成熟期降雨量大的区域可全园铺设反光膜，既能控水又可增加光照，提高品质。

（3）早施采果肥。

采果后一个月内，每株施 50 公斤农家肥或有机肥+硫酸钾型复合肥 1.0~1.5 公斤，适当补充 Zn、B 等微量元素。

（4）冬季清园消毒。

清洁李园。将修剪下的病虫枝、僵果、杂草及其他寄生植物清理出园，集中烧毁或深埋，消除病虫越冬场所。

中耕松土。用微耕机浅耕果园，耕地深度 20 厘米左右，晾晒土壤杀死越冬害虫虫卵。

李园消毒。清园一周内，选择天气晴朗风弱或无风天气，全园喷施 3~5 度石硫合剂杀菌消毒 2~3 次，间隔 15~20 天。

树干涂白。用果树专用涂白剂或 10%的石灰水涂抹主干，防治害虫产卵和蛀干类害虫，减少流胶病发生。

（5）预防病虫害。

萌芽前，预防袋果病、褐腐病、红点病、细菌性穿孔病等病害；预防李小食心虫、桃蛀螟、介壳虫等虫害。病害用石硫合剂（花前）或休眠油（矿物油）预防。虫害用诱捕监测器具悬挂监测。

展叶期、幼果期，预防细菌性穿孔病、红点病、褐腐病等病害；预防蚜虫、介壳虫、李小食心虫、桃蛀螟等虫害；防治蚜虫用吡虫啉或螺虫乙酯或苦参碱（生物农药），用代森锌、春雷霉素、中生菌素等防治细菌性穿孔病等；用吡唑醚菌酯、苯醚甲环唑、等防治红点病、褐腐病；用灭幼脲、氯虫苯甲酰胺、甲维盐、阿维菌素等防治李小食心虫、桃蛀螟等鳞翅目类害虫。

（三）适宜区域

北盘江流域海拔600~1 200米，休眠期≤7.2℃的时长达450小时，年均温15.3~18.6℃的蜂糖李种植适宜期。

（四）注意事项

注意生长调节剂的使用浓度和使用频率。橘小实蝇越来越严重，注意联防联控；银叶病传播速度也来越快，感染的树要及时挖除销毁。

（五）技术依托单位

贵州省果树科学研究所（贵州省精品水果现代农业产业技术体系）
联系地址：花溪区金竹镇金欣社区1号
联 系 人：彭志军
电子信箱：635522497@ qq. com

四十三、苹果改接换种快速成形投产技术

（一）技术概述

1. 技术基本情况

苹果产业是贵州省黔西北特色果树产业，威宁县是贵州省苹果主产县，仅苹果种植面积达50万亩以上。“十三五”以来，苹果矮化栽培模式被作为一项主推技术，苹果矮化栽培模式的推广，苹果投产期由原来4年（乔化果园）进入投产缩短到2~3年，使得苹果产业在威宁县产业脱贫中发挥了更好的作用。然而，矮化苹果对于地形和土壤肥水条件要求较高，而且，管理技术和乔化苹果明显不同，生产中，部分苹果基地因地势和肥水条件较差或管理技术没有跟上，导致矮化苹果植株树形紊乱、长势偏弱，没有形成丰产稳产树形，而且，产业发展中，品种主要是富士系列，品种特色体现不够，不利于后期持续增效。因此，对该类果园进行改接换种，配套相应的管理技术，实现苹果品种、树形和树势的同步优化。

2. 技术示范推广情况

目前，由于苹果改接换种影响当年产量和效益，在威宁县黑石头镇、雪山镇、牛棚镇、迤那镇、猴场乡，赫章县铁匠乡，长顺县广顺镇，乌当区百宜乡实施了小面积的试

验和示范展示，效果十分明显。

（二）技术要点

1. 品种选择

品种优良、在当地适应性好、市场前景广阔，并与砧树有良好的嫁接亲和性。

2. 采穗植株

接穗宜从品种纯正、健壮的脱毒母株上采集，非脱毒植株应保证品种纯度、确定无检疫性病虫害且未发现有明显的病毒病症状。

3. 工具消毒

采集接穗的剪刀等工具须用 75%的酒精棉布擦拭或均匀喷洒消毒。

4. 采集接穗

从品种采穗圃或生产园中健壮、结果正常、无检疫性病虫害的母株上，采集树冠中部、外围、生长正常、芽体饱满的新梢。生长季节，去除叶片，仅保留一小段叶柄，然后置阴凉处保湿贮存；休眠季节，在树液流动前采穗，采后置阴凉处覆盖湿沙贮存。就地采集的，采集时间宜在高接换种前 1~2 天最好。远距离调运的，可早采，经贮运后备用。

5. 接穗保存

生长期接穗宜随采随用，嫁接过程中用湿布保湿。休眠期接穗保存时间≥20 天的接穗，宜置于冷库保湿保存，温度控制在 1℃左右。休眠期接穗保存时间<20 天的接穗，可于阴凉通风处用湿沙保存，沙的湿度以手握成团，松手即散为宜，每 7 天检查一次，以利保湿，接穗尖端露出沙子 10~15 厘米，以利于透气。

6. 苹果园和砧树选择

选择品种老化、品质低劣相较整齐的果园。树势正常、枝干光滑、无严重病虫害且未进入衰老期砧树。

7. 高接技术

（1）高接时间。春季 2 月下旬至 4 月上旬，夏（芽发育充实后）、秋季均可进行高接，具体时间根据当年物候期及气候变化确定。

（2）工具消毒。准备 75%酒精、嫁接刀、手锯、修枝剪和嫁接膜。工具须用 75%的酒精棉布擦拭或均匀喷雾。

（3）高接方式。春季以枝接为主，夏秋季采用芽接法。

（4）高接部位。主要有主干高接和主枝高接，砧树宜随剪随接，或者于嫁接前 1~2天修剪。

（5）接穗。接穗宜现采现用；休眠期长时间贮存的接穗，高接前取出接穗，剪除基部 1~2 厘米，在清水中浸泡 12 小时，水深 10 厘米。接穗嫁接时应保湿。

（6）高接方法。嫁接的主要方法有枝接和芽接。枝接主要方式有劈接、切腹接、插皮接、切接和舌接。芽接主要方式有嵌芽接和丁字形芽接。≤3 年生小树，建议春季萌芽前采用枝接后芽接，可进行多头改接或者主干改接。3～7 年生植株，建议春季植株离皮期采用插皮接，可进行多头改接或者主干改接。≥7 年生盛果期树，建议实施逐年改接。

8. 高接树管理

（1）除萌孽。嫁接后 7～10 天进行首次除萌，此后应及时抹除萌蘖，并注意预防日灼。

（2）解除绑缚物。春季和夏季嫁接的枝或芽，接穗新梢长到 20～30 厘米时解除薄膜或用刀片将接口处覆膜割断去除，秋季芽接植株，翌年春季萌芽前解除嫁接膜。

（3）绑缚。当新梢生长到 30 厘米时，在嫁接枝条的对面绑缚棍，待新梢长到 70～80厘米时去掉。

（4）高接枝修剪。新梢长到 60 厘米时，对成活的中心干进行绑缚扶直生长，对主枝和侧枝进行拉枝。

（5）肥水管理。及时灌水，促进高接枝/芽愈合、生长。后期注意控制肥水，防止枝条徒长。

（6）病虫害防治。及时防治叶螨、蚜虫、卷叶蛾等害虫和斑点落叶病等病害，注意防止嫁接口的枝干害虫。

9. 高接模式

对 3 年生纺锤形植株，对主干上着生的每个主枝留 5 厘米左右短截再采用劈接法进行枝接，接穗长 10～15 厘米，通过拉枝等管理技术措施，当年即可成形，第二年实现丰产（图 27 至图 30）。

（1）对肥水条件较差且树形紊乱的矮化苹果植株实施改接换种，直接在砧木上嫁接，将原来的 SH 中间砧由 25～30 厘米缩短到 5～10 厘米，改良了品种，增强了树势，实现了改接当年成形。

图 27　长枝多头高接及第二年结果情况

（2）对肥水条件较差且树形紊乱的矮化苹果植株实施改接换种，直接在砧木上嫁接，将原来的 SH 中间砧由 25～30 厘米缩短到 5～10 厘米，改良了品种，增强了树势，实现了改接当年成形。

图 28　矮化弱树改接及当年生长情况

（3）对于在当地表现不好，市场销售不佳的 7 年生苹果植株进行改接换种，直接从主干上 40 厘米左右处进行改接，改接当年不仅成形，而且形成花芽。

图 29　大树主干改接及当年生长情况

（4）对盛果期大树，为了最大程度减少产量和经济损失，实施了逐年高接换技术，先对计划改接植株的中心干进行高接，第二年，在对基部三大主枝进行高接。

（三）适宜区域

全省苹果种植区。

（四）注意事项

接穗品种纯度和质量，不能携带病毒；嫁接工具消毒，避免交叉感染；嫁接后及时抹除萌蘖，对接穗新梢进行绑缚。

图 30 逐年改接植株

（五）技术依托单位

贵州省果树科学研究所（贵州省精品水果现代农业产业技术体系）
联系地址：贵州省贵阳市花溪区省农科院果草楼
联 系 人：吴亚维
电子信箱：yawewu2006@163.com

四十四、山地蓝莓起垄覆盖高效栽培管理技术

（一）技术概述

1. 技术基本情况

蓝莓适宜有机质含量丰富的酸性土壤上生长。贵州山地以酸性黄壤为主，质地结构特征是黏、酸、瘦、薄，有机质含量低、通气性差、保肥保水能力弱，影响作物正常生长发育。山地起垄覆盖高效栽培管理技术，是经 10 多年的生产实践总结出来的高效栽培模式和管理技术，解决了黄壤山地土层薄、透气性和保水保肥性差等导致蓝莓低产问题，同时结合施肥、修剪等配套管理技术，显著提高了山地蓝莓栽培质量。

2. 技术示范推广情况

该技术已在全省新种植基地推广应用，如麻江县、赫章县及贵安新区等地推广应用，应用面积 3 万余亩。

3. 提质增效情况

通过示范和推广应用，与常规露地栽培比较，植株受草害影响小，可减少人工除草成本，节约年均生产管理成本20%以上。土壤改良后有机质含量高，土壤松软透气，有利于蓝莓根系生长，植株长势好，单株产量增加15%克以上，果实品质提升，成熟期相对集中。地面覆盖后保肥、保水能力增强，坡地减少肥料施用量40%以上，虫害率有效降低50%以上，商品果率提高，经济收入增加30%以上。同时对保护耕地和减少水土流失，实现“双减”具有显著作用。

4. 技术获奖情况

获贵州省科技进步三等奖。

(二) 技术要点

1. 整地

山地（坡地、荒山荒地、低产林地）建园，平地或缓坡地按2.5米确定行宽，坡地要开挖成2.5米宽环山水平梯带，然后将行间或梯带土层翻挖松土30~40厘米，之后用草炭土、碎木屑或松林下腐殖土等有机质撒于土表面旋耕混合拌匀，原土和草炭土（或腐殖土）等有机质的比例为1：3。然后起垄，垄高40~50厘米、垄底宽1.5~1.8米、上垄面宽0.8~1.2米。

2. 栽植株行距

兔眼类蓝莓行距2.5~3.0米，株距1.0~1.5米；高丛类蓝莓行距为2.3~2.5米，株距0.6~1.0米，兔眼蓝莓定植株距为1.5米，行距2.5~3.0米。

3. 地面覆盖

在3月中旬至4月上旬施足肥料后，用园艺地布或透气反光膜覆盖垄面。一方面控制杂草，减少害虫栖息繁衍环境；二是用透气反光膜覆盖还可增加树冠中下部光照，提高果实品质；三是在夏季高温或少雨地区，覆盖对保水保墒非常有利，防止土壤表面温度陡然变化对根系生长的影响（图31至图33）。

图31　坡地环山水平带整地后起垄栽培覆盖

图32　在雨量充沛的地区垄面可全部覆盖

4. 肥料及施肥方法

选择酸性商品有机肥或腐熟厩肥，在秋冬季揭开覆盖地布，将肥料撒施于全垄面

图 33 在夏季少雨地区，覆盖时沿种植行树下 30~40 厘米不覆盖

上，取行间土壤或木屑覆盖 3~5 厘米，待第二年春季 3—4 月覆盖。

5. 秋季修剪

秋季修剪一是使树丛及时得到通风透光，有利于花芽生长。修剪方法。对幼树修剪树冠下部弱枝即可。对成龄树：一是修剪内堂重复遮光的多余枝干或枝条，使树丛透光均匀；二是对树丛下部萌生枝、弱枝、下垂枝等进行剪除，让其树丛下部气流通透顺畅。每个品种的生长习性不相同，修剪时应注意品种之间差别。对单枝结果量大的品种可少留枝条，对单枝结果量小的品种应多留枝条。蓝莓的花芽都是着生在枝条的前端，秋季修剪时切忌对枝条进行短截。

（三）适宜区域

南方黄壤山地（新开荒地、坡耕地）的新建蓝莓园及老果园改造管理。

（四）注意事项

对山地黄壤园地深挖 30~40 厘米、将栽植层土壤与有机质按 1∶3 混合后起垄，行宽 2.5 米，垄高 40~50 厘米，垄面宽 1.0~1.2 米。坡地须先整理成 2.5 米宽水平梯带，然后在带面上深翻松土 30 厘米，再混合有机质起垄，于植苗前完成。施肥方法上，应在树丛冠幅下覆盖有机质+酸性有机肥为主，少量撒施化肥或不施化肥。切忌在树丛下环状或两侧开沟施用化肥，如复合肥。

（五）技术依托单位

贵州省生物研究所
联系地址：贵阳市（小河）国家级经济技术开发区西南环路龙江巷 1 号
联 系 人：聂飞
电子信箱：1134477929@ qq. com

贵州省植物园
联系地址：贵州省贵阳市云岩区鹿冲关路 86 号
联 系 人：廖优江
电子信箱：240274966@ qq. com

四十五、猕猴桃介壳虫、溃疡病绿色防控技术

（一）技术概述

1. 技术基本情况

桑白介成虫和若虫喜欢群栖在猕猴桃的枝干上，刺吸猕猴桃的枝干汁液，造成树势弱、落叶，甚至使枝干死亡，该虫在修文猕猴桃产区广泛发生，占猕猴桃介壳虫总数的95%以上，对猕猴桃的危害最为严重，制约了猕猴桃产业的健康稳产。生产上常用的化学农药、生物农药或者矿物源农药一般采用常规喷雾或者涂抹树干的方式施药，该方法易造成大量农药浪费，污染环境，且操作复杂，防治效果不彻底，容易复发。尤其2020 年介壳虫在修文县多个猕猴桃主产区暴发成灾，数千亩果园所生产的果子几乎全被介壳虫危害，猕猴桃的收购价格也因此从每公斤 6 元降到每公斤 2 元，农户损失惨重。

猕猴桃溃疡病于 1985 年在我国湖南东山峰农场首次报道。该病在我国发现后迅速蔓延，目前在陕西、四川、浙江、河南、湖南、安徽和福建等省区均有发生。贵州省在贵阳市、六盘水市、黔南、黔东南、毕节、铜仁、遵义等地均有发生。尤其在修文和水城等主产区发生尤为严重，例如：修文县 20 余个生产基地均有发生，严重地块病株率达 50%以上，产量损失达 80%以上，严重威胁猕猴桃产业的发展。水城曾在 2014 年因溃疡病大发生导致数百亩果园被毁。

绿色防控是我国作物病虫害防控的重要方法，在 2011 年农业部就提出“农作物病虫害绿色防控，是指采取生态调控、生物防治、物理防治和科学用药等环境友好型措施控制农作物病虫危害的植物保护措施”，农业农村部办公厅并对绿色防控的主推技术提出明确的要求。贵州省植物保护研究所研发出针对介壳虫的高效低毒农药贴膏，并集成了农药贴膏、药剂挑治、保护利用天敌等措施为主的介壳虫绿色防控技术体系；对猕猴桃溃疡病绿色防控进行研究，根据绿色防控的理念，对各单项技术进行有机结合，形成了一套符合贵州气候条件和生产特点的技术。

2. 技术示范推广情况

目前该技术在修文、息烽和六盘水多个猕猴桃基地进行了技术试验和示范，由于该技术对介壳虫的特效，可有效预防和减轻猕猴桃溃疡病的发生和危害，得到当地农业主

管部门和农户的普遍认可，目前已累计核心示范应用 1 000余亩，辐射面积 1 万余亩，已经实现了中等规模的推广应用。

3. 提质增效情况

示范区内介壳虫虫口密度与常规管理田块相比下降 85%以上，连续 2 年防治效果达到 90%以上，化学农药使用量减少 40%以上，可有效预防和减轻猕猴桃溃疡病的发生和危害，每亩地可以节本增收 300 元以上，实现了经济、社会和生态效益的共同提高。

（二）技术要点

1. 介壳虫绿色防控

核心技术措施是研发的高效农药贴膏，并集成了农药贴膏、药剂挑治、保护利用天敌等措施为主的介壳虫绿色防控技术体系。

（1）农药贴膏使用。3 月上旬至 4 月下旬，第一代介壳虫孵化之前，用木锉刀在距离地面 30 厘米左右的猕猴桃主干位置挫一个 3 厘米×3 厘米露出韧皮部的伤口，然后将农药贴膏贴在伤口上，并用防水胶布（或黑色薄膜）缠好。

（2）蚕豆播种。蚕豆品种为常规蚕豆品种均可，播种时间 10 月中下旬至翌年 1 月上中旬，播种地点为猕猴桃果园周边及内部。常规播种（行距 30～35 厘米，窝距 12～18 厘米，窝播 2～3 粒，播种深度为 5～6 厘米）。播种模式可根据猕猴桃果园面积和地形可以灵活选择，间作、套作、带状、区块状均可，原则上播种点尽量分散以利于天敌昆虫扩散，播种面积与果园面积比例大于 1∶50 效果最佳。

（3）天敌保护和药剂挑治。6 月中旬至 7 月上旬，第二代介壳虫孵化之前，对于被介壳虫危害的果树包裹农药贴膏进行挑治，同时人为助迁、保护和利用寡节瓢虫和盔唇瓢虫等食蚧类天敌昆虫防治介壳虫。

2. 溃疡病绿色防控

（1）严格实行阻隔措施。严禁病区种苗、接穗、花粉及果实进入未发病区，阻止人为的远距离传播溃疡病；对拟用于授粉的花粉进行分子检测，摒弃带菌花粉，降低园区感染率；发病果园进行管理时，先管理健康植株，再管理发病植株；修剪时对剪刀等工具进行消毒。

（2）生态调控。因地制宜选择背风向阳的土壤肥沃有机质含量高的地块，种植猕猴桃；根据当地气候条件选择适宜的品种进行种植，切忌在海拔高，冬季气温低，阴雨天多的区域种植红阳品种；对于已种植感病品种的果园有条件的可以进行改接换种。

增施有机肥，加强果园土肥水的管理；合理整形修剪，适量负载，减少伤口，维持健壮的树势，增强树体的抗病性和抗逆性，减轻病害的发生。

（3）免疫诱抗。采果后，结合生物防治和科学用药，在采果后落叶前喷施 S-诱抗素、补骨脂种子提取物和辛菌胺醋酸盐等免疫诱抗剂 1～2 次，或采用海藻酸钾等具有免疫诱抗功能的磷钾肥灌根 1 次，提高猕猴桃抗溃疡病抗病能力。

（4）生物防治。未发病果园或零星发病的果园，在落叶前采用 80 亿芽孢/克甲基营养型芽孢杆菌 LW-6 可湿性粉剂、10 亿芽孢/克枯草芽孢杆菌可湿性粉剂和 3 000亿芽孢/克荧光假单胞菌可湿性粉剂等生防菌喷雾1~2次，用于预防溃疡病。

（5）科学用药。主要用于发病果园，采取全园喷药防治与病株挑治相结合的策略，重点是发病植株的治疗。

秋末全园喷药防治。在猕猴桃采果后，喷施2次农药，一次在采果后，一次在早春萌芽期，两次均加入免疫诱抗剂一起喷雾，药剂主要有：0.3%四霉素水剂500倍、20%噻菌铜悬浮剂500倍、3%噻霉酮可湿性粉剂500~1 000倍等杀菌剂。

发病初期病株挑治。在2月上中旬，对全园果树进行调查，发现皮色发暗的病枝以及上年发病标记的植株，进行全株涂抹药剂治疗，药剂主要有：0.3%四霉素水剂5倍、1.6%噻霉酮涂抹剂、20%噻菌铜悬浮剂500倍或3%噻霉酮可湿性粉剂500倍。

显症期病株挑治。在病害表现流出菌脓时，采用药剂对病株进行灌根防治，药剂主要有：0.3%四霉素水剂500倍、20%噻菌铜悬浮剂500倍或3%噻霉酮可湿性粉剂1 000倍。共施药2~3次，每次间隔5~7天，药液中可添加海藻酸钾水溶肥，以增加植株抗病性和恢复长势。

（三）适宜区域

猕猴桃种植区。

（四）注意事项

根据当地气候条件和介壳虫的发生代数，在介壳虫羽化之前均可使用。生防菌剂不能与杀菌的药剂一起使用，使用杀菌的药剂20天后可喷施生防菌类杀菌剂。

（五）技术依托单位

贵州省植物保护研究所
联系地址：贵州省贵阳市花溪区金竹镇贵州省农业科学院
联 系 人：何永福、吴石平、黄露
电子信箱：heyongfu08@163.com，gzwusp@126.com，776173850@qq.com

四十六、刺梨主要病虫害绿色防控技术模式

（一）技术概述

1. 技术基本情况

2020年贵州全省刺梨种植面积突破200万亩，鲜果产量10万吨，规模居全国之首。病虫害是刺梨品质与产量的重要制约因素，贵州省刺梨每年因病虫害造成的减产均在15%以上，病情与虫情严重时甚至超过25%。刺梨上的主要病害为白粉病，其次是

褐斑病、烟煤病、茎腐病、黑斑病。白粉病直接危害花蕾、幼果、新梢和叶片的生长发育；褐斑病主要危害植株的叶片部分，老叶受害程度较重，发病时间一般在5—10月，其中7—8月是病害最严重的时期；烟煤病不会直接寄生在刺梨植株上，它主要寄生在蚜虫和白粉虱的排泄物上，危害植株的叶片和枝条。刺梨上的主要虫害有梨小食心虫、桃小食心虫、桃蛀螟、柑橘小食蝇、蚜虫、介壳虫、白粉虱等，刺梨害虫大多以直接取叶片或者刺吸叶片汁液为主。

基于贵州省刺梨病虫害常年普遍发生，危害日趋严重，而又无登记农药可用的现状，经田间药效试验验证，选择生物农药和低风险绿色化学农药对刺梨主要病虫害进行防控，结合除草、合理施肥、修剪树冠等农艺措施形成刺梨病虫害绿色防控技术体系，助力贵州省刺梨产业优质高效发展。

2. 技术示范推广情况

2017—2020年，在贵州省龙里县谷脚镇、水城县米箩乡及关岭县等地刺梨产业示范园，开展一定范围示范推广，示范效果明显，对刺梨产量及品质有明显提升。

3. 提质增效情况

本套技术以绿色植保为理念，选择生物农药和低风险绿色化学农药对刺梨主要病虫害进行防控，在小范围推广过程中防效良好，可有效控制刺梨上病虫害的发生，施药处理组的刺梨品质和产量均有不同程度的提升，未发生药害，对天敌昆虫及其他非靶标生物无明显损害，推广示范后土壤性状良好，有机质含量丰富，总体对环境友好。

（二）技术要点

本套绿色防控技术防治对象为刺梨上病虫害，主要包括白粉病、褐斑病、烟煤病、茎腐病、黑斑病等病害，以及梨小食心虫、桃小食心虫、桃举肢蛾、桃蛀螟、柑橘小食蝇、蚜虫、白粉虱等虫害。

1. 刺梨园管理（图34）

1—2月：开展冬季防护，做好刺梨园冬季杂草清除和刺梨抚育，在未发叶前，喷施浓度为45%石硫合剂晶体150~200倍或99%矿物油乳油200倍喷雾，预防各种病害和虫害。开始抽梢时追肥一次，硝态氮铵态氮混合肥0.2~0.3公斤/株。

3—4月：一是安装太阳能诱捕灯开启设备诱杀害虫；二是安装诱蝇灯诱杀害虫；三是在刺梨开花前，喷施浓度为1波美度石硫合剂喷雾，预防各种病害和虫害。如杂草生长丰茂即进行人工割草，避免使用除草剂。

5—8月：可用矿泉水瓶制成糖醋液（糖6份，醋3份，酒1份，水10份，加少许敌百虫）引诱器，挂置于刺梨园中，隔株挂置，诱杀梨小食心虫、果蝇等成虫；每亩挂15张异色瓢虫卵卡，释放天敌瓢虫防治蚜虫。追施复合肥0.3~0.5公斤/株，在树冠滴水线下挖沟施入。人工除草，幼林园（1~3年）可间作矮秆植物，如播种豆科植物或播种绿肥。

9月：对落果、枝头病果、虫果清出果园或作深埋处理，防治实蝇等病虫害。采果后施基肥，有机肥10~15公斤/株。

图34 刺梨园管理

10—12月：落叶后，剪除病虫枝枯枝、衰老枝、过密枝和纤细枝，对病、虫枝进行修剪消除，集中销毁处理，多留健壮的1~2年生枝作为结果母枝。对衰老的刺梨园，应进行树冠的回缩更新修剪，多采用回缩树冠1/3或1/2的修剪方法进行衰老树冠的更新，每间隔3年左右更新修剪一次，可以维持刺梨园较高、较稳定的产量；对于严重衰老、产量极低的刺梨园，也可进行隔行台刈更新，只留20厘米高的丛桩，对刺梨园进行深翻，重施基肥，加强肥水管理，选留6个左右的强旺新梢培养成为结果母枝，第二年可以恢复正常产量。

2. 科学用药

刺梨病虫害防治，优先选择生物源和矿物源农药，严格农药施用备案制度和安全间隔期制度。根据病虫害发生情况，掌握防治关键时期和农药安全间隔期，采用高工效低容量喷雾器，实施精准施药，科学合理使用农药，提高农药利用率。

（1）白粉病、褐斑病、烟煤病、茎腐病、黑斑病等病害。在冬季管护基础上，开花前用1%多抗霉素AS 800倍液或1亿芽孢/克哈茨木霉菌WG 300倍液或0.5%几丁聚糖或30%吡唑醚菌酯SC 5 000倍液或30%丙硫菌唑OD 40毫升/亩或25%腈菌唑EC 800倍液AS 300倍液施药2~3次，间隔7天左右施一次药，每亩兑水45公斤。

（2）梨小食心虫和桃小食心虫。使用8 000IU/微升苏云金杆菌SC 300毫升/亩或0.5%苦参碱AS 90毫升/亩或1.8%阿维菌素EC 40毫升/亩或35%氯虫苯甲酰胺WG 7 000倍液或2.5%高效氯氟氰菊酯EW 40毫升/亩在幼虫初发期喷雾，同时防治柑橘小食蝇和桃蛀螟。

（3）桃举肢蛾。在成虫产卵盛期及幼虫初孵期使用50%杀螟硫磷乳油或50%辛硫磷乳油1 000倍液或2.5%溴氰菊酯乳油或20%杀灭菊酯乳油3 000倍液等将桃举肢蛾幼虫杀灭在蛀果之前。每隔10~15天喷1次，共喷2~3次。

（4）白粉虱。白粉虱发生初期用60%呋虫胺WG 12克/亩或40%噻嗪酮SC 25克/亩或50%噻虫胺WG 15克/亩或22.4%螺虫乙酯SC 30克/亩，亩用水量60公斤，能杀死卵、若虫、成虫，当虫量较多时可在药液中加入少量拟除虫菊醋类杀虫剂一般5~7

天 1 次，连喷 2~3 次。

（5）蚜虫。在幼虫初发期使用 70%吡虫啉 WG 2.63 克/亩或 5%啶虫脒 EC 22.5 克/亩或 50%抗蚜威 WP 140.63 克/亩，通常喷施 1 次就可达到较好的防效，必要时间隔 7~10 天喷施第二次，交替或混合施用防治蚜虫，兼具防治介壳虫。

（三）适宜区域

贵州省内的刺梨种植区均适宜推广应用。

（四）注意事项

防治药剂要严格按照农药的推荐剂量使用，不宜擅自加大剂量，具体使用浓度、使用方法及安全间隔须仔细阅读农药标签和产品说明书。田间用药过程应严格遵守相关规定，遵守安全间隔期，妥善回收处理农药包装废弃物，夏季施药要注意安全防护，施药应在阴天或早晨傍晚，避免高温天气用药。

（五）技术依托单位

贵州省植保植检站
联系地址：贵阳市延安中路 62 号贵州省植保植检站
联 系 人：吴琼
电子信箱：173463779@qq.com
贵州大学
联系地址：贵州省贵阳市花溪区 贵州大学
联 系 人：吴小毛
电子信箱：243751129@qq.com

四十七、柑橘黄龙病绿色防控技术

（一）技术概述

1. 技术基本情况

随着贵州省柑橘产业的持续发展，受管理方式、带病苗木跨区调运等多种因素的影响，柑橘黄龙病的危害有卷土重来的趋势，其造成损失不容忽视。特别是在黔南、黔东南产区，柑橘木虱发生普遍，病害的发生导致种植效益低下、农民种植积极性下降、生态环境破坏等诸多问题。贵州省目前柑橘生产主要集中在黔南、黔东南、遵义、铜仁等地区，黔西南地区目前柑橘栽培较少。近年来通过开展田间调查发现，遵义及铜仁地区未见有典型黄龙病症状的果园，黔南、黔东南地区部分生产县田间发现典型黄龙病症状，部分果园管理粗放，黄化面积大，田间症状中均匀型黄化、缺素型黄化、斑驳型黄化均有发现；通过采集全省20个县（市）柑橘植株叶片样品开展病原分子生物学检测，结果显示从江、榕江、荔波、罗甸、望谟、册亨、贞丰、紫云、关岭、兴义等10个县（市）检测出柑橘黄龙病菌阳性。

针对黄龙病在贵州持续危害的现状，在分类防控技术指导下，集成构建了“三板斧”（使用无病苗木、清除病株、防控柑橘木虱）防控为基础，以生态隔离+适度规模建园、统一控梢放梢、高效喷药器械使用、生物防治等措施为补充的柑橘黄龙病绿色防控技术，达到绿色安全、增产增效的目的。

2. 技术示范推广情况

2018年以来，已在从江、榕江两县建立300余亩核心示范区，示范点涉及农户709户，示范效果得到当地产业部门及种植户的广泛认可，累积推广面积已有2.2万亩。

3. 提质增效情况

在从江滚玉果场、榕江拉草坡绿色防控示范园示范结果调查表明：采用该技术，示范园黄龙病发生率控制在1%以内，化学农药使用量减少15%，果园优质果率达92%。按照每斤果品提高2.0元、亩产3 000斤计算，辐射地区效益1.32亿元，经济效益明显。此外，该技术重点整合农业防治、生物防治、科学用药等方法，集成的绿色治理技术易操作、实用性强，能够提高植株抗性，有效减少农药盲目滥用现象，改善了生态环境及生产模式，让病区果农重拾了信心，保障了农村经济发展和社会稳定。

（二）技术要点

1. 田间识别及病株清除

通过“黄梢”“斑驳黄化”“红鼻子果”等柑橘黄龙病典型症状，识别出黄龙病株，建立病害普查台账，同时根据台账记录清除病株。对病株率在10%以下的果园，采取逐一清除病株，补种新树的方式；对病株率在10%以上的果园，若柑橘木虱普遍发生，应立即实行全园清除。重病果园改造后，可根据当地农民种植发展需要，改种其他经济作物，或者修整1~2年后再建园。

注意在清除病树前进行木虱喷杀，病株实行连根全株挖除；如不能及时连根挖除，所剩树桩不得高于10厘米，并在茎干切面涂上除草剂或煤油、沥青等，加速腐烂。病株挖除和病枝剪除后一律就地集中烧毁。

2. 生态隔离及适度规模建园

在远离病果园2千米以上区域建园，清除果园周围的枳壳篱笆、九里香、金豆、黄皮等芸香科木虱寄主植物，果园及附近禁止种植中药材如两面针、吴茱萸等木虱寄主。

发生区果园采取密植方式定植。每亩种植株数：柑橘类约120株/亩，柚类杂柑类约100株/亩。园区周围种植松林杂树等，防止木虱传入。贵州地区以山地果园居多，可充分凭借山体天然隔离屏障，适度发展果园规模。

3. 柑橘木虱综合防控

持续开展柑橘木虱种群动态监测。

果园内植株尽量做到品种、树龄一致，加强果园肥水管理，保障抽梢整齐。结合春季控梢保果，对少花或中花旺长树，于开花前抹除树冠外所有春梢，中下部春梢抹除1/2~2/3，其余春梢留3~4张叶片摘心，加快春梢老熟；结果的夏梢全部抹除，统一放早秋梢，全部抹除晚秋梢，缩短嫩梢期，改变柑橘木虱繁殖生长环境，减少柑橘木虱发生。

药剂防治时期：晚秋梢、冬梢抽出时，春夏秋三梢新叶始见时，间隔10天各喷1次；病株挖除前喷一次；病区无病果园黄板监测发现柑橘木虱时。防治药剂可选择噻虫嗪、吡虫啉、高效氯氰菊酯等；亚洲柑橘木虱的专性优势寄生蜂为亮腹釉小蜂和阿里食虱跳小蜂，可用于防控柑橘木虱。

同一生态区内需统防联治，发生区内失管橘园和房前屋后植株也应喷药，防治其他害虫时需考虑兼治柑橘木虱。抽梢不整齐、抽梢期较长且木虱持续发生的情况下，每梢期需喷药2~3次。

4. 配套技术

严格检疫措施。加强肥水管理，一年施肥2~3次，做到夏肥重施、采果肥及时施、春肥看树施，增施磷钾肥，控氮肥，及时补充硼、锌、钼等微量元素，促使橘树壮而不旺长，提高树体抗性。

（三）适宜区域

适宜于贵州省柑橘种植区域。

（四）注意事项

防控柑橘木虱需进行监测预警，及时发布虫情报告，采取统防统治；轮换或混配使用不同作用机理药剂，控制用药次数，延缓抗药性产生；柑橘黄龙病重在预防，应重视舆情宣传，防患未然。

（五）技术依托单位

贵州省果树科学研究所（贵州省精品水果现代农业产业技术体系）
联系地址：贵阳市花溪区金欣社区省农科院果树所内
联 系 人：柏自琴
电子信箱：baiziqin. 111@ 163. com

四十八、杧果主要病虫害绿色高效防控技术

（一）技术概述

1. 技术基本情况

据不完全统计，贵州杧果种植面积超过10万亩，随着种植面积迅速扩大和新品种引进，南、北盘江及红水干热河谷等地区杧果病虫危害问题日趋突显，特别是炭疽病危害造成的果品掉价突出。杧果是贵州新发展果品，病虫害的防治技术措施综合防控技术集成度、熟化度不够，果农对杧果病虫害危害情况及各种防治药剂性能了解不足，导致贵州省杧果病虫害的防治难以到位。

基于此，在前期调查、研究的基础上，针对贵州杧果产区炭疽病、拟盘多毛孢子叶斑病、细菌性黑斑病、白粉病、蓟马、切叶象甲、横纹夜蛾等的病虫的危害，组装集成一套系统、有效的杧果全生育其主要病虫害绿色防控技术措施，并进行示范应用，以推进贵州杧果产业的持续、快速发展。

2. 技术示范推广情况

已在兴义、安龙、贞丰开展小范围示范。

3. 提质增效情况

通过试验示范，对杧果炭疽、黑斑病防效85%以上、白粉病防效90%以上，横纹夜蛾、切叶象甲和蓟马虫害等的防效85%以上，综合防控效果良好。

（二）技术要点

杧果病虫害防治关键抓住“三喷、一套、一消毒”，“三喷”即重点在杧果春梢生长与花期、夏梢生长与幼果期、套袋前分别喷施药剂防治1次，“一套”即果实生理性落果后，在果实鹅蛋大小时进行套袋处理，“一消毒”即果实采摘后对果面进行消毒处理。

1. 采后修剪期-秋梢生长期

一般在8月底至9月初和12月，分别进行施药防治1次，可用药剂为84%王铜水分散粒剂1 000~1 500倍+2.5%甲维氟铃脲乳油1 500倍液。此期以清除树体上或地上病枝病叶病果，减少和压低菌源。

2. 春梢生长与花期

一般在3—4月，共施药1次，40%唑醚咪鲜胺乳油1 500倍液或75%肟菌戊唑醇水分散粒剂1 500倍液+8%春雷噻霉酮水分散粒剂1 000倍液+2.5%高效氯氟氰菊酯乳油

1 500~2 000倍液

3. 夏梢生长与幼果期

一般在4—5月，在生理性落果前施药1次，40%氟环唑悬浮剂2 000倍液+33.5%喹啉铜悬浮剂1 500倍液+9%噻虫高氯悬浮剂2 000倍液。

4. 果实生长后期

一般在6月初，杧果套袋前再施药1次，250克/升吡唑醚菌酯悬浮剂。

5. 果实采后贮藏期

该期主要防治炭疽病的危害，在50~55℃水温下配制25%咪鲜胺乳油1 000倍液进行消毒10分钟左右，不同品种和熟期处理时间不一。

（三）适宜区域

贵州所有杧果产区。

（四）注意事项

在杧果开花、嫩叶、嫩梢和结果期间，气温14℃以上，根据气象预报有连续3天以上的降雨，应在雨前喷药防治。降雨天气多视田间病情可适当增加次数。

（五）技术依托单位

贵州省植物保护研究所
联系地址：贵阳市小河区贵州省农科院植保所
联 系 人：陈文
电子信箱：1319871239@ qq. com

四十九、水晶葡萄篱架改“T”形架技术

（一）技术概述

1. 技术基本情况

贵州地区息烽、清镇、平坝等缓坡地带种植水晶葡萄仍以传统的篱架为主，存在种植密度过大，结果部位偏低，枝梢生长过旺，行间光照利用率低，行间无排水沟雨季易积水等情况。由于贵州多雨弱光照的气候特点，造成篱壁架种植的水晶葡萄存在病虫害发生严重、果实产量低品质差等缺陷。“T”形架可提高树体结果部位，可减轻病虫害的发生；行间设置水平叶幕，可充分利用贵州较少的光照形成光合产物，从而提高果实品质；缓和树势，具有较好的稳产性和丰产性，同时减少夏季修剪工作量，达到省力化

栽培的目的。

2. 技术示范推广情况

已在息烽、清镇、贵安新区等示范展展示，并辐射带动周边果园，推广面积约3 000亩。

3. 提质增效情况

篱架改“T”形架的栽培管理技术可提高果实品质，亩产效益提升120元以上，较改造前减少打药次数2~4次，节约劳动成本和生产资料。

（二）技术要点

1. 篱架改“T”形架结构及搭建方法

“T”形架结构由立柱、横梁、拉丝等组成。行距不变，株距由原来篱架1米改为2米。立柱保持篱架模式，不做改动。通常柱高为2.2~2.3米，柱距4~6米，埋入土中50~60厘米，两头边柱须向外倾斜30°左右，并牵引锚石。在立柱上加一道横梁（或横向牵引一道拉丝代替横梁），横梁长度为150厘米，架于距顶端5厘米，材质为三角钢、钢管及竹篙等。保留地面上高度在50~60厘米的第一道拉丝和150~180厘米的第三道拉丝，用于葡萄主干牵引及绑缚；在横梁上离立柱的35厘米和70~80厘米处各拉两条拉丝，架面共5道拉丝，用于主蔓绑缚及结果枝铺展。其中拉丝可采用3.2毫米钢丝，牵引丝为双股3.2毫米钢丝。

2. 第一年主干培养

每隔2米选定一棵树，在原多主蔓中选一条粗壮枝条作为主干，绑缚牵引使其直立生长；其他主蔓保留，每主蔓上留1~2个结果枝用于当年结果，按照常规方法管理。对选留的主干，待新梢长至横梁高度时，在横梁高度以下10厘米处摘心。从摘心点下所抽生的副梢中选择2个副梢相对水平牵引，培育成主蔓。

3. 第一年主蔓培养

从主干上部选留的2个一级副梢水平牵引绑缚后培养成主蔓，主蔓保持不摘心的状态持续生长，直至和临近植株交接后再摘心。

4. 第一年结果母枝培养及修剪

主蔓叶腋长出的二级副梢一律留3~4片叶摘心，促进二级副梢加粗生长，保证来年花芽形成。对二级副梢上形成的三级副梢，至保留先端一个副梢，适时牵引其与主蔓垂直生长，形成结果母枝。当年12月至翌年1月上旬前完成结果母枝的修剪，结果母枝一律留2~3芽短截。

5. 第二年结果母枝培养及修剪

第二年从短梢修剪的结果母枝上发出的新梢，按照15~20厘米的间距选留，与主蔓垂直牵引、绑缚。果穗以上留8~10叶摘心，萌发的副梢留一叶反复摘心，果穗下方叶腋萌发的副梢一律摘除。

（三）适宜区域

贵州省内结果部位低的篱壁架果园。

（四）注意事项

树形改造旨在培养新树形，尽快形成结果母枝；同时改造过程中应平衡过渡，保证当年产量。

（五）技术依托单位

贵州省果树科学研究所
联系地址：贵州省贵阳市花溪区贵州省农科院果树所
联 系 人：仲伟敏
电子信箱：zhongweimin9668@163.com

五十、樱桃避雨及果蝇绿色防控栽培技术

（一）技术概述

1. 技术基本情况

樱桃是贵州省特色水果之一，近年来随着农业产业结构的调整，在贵州省种植面积迅速扩大，已成为农民致富的重要产业。受贵州独特气候的影响，樱桃在花期及成熟期易遭受阴雨、晚霜、冰雹等灾害性天气，导致花果异常脱落、大量裂果，严重影响樱桃果品质量和经济效益，果实开裂后腐烂变质、失去商品价值，给生产者带来巨大经济损失，无法满足市场需求，制约樱桃产业发展。随着樱桃产业的不断发展，病虫害日趋严重，其中樱桃果蝇已成为危害樱桃的主要害虫。果蝇虫体小，生活周期短，繁殖力极强，世代重叠，受害果实凸凹不平，果汁外溢，易造成落果，使樱桃产量下降，品质变劣，严重影响樱桃的鲜销、贮藏及加工。做好樱桃果蝇的绿色防控，推广避雨栽培，可以减轻果蝇危害，降低裂果率、提高商品率，调节果实成熟上市时间，延长鲜果供应期，增加经济效益。

2. 技术示范推广情况

已在纳雍县库东关乡、贵阳市乌当区百宜乡开展小范围展示，效果良好。

3. 提质增效情况

避雨棚栽培下亩产359.51公斤，由于优质果率高，平均售价可达25元/公斤，每亩收入8 988元，除去年均避雨棚建设费用和日常管理费用2 450元，避雨栽培每亩纯收

入6 538元。露地栽培下亩产277.93公斤，由于优质果率低，平均售价为20元/公斤，每亩收入5 559元，除去日常管理费用150元，露地栽培每亩纯收入5 409元。与露地栽培相比，避雨栽培提质增效达20.9%。

果蝇绿色防控技术突出樱桃园生态健康，开展专业化统防统治、联防联治，确保了樱桃生产安全、果品质量安全和樱桃园生态环境安全，促进樱桃产业高质量发展，助力乡村振兴。

（二）技术要点

1. 避雨棚

主体骨架为轻钢结构，棚高3.5~4.0米，肩高2.5~3.0米，棚长依地形而定。以双面热镀锌圆钢管（60毫米×2.0毫米）为主立柱，主立柱间距4米，2根主立柱间设副立柱（双面热镀锌圆钢管32毫米×1.5毫米），顶供杆为25毫米×1.5毫米圆管，纵杆为25毫米×1.5毫米圆管，拉杆为25毫米×1.5毫米圆管，顶供杆间距1米，纵连杆3道，棚顶采用12丝长寿命膜覆盖。

2. 简易避雨膜

以竹竿作支撑立柱，高度依树高而定，棚顶离树冠顶部0.3~0.5米，以透明避雨膜覆盖整个树冠，四角用细绳与地面固定。

3. 果蝇农业防治

加强果园春季节管理，科学修剪，铲除果园内及周边杂草，剪除病虫枝、清除枯枝落叶、刮除树干翘裂皮，树体喷3~5度石硫合剂，创造不利于果蝇滋生的环境。

4. 果蝇物理+生物防治

（1）防控时间。3月中下旬至5月下旬，果实转色初期开始，至果实采收结束后10~15天。

（2）果蝇专用诱剂袋+红色粘虫板。将Sexton®果蝇饵剂诱剂原液100毫升按1∶3比例兑水混合后，按每袋400毫升注入专用诱剂袋。果蝇诱剂袋按20袋/亩，红色粘虫板按20张/亩，混合交叉分布于果园内，悬挂高度树体2/3处。引诱剂每15~20天更换一次，色板20~30天更换一次，或根据实际情况酌情补充。

（3）自制诱捕器。将矿泉水瓶在瓶体中上部，开4厘米×3厘米诱集口2~3个。诱液可选用Sexton®果蝇引诱剂1∶（3~4）比例兑水稀释，或食物源诱剂（5%红糖+5%醋+5%酒+0.5%敌百虫可湿性粉剂）。每个矿泉水瓶内倒入80~100毫升诱液，并滴入2~3滴洗洁精摇晃搅拌均匀，提高诱集效果。每株树挂1瓶，悬挂于树体2/3高处。引诱剂每15~20天更换一次，食物源诱剂每7天更换一次，或根据实际情况酌情补充。

（4）果蝇专用诱捕器。可选用果蝇引诱剂，置于专用诱捕器中。每亩5~10个，悬挂于树冠中下层、阴凉背阴处，交叉分布于果园，离地高度1~1.5米。每7天添加一次引诱剂。

（5）粘虫板+果蝇诱杀剂。果瑞特®果蝇诱杀剂按1∶3比例兑水稀释摇匀后，均匀喷雾在粘虫板的正反面。粘虫板每亩10~15张，悬挂高度树体2/3处。每5~7天喷药一次，或根据实际情况酌情补充。

以上防控方法结合当地樱桃园实际情况，综合考虑防控成本和人工等因素后，任选其中一种进行防控。

5. 果蝇化学防治

果蝇发生较重的樱桃园，谢花后至幼果期对地面和杂草进行药剂处理。推荐采用100亿孢子/毫升短稳杆菌悬浮剂500倍液（有机果园）、25%乙基多杀菌素水分散粒剂3 000倍液药剂或2.5%溴氰菊酯乳油1 000倍液（非有机果园）等进行地面喷施一次，注意不要喷在幼果上。

（三）适宜区域

贵州省特色樱桃种植区均适合采用。山地果园可搭建避雨布，平地果园可搭建避雨棚。

（四）注意事项

采用避雨膜时，晴天要揭开，以防日灼。每次更换引诱剂时随身携带一个废液回收桶，不得将引诱剂随意倒弃在田间地头，否则将影响诱杀防控效果。

（五）技术依托单位

贵州大学
联系地址：贵阳市花溪区贵州大学西校区崇厚楼农业生物工程研究院
联 系 人：文晓鹏、乔光
电子信箱：xpwensc@hotmail.com，13518504594@163.com
贵州省果树科学研究所（贵州省精品水果现代农业产业技术体系）
联系地址：贵阳市花溪区金竹镇
联 系 人：吴亚维
电子信箱：634911478@qq.com
贵阳市植保站
联系地址：贵阳市观山湖区
联 系 人：耿坤
电子信箱：544135319@qq.com

第三篇

现代农业产业技术体系“十三五”科技成果

一、茶叶产业技术体系

（一）种植资源与新品种

“十三五”期间，茶叶体系技术依托单位贵州省茶叶研究所建成省内规模最大的茶树种质资源圃 2 个，面积 75 亩，保存资源 2 824份，种质资源拥有量居国内第三、国际第六，建成茶树品种适制实验室 300 平方米，完成种质资源数据库及网站搭建。同时对资源圃内保存的 58 份茶树资源，开展春、夏季制绿茶、红茶及少量白茶和乌龙茶样，共送检茶样 120 份，累计获得高氨基酸材料（≥5.0%）9 份，高茶多酚（≥24.0%）4 份，高茶氨酸（≥3.0%）材料 4 份，高咖啡因（≥5.0%）材料，高 EGCG（≥10.0%），无咖啡因（<0.1%）材料 19 份。

1. 黔茶 1 号

2016 年获植物新品种保护授权，品种权号：CNA20080571.1，2019 年获非主要农作物品种登记证书，证书编号：GPD 茶树（2019）520007。

黔茶 1 号又名‘苔选 0322’，无性系，灌木型，中叶类，早生种。由贵州省茶叶研究所从湄潭苔茶群体品种中采用单株育种法育成。

【形态特征】树姿开张，分枝部位较低，分枝密度大，叶片稍上斜状着生。叶长 10.3 厘米，宽 4.3 厘米，叶形椭圆形，叶色绿，富光泽，叶面微隆起，叶尖渐尖，叶基楔形，叶缘微波，叶身柔软。花冠直径 3.9 厘米，萼片 5 片、绿色、无毛，花瓣白色，质地薄，花瓣 6 枚，子房有毛，柱头三裂，裂位高，雌蕊高。盛花期在 10 月下旬至 11 月上旬，花量少，结实少。

【适制性】适制绿茶、红茶、白茶。制绿茶，外形纤细嫩绿，香气鲜浓显花香，滋味鲜滑回甘；制红茶，外形乌褐润、卷曲细紧、显金毫，香气甜香、高锐，滋味甘醇；制白茶，外形色泽灰绿、白毫显，香气毫香显、带花香，滋味甘鲜。

【适栽地区】适宜在贵州省、广西壮族自治区、湖南省、四川省及相似茶区种植。贵州省内引种成活率在 99.0%以上。

2. 黔茶 8 号

2014 年通过了全国农业技术推广中心农作物品种鉴定，鉴定编号：国品鉴茶 2014004；2016 年获植物新品种保护授权，品种权号：CNA20080572. X；2019 年获非主要农作物品种登记证书，证书编号：GPD 茶树（2019）520008。

黔茶 8 号，无性系，小乔木型，中叶类，早生种，国家级无性系品种。由贵州省茶叶研究所从昆明中叶群体品种中采用单株育种法育成。

【形态特征】树姿半开张，分枝密，叶片呈上斜着生。叶片长 8.5~11.6 厘米，叶宽 3.5~4.6 厘米，叶形长椭圆，叶锐尖，叶面微隆起。叶色深绿，叶肉较厚，叶质中等，叶脉 8~12 对，叶齿浅密。芽叶肥壮，茸毛较多，盛花期在每年 10 月中旬，花果多。

【适制性】适制绿茶。制烘青绿茶，外形紧细带芽，汤色浅绿，香气高有花香，滋味甘醇，叶底嫩绿明亮，品质优于福鼎大白茶。

【适栽地区】适合在贵州、湖北、广东、广西及气候环境条件相似地区栽培种植。贵州省内引种成活率在 90.0%以上。

3. 黔茶 10 号

2016 年获植物新品种保护授权，品种权号：CNA20080570.3；2019 年获非主要农作物品种登记证书，证书编号：GPD 茶树（2019）520010。

黔茶 10 号原名苔选 0310，无性系，小乔木型，中叶类，晚生种。由贵州省茶叶研究所从湄潭苔茶群体品种中采用单株育种法育成。

【形态特征】树姿直立，分枝部位较高，分枝密度中等，叶片上斜状着生。叶长 9.6 厘米，叶宽 3.4 厘米，叶形长椭圆形，叶色深绿，叶面微隆，叶身内折，叶质硬，叶尖渐尖，叶缘平。盛花期 10 月下旬，萼片 5 枚、绿色、有毛，花冠直径 4.1 厘米，花瓣白色、6 枚、质地薄，子房有毛，花柱长度 1.2 厘米，花柱 3 裂，裂位中，雌蕊高。

【适制性】适制绿茶，红茶。所制烘青绿茶样品，外形条索紧结、略卷曲、略有毫、褐绿；汤色浅嫩黄、清澈明亮；香气高爽、品种甜花香显（似荔枝）；滋味尚浓醇、较甘鲜；叶底嫩、有芽、尚嫩绿明亮，综合得分 90.9 分。所制红茶，外形尚紧结、略卷曲、略有金毫、较乌；汤色红艳、明亮；香气较鲜甜、有果香；滋味尚鲜醇、尚鲜；叶底较厚软、红。

【适栽地区】适宜在贵州省及西南茶区种植。贵州省内海拔 800~1 800米均可种植。贵州省内引种成活率在 90.0%以上。贵州省内兴义、道真、湄潭等县（市）均有种植。

4. 黔辐 4 号

2016 年获植物新品种保护权，品种权号：CNA20080574.6；2019 年获非主要农作物品种登记证书，证书编号：GPD 茶树（2019）520007。

黔辐 4 号，无性系，小乔木型，大叶类，中偏晚生种。由贵州省茶叶研究所通过采用 Co60-γ 射线辐射‘黔湄 419’种子，从中单株选育获得的高产、高效三倍体茶树品种。

【形态特征】植株高大，树姿半开张，分枝部位较高，分枝密度中等，生长势极强。叶片稍上斜着生，叶长 9.3~15.1 厘米，叶宽 4.1~6.6 厘米，叶椭圆形，叶色深绿且具光泽，叶尖渐尖，叶肉厚而隆起，叶脉 7~10 对，叶齿浅密。发芽密度中等，育芽力强，茸毛多，持嫩性强。盛花期为每年 10 月下旬至 11 月上旬，花量多，但不结实。扦插成活率高。

【适制性】黔辐 4 号芽头匀直肥壮，白毫满披，适制白茶、红茶。所制白毫银针工艺白茶，外形白毫满披，匀整，香气带清幽花香，滋味甘醇，叶底软嫩、肥壮。所制红茶外形条索粗壮、紧结、棕润，汤色红艳，香气高爽，滋味浓醇微甘，叶底肥壮明亮。

【适栽地区】适宜在贵州、广西、广东、福建等地种植。

5. 贵绿 1 号

2020 年获植物新品种保护授权，品种权号：CNA20141411. 1。贵绿 1 号为灌木型中叶类品种，采用单株选择无性繁育而成。氨基酸含量 5. 4%，茶多酚 19. 8%。加工的绿茶外形卷曲、有毫、深绿，汤色较嫩绿、清澈明亮，香气清高、鲜爽、花香显，滋味清鲜、甘和、花香显，叶底较嫩绿，绿茶品质总分为 93. 6 分，绿茶品质超过对照良种福鼎大白茶。

6. 贵绿 2 号

2020 年获植物新品种保护授权，品种权号：CNA20141404. 0。贵绿 2 号为灌木型中叶类品种，采用单株选择无性繁育而成。

7. 贵绿 3 号

2020 年获植物新品种保护授权，品种权号：CNA20141405. 9。贵绿 3 号为灌木型中叶类品种，采用单株选择无性繁育而成。

8. 高原绿

2020 年获植物新品种保护授权，品种权号：CNA20141406. 8。高原绿为灌木型中叶类品种，采用单株选择无性繁育而成。氨基酸含量 6. 1%，茶多酚 22. 6%。加工的绿茶外形卷曲、有毫、较绿稍深，汤色嫩绿、明亮，香气清鲜、花香细锐，滋味甘醇、鲜爽，叶底嫩绿较亮，绿茶品质总分为 92. 8 分，比绿茶对照良种福鼎大白茶高 1. 7 分，绿茶品质优势突出。

9. 格绿

2020 年获植物新品种保护授权，品种权号：CNA20141407. 7。格绿为灌木型中叶类品种，采用单株选择无性繁育而成。

10. 一味

2020 年获植物新品种保护授权，品种权号：CNA20141408. 6。一味为灌木型中叶类品种，采用单株选择无性繁育而成。

11. 流芳

2020 年获植物新品种保护授权，品种权号：CNA20141409. 5。流芳为灌木型大叶类品种，采用单株选择无性繁育而成。

12. 千江月

2020 年获植物新品种保护授权，品种权号：CNA20141410. 2。千江月为灌木型中叶类品种，采用单株选择无性繁育而成。

（二）标准与技术规程

1. 贵州绿茶 第 1 部分：基本要求（DB52/T 442. 1—2017）

该标准规定了贵州绿茶的术语和定义、产品类别和实物标准样品、产品要求、检验方法、试验规则、标志标签、包装、运输和贮存要求，适用于以贵州省境内生长的茶树鲜叶为原料加工的绿茶。

起草单位：贵州省茶叶研究所、贵州省绿茶品牌发展促进会、贵州省植保植检站、贵州省农产品质量安全监督检验测试中心、贵州省农业委员会种植业管理处、贵州省农产品质量安全与市场信息管理中心、贵州省农作物技术推广总站、贵州省农村经济经营管理站。

主要起草人：王家伦、易勇、周玉锋、潘科、朱福建、莫荣桂、王志、吴琼、王丽军、蔡滔、雷睿勇、姜艳艳、崔晓明、李俊、王亚兰、刘锡、赖飞、周琦。

2. 贵州绿茶 第5部分：直条形茶（DB52/T 442. 5—2017）

本标准规定了贵州绿茶直条形茶的术语和定义、分级和实物标准样品、产品要求、检验方法、试验规则、标志标签、包装、运输和贮存要求，适用于以贵州省境内生长的茶树鲜叶为原料加工的直条形绿茶。

起草单位：贵州省茶叶研究所、贵州省绿茶品牌发展促进会、贵州省农产品质量安全监督检验测试中心、贵州省植保植检站、余庆县茶叶产业发展中心、贵州凤冈县仙人岭锌硒有机茶业有限公司。

本标准主要起草人：潘科、王家伦、王志、吴琼、郑德江、姚雍静、莫荣桂、周雪丽、王晓鹭、孙德礼、朱志业、汪桓武、蒋茂祥、王亚兰。

3. 贵州红茶（DB52/T 641—2017）

本标准规定了贵州红茶的术语和定义、分级和实物标准样品、产品要求、检验方法、试验规则、标志标签、包装、运输和贮存要求，适用于以贵州省境内生长的茶树鲜叶为原料加工的红茶。

起草单位：贵州省茶叶研究所、贵州省绿茶品牌发展促进会、贵州省植保植检站、贵州省农产品质量安全监督检验测试中心、贵州省茶叶质量监督检验站、贵州省茶叶协会、贵州省果蔬站、贵州省农村经济经营管理站、贵州省农产品质量安全与市场信息管理中心。

主要起草人：潘科、周玉锋、王家伦、王志、吴琼、张小琴、莫荣桂、朱福建、郑文佳、王亚兰、龙明树、杜楠、雷睿勇、杨绪海、李俊、庞宏宇、刘凯、姜艳艳。

4. 冷泡绿茶冲泡品饮指南（DB52/T 1202—2017）

本标准规定了贵州省冷泡绿茶的术语和定义、基本要求、冲泡方法和方式、冲泡时间和次数、品饮。适用于贵州省内冷泡绿茶的冲泡品饮。

起草单位：贵州省茶叶研究所、贵州绿茶科技发展有限公司、贵州省质量技术监督教育培训中心。

主要起草人：段学艺、胡华健、王家伦、曹雨、雷志伟、何萍、张圆、张继胜。

5. 冷泡绿茶加工技术规程（DB52/T 1203—2017）

本标准规定了冷泡绿茶的术语和定义、加工基本要求、鲜叶要求、工艺流程及技术要求，适用于贵州冷泡绿茶的加工。

起草单位：贵州省茶叶研究所、贵州生态谷茶业有限公司、贵州绿茶科技发展有限公司、贵州省质量技术监督教育培训中心。

主要起草人：胡华健、王家伦、段学艺、曹雨、雷志伟、陈娟、何莲、张圆、杨晓凯、张继胜。

6. 贵州绿茶主要化学成分的测定 近红外漫反射光谱法（T/GZTPA 0001—2020）

本标准规定了近红外漫反射光谱法测定贵州绿茶水分、水浸出物、总灰分、茶多酚、游离氨基酸总量、咖啡因、没食子酸（GA）、儿茶素（+C）、表儿茶素（EC）、表没食子儿茶素（EGC）、表儿茶素没食子酸酯（ECG）和表没食子基儿茶素没食子酸酯（EGCG）的要求。本标准适用于在近红外光谱区域对贵州绿茶中主要化学成分快速同时测定及贵州绿茶主要化学成分的快速测定，不适用于仲裁检验。

起草单位：贵州省茶叶研究所、贵州省分析测试研究院、贵州湄潭兰馨茶业有限公司、贵州贵茶（集团）有限公司、贵州师范大学、贵州农业职业学院、贵州琦福苑茶业有限公司、黔南州梅渊商贸有限公司。

主要起草人：赵华富、周顺珍、王家伦、李占彬、陆洋、周国兰、曹雨、胡华建、刘晓霞、郭灿、伍庆、韦勇、周涛、陈玲、董品江、叶章涛、何钰海、姜艳艳、杨婷、张明露、梁思慧、刘冠群、白志文。

（三）专利

1. 茶叶中儿茶素含量的检测方法

发明专利（ZL 2013 1 0485392. 0，2016）。

本发明公开了一种茶叶中儿茶素类含量的检测方法，采用水来代替稳定溶液来配置测试液及标样工作液，提高了测试液及标样工作液分离效果，使基本上可以回到基线，且可以保存的时间较长，保存在-4℃条件下，至少半年以上。而且无论是标样工作液还是测试液，七种化合物都能完全分离，且分离效果良好。色谱峰的保留时间重现性也相对较好。并且，有效避免了现有采用稳定液存在的容易污染排气阀滤心、造成堵塞的问题。还通过改进色谱条件，提高了液相色谱柱的选择范围。

发明单位：贵州省茶叶研究所。

主要发明人：周顺珍、龚雪、周国兰、郭灿、郑文莉。

2. 一种卷叶害虫化蛹及羽化行为观察装置

实用新型技术专利（ZL 2015 2 0781461. 7，2016）。

本实用新型公开了一种卷叶害虫化蛹及羽化行为观察装置，其特征在于：包括杯体和伪叶，杯体为下小上大圆台体，杯壁有一环形缢缩，放置圆形隔板，伪叶放置于圆形隔板上，环形缢缩处至上口的杯壁具有透气孔。本实用新型所述的卷叶害虫化蛹及羽化行为观察装置，成本低廉，制作简单，研究人员可透过透明的杯体和伪叶直接观察卷叶害虫整个化蛹及羽化过程，对观察研究对象没有任何人为干扰，可极大地方便卷叶害虫化蛹及羽化行为观察，具有推广意义。

发明单位：贵州省茶叶研究所。

主要发明人：吕召云、孟泽洪、周玉锋、杨文、陈瑶。

3. 连续红茶发酵机

实用新型技术专利（ZL 2016 2 1190368. X，2017）。

本实用新型提供了一种连续红茶发酵机，在主机外壳上设置5层以上的输送皮带，在最上一层的输送皮带的输送前端设有进料口，在最底层的输送皮带的输送末端设有出料口，在主机外壳的底部设有处于最底层的输送皮带下方的加热装置及充氧装置；在主机外壳的顶部设有水蒸气雾化喷头。本实用新型对现有的红茶发酵设备进行了改进，通过充氧装置可以实现红茶发酵环境高氧气浓度，便于红茶快速发酵，通过水汽雾化装置可以给茶叶增加适当的湿度，为茶叶发酵提供条件，并通过多层的输送带，使红茶在机器内能被充分发酵，而又减少了设备的占用空间。通过温度检测装置可以实时监控机体内部温度，实现红茶发酵温度的控制，通过换气扇可以保持机体内在发酵完成后空气流通，即时将水汽排出。

发明单位：贵州省茶叶研究所。

主要发明人：潘科、闫建伟、陈娟、冯治国、李杨、胡蕤。

4. 一种无农药残留、抗病效果优良的肥料

发明专利（ZL 2017 1 025937. 5，2017）。

本发明提供了一种无农药残留、抗病效果优良的肥料。通过控制木霉属微生物和枯草芽孢杆菌与不含化学农药和抗生素残留有机质之间的发酵温度、含氧环境、发酵时间来控制有机质发酵生成物，后将木霉属发酵产物与聚谷氨酸混合反应，枯草芽孢发酵产物与壳寡糖混合反应，然后再与化肥混合反应形成络合物，其中营养元素转化到络合物中。再通过肥料中N、P_2O_5、K_2O进行控制，在保证茶树正常生长的同时，增加其产量和营养成分含量；同时合理配置氮磷钾含量及将其转化为络合物，能够保证各元素对茶树各生产期的需求量，增加茶树的抗病特性；减少茶白星病、茶饼病、炭疽病、根腐病等的发病率，有效避免茶叶农药残留、有害微生物、毒素等消极因素。

发明单位：贵州茗香茶业科技开发有限公司，贵州省茶叶研究所。

主要发明人：杨文、潘科、吕军、陈娟、陈瑶、周玉锋、张小琴、刘忠英、孟泽洪、邹兴、周国兰、雷志伟。

5. 一种窨制茶树花绿茶的制备方法

发明专利（ZL 2015 1 0431413. X，2018）。

本发明提供一种窨制茶树花绿茶的制备方法，在茶园盛花期采收鲜花→送到加工车间，用干净晒垫或篾席薄摊5~6小时→尼龙纱网作垫，一层花一层茶分层平铺于摊青槽内，共4层花3层茶，时间14~16小时→在窨制过程中，每隔3小时分别测量每层茶叶和每层花温度，茶温高于40℃时，打开摊青槽的鼓风机予以吹风散热，使茶温降到30℃→窨制完成后，将茶叶和茶树花分别薄摊于晒垫或篾席摊凉，分别烘干付制→放在晒垫或篾席上摊凉到常温即可。以解决现有茶树花窨制茶叶的生产加工多局限于茉莉花茶传统的生产加工工艺，未充分考虑茶树鲜花的特征，花渣分离较难，成本较大，难以实现工业化大批量生产的问题。本发明属于茶树花加工领域。

发明单位：贵州省茶叶研究所。

主要发明人：喻云春、喻园、何萍、申东、范定松、张畅。

6. 一种可防治粉虱科害虫成虫的植物精油制剂及其制备方法与应用

发明专利（ZL 2015 1 0507313.0，2018）。

本发明公开了一种可防治粉虱科害虫成虫的植物精油制剂及其制备方法与应用。该制剂由下述质量百分含量的组分组成：植物精油 40%~60%，助溶剂 5%，乳化剂 10%~15%，防冻剂 1%~3%，余量为溶剂。本发明所述制剂对茶树黑刺粉虱、柑橘黑刺粉虱、温室白粉虱、烟粉虱、柑橘粉虱等粉虱科害虫的成虫具很好防治效果，尤其表现为很好速效性，施用后 0.5 小时的防效可达 90%以上，且不杀伤如瓢虫类的天敌。此制剂用于防治粉虱科害虫的成虫，不仅可用常规喷雾器大田喷雾，还可直接用热烟雾机于温室大棚施用；此制剂还可用作热烟雾机的环保型发烟剂。本发明所述制剂加工工艺简单、施用方法多样、高效、安全、环保。

发明单位：贵州省茶叶研究所。

主要发明人：杨文、周玉锋、孟泽洪、陈瑶、姚雍静、雷志伟、高秀兵、吕召云。

7. 一种便携式超微红茶粉速溶茶及其制备方法

发明专利（ZL 2017 1 0443070.8，2018）。

本发明涉及便携式速溶茶技术领域，尤其是一种便携式超微红茶粉速溶茶及其制备方法，通过将超微红茶粉、木糖醇、植物脂粉进行合理的配制，使得超微红茶粉速溶茶的口感、色泽、香味较优，并且使得奶香味与茶香味兼具；茶香纯正、饱满，入口清爽不腻，风味独特。

发明单位：贵州省茶叶研究所。

主要发明人：刘忠英、潘科、陈娟、吕军。

8. 一种茶树特异种质资源嫁接快繁方法

发明专利（CN106879369B，2019）。

本发明公开了一种茶树特异种质资源嫁接快繁方法。本发明利用 20 年生的无性系福鼎大白茶为砧木，在特定的砧穗组合下，砧木和接穗均选择半木质化前的嫩枝，在 5 月上旬至 6 月中旬开展嫁接工作，利用剃须刀切接砧木和接穗的嫩枝，利用黑色塑料袋捆扎嫁接口，利用无色聚丙烯塑料袋包裹整个接穗及砧木嫁接口，搭设遮阳篷，选准最佳时间解除捆扎和包裹的塑料袋及遮阳网，及时分批打顶；综合利用这些方法使茶树特异种质资源嫁接成活率提高到 80%以上，并且对比扦插移栽，至少可以加快扩繁进度 2~3 年。

发明单位：贵州省茶叶研究所。

主要发明人：刘声传、鄢东海、周玉锋、魏杰、陈娟、林开勤、李燕、喻云春、崔晓明、令狐昌弟。

9. 一种茶棍蓟马雌虫聚集信息素引诱剂及其引诱剂的诱芯制备方法

发明专利（ZL 2018 1 0004426.2，2020）。

本发明公开了一种茶棍蓟马雌虫聚集信息素引诱剂，包括 2,4,7,9-四甲基-5-癸炔-4,7-二醇和增效剂，2,4,7,9-四甲基-5-癸炔-4,7-二醇的体积份数为3.2~160份；增效剂为下述体积份数的化合物的混合物：戊二酸二甲酯0.2~60份；乙酸薰衣草酯0.2~60份，本发明的茶棍蓟马雌虫聚集信息素引诱剂，结合橡胶塞缓释载体制成的诱芯，能够有效地对茶园中的茶棍蓟马雌虫进行引诱，结合诱虫色板可发挥生态调控茶棍蓟马雌虫种群的作用，诱芯采用了橡胶塞缓释载体，使得有效成分能够缓慢而均匀地释放，延长了引诱剂在茶园中的有效诱集时间，引诱剂中的各成分结构稳定，本发明的茶棍蓟马雌虫聚集信息素引诱剂具有广阔的产业化前景，由于制备方法简单，成本低廉，适合对茶园种植者进行推广应用。

发明单位：贵州省茶叶研究所，中国农业科学院茶叶研究所。

主要发明人：姚雍静、蔡晓明、陈宗懋、王家伦、罗宗秀、边磊、周顺珍。

10. 一种高氨基酸低苦涩味夏秋季绿茶加工方法

发明专利（CN201710613782.X，2020）。

本发明涉及绿茶品质改善技术领域，尤其是一种高氨基酸低苦涩味夏秋季绿茶加工方法，经过对绿茶茶青种植过程中，在茶青采摘前，提前至少1个月进行遮阴网遮阴处理，并且遮阴度为95%，有效地提高了茶青中氨基酸的含量，降低了夏秋茶茶青的苦涩味，使得氨酚比大幅度的提高，提高了绿茶茶青的品质，确保了制备的绿茶品质较高；经过遮阴时间以及遮阴度的控制，使得将采摘的茶青进行摊晾至柔软，再滚筒或者热风杀青处理后，整形，烘干后，绿茶产品中的氨基酸含量达到了3.78%以上，茶多酚的含量达到10.15%~13.44%，极大程度地提高了氨酚比，降低了苦涩味。

发明单位：贵州省茶叶研究所。

主要发明人：沈强、张小琴。

11. 一种可灵活装卸的茶叶脱毫板

实用新型专利（CN201921302065.6，2020）。

本实用新型提供了一种可灵活装卸的茶叶脱毫板，包括脱毫板本体、设置在脱毫板本体上方的多个圆形凸点，脱毫板本体的下方设置有磁性纽扣，脱毫板本体的一侧开设有拆卸钩孔，脱毫板本体的四周设有折叠边。本实用新型设计了一个在不改变原有茶叶炒干机设备结构、形状和功能的基础上，提出一种适用筒径范围为“60型”“80型”和“110型”茶叶炒干机的可灵活装卸的茶叶脱毫板。通过本实用新型脱毫板本体上的圆形凸点，增加茶叶与圆形凸点间的摩擦力，从而使茶叶上面的白毫快速脱掉，脱毫工序完成后，将该茶叶脱毫板从茶叶炒干机上拆卸，恢复设备原来的功能。本实用新型的结构简单，使用方便，成本低，使用效果好，易于安装反复使用保存，可推广应用。

发明单位：贵州省茶叶研究所。

主要发明人：郑汀。

12. 诱虫剂缓释载体及诱虫装置

实用新型专利（ZL 2020 2 0249664.2，2020）。

本实用新型公开了一种诱虫剂缓释载体及诱虫装置，包括粘虫板和引诱剂盛放盒，所述粘虫板的上端设置有挂绳，引诱剂盛放盒固定在粘虫板正反面正中央，引诱剂盛放盒呈圆饼状盒体，引诱剂盛放盒内盛装有引诱剂和缓释载体，缓释载体呈蚊香状浸泡在引诱剂盛放盒内的引诱剂里，本诱虫剂缓释载体及诱虫装置，配合针对茶棍蓟马雌虫研制的聚集信息素，缓释载体将茶棍蓟马雌虫聚集信息素引诱剂释放至空气中，配合粘虫板可以大量诱集茶棍蓟马雌虫，对茶园茶棍蓟马雌虫的种群监测以及防治具有广泛应用前景，并且无污染、无残留、对环境友好，还可以调节缓释载体暴露在空气中的长度，达到调节引诱剂挥发速率的目的，进而调节诱虫范围。

发明单位：贵州省茶叶研究所。

主要发明人：姚雍静、马祖杰、宋万勇、徐昌文、张圆。

（四）科技奖励

1. 黔湄系列国家级无性系茶树良种集成推广及产业化应用

2016年贵州省科学技术成果转化二等奖。

对黔湄系列国家级无性系茶树良种进行了集成推广及产业化应用。提炼出黔湄系列良种快繁、无公害良种茶叶基地建设、高效栽培及名茶产品开发等4项新技术，形成黔湄系列良种产业化应用技术体系示范推广。解决了黔湄系列茶树良种推广和产业化中的关键技术问题，实现了良种大面积高效种植和转化应用，对助推茶产业提质增效发挥了重大作用。获植物新品种保护权2项。黔湄系列良种在贵州适应性强，产量高、品质优异。生产的“贵州针茶”“湄潭翠芽茶”和“遵义红茶”等良种名茶产品，品质优良，市场竞争力强。累计示范推广黔湄系列良种18.42万亩，新增直接效益4.78亿元。

完成单位：贵州省茶叶研究所、湄潭县茶产业发展中心、余庆县茶叶产业发展中心、贵州湄潭盛兴茶业有限公司。

完成人：鄢东海、周富裕、刘声传、周玉锋、陈正武、匡模、陈正芳、郑德江、魏杰、梁远发。

2. “贵定鸟王种”和“石阡苔茶”贡茶新品种选育及产业化研究应用

2017年贵州省科学技术进步三等奖。

本成果以“贵定鸟王种”和“石阡苔茶”地方群体种资源为研究对象，收集、鉴选315份株系，育成省级审定新品种“贵定鸟王种”（黔审茶2014001号）和“石阡苔茶”（黔审茶2014002号），“鸟王106”参加第五轮全国茶树良种区试，通过植物新品种保护权初审合格8项。集成创新2个新品种配套的繁殖、种植、加工技术，形成新的技术体系，获发明专利3个（ZL 2013 1 0451044.1、ZL 2013 1 0451063.4、ZL 2014 0 416462.1），制定发布省级标准2项（DB 52/T 532—2015、DB 52/T 1014—2015）。新品种累计示范推广51.49万亩，2014—2016年累计产值超40.87亿元，研究成果达国内领先水平，成果转化度高，社会、生态、经济效益显著。

完成单位：贵州省茶叶研究所、贵定县茶叶产业化发展管理办公室、石阡县茶叶管理局。

完成人：周富裕、鄢东海、刘声传、张小琴、周国兰、周玉峰、胡家琴、刘正荣、陈娟。

3. 贵州扁形茶生产与加工技术集成应用推广

2018 年贵州省科学技术进步三等奖。

本成果以湄潭翠芽为典型代表在贵州茶业中最具影响力的贵州扁形茶，长期存在生产加工技术难度大、有质无量无法规模化生产的问题。项目集成熟化 4 项发明专利和 7 项技术规程，系统性地解决了杀青难度大、成形匀度差、断碎率高、易焦糊不易脱毫、香气不高滋味欠醇等技术难题。首次提出单一产品明确专用茶园专用技术的生产方式，突破同一茶园生产多种茶产品的传统观念，对茶园高效利用和茶叶品质提升的研究和发展带来新的思维和方法。项目著作 9 部，论文 29 篇，专利 4 项，标准 7 项。培育贵州省高层次创新型人才 3 名，博士 1 名，硕士 3 名，晋升正高 1 名、副高 2 名，建立贵州省茶叶加工科技创新人才团队，通过“科技特派员+农业园区+企业（专业合作社）+学会联盟”新模式推广在全省 9 个地州市 58 个县 370 家企业，技术培训 1.79 万人次，实现总产值 208.66 亿元，新增直接效益 40.67 亿元，受益茶农 70.69 万户，达项目覆盖范围 86.17%。项目 2 次查新、2 次鉴定评价和发明专利授权时间及持续研究结果表明，项目技术成果处于国内领先水平，转化程度高，推广规模大、覆盖范围广，经济社会效益巨大。

完成单位：贵州省茶叶研究所、贵州湄潭兰馨茶业有限公司。

完成人：郑文佳、潘科、沈强、金循、刘忠英、何萍、张小琴。

4. 贵州山地成龄（幼龄）茶园专用肥的研制与应用推广

2019 年贵州省科学技术进步三等奖。

本成果针对贵州特殊的山地茶园条件，围绕茶园肥培管理技术滞后、成龄茶园效益低、幼龄茶园见效慢等问题，在调查摸清茶园土壤供肥情况的基础上，通过转化贵州山地成龄（幼龄）茶园专用肥配方和配套专用肥施用技术创新等 4 项自主知识产权成果，获授权发明专利 2 件，发布技术规程 1 项，成果转化应用实现成龄茶园茶青亩均增产 39.49 公斤、增效 786.99 元，幼龄茶园茶青亩均增产 5.08 公斤、增效 86.20 元的技术效益，形成“政府引导+技术支撑+园区示范带动+四级科特派联动服务”的转化推广新模式，在省内 15 家肥料企业、8 个市（州）36 个茶叶主产县，以及四川、云南、湖北等省外茶区推广应用，累计生产供应茶叶专用肥 58.78 万吨，推广成龄（幼龄）茶园 438.53 万亩；累计总产值 134.81 亿元，新增总产值 29.08 亿元，新增直接效益 16.02 亿元；投入产出比 1：3.86，投入直接效益比 1：0.46；技术培训 3.05 万人次，受益茶农 87.07 万户，项目覆盖率 83.81%。项目为贵州山地茶园的增产增效提供了重要技术支撑，创造了极显著的经济社会效益。成果总体达国内同类研究领先水平。

完成单位：贵州省茶叶研究所、瓮福（集团）有限责任公司、贵州省土壤肥料工作总站、贵州省农作物技术推广总站、贵州省遵义市武联化工有限公司。

完成人：张小琴、苟红英、周国兰、赵华富、范仕胜、梁远发、何萍。

（五）高效、创新技术模式

茶园化肥农药减施增效的贵州欧标茶生产技术模式

贵州省茶叶研究所结合国家重点研发计划项目“茶园化肥农药减施增效技术集成研究与示范（2016YFD0200900）”的研究，大力开展了以茶园“化肥农药减施增效”为核心的科技创新，形成了“茶园化肥农药减施增效的贵州欧标茶生产技术模式”。该模式的推广应用，提高茶园产量 3%以上，化学肥料施用量减少 25%以上，化学农药施用量减少 30%，茶叶产品 100%达到欧盟标准，增效 5%以上。

从 2017 年开始，省农科院茶叶研究所以思南县和湄潭县为示范点，联合当地政府、茶企、合作社和茶叶种植农户，大力实施以茶园“化肥减施”“农药减施”为核心的科技创新，围绕‘茶园化肥减施增效周年集成技术模式’和‘茶园化学农药减施增效周年集成技术模式’，在思南、石阡、湄潭、德江、安顺、平塘、贵定等产茶县开展了茶园化肥农药减施增效技术试验示范与推广，共计示范与推广达 30 万亩次，助推了思南县达欧盟标准的出口茶基地和湄潭欧标茶建设，初步取得了明显效果（图 35）。

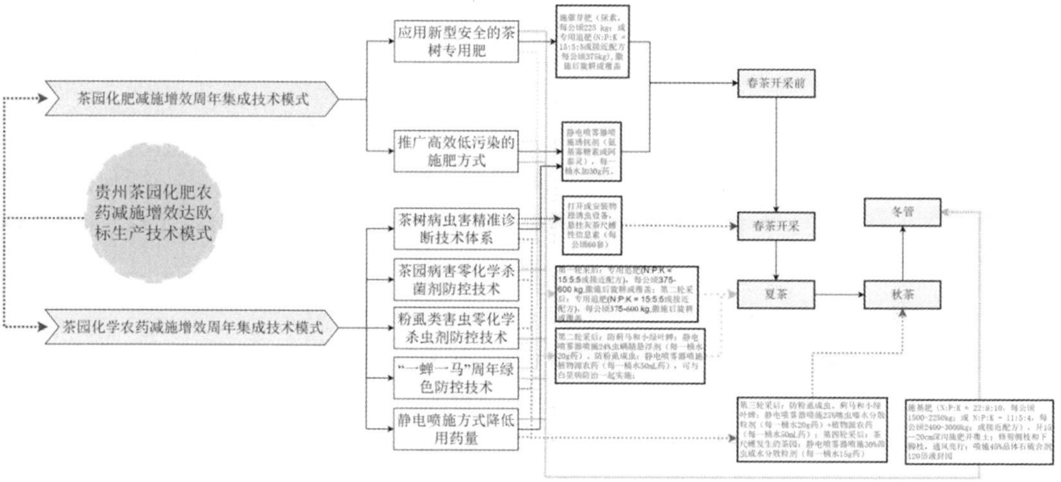

图 35　贵州茶园化肥农药减施增效达欧标生产技术模式

（六）产业人才培养

“十三五”期间，茶叶体系依托单位贵州省茶叶研究所通过各类人才引进方式，累计引进 28 名年轻专业人才，其中博士 2 人。自主培养博士 3 人、硕士 2 人、西部之光访问学者 1 人。建成覆盖茶叶全产业链的创新人才团队 5 人，培育学术带头人 5 人，获“全国科普工作先进工作者”（2016）、“全省第八届优秀科技工作者”（2019）各 1 人。2018 年获批实施茶业科技创新人才基地建设，完善体制机制，持续推进科技创新及成果转化。

“十三五”期间，茶叶所持续完善科研平台建设。建成省内规模最大的茶树种质资源圃共 55 亩，保存资源 2 366份，种质资源拥有量居国内第三、国际第六。建成茶树品种适制实验室 300 平方米、茶叶加工中试车间 500 平方米、创新实验室 2 700平方米。2018 年获批国家茶叶标准化区域服务与推广平台，“十三五”期间连续作为国家茶叶产业技术体系遵义综合试验站、省茶叶产业技术体系建设的依托单位，在晴隆、湄潭、余庆、思南等地持续开展茶树新品种、茶产业新技术示范及推广。

茶叶所同时是贵州省第 139 国家职业技能鉴定所依托单位，贵州省茶叶学会、贵州省茶叶标准化专业技术委员会挂靠单位，国家茶产业技术创新战略联盟理事单位，持续开展茶产业实用技术人才培养，组织召开全省茶业科技年会，开展全省茶叶标准的制修订、审核，不断应用新技术新成果对外宣传和推广，服务全省茶产业的发展。

二、精品水果产业技术体系

（一）种植资源与新品种

“十三五”期间，省精品水果体系成员共收集、引进和保存果树种质资源近 600 份，其中收集猕猴桃 50 份、葡萄 10 份、枇杷 200 份、中国樱桃 50 份、草莓 149 份、苹果砧木 15 份、枇杷 7 份，引进杧果 22 份、大樱桃 20 份、葡萄 19 份、苹果 33 份、桃 20 份。体系成员参与审定、登记的果树新品种主要有 5 个，其中获杧果品种审定 3 个、枇杷植物新品种权 2 个。

1. 桂热芒 10 号

2016 年获热带作物品种审定，审定编号：热品审 2016003。

桂热芒 10 号是广西壮族自治区亚热带作物研究所和贵州省亚热带作物研究所从黄象牙芒实生后代中选育而出的。该品种为多年生常绿乔木，高 2.5～3.5 米。核果长椭圆形，单果重 350～550 克。果喙呈乳头状突起，成熟时果皮呈黄色至深黄色。果核扁平，多胚。果实发育期约 140 天，大小年现象不明显。鲜果可食率 71%以上，可溶性固形物含量 21.46%，总糖含量 21.2%，总酸含量 0.18%，维生素 C 含量 12.1 毫克/100 克。历年生产性试验，平均亩产 3 368.1公斤，早结、丰产、稳产，果实外观好、大小适中、肉质细腻、纤维少，品质优，套袋果商品率高，对白粉病、烟煤病抗性较强，适应性广，适宜在广西右江河谷地带、贵州南北盘江河谷地带杧果宜植区种植。

2. 红玉

2017 年获热带作物品种审定，审定编号：热品审 2017001。

红玉是中国热带农业科学院热带作物品种资源研究所、贵州省亚热带作物研究所和昌江黎族自治县良种繁育场 2003 年从海南省昌江黎族自治县七叉镇已劳村收集的优良单株中选育而出的。该品种为多年生常绿乔木，树冠伞形，两性花率 16.3%～25.6%。果实长椭圆形，平均单果重 330 克，完熟后果皮金黄色，果喙点状突起，果肉淡黄色，果核重 30.5%～34.3%，种子椭圆形，多胚。果实发育期 90～130 天，无明显大小年结果现象。鲜果可食率 71.2%，可溶性固形物含量 16.3%，总酸 0.4%。该品种早结丰产，果实大小适中，果型美观，肉质细腻，纤维少，酸甜可口，综合性状佳。对细菌性角斑病、炭疽病、蓟马、桔小实蝇等抗性较强，易感白粉病。历年生产性试验，7 年生树嫁接第 3~5 年平均亩产 1 507.4公斤，适宜在海南昌江和东方，贵州南北盘江和红水河流域低海拔河谷杧果宜植区种植。

3. 桂七芒

2020 年获热带作物品种审定，审定编号：热品审 2020005。

桂七芒是广西壮族自治区亚热带作物研究所和贵州省亚热带作物研究所从印度芒 901 号实生后代中筛选出的优良单株中选育而出的，又称‘桂热芒 82 号’。该品种核果象牙形，单果重 210~350 克，果喙无或呈点状，果皮深绿色。果核扁平，多胚。两性花百分率 10.3%~45.9%。成熟期在广西南宁和百色为 7 月中下旬，贵州望谟为 9 月上旬，大小年现象不明显。历年生产性试验表明，2 年生嫁接苗种植第四至六年鲜果年均亩产 896.3 公斤，4 年生树高接换种第四至六年年均亩产 1 449.9公斤。果肉质地细滑，纤维极少，汁液丰富，可食率 71.3%、可溶性固形物 21.8%、总糖含量 18.0%、总酸含量 0.3%，香气成分中罗勒烯含量占 88.3%。该品种早结稳产、果实外观好、大小适中、香气浓郁，较耐低温阴雨，较抗细菌性角斑病，中感炭疽病，耐贮性欠佳。适宜在广西右江河谷地带、贵州南北盘江河谷地带及类似生态区推广种植。

4. 黔早 1 号

2020 年获植物新品种权，品种权号：CNA20172136.0。

黔早 1 号是贵阳市农业试验中心和贵州大学选用晚熟大果型品种大五星作父本，中早熟品种早红 3 号做母本进行有性杂交获得杂交实生株系群，从中筛选出的抗逆性强、坐果率高、果大均匀、肉质致密的优良早熟株系。在贵阳地区，该单株果实成熟期始于 4 月中下旬，比母本提前 10 天以上，比父本提前 20 天以上，与早钟 6 号熟期相近。2014—2019 年，用嫁接苗定植栽培方式进行区域试验和生产试验，4 年生树平均产量 147.8 公斤/亩，比早钟 6 号增产 29.1%；5 年生树平均产量 414.1 公斤/亩，比早钟 6 号增产 27.1%。该品种早实性好，抗逆性强，果大均匀，风味浓甜，可作换代新品种推广应用。贵州省选择在海拔 1 300 米以下，土层深厚、土质疏松、排水良好光照充足、早霜为害较轻的地区种植。

5. 黔光 2 号

2020 年获植物新品种权，品种权号：CNA20172137.9。

黔光 2 号是贵阳市农业试验中心和贵州大学选用贵州选育的晚熟大果型品种黔星作父本，四川选育晚熟大果型品种大五星做母本进行杂交组配，自获得的杂交实生株系中选育出的抗逆性强、坐果率高、果大均匀、耐贮存的优良晚熟株系。在贵阳地区，该种质成熟期在 5 月下旬至 6 月上旬，比母本推迟 5~8 天，比父本推迟 7~10 天。贵州省选择在海拔 1 300 米以下，土层深厚、土质疏松、排水良好光照充足、早霜为害较轻的地区种植。

（二）标准与技术规程

1. 农药田间药效试验准则 第 72 部分：杀菌剂防治猕猴桃溃疡病（NY/T 1464.72—2018）

该标准规定了杀菌剂防治猕猴桃溃疡病田间药效小区试验的方法和基本要求，适用于杀菌剂防治猕猴桃溃疡病登记用田间药效小区试验及药效评价。

起草单位：农业农村部农药检定所、贵州省植物保护研究所、贵州省农药检定管理所。

主要起草人：陈立萍、吴石平、张楠、黄露、王晓军、谭清群、邵昌余。

2. 德江乌江脐橙病虫害防控技术规范（DB 5206T 107—2019）

本标准规定了德江乌江脐橙园的检疫控制、防控技术、采收要求等方面的内容，适用于德江乌江脐橙园的主要病虫害防治。

起草单位：德江县农业农村局、贵州省果树科学研究所、德江县科学技术服务中心、德江县潮砥镇农业服务中心、德江县龙泉嘉华果蔬种植专业合作社、德江乌江众旺农业旅游发展有限公司、德江京旺果蔬种植专业合作社、德江潮砥官宅果蔬专业合作社。

主要起草人：曹永直、李金强、李文云、罗怿、柏自琴、蔡永芬、王玲、潘大娇、苏飞、黎妮、邵先强、黎启高、樊旭、安财、冯嘉盛、张向京、张森林。

3. 德江乌江脐橙种植及品质提升关键技术规程（DB 5206T 108—2019）

本标准规定了德江乌江脐橙种植及品质提升园地的选择、栽植、有机质提升、土肥水管理、整形修剪、花果管理、覆膜增糖、病虫害防控、留树保鲜等技术。适用于德江乌江脐橙种植园的技术管理，其中的土肥水管理、花果管理、覆膜增糖、病虫害绿色防控、留树保鲜，适用于树龄5~15年，树势衰退、未老先衰、品质差的脐橙园。

起草单位：德江县农业农村局、贵州省果树科学研究所、德江县科学技术服务中心、德江县潮砥镇农业服务中心、德江县龙泉嘉华果蔬种植专业合作社、德江乌江众旺农业旅游发展有限公司、德江京旺果蔬种植专业合作社、德江潮砥官宅果蔬专业合作社。

主要起草人：曹永直、李金强、李文云、罗怿、柏自琴、蔡永芬、朱财芬、白志辉、苏飞、黎妮、张恩德、邱治龙、邵先强、安财、冯嘉盛、张向京、张森林。

4. 贵州猕猴桃　第1部分：猕猴桃种质资源田间保存技术规程（DB52/T1503. 1—2020）

该标准规定了猕猴桃种质资源田间保存技术在种质资源获得、保存圃要求、入圃保存、保存方法、信息采集、种质更新复壮、资源档案和管理等方面的要求，适用于贵州猕猴桃种质资源田间保存。

起草单位：贵州省果树蔬菜工作站、贵州省果树科学研究所、贵阳市农业农村局、贵州省山地资源研究所、铜仁市农业产业化办公室、江口县经济作物站、贵州大学。

主要起草人：仲伟敏、唐冬梅、邵宇、冷云星、何伟、赵凯、刘富涛、余江平、马玉华、蔡永强、龙友华、李苇洁、冉隆勋、董晓庆、韩振诚、李良良、陈玮、杨松。

5. 贵州猕猴桃　第2部分：猕猴桃品种选育技术规程（DB52/T1503. 2—2020）

该标准规定了贵州猕猴桃野生选优、实生选种、杂交育种、芽变选种等新品种选育途径及技术方法，适用于贵州省猕猴桃品种选育。

起草单位：贵州省果树蔬菜工作站、贵州省果树科学研究所、贵阳市农业农村局、贵州省山地资源研究所、铜仁市农业产业化办公室、江口县经济作物站、贵州大学。

主要起草人：唐冬梅、仲伟敏、何伟、邵宇、冷云星、张敏、赵凯、余江平、马玉华、蔡永强、龙友华、李苇洁、冉隆勋、董晓庆、韩振诚、李良良、陈玮、杨松。

6. 贵州猕猴桃　第 6 部分：红阳猕猴桃适宜区立地环境条件及栽培技术规程（DB52/T 1503. 6—2020）

本标准规定了贵州省红阳猕猴桃栽培园地选择与规划、栽植、土肥水管理、整形修剪、花果管理、主要病虫害防治和采收等，适用于贵州省无公害红阳猕猴桃的栽培。

起草单位：贵州省果树蔬菜工作站、贵州省园艺研究所、水城县东部农业产业园区管理委员会、贵州省山地资源研究所、贵州省农业科技发展中心、水城县鸿源农业开发有限责任公司、贵州润永恒农业发展有限公司。

主要起草人：黄伟、万明长、马红叶、乔荣、李荣飞、张荣全、邵宇、冷云星、张辉、肖春、李苇洁、韩振诚、李良良、王洪亮、夏虎翼、胡君。

7. 贵州猕猴桃　第 14 部分：红阳猕猴桃果品分级技术规程（DB52/T1503. 14—2020）

本标准规定了红阳猕猴桃的分级要求，适用于贵州省红阳猕猴桃的分级。

起草单位：贵州省果树蔬菜工作站、贵州省园艺研究所、水城县东部农业产业园区管理委员会、贵州省山地资源研究所、贵州省农业科技发展中心、贵州黔恒农业发展有限公司、水城县鸿源农业开发有限责任公司。

主要起草人：黄伟、乔荣、万明长、马红叶、李荣飞、邵宇、冷云星、张辉、张荣全、李苇洁、韩振诚、李良良、王洪亮、段昌勇、夏虎翼。

8. 山地水晶葡萄栽培技术规程（DB52/T 1525—2020）

该标准规定了山地水晶葡萄栽培的园地选择与规划、栽植、土肥水管理、整形修剪、花果管理、病虫害防治和果实采收的技术方法，适用于水晶葡萄种植区的栽培生产。

起草单位：贵州省果树科学研究所、三都水族自治县葡萄研究所、贵州大学、黔南州蔬果中心、三都水族自治县市场监督管理局、三都水族自治县土肥站。

主要起草人：唐冬梅、蒙祥周、潘学军、王仁忠、李成宇、仲伟敏、黄永林、蔡艺、赵凯、何永松、齐勇、杨昌银、张义雪、潘洪涛、郑绍成、李令波。

9. 地理标志产品　威宁苹果（DB5205/T 2—2020）

该标准规定了地理标志产品威宁苹果的术语和定义、保护范围、要求、检验方法、检验规则及标识、包装、贮存和运输。适用于国家质量监督检验检疫总局〔2017〕年第 117 号公告批准保护的地理标志产品威宁苹果。

起草单位：威宁自治县果业发展中心、毕节市农业科学研究所、威宁自治县高效农业园区管委会、威宁自治县山地特色农业科学研究院、生态环境部南京环境科学研究所、贵州省亚热带作物研究所、贵州省地理标志研究中心。

主要起草人：李顺雨、戴蓉、马检、张素杰、杨华、吴超、谢江、白显峰、徐永康、彭渊迪、敖茂宏。

10. 地理标志产品 威宁黄梨（DB5205/T 3—2020）

该标准规定了地理标志产品威宁黄梨的术语和定义、保护范围、自然环境、栽培技术、品质要求、检验方法、检验规则及标识、包装、贮存和运输。适用于中华人民共和国农业部公告第2578号批准保护的地理标志产品威宁黄梨。

起草单位：威宁自治县果业发展中心、威宁自治县果蔬站、威宁自治县市场监督管理局、威宁自治县农业农村局、贵州省亚热带作物研究所、贵州省地理标志研究中心。

主要起草人：李顺雨、吴超、马检、董恩省、谢江、白显峰、田正林、赵江、敖茂宏、彭渊迪。

11. 贵州苹果栽培技术规程（T/GGI 062—2020）

该标准规定了苹果生产园地选择与规划、栽植、土肥水管理、整形修剪、花果管理技术。适用于贵州苹果的栽培种植。

起草单位：威宁自治县果业发展中心、威宁自治县农业农村局、贵州省果树科学研究所、贵州省果树蔬菜工作站、贵州省地理标志研究会、贵州大学、威宁自治县市场监督管理局、毕节市植保植检站、毕节市经济作物工作站、威宁超越农业有限公司、威宁县乌蒙绿色产业有限公司、贵州省农业科教发展中心、贵州省绿色食品发展中心、长顺县农业农村局、兴义市农业农村局、赫章县农业农村局、盘州市农业农村局。

主要起草人：李顺雨、吴亚维、邵宇、潘学军、代振江、梁潇、牟琴、谢江、杨华、王军堂、王洪亮、陈祖谣、牟东岭、周金忠、马检、吴超、张素杰、耿广东、祖贵东、徐永康、赵江、李强、杨荣福、彭邦远、朱琴佳、朱良玉、刘茜、徐俊奎。

12. 贵州苹果病虫害绿色防控技术规程（T/GGI 063—2020）

该标准规定了贵州苹果病虫害绿色防控的术语和定义、防控原则、主要病虫害、防控措施及防治记录。适用于贵州省境内苹果生产过程中主要病虫害的绿色防控。

起草单位：威宁自治县果业发展中心、威宁自治县农业农村局、贵州省果树科学研究所、贵州省果树蔬菜工作站、贵州省地理标志研究会、贵州大学、威宁自治县市场监督管理局、毕节市植保植检站、毕节市经济作物工作站、威宁超越农业有限公司、威宁县乌蒙绿色产业有限公司、贵州省农业科教发展中心、生态环境部南京环境科学研究所、贵州省绿色食品发展中心、长顺县农业农村局、兴义市农业农村局、赫章县农业农村局、盘州市农业农村局。

主要起草人：李顺雨、戴蓉、陈祖谣、吴亚维、代振江、梁潇、牟琴、邵宇、牟东岭、潘学军、杨华、王洪亮、谢江、马检、吴超、耿广东、张素杰、周金忠、祖贵东、徐永康、王军堂、赵江、李强、杨荣福、彭邦远、朱琴佳、朱良玉、刘茜、徐俊奎。

13. 贵州苹果采摘技术规范（T/GGI 064—2020）

本文件规定了贵州苹果的术语和定义、采收成熟度指标、成熟度与贮藏、采收、分级、检验方法及检验规则等。本文件适用于贵州省境内鲜食苹果的采摘。

起草单位：威宁自治县果业发展中心、威宁自治县农业农村局、贵州省果树科学研究所、贵州省果树蔬菜工作站、贵州省地理标志研究会、贵州大学、威宁自治县市场监督管理局、毕节市植保植检站、毕节市经济作物工作站、威宁超越农业有限公司、威宁县乌蒙绿色产业有限公司、贵州省农业科教发展中心、生态环境部南京环境科学研究所、贵州省绿色食品发展中心、长顺县农业农村局、兴义市农业农村局、赫章县农业农村局、盘州市农业农村局。

本文件主要起草人：李顺雨、戴蓉、潘学军、吴超、代振江、梁潇、牟琴、张素杰、马检、王军堂、杨华、吴亚维、邵宇、陈祖谣、耿广东、王洪亮、谢江、牟东岭、周金忠、祖贵东、徐永康、赵江、李强、杨荣福、彭邦远、朱琴佳、朱良玉、刘茜、徐俊奎。

14. 贵州苹果贮运技术规范（T/GGI 065—2020）

该标准规定了贵州苹果的术语和定义、入库、贮藏条件、贮藏方式、贮藏期限和出库指标、出库管理、运输。适用于贵州省境内苹果的贮藏及运输。

起草单位：威宁自治县果业发展中心、威宁自治县农业农村局、贵州省果树科学研究所、贵州省果树蔬菜工作站、贵州省地理标志研究会、贵州大学、威宁自治县市场监督管理局、毕节市植保植检站、毕节市经济作物工作站、威宁超越农业有限公司、威宁县乌蒙绿色产业有限公司、贵州省农业科教发展中心、贵州省绿色食品发展中心、长顺县农业农村局、兴义市农业农村局、赫章县农业农村局、盘州市农业农村局。

主要起草人：李顺雨、邵宇、马检、张素杰、代振江、梁潇、牟琴、吴超、王军堂、杨华、吴亚维、潘学军、王洪亮、陈祖谣、耿广东、谢江、牟东岭、周金忠、祖贵东、徐永康、赵江、李强、杨荣福、彭邦远、朱琴佳、朱良玉、刘茜、徐俊奎。

15. 贵州苹果质量等级（T/GGI 066—2020）

该标准规定了贵州苹果的术语和定义、果实品质、试验方法、检验规则及包装、标志。适用于贵州省境内生产的黔选系、富士系、嘎啦系、金冠系、华硕、元帅系等苹果。

起草单位：威宁自治县果业发展中心、威宁自治县农业农村局、贵州省果树科学研究所、贵州省果树蔬菜工作站、贵州省地理标志研究会、贵州大学、威宁自治县市场监督管理局、毕节市植保植检站、毕节市经济作物工作站、威宁超越农业有限公司、威宁县乌蒙绿色产业有限公司、贵州省农业科教发展中心、贵州省绿色食品发展中心、长顺县农业农村局、兴义市农业农村局、赫章县农业农村局、盘州市农业农村局。

主要起草人：李顺雨、邵宇、马检、张素杰、代振江、梁潇、牟琴、吴超、王军堂、杨华、吴亚维、潘学军、王洪亮、陈祖谣、耿广东、谢江、牟东岭、周金忠、祖贵东、徐永康、赵江、李强、杨荣福、彭邦远、朱琴佳、朱良玉、刘茜、徐俊奎。

（三）专利

1. 一类防治火龙果蚜虫病的化合物及其应用组合物

发明专利（ZL 2016 1 0128192. 3）。

本发明提供了一种防治火龙果蚜虫病的有机化合物及其组合物，其可制备成可溶性液剂、微乳剂、水乳剂、悬乳剂、种衣剂、可湿性粉粒剂、缓释颗粒剂、控释颗粒剂、水分散粒剂、干悬乳剂，或直接使用的颗粒剂等剂型，所述组合物用于防治火龙果蚜虫病。

发明单位：贵州省果树科学研究所。

主要发明人：罗会、裴晓红、马玉华、蔡永强、张兴无、彭志军、刘涛、韩秀梅。

2. 一种防治火龙果炭疽病的化合物及其应用组合物

发明专利（ZL 2016 1 0128193.8）。

本发明提供了一种防治火龙果炭疽病的有机化合物及其组合物，其可制备成可溶性液剂、微乳剂、水乳剂、悬乳剂、种衣剂、可湿性粉粒剂、缓释颗粒剂、控释颗粒剂、水分散粒剂、干悬乳剂，或直接使用的颗粒剂等剂型，所述组合物用于防治火龙果炭疽病。

发明单位：贵州省果树科学研究所。

主要发明人：罗会、裴晓红、马玉华、蔡永强、张兴无、李金强。

3. 贵州山地盖膜集水栽培结构

实用新型专利（ZL 2016 2 0257871.6）。

本实用新型公开了一种贵州山地盖膜集水栽培结构，包括种植穴，种植穴为凹形结构，在种植穴的表面设有集水膜，在集水膜上设有一个开口，种植穴内的苗木穿过开口，在集水膜的边缘及开口的边缘顶部设有压层。本实用新型改进了种植穴的结构，采用集水膜覆盖种植穴表面，使水分不易蒸发，保证了果树周围有一定水分可供苗木吸收，同时可有效地截留自然降水，集中在树干周围，使每一个种植穴成为一个天然的果树“蓄水池”，并且能够提高土壤温度，促进果树根系发生，从而有效地提高了旱坡地土壤的水分利用率。另外，集水膜还能控制杂草生长，并且灌溉方便，浇水时直接从集水膜上方进入树盘周围，方便水分的吸收，节省树盘除草、灌溉费用。

发明单位：贵州省亚热带作物研究所。

主要发明人：刘清国、龚德勇、刘荣、张正学、谢忠武、吴文帅、李信福、杨彦。

4. 一类防治猕猴桃褐斑病的化合物及其衍生物

发明专利（ZL 2017 1 0167534.6）。

本发明涉及一种防治猕猴桃褐斑病的化合物及其衍生物，其可制备成各种农业上常规的剂型。所述化合物及其衍生物可有效防治猕猴桃褐斑病。

发明单位：贵州省果树科学研究所。

主要发明人：罗会、裴晓红、马玉华、蔡永强、赵凯、李金强。

5. 一类防治猕猴桃软腐病的化合物及其衍生物

发明专利（ZL 2017 1 0167544.0）。

本发明涉及一种防治猕猴桃软腐病的化合物及其衍生物，其可制备成各种农业上常规的剂型。所述化合物及其衍生物可有效防治猕猴桃软腐病。

发明单位：贵州省果树科学研究所。

主要发明人：罗会、马玉华、裴晓红、蔡永强、张橙。

6. 一种果树可调式防冻罩

实用新型专利（ZL 2018 2 1545869.4）。

本实用新型属于果树防护技术领域，公开了一种果树可调式防冻罩，设置有管型立杆；多个第一伞撑条通过第二转轴固定连接在管型立杆上端，透明薄膜通过固定螺栓固定在第一伞撑条、第二伞撑条、第三伞撑条、第四撑条下端；管型立杆上端内部套设有功能调节件，功能调节件下部焊接固定有导向板，导向板外露部分通过第五转轴连接有第一连板，第一连板另一端穿设有蜗杆，蜗杆与焊接在管型立杆外壁的蜗杆套通过螺纹连接。防冻罩子宽幅可由当天气温升降自由调节。气温低罩子收缩树冠覆盖密闭，保温效果好；气温高罩子张开树冠敞亮，通风透气，有利减少病虫害发生。

发明单位：贵阳市农业试验中心。

主要发明人：杨勇胜、李庆宏、江旭升、魏椿、陈树红。

7. 一种便捷采果器

实用新型专利（202020641047.7）。

本实用新型公开了一种便捷采果器，包括连接套杆，所述连接套杆上端连通设有连接筒，所述连接筒内壁的上出口处安装有三个中心对称设置的夹持组件，所述夹持组件一端固定连接有牵引绳，所述连接筒内壁开设有三个通孔，所述牵引绳另一端贯穿通孔并延伸至连接套杆内，所述连接套杆内壁滑动连接有“T”形拉杆，且“T”形拉杆的上端与牵引绳固定连接。该便捷采果器，通过设置拉把，弧形爪和牵引绳，当需要采摘水果的时候，左手手持握持环，右手拉动拉把，然后拉动“T”形拉杆下降，通过牵引绳带动三个弧形爪张开，然后将水果放在三个弧形爪之间，然后松开拉把，三个弧形爪闭合，这样将水果夹持住，此时拉动连接套杆，即可实现水果的采集，操作方便，装置便携。

发明单位：贵州省威宁自治县果业发展中心。

主要发明人：李顺雨、张素杰、吴超、谢江。

（四）科技奖励

1. 草莓新品种选育与配套栽培技术研发及应用

2016 年贵州省科学技术进步奖三等奖。

经过项目组 10 年的努力，育成草莓新品种黔莓一号、黔莓二号。黔莓一号、黔莓二号省内推广应用 14 497亩，占贵州草莓栽培面积的 50%以上，创产值 2.45 亿元，新增产值 1 502.29万元。贵州草莓品种首次在省外 12 个省市区应用，推广 14 085亩，创产值 5.02 亿元。制定了《黔莓一号、黔莓二号草莓生产技术规程》《贵州草莓优质高产栽培技术规程》《贵州草莓种苗田间生产技术规程》3 项技术规程，培训和指导种植户、农技人员、乡镇干部 4 000余人次，发放技术资料 5 000余份，培养了大批科技二传手和种植能手。

主要完成单位：贵州省园艺研究所。

主要完成人：钟霈霖、乔荣、杨仕品、王天文、齐长红。

2. 贵州红阳猕猴桃产业化技术集成转化与应用

2017 年贵州省科学技术成果转化奖二等奖。

2000 年从四川引进的红阳猕猴桃新品种，2007 年通过贵州省品种审定委员会审（认）定（黔审果 2007001 号）。在红阳猕猴桃新品种推广中，确定了红阳猕猴桃在贵州的生态适应性和适宜种植区域；创新集成应用了适宜贵州山地猕猴桃快速建园、养分调控、病虫害综合防控和贮藏保鲜技术为核心的优质高产配套技术体系，形成和应用了贵州省地方标准《红阳猕猴桃生产技术规程》（DB52/T 715—2011）和红阳猕猴桃果品质量标准《红阳猕猴桃》（DB52/T 714—2011）。创建了“企业主体、科技支撑、市场主导、政府推动、农户参与”的成果转化模式和“资源变资产、资金变股金、农民变股东”的“三变”产业发展新机制。成果推广应用 16 年，种植面积达 13.6 万亩；覆盖农户 54 640户，人口 24 万余人，其中贫困户 48 364户，人口 20 余万人；技术培训 56 300余人次。红阳猕猴桃成为贵州山地现代高效农业的重要品种之一，先后获得“国家农产品地理标志”“国家地理标志保护产品”。新品种及配套技术在水城等 5 个猕猴桃主产县的覆盖率达到 100%。累计产量 72 295吨，产值 30.66 亿元，新增产值 23.196 亿元，利润 20.646 亿元；其中，2015 年投产果园 48 563亩，产量 43 555吨，产值 16.51 亿元，新增产值 12.596 亿元，利润 11.456 亿元，农户平均增收 2.305 万元，带动 16 135户农民脱贫奔小康。成果推广带动贵州猕猴桃产业的快速发展，其中红阳猕猴桃种植面积达到全省猕猴桃总面积的 50%以上，促进了贵州现代山地特色高效农业发展。

主要完成单位：贵州省园艺研究所、贵州省果树蔬菜工作站。

主要完成人：万明长、乔荣、黄伟、袁建琦、张荣全、杨玉坤、李世然、贾朝应、候锋、张道贵。

3. 杧果产业化关键技术研发与应用

2019 年神农中华农业科技奖二等奖。

该成果针对琼、桂、滇、川、黔、闽不同杧果产区的生态特点及产业技术需求，探明了全国杧果主产区的台农 1 号、金煌芒、贵妃芒、桂热芒 82 号、鹰嘴芒等 9 个杧果主栽品种的不同生育期及杧果养分需求规律；研发了杧果产期调节催花、轮换修剪、配方施肥、果实套袋、病虫害综合防控、采后保鲜等一批关键技术；优化了早、中晚熟区的主导杧果品种，集成应用杧果配方施肥、高压注射施肥、导灌系统施肥、滴灌高效水肥一体化施肥技术、山地杧果棒棒针状施肥技术等，每亩减少施肥量 10%~15%；针对全国杧果产业化布局及关键技术需求，构建不同产区的杧果产业技术应用推广模式，建立示范基地 58 个，关键技术推广 180 多万亩，推动我国杧果种植区域从海南、广西、云南、广东 4 省（区）增加到四川、福建、贵州 7 省（区），基本实现杧果的周年供应，助农增收 370 多亿元，产生了显著的经济社会与生态效益。

完成单位：中国热带农业科学院热带作物品种资源研究所、中国热带农业科学院环境与植物保护研究所、广西壮族自治区亚热带作物研究所、攀枝花市农林科学研究院、海南省农业科学院热带果树研究所、海南大学热带作物学院、云南省农业科学院热带亚热带经济作物研究所、福建省农业科学院果树研究所、贵州省亚热带作物研究所。

完成人：陈业渊、党志国、张贺、符悦冠、黄建峰、华敏、贺军虎、林电、蒲金基、高爱平、黄国弟、尼章光、李贵利、余东、龚德勇、朱敏、陈华蕊、黄朝举、李日旺、陈于福。

4. 山地杧果新品种鉴选及配套栽培技术集成与应用

2020年贵州省科学技术进步奖二等奖。

该成果针对贵州西南部“两江一河”流域低热河谷区的山地杧果产业发展技术需求，从资源收集，性状鉴定，新品种培育，创新利用，配套栽培技术集成应用等方面进行了系统研究。共收集杧果品种资源50份，构建了杧果种质资源鉴定评价和创新利用技术体系；选育出适合贵州山地种植的杧果品种8个并大面积推广应用，解决了贵州杧果主导品种缺乏的关键问题；创新应用杧果裸根苗保湿、集水保水、生草覆盖等栽培关键技术6项，集成构建了山地杧果配套栽培技术体系；形成了“院—地—企，产—学—研”技术研发与推广合作模式，推动了贵州杧果生产从2007年的零星种植发展到2018年7.6万亩，实现销售收入3.35亿元，打造了我国中晚熟杧果优势新产区。

完成单位：贵州省亚热带作物研究所、中国热带农业科学院热带作物品种资源研究所、广西壮族自治区亚热带作物研究所。

完成人：龚德勇、刘清国、黄建峰、李日旺、党志国、刘荣、黄海、罗世杏、田大清。

5. 贵州适栽草莓品种产业化关键技术集成与应用

2020年贵州省科学技术进步奖三等奖。

本成果大力推广了贵州适栽的4个新品种，解决了贵州草莓生产上缺乏优良品种的难题，且成为多地的主栽品种。建立了以最佳定植时间、密度、育苗方式等为主要措施的贵州草莓优质高产栽培技术规程，研究总结了草莓高效栽培模式，实现了良种良法配套，促进了贵州草莓生产的标准化和高效化。建立了“科研单位+公司+合作社（基地）+农户”的推广模式，形成了良好的成果转化机制，推动了贵州草莓的产业化发展。在省内各草莓主产区，通过“手把手”培训和长期跟踪技术指导，累计培训从业人员6 580人次，带动农户17 440人次，为贵州省培养了大批“懂技术、会经营”的草莓种植能手和科技二传手，为促进优良品种和配套高效栽培技术的应用奠定了人才基础。与4家企业签订了草莓品种授权协议书，建立了“科研单位+公司+合作社（基地）+农户”的推广模式，形成了良好的成果转化机制，促进了贵州草莓产业化发展。目前，4个品种在全国累计推广14.85万亩（缩值后，下同），创造产值42.08亿元，平均亩产值2.83万元。其中在贵州累计推广9.11万亩，创造产值16.54亿元，新增纯收益6.96亿元，平均亩产值1.82万元，亩增效1.52万元。该成果的关键技术已在国内多个草莓产区广泛应用，对有效增加优质水果供给，增强农业园区活力，助力脱贫攻坚和推动草莓产业可持续发展作出了重要贡献。

主要完成单位：贵州省园艺研究所、贵州省果树蔬菜工作站。

主要完成人：杨仕品、钟霈霖、乔荣、赵艳、王爱华。

（五）高效、创新技术模式

1. 果树林下经济高效种养技术模式集成

充分利用果树“占天不占地”的特点，探索不同果树行间种植蜜源植物、果园养禽、果树废弃枝条作为菌材生产食用菌等立体、生态、循环生产模式，总结出果树林下高效种养生产模式，为推动经果林“林下经济”提供技术支撑。

2. 苹果改接换种快速成形投产技术

针对矮化苹果植株树形紊乱、长势偏弱，没有形成丰产稳产树形的情况，对该类果园进行改接换种，并配套相应的管理技术，实现苹果品种、树形和树势的同步优化。

3. 樱桃树体改造技术

针对贵州省樱桃园大多管理较为粗放，树体高大，产量和果实品质降低，树体管理和采摘困难等问题，对树体进行矮化修剪，旨在达到提高品质，降低劳动力成本的目的。改造后实现了树高降低到 2.5 米以下，冠幅缩小 20%以上，商品果率增加 10%以上，采摘时间减少 25%以上，每亩节约成本 350 元以上。

4. 百香果篱壁架垂帘式修剪技术

针对前期百香果产区种植时采用棚架的搭架模式，透光率低，通风不畅，病虫害严重等一系列问题，开展百香果篱壁架栽培垂帘式修剪技术研究。通过垂帘式修剪技术可提高果园通风透光效率，减少植株菌类病害发生，提高果品质量，解决了百香果种植生产成本高问题。

5. 猕猴桃产业提质增效技术示范推广

通过优质高效土肥水管理技术、花果管控、病虫害综合防控、整形修剪等技术集成应用，平均亩产提高 20%以上，主要病虫害平均防效，达到 80%以上，商品果率提高到 80%以上。

6. 草莓新品种配套栽培技术集成与示范推广

主要针对自育草莓新品种病虫害绿色防控、节本增效、优质丰产等栽培技术进行研究，产量提高了 10%以上。

（六）产业人才培养

2018 年度，体系成员在贵州省开展优质高产栽培管理技术培训，累计发放技术资料 2 300份，培训各级农技人员、农民共计 1 650人次。

2019 年度，体系成员共开展培训及指导基层农技人员 672 人次、农民 2 344人次，发放技术资料 2 453份，释放螳螂、小花蝽 100 余万头，推广应用防控蚧壳虫农药膏剂 12 000余张。

2020 年度，体系成员累计培训基层农机人员、农户 2.98 万人次，发放培训资料 1.25 万份，防治药剂 500 件，累积悬挂诱捕器+诱芯 400 套，发放黄板 2 万张，农药贴膏 2 万张、螳螂低龄若虫 10 余万头；在疫情期间，文晓鹏教授通过贵州省电视台融媒体中心制作贵州动静 App 推出《贵州省精品水果技术培训之樱桃提质增效栽培技术》网上教学视频，指导培训 10 余万人次。

三、辣椒产业技术体系

（一）种植资源与新品种

“十三五”期间，辣椒技术体系依托单位贵州省辣椒研究所建成贵州辣椒种质资源中期库 1 个，资源保存能力 10 000份，收集保存资源 5 000余份，构建了辣椒 6 大类型突变体库，创制抗病材料 29 份、抗逆材料 22 份、特异标记材料 12 份、高品质材料 35 份。提纯改良大方皱椒、百宜辣椒等地方品种 5 个。育成登记辣椒新品种 18 个，创制不育系 10 套，鉴选优良品种 30 余个，其中适宜机械采收辣椒新品种辣研 102，被作为机械采收品种进行大面积生产示范，大果型珠子椒品种黔辣 10 号连续荣获遵义国际辣博会第四、第五届优秀辣椒品种，并被列为遵义换种工程主要品种之一，进行大面积示范推广。

1. 黔辣 9331

黔辣 9331 为杂交一代新品种，2016 年获贵州省农作物品种审定委员会审定证书，证书编号：黔审椒 2016007 号。

【特征特性】属无限生长型，早中熟，生育期 180 天左右，植株生长健壮，节间较短，株高 61. 20 厘米，株幅 61. 85 厘米，果长 6. 5 厘米左右，果宽 1. 4 厘米，平均单果质量 5. 54 克，果实单生向上、细锥形，青熟果浅黄色，老熟果鲜红色，转色快，味辣，果肉较厚、脆，连续坐果能力强。

【适制性】适用泡辣椒和糟辣椒加工。

【适栽地区】适合贵州省春季栽培。

2. 黔辣 8 号

黔辣 8 号为杂交一代新品种，2020 年获国家农业农村部非主要农作物新品种登记，登记编号：GPD 辣椒（2020）520639。

【特征特性】属无限生长型，早中熟类型，生育期为 180 天左右。株高 63 厘米，株幅 70 厘米，果长 9. 84 厘米，果肩宽 1. 42 厘米，全生单株结果数为 91 个，平均单果质量 7. 75 克。植株生长势较强，侧枝抽生能力强；叶片绿色，花瓣白色，果实单生向上、粗指形，青熟果绿色，老熟果鲜红色，味辣、香味浓郁，口感佳，商品性好。

【适制性】干鲜兼用型。

【适栽地区】适合在云贵高原生态区贵州遵义、毕节、安顺、黔南州、黔西南州地区春季种植。

3. 黔辣 9 号

黔辣 9 号为杂交一代新品种，2020 年获国家农业农村部非主要农作物新品种登记，登记编号：GPD 辣椒（2020）520748。

【特征特性】属无限生长型，早熟，全生育期为 160 天左右。株高 82 厘米，株幅 73 厘米，果长 4.5 厘米，果肩宽 2.9 厘米，单株结果数为 77 个左右，平均单果质量 11.75 克；叶片绿色，花瓣白色，果实单生向上、锥形，青熟果绿色，老熟果深红色，果面较光滑，油亮、转色快，味中辣，商品性好；植株生长健壮，侧枝 4 枝能成生产枝，连续坐果能力强。

【适制性】干鲜兼用型。

【适栽地区】适合在云贵高原生态区贵州遵义、毕节、安顺、黔南州、黔西南州地区春季种植。

4. 黔辣 10 号

黔辣 10 号为杂交一代新品种，2020 年获国家农业农村部非主要农作物新品种登记，登记编号：GPD 辣椒（2020）520714。

【特征特性】属无限生长型，早熟，全生育期为 165 天左右。株高 83 厘米，株幅 82 厘米，果长 2.05 厘米，果肩宽 2.9 厘米，单株结果数为 80 个左右，平均单果重 11.2 克，植株生长健壮，节间短，侧枝 4 枝能成生产枝，叶片深绿色，花瓣白色，果实单生向上、圆珠形，青熟果绿色，老熟果鲜红色，果面光滑、油亮、转色快，肉厚、脆，味中辣，口感好，商品性佳。

【适制性】干鲜兼用型。

【适栽地区】适合在云贵高原生态区贵州遵义、毕节、安顺、黔南州、黔西南州地区春季种植。

5. 黔辣 11 号

黔辣 11 号为杂交一代新品种，2020 年获国家农业农村部非主要农作物新品种登记，登记编号：GPD 辣椒（2020）520842。

【特征特性】属无限生长型，中熟，全生育期为 180 天左右。株高 83 厘米，株幅 77 厘米，果长 21.5 厘米，果宽 1.2 厘米，单株结果数为 80 个左右，平均单果重 10.39 克。叶片绿色，花瓣白色，果实单生向下、羊角形，青熟果绿色，老熟果深红色，果皮起皱，味中偏辣、口感好，商品性佳；好株生长健壮，节间较短，分枝性好，连续坐果能力强。

【适制性】干鲜兼用型。

【适栽地区】适合在贵州春季种植。

6. 黔辣 12 号

黔辣 12 号为杂交一代新品种，2020 年获国家农业农村部非主要农作物新品种登记，登记编号：GPD 辣椒（2020）520640。

【特征特性】属有限生长型，中熟，全生育期为 180 天左右。株高 55 厘米，株幅 52 厘米，果长 11.8 厘米，果肩宽 1.6 厘米，平均单果质量 10.35 克，叶片深绿色，花瓣白色，果实簇生向下、羊角形，青熟果深绿色，老熟果深红色，果面较光滑，光泽度好，味辣、商品性好。

【适制性】干鲜兼用型。

【适栽地区】适合在贵州春季种植。

7. 黔辣13号

黔辣13号为杂交一代新品种，2020年获国家农业农村部非主要农作物新品种登记，登记编号：GPD辣椒（2020）520641。

【特征特性】属无限生长型，早中熟，全生育期为170天左右。株高66厘米，株幅72厘米，果长7.1厘米，果肩宽1.65厘米，单株结果数为130个左右，平均单果质量5.69克，叶片绿色，花瓣白色，果实单生向上、细锥形，青熟果白色，老熟果橙色，果面光滑，味辛辣、观赏性强，连续坐果率强。

【适制性】干鲜兼用型。

【适栽地区】适合在贵州春季种植。

8. 黔辣14号

黔辣14号为杂交一代新品种，2020年获国家农业农村部非主要农作物新品种登记，登记编号：GPD辣椒（2020）520642。

【特征特性】属有限生长型，中熟，全生育期为180天左右。株高54厘米，株幅47厘米，果长5.3厘米，果肩宽1.61厘米，单株结果数为115个左右，平均单果质量5.43克。叶片绿色，花瓣白色，果实簇生向上、细锥形，青熟果白色，老熟果橙色，果面光滑；植株生长健壮，侧枝5~8枝能成生产枝，味辛辣、观赏性强。

【适制性】干鲜兼用型。

【适栽地区】适合在贵州春季种植。

9. 黔辣15号

黔辣15号为杂交一代新品种，2020年获国家农业农村部非主要农作物新品种登记，登记编号：GPD辣椒（2020）520643。

【特征特性】属有限生长型，早熟，全生育期为170天左右。株高46厘米，株幅50厘米，果长6.69厘米，果肩宽1.54厘米，单株结果数为130个，平均单果质量5.04克，叶片深绿色，花瓣浅紫色，果实簇生向上、细锥形，青熟果鲜紫色，老熟果深红色，果面较光滑，光泽度好；植株生长健壮，侧枝5~7枝能成生产枝，味辛辣、观赏性强。

【适制性】干鲜兼用型。

【适栽地区】适合在贵州春季种植。

10. 黔辣16号

黔辣16号为杂交一代新品种，2020年获国家农业农村部非主要农作物新品种登记，登记编号：GPD辣椒（2020）520644。

【特征特性】属无限生长型，中熟，全生育期为190天左右。株高70厘米，株幅61厘米，果长5.32厘米，果肩宽2.17厘米，单株结果数为82个，平均单果质量7.41

克。叶片绿色，花瓣白色，果实单生向上、锥形，青熟果绿色，老熟果红色，果面光滑、油亮；植株生长健壮，节间短，侧枝 5~7 枝能成生产枝，连续坐果能力强。

【适制性】干鲜兼用型。

【适栽地区】适合在贵州春季种植。

11. 黔辣 17 号

黔辣 17 号为杂交一代新品种，2020 年获国家农业农村部非主要农作物新品种登记，登记编号：GPD 辣椒（2020）520749。

【特征特性】属无限生长型，早熟，全生育期为 165 天左右。株高 75 厘米，株幅 76 厘米，果长 2. 41 厘米，果肩宽 3. 17 厘米，单株结果数为 60 个左右，平均单果质量 14. 31 克，叶片深绿色，青熟果绿色，花瓣白色，果实单生向上、圆珠形，果面光滑、油亮、转色快。植株生长健壮，节间短，侧枝 4 枝能成生产枝，连续坐果能力强。

【适制性】干鲜兼用型。

【适栽地区】适合在贵州春季种植。

12. 黔辣 18 号

黔辣 18 号为杂交一代新品种，2020 年获国家农业农村部非主要农作物新品种登记，登记编号：GPD 辣椒（2020）520750。

【特征特性】属无限生长型，早熟，全生育期为 160 天左右。株高 70 厘米，株幅 73 厘米，果长 3. 51 厘米，果肩宽 3. 04 厘米，单株结果数为 65 个左右，平均单果质量 14. 0 克。叶片深绿色，花瓣浅紫色，青熟果深紫色，老熟果深红色，果实单生向上、心形，果面光滑、油亮、转色快、味辣。植株生长健壮，节间短，侧枝 4 枝能成生产枝，连续坐果能力强。

【适制性】干鲜兼用型。

【适栽地区】适合在贵州春季种植。

13. 黔辣 19 号

黔辣 19 号为杂交一代新品种，2020 年获国家农业农村部非主要农作物新品种登记，登记编号：GPD 辣椒（2020）520995。

【特征特性】属无限生长型，中熟，全生育期为 180 天左右。株高 86 厘米，株幅 81 厘米，果长 2. 82 厘米，果肩宽 3. 35 厘米，单株结果数为 70 个左右，平均单果质量 13. 45 克。叶片绿色，花瓣白色，青熟果绿色，老熟果鲜红色，果实单生向下、圆珠形，果面光滑、油亮、转色快，果实硬、脆。连续坐果能力强，植株生长健壮，节间较短，侧枝 4 枝能成生产枝。

【适制性】干鲜兼用型。

【适栽地区】适合在贵州春季种植。

14. 贵遵朝天椒 4 号

贵遵朝天椒 4 号为杂交一代新品种，2020 年获国家农业农村部非主要农作物新品种登记，登记编号：GPD 辣椒（2020）520812。

【特征特性】属无限生长型，早中熟类型，全生育期为 170 天左右。株高 67 厘米，株幅62厘米，果长8.51厘米，果肩宽1.41厘米，单株结果数为146个左右，平均单果质量6.56克。叶片绿色，花瓣白色，果实单生向上，指形，青熟果绿色，老熟果深红色，果面光滑，味辛辣香味浓郁，口感佳，商品性好。

【适制性】干鲜兼用型。

【适栽地区】适合在贵州春季种植。

15. 贵遵朝天椒5号

贵遵朝天椒5号为杂交一代新品种，2020年获国家农业农村部非主要农作物新品种登记，登记编号：GPD辣椒（2020）5201127。

【特征特性】属无限生长型，早中熟类型，全生育期为165天左右。株高59厘米，株幅63厘米，果长2.7厘米，果肩宽3.32厘米，单株结果数为74个，平均单果质量12.58克；植株生长势较强，节间较短，叶片绿色，花瓣白色，果实单生向上、球形，青熟果绿色，老熟果红色，果面光滑、油亮，果肉厚、脆，味中辣带甜，口感佳，商品性好。

【适制性】干鲜兼用型。

【适栽地区】适合在云贵高原生态区贵州遵义、毕节、安顺、黔南州、黔西南州地区春季种植。

16. 贵遵朝天椒9号

贵遵朝天椒9号为杂交一代新品种，2020年获国家农业农村部非主要农作物新品种登记，登记编号：GPD辣椒（2020）520813。

【特征特性】属无限生长型，中熟类型，全生育期为180天左右。株高65厘米，株幅62厘米，果长5.0厘米，果肩宽2.4厘米，单株结果数为95个，平均单果质量7.04克。植株生长势较强，侧枝抽生能力强；叶片绿色，花瓣白色，果实单生向上、锥形，青熟果绿色，老熟果红色，果面光滑，光泽好，味辣，商品性好。

【适制性】干鲜兼用型。

【适栽地区】适合在贵州春季种植。

17. 辣研101

辣研101，中熟，干制、加工型辣椒品种。由贵州省辣椒研究所采用三系法选育的强恢复优势杂交组合。2020年获国家农业农村部非主要农作物新品种登记，证书编号：GDP辣椒（2020）520292。

【形态特征】植株生产旺盛，分枝能力强，株型紧凑。株高69.86厘米，株幅57.50厘米，茎粗0.11厘米，首花节位9节，叶片深绿色、卵圆形、尖端较尖，节间略带紫色斑，花瓣白色，果单生向上，长指形，果面光滑，红椒着色鲜艳，单果鲜重4.89克，果长6.48厘米，果宽1.45厘米，果柄长2.68厘米，单株结果162个，味香辣，坐果率高，纯度好，平均生育期193天，植株整齐一致，产量高，抗倒性好，平均亩产鲜椒1 500公斤以上。

【产品用途】主要用于制干和加工。

【适栽地区】适宜在贵州及相似辣椒种植区春夏季节露地种植。

18. 辣研 201

辣研 201，早熟，鲜食、加工型辣椒品种。由贵州省辣椒研究所采用三系法选育的强恢复优势杂交组合。2020 年获国家农业农村部非主要农作物新品种登记，证书编号：GDP 辣椒（2020）520840。

【形态特征】植株长势旺盛，分枝能力强，株型中等，株高 59 厘米，株幅 65 厘米，茎粗 0.12 厘米，首花节位 5 节。叶片绿色、卵圆形、较小、尖端较尖。节间略带紫色。花瓣白色，开花向下。果实线形，果长 18.4 厘米，横径 1.62 厘米，果肉厚 0.2 厘米，单株结果 77 个，青果浅绿色，老熟果红色，果实单生向下，果面微皱，坐果集中，平均生育期 182 天，果形两端细，中间略粗。味微辣，味香辣，坐果率高，三系配套选育品种，纯度好。植株整齐一致，产量高，抗倒性好，平均亩产鲜椒 3 000公斤以上。

【产品用途】主要用于鲜食和加工。

【适栽地区】适宜在贵州及相似辣椒种植区冬春季节大棚栽培、春夏季节露地种植。

（二）专利

1. 辣椒抗旱品种的选育方法

发明专利（ZL01310418882.9，2013）。

本发明涉及植物新品种培育技术领域，具体来说是一种辣椒抗旱品种的选育方法；包括如下步骤：①辣椒种子萌发期抗旱品种材料鉴选；②苗期抗旱品种材料鉴选；③盛花期抗旱性鉴选；本发明选育方法所选育的辣椒品种，不但具有优越的耐旱性，而且新选育品种仍具有优秀的产量，同时所产辣椒品质优良；它可适应山区缺水或者少水的生长条件，表现出良好的耐干旱性。

发明单位：贵州省辣椒研究所。

发明人：杨红、姜虹。

2. 辣椒地方品种的提纯复壮方法

发明专利（ZL 2014 1 0101151.6，2014）。

本发明涉及植物品种资源保护与利用技术领域，具体来说是一种辣椒地方品种的提纯复壮方法，包括如下步骤：①选地与隔离；②种子处理；③育苗；④田间管理；⑤除杂去劣；⑥果选法；⑦单株选择；⑧片选法；⑨扩大繁殖；本发明能加快地方辣椒品种提纯复壮进度，所提纯复壮的辣椒种子纯度高、辣椒果品质、产量和抗性能得到显著提高。

发明单位：贵州省辣椒研究所。

发明人：杨红、姜虹、余文中、詹永发。

3. 辣椒地方品种的提纯复壮方法

发明专利（ZL 2014 1 0101133.8，2014）。

本发明涉及植物杂交制种技术领域，具体来说是一种辣椒杂交制种标记方法；包括如下步骤：①确定辣椒杂交授粉时期；②杂交制种选定的母本植株标记；③杂交父本花粉采集；④去雄杂交与套花隔离；⑤杂交花位标记；⑥种果标记；⑦采果与处理；本发明制种标记方法所得的辣椒杂交种子，能杜绝品种采果混杂，保证种子的纯度，能确保后期试验研究的正确性和生产用种的一致性。

发明单位：贵州省辣椒研究所。

发明人：杨红、姜虹。

4. 辣椒定植坑打孔器

实用新型专利（ZL 2015 2 0961737. x，2014）。

本实用新型公开了辣椒定植坑打孔器，在钻尖的顶部设有连杆，在连杆的顶部设有双层结构的把手，在把手的两层之间设有对称设置的弹簧，连杆的顶部穿过把手，其顶端通过弹子与把手的顶层连接，在连杆的顶端至把手的底层之间的部分设有螺纹段，把手的底层与连杆的螺纹段之间为螺纹连接。本实用新型使用特定的工具打定植坑，能快速有效的保证定植坑的大小和深度，所打出的定植坑较深，辣椒苗几乎完全在定植坑内，定植坑起到了遮阴的效果，定植后至定根前太阳暴晒影响不大，辣椒倒伏率较常规栽培低，产量较常规栽植方法高。

发明单位：贵州省辣椒研究所。

发明人：詹永发、田应书。

5. 一种辣椒不育系母本人工授粉器

实用新型专利（ZL 2015 2 1035593. 1，2015）。

本实用新型涉及一种辣椒不育系母本人工授粉器，弯折喷管的前端安装有授粉器喷头，弯折喷管的后端与授粉器喷管相连通，授粉器喷管的后端安装有加压气囊，授粉器喷管与加压气囊之间安装有花粉阻断器；授粉器喷管的中部设置有通孔，通孔内安装有花粉漏斗，花粉漏斗的上端与贮粉器相连通。该辣椒不育系母本人工授粉器取材容易，制作简单；授粉快速，提高工效；单生花采用圆形授粉器喷头，轻压加压气囊，出粉量少；簇生花采用“十”字形授粉器喷头，喷粉面积大。掌握挤压气囊压力，控制出粉量，可减少花粉用量。因不与辣椒花的柱头接触，所以不易触伤花的柱头，可增加授粉株的坐果率。

发明单位：贵州省辣椒研究所。

发明人：姜虹、杨红、赖卫、刘崇政、牟玉梅、杨胜特、涂祥敏、杨万荣。

6. 一种植物盆栽容器

实用新型专利（ZL 2017 2 0615061. 8，2017）。

本实用新型是一种植物盆栽容器，包括盆体和设于盆体下面的托盘，盆体内部设有木浆棉无纺布制作的种植袋，种植袋口上设有若干根吸水条，种植袋内设有圆形固定网，固定网上的网孔孔径为5毫米，在固定网中部设有种植孔，种植孔的孔径为4厘米。在本实用新型的技术方案中，因为在盆体内部设有由木浆棉无纺布制作的种植袋，种植袋口上设有若干根吸水条，其作用是：一是防止盆栽用基质在后期管理中通过花盆底孔流出，影响家庭卫生；二是在管理中盆栽基质可通过木浆棉无纺布种植袋快速从托盘中吸水吸肥，通过种植袋及吸水条，还能保证花盆基质上下水肥量的一致性。

发明单位：贵州省蚕业研究所。

发明人：杨红、姜虹、刘崇政、赖卫、牟玉梅、杨万荣、胡仕叶、杨胜特。

7. 一种辣椒漂浮育苗池池水加热循环装置

实用新型专利（ZL 2017 2 0483978.7，2017）。

本实用新型公开了一种辣椒漂浮育苗池池水加热循环装置，它在育苗池的上方横设了一根用于输水的钢管，该钢管的两端分别设有进水口和出水口，该钢管的出水口位于育苗池上方；该钢管的进水口通过一根连接软管与育苗池中的热水循环泵连接；在所述钢管外设有一层用于对其内的水进行加热的电伴热带。该装置可在温度较低时对育苗池的池水进行加温，促使辣椒提早发芽，减少育苗池绿藻滋生，使幼苗更快更好生长，且可缩短辣椒生长周期，使辣椒提早上市。

发明单位：贵州省蚕业研究所。

发明人：梁传静、邢丹、胡明文、张爱民、袁圆、王永平、熊仕娟。

8. 一种简便的辣椒播种器

实用新型专利（ZL 2017 2 0484052.X，2017）。

本实用新型公开了一种简便的辣椒播种器，包括种子容器、种子分流部件和种子流出部件；所述种子分流部件包括设置于分流部内部的一个通过操作手柄操作旋转的分流盘。该辣椒播种器设计合理，操作简单，可实现精准快速播种，降低人工劳动强度及人力成本，环保健康，便于工厂化生产等优点。

发明单位：贵州省蚕业研究所。

发明人：袁圆、邢丹、胡明文、张爱民、梁传静、王永平、熊仕娟。

9. 一种精准快速辣椒定位移栽器

实用新型专利（ZL 2017 2 0643351.3，2017）。

本实用新型公开了一种精准快速辣椒定位移栽器，包括用于放入辣椒幼苗的漏斗状放苗口，该漏斗状放苗口下方设有圆柱体结构的移栽管，移栽管底部设有四个锥状的定植头；在定植头上部沿移栽管侧面设有两根向外延伸的定位杆，两根定位杆的延伸方向互相垂直。该辣椒定位移栽器设计合理，可实现精准定点的同时快速定植，操作简单、省力，降低人工劳动强度及人力成本，而且定位杆可收缩，具有便于携带、储放的优点。

发明单位：贵州省辣椒研究所。

发明人：邢丹、宋拉拉、廖芳芳、胡明文、张爱民、王永平、梁传静、袁圆、熊仕娟。

10. 评价不同种植土壤中辣椒对 Cd 抗性的方法

发明专利（ZL 2015 1 0612511.3，2015）。

本发明公开了一种评价不同种植土壤中辣椒对 Cd 抗性的方法，该方法包括采集自然条件下未受 Cd 污染的土壤样品；制备不同污染程度、不同类型 Cd 污染土壤并装盆；将辣椒幼苗分别移栽到制备出的不同污染程度、不同类型 Cd 污染的土壤中，并按常规方法种植管理辣椒；测试移栽种植在不同土壤中的辣椒生理指标和形态指标；计算辣椒各项指标抗Cd系数，并对其进行主成分分析；采用隶属函数法综合评价不同Cd污染程度和不同种植土壤中辣椒对Cd抗性。

发明单位：贵州省辣椒研究所。

发明人：邢丹、王永平、张爱民、蓬桂华、廖芳芳、詹永发、苏丹、付文婷。

11. 一种漂浮育苗防鼠虫害的拱棚结构

发明专利（ZL 2015 1 0843801.9，2015）。

本发明涉及一种漂浮育苗防鼠虫（蟑螂）害的拱棚结构，包括若干个并列设置的棚架，棚架的两端设有竖向的竖杆，竖杆插入地面固定；棚架的上端中央设有纵向的顶梁，地面上方的竖杆上设有侧梁；侧梁的内侧设有边板；地面上侧和边板内侧铺设有塑料膜；塑料膜的上侧放置有育苗盘；同一个棚架的两个竖杆的间距为145厘米；侧梁距地面的高度为15厘米。本发明采用棚架与顶梁、侧梁组合的结构，能够便捷拆卸组合和维护，减少使用和维护成本；采用15厘米高的侧梁和塑料膜边缘结构，能够有效防止鼠害和蟑螂为害，使鼠和蟑螂不能够进入育苗盘，确保苗木和种子的顺利生长，减少鼠虫害损失。

发明单位：贵州省辣椒研究所。

发明人：杨红、姜虹、刘崇政、赖卫、牟玉梅、杨万荣、涂祥敏、苏丹。

12. 一种辣椒丸粒化种子手持播种装置

实用新型专利（ZL 2018 2 0251947.3，2018）。

本实用新型公开了一种辣椒丸粒化种子手持播种装置，包括吸气囊球、分气管道和吸头，吸气囊球开口处连接有分气管道，分气管道为“T”形结构，包括两端封闭的水平管和垂直于水平管中部的竖直管并与水平管内部连通，竖直管自由端连接到吸气囊球，水平管下侧设置有多个间隔均匀的并排吸头并与吸头内部连通，吸头下端设置有种子吸入口。本实用新型通过挤压吸气囊球获得吸力，将丸粒种子吸附到分气管道下面吸头内，然后置于一定规格（行间距）的秧盘上，一次喷出多颗种子，提高小粒种子的播种效率，保证每穴单粒种子，控制密度，减少浪费，利于规范化育苗，获得生长长势一致的幼苗，有效解决了现有技术中存在的播种效率低和劳动强度大的问题。

发明单位：贵州省蚕业研究所。

发明人：袁圆、邢丹、胡明文、吴康云、梁传静。

13. 一种漂浮育苗快速控水装置

实用新型专利（ZL 2018 2 0983587.6，2018）。

本实用新型公开了一种漂浮育苗快速控水装置，包括育苗水池和托盘网架，所述育苗水池的侧面设置有刻度条，且刻度条的上方设置有定滑轮，所述定滑轮的下方设置有链条，且链条的下方设置有绞盘，所述绞盘的侧面设置有固定孔，且固定孔的内侧设置有固定销，所述绞盘的内侧设置有主轴，且主轴的右端设置有摇柄，所述主轴的侧面设置有传动带，且传动带的侧面设置有从动轴，所述托盘网架位于育苗水池的内侧，且托盘网架的下方设置有支撑杆。该漂浮育苗快速控水装置设置有绞盘，在装置的使用过程中配合定滑轮和链条使用可以通过摇动摇柄带动托盘网架上升离开水面，从而对育苗盘进行控水，而不需要搬动漂浮盘，提高装置的实用性。

发明单位：贵州省蚕业研究所。

发明人：王永平、胡明文、邢丹。

14. 一种辣椒南繁制种漂浮育苗肥水管理方法

发明专利（ZL 2015 1 0843164. 5，2015）。

本发明提供一种辣椒南繁制种漂浮育苗肥水管理方法，包括以下步骤：步骤一：育苗漂盘放入育苗池前，给育苗池内加入一定量的尿素、磷酸二氢钾、强力生根壮苗剂、水溶性腐殖酸肥，加入肥料在育苗池水中搅拌均匀，然后放入播种的漂浮育苗盘；步骤二：在辣椒第二片真叶完全展开后，给育苗池内加入一定量尿素、磷酸二氢钾、强力生根壮苗剂、水溶性腐殖酸肥、微量元素平衡肥。

发明单位：贵州省辣椒研究所。

发明人：杨红、姜虹、赖卫、刘崇政、牟玉梅、杨万荣、涂祥敏。

15. 一种室内盆栽观赏辣椒的种植方法

发明专利（ZL 2017 1 0395694. 7，2017）。

本发明是一种室内盆栽观赏辣椒的种植方法，步骤包括①花盆准备；②培养基准备；③辣椒种植；④后期管理。在本发明的技术方案中，因为在盆体内设有带吸水条的种植袋，其作用：一是防止盆栽用基质在后期管理中通过花盆底孔流出，影响家庭卫生；二是在管理中盆栽基质可通过无纺布种植袋快速从托盘中吸水吸肥，通过种植袋及布条，还能保证花盆基质上下水肥量的一致性；三是种植袋内设有固定网，避免传统种植方法中基质质地较轻，辣椒株型大并挂果后容易翻根的问题。

发明单位：贵州省蚕业研究所。

发明人：杨红、姜虹、刘崇政、赖卫、牟玉梅、杨万荣、胡仕叶、杨胜特。

16. 适合于贵州地区黏壤土机械打孔定植辣椒幼苗的方法

发明专利（ZL 2018 1 0957886. 7，2018）。

本发明公开了一种适合于贵州地区黏壤土机械打孔定植辣椒幼苗的方法，包括如下步骤：①土地整治；②辣椒机械打孔定植：4 月上旬末至中旬初，待倒春寒刚结束，温度初回升，用柴油机旋转打孔器打定植孔，定植孔为孔深 10～12 厘米，上口径 6～8 厘米的倒圆锥形孔，拔出苗高 10～12 厘米、茎秆半硬化的漂浮培育的健壮幼苗投入定植孔内，轻搅定植孔内辣椒幼苗四周的土壤，让土壤刚好覆盖到幼苗子叶下的根茎处并浇加入尿素、生根粉、防地下害虫的定根水 80～100 毫升；③封定植口：定植后 12 天，用土固苗，并把椒苗四周填满及把薄膜口封好。本发明的方法适合于贵州地质及气候特点的。

发明单位：贵州省蚕业研究所；遵义市红花岗区虾子镇人民政府。

发明人：杨红；赖卫；刘崇政；林洪波；姜虹；奉泽丽；黄冬福；梁郸娜。

17. 用于打孔定植的辣椒幼苗的漂浮育苗方法

发明专利（ZL 2018 1 0957887. 1，2018）。

本发明公开了一种用于打孔定植的辣椒幼苗的漂浮育苗方法，包括如下步骤：①2月下旬，在育苗大棚内，将装好育苗基质、播好种的漂盘放入装有育苗液的漂浮池中；②辣椒苗出土后，第一片真叶全展开时，放干池水炼苗，直到真叶开始萎蔫后向漂浮池加入育苗液；③6~8 天后放干水炼苗，幼苗萎蔫后复水，辣椒苗吸水恢复树势后又放水炼苗，反复炼苗 2~3 次，直至辣椒苗茎秆变硬、半木质化后停止炼苗；④4 月上旬末进入倒春寒时放干池水，计划取苗定植前 1 天向漂浮池加入育苗液。

发明单位：贵州省蚕业研究所；遵义市红花岗区虾子镇人民政府。

发明人：杨红、刘崇政、赖卫、奉泽丽、姜虹、林洪波、梁郸娜、黄冬福。

18. 一种辣椒的贮藏保鲜方法及其应用

发明专利（ZL 2017 1 0441187. 2，2017）。

本发明提供一种辣椒的贮藏保鲜方法及其应用，涉及食品制作领域，包括：以木本植物或/和草本植物作为燃料对铁锅进行加热，使铁锅内的温度达到 30~40℃；向所述铁锅内依次加入菜籽油进行加热、加入切段处理后的干辣椒进行第一次翻炒使辣椒发生第一脱水，加入筛拣后的花椒进行第二次翻炒，得到包含脱水较完全的辣椒的混合料；在 40~50℃条件下对所述混合料酒精杀菌处理后立即进行真空包装，使辣椒贮藏保鲜。

发明单位：贵州省蚕业研究所。

发明人：何建文、付文婷、黄冬福、胡明文。

19. 一种辣椒耐镉或低镉优异种质资源的筛选方法

发明专利（ZL 2017 1 0362772. 3，2017）。

本发明公开了一种辣椒耐镉或低镉优异种质资源的筛选方法，包括用镉溶液胁迫处理辣椒种子在发芽床中进行发芽培养，培养后，通过计算发芽率，发芽势并进行聚类分析，将发芽率，发芽势达到设定数据的一类辣椒品种作为耐镉种质资源。

发明单位：贵州省蚕业研究所。

发明人：廖芳芳、邢丹、王永平、姜敬伟、张爱民、蓬桂华、苏丹、胡明文。

20. 一种背负搅拌式混合肥液体施肥器

实用新型专利（ZL 2019 2 2385148. 2，2017）。

本实用新型提供一种背负搅拌式混合肥液体施肥器，贮肥箱底部一体式设置有出肥口，且出肥口外通过设置管道连接有控制把手；所述控制把手的两端均为螺纹接口，且控制把手另一端设置管道连接有枪头；所述贮肥箱底部穿过内侧设置有电动搅拌器。该施肥器能解决的问题主要包括三个方面：一是通过电动搅拌器，使一些难溶于水，易沉淀的肥料保持悬浮液状态，不产生沉淀，保证施肥均匀，不阻塞施肥器管道，不浪费肥料；二是通过特定液囊，实现定量化施肥；三是通过特定枪头，可将肥料施入作物最易吸收的位置。

发明单位：贵州省蚕业研究所。

发明人：詹永发、田应书、吴康云、何建文、邢丹、蓬桂华、付文婷、黄冬福、范高领、吴迪。

（三）标准与技术规程

1. 贵州辣椒干 第 1 部分：朝天椒辣椒干（DB52/T 978. 1—2020）

本标准规定了朝天椒辣椒干的定义、质量指标、分级要求、检验方法、检验规则、包装、贮藏及运输要求。适用于贵州范围内朝天椒（锥形、指形、球形）辣椒干的生产和经营。

起草单位：贵州省辣椒研究所、贵州省农业农村厅、贵州省市场监督管理局、贵州大学、遵义市农业农村局、贵州交投农业产业发展有限公司、绥阳县农业农村局、湄潭县农业农村局、贵州省辣椒产业协会。

主要起草人：王雪雅、张绍刚、胡蓉、吴康云、谭书明、张洪俊、毛东、付陆、孙小静、李文馨、陆敏、程军、罗仁发、张小明、佟硕秋、蓬桂华。

2. 贵州辣椒干 第 2 部分：线椒辣椒干（DB52/T 978. 2—2020）

本标准规定了线椒辣椒干的定义、质量指标、分级要求、检验方法、检验规则、包装、贮藏及运输。适用于贵州范围内线椒（果皮光滑或皱皮）辣椒干的生产和经营。

起草单位：贵州省辣椒研究所、贵州省农业农村厅、贵州省市场监督管理局、毕节市植保质检站、黄平县农业农村局、贵州大学、贵州交投农业产业发展有限公司、铜仁市农业产业化办公室、贵州省辣椒产业协会。

主要起草人：蓬桂华、朱守亮、吴康云、张洪俊、陈祖瑶、孙小静、李文馨、陆敏、罗爱民、刘涛、丁筑红、张小明、李伟、王雪雅、王洪亮、阮军。

（四）科技奖励

1. 辣椒资源创制及黔辣新品种选育与配套技术研究应用

2017 年度贵州省科技进步二等奖。

本成果主要针对贵州辣椒生产上特色品种缺乏、栽培技术落后，开展研究并进行推广应用。开展了加工型小辣椒资源收集与系统研究，建立了全国最丰富的小辣椒资源库；研究创新了“辣椒地方品种的提纯复壮方法”“辣椒抗旱品种的选育方法”和“辣椒杂交制种标记方法”等选育种发明专利技术，鉴选培育出抗旱材料、抗疫病材料、高红色素材料和园艺观赏型等特异材料共 29 份，创制出各种类型的雄性不育系和保持系 6 套、恢复系 5 份，在国内率先实现了各种小辣椒雄性不育三系制种；培养出不同熟期、抗旱优质的黔辣 2 号、黔辣 3 号和黔辣 4 号等 3 个新品种通过贵州省省级审定；集成创新了“辣椒漂浮育苗基质的制作方法”和“两段式辣椒干制方法”发明专利技术和创新了省力、高效的喷雾器点灌技术并在生产上率先推广应用，提高了辣椒产量和商品性；从辣椒选育种、育苗、田间管理、采摘与干制整个生产环节制定发布了《贵州辣椒地方品种提纯复壮技术规程》《辣椒漂浮育苗技术规程》《辣椒喷雾器点灌技术规程》《贵州辣椒烘烤干制技术规程》等 8 项贵州省地方标准，构建了辣椒安全高效生产技术体系。累计发表论文 28 篇，其中核心期刊 22 篇；项目组 3 人晋升研究员、3 人晋升副高；培训技术骨干和农民 1. 3 万人次；2009—2016 年，在省内外累计推广新品种、新技术658.79万亩，新增效益和节本21.56亿元，经济、社会与生态效益显著。

完成单位：贵州省辣椒研究所。

完成人：杨红、姜虹、刘崇政、赖卫、詹永发、余文中、涂祥敏。

2. 贵州辣椒种质资源评价及改良应用

2019年度贵州省科技进步三等奖。

本成果针对贵州辣椒品种混杂、产量低、品质退化等突出性问题，系统性开展了贵州辣椒种质资源鉴定、分类、评价及改良应用研究。创新辣椒种质鉴定技术，实现辣椒种质快速准确鉴定；创建了花药培养再生技术体系，解决了花药培养出胚难，再生植株成活率低的突出问题。创建了贵州辣椒种质鉴定技术标准体系，从种质资源保存、分类及鉴定方面规范了辣椒种质资源鉴定技术标准。创建了辣椒种质SSR标记鉴定技术及辣椒花药培养再生技术，建立了贵州辣椒种质鉴定技术标准，鉴选评价出一批核心种质，提纯改良了黄平线椒、福泉线椒、大方线椒、大方皱椒和百宜辣椒5个地方名优辣椒品种，选育辣椒品种1个，平均增产552.2公斤/亩，增产幅度达34.56%~77.62%。推广面积52.32万亩，新增经济效益6.6亿元。

完成单位：贵州省辣椒研究所、贵州省果树蔬菜工作站、黄平县农业农村局。

完成人：何建文、韩世玉、赵艳、付文婷、罗爱民、詹永发、苏丹。

3. 辣椒轻简省力栽培技术集成与应用

2020年度贵州省农业丰收一等奖。

本成果针对贵州喀斯特山区的耕地零碎、坡耕地多，土壤黏重、季节性雨季和干旱频繁明显及农作人员多为老弱妇、劳动力匮乏问题，开展了山地辣椒的轻简省力化栽培技术集成研究。集成创新了健壮幼苗和大苗培育的辣椒集约化漂浮育苗技术、适宜贵州山地的辣椒幼苗提前移栽和辣椒抗倒伏抗旱的省力化机械打孔定植技术及适宜贵州山地辣椒田间肥水和土传病虫害防控管理的轻简省力化喷雾器点灌技术。通过技术提炼轻简化、技术推广标准化、技术培训多样化、技术示范辐射化等技术管理措施和分级管理、协同转化，产学研联合，科研+管理+基地（合作社、企业）+农户结合等组织管理措施，三年在全省9个市（州）72个县（市、区）累计推广674.4万亩，总经济效益152.87亿元，新增效益或节本20.14亿元，经济效益显著；技术的推广及应用覆盖全省多个贫困县、乡（镇）、村，带动8 810名贫困人口增收，培训农民17 100人次，制定贵州地方标准2项，申请发明专利3件，新起草地方标准1项，经济、社会、生态效益显著。

完成单位：贵州省辣椒研究所、贵州省土壤肥料工作总站、遵义市种植业发展服务中心。

完成人：杨红、夏忠敏、赖卫、罗仁发、罗爱民、胡建宗、罗来惠、伍正志、孙先勇、王萍、姜虹、梅映雪、袁方强、杨国勇、许元勇、严希、张洪涌、李奎、杨元慈、陈斗艳。

4. 贵州辣椒鉴定核心体系建立及评价应用

2020年度贵州省农业科学院科学技术二等奖。

本成果针对贵州辣椒品种混杂、产量低、品质退化等突出性问题，系统性开展了贵州辣椒种质资源鉴定、分类、评价及改良应用研究。创建了辣椒种质SSR标记鉴定技术及辣椒花药培养再生技术，建立了贵州辣椒种质鉴定技术标准，鉴选评价出一批核心种质，提纯改良了黄平线椒、福泉线椒、大方线椒、大方皱椒和百宜辣椒5个地方名优辣椒品种，选育辣椒品种1个，平均增产552.2公斤/亩，增产幅度达34.56%~77.62%。推广面积52.32万亩，新增经济效益6.6亿元。该成果在辣椒种质资源鉴定、评价及利用方面有较大创新，技术难度较大。市场竞争力较强，成果转化程度较高，取得了较大的社会经济效益，对助推贵州山地特色高效农业发展和精准脱贫成效显著。

完成单位：贵州省蚕业研究所。

完成人：何建文、韩世玉、张绍刚、蓬桂华、詹永发、罗爱民、汪建军、胡光萍、罗燕。

（五）高效创新技术模式

1. 早春白菜—辣椒—甘蓝一年三熟高效栽培技术

蔬菜是贵州省的十二大特色优势产业之一，在推动贵州省农业产业结构调整和山地现代特色高效农业发展贡献较大。该文探索出一套适宜贵州省中高海拔地区的早春白菜—辣椒—甘蓝一年三熟高效栽培模式，旨在提供土地利用效益，实现蔬菜周年生产，提高菜农种植收益，从而保障贵州省蔬菜的周年生产和供给。早白菜品种选择冬性强，耐先期抽薹、生长期较短、抗软腐病，高产、优质的品种，如黔白5号、黔白9号、韩国强势等；辣椒品种选择型优质、抗病、高产品种，如长辣红帅、红辣18、遵辣9号等；甘蓝品种选择早熟牛心甘蓝，如上海牛心、重庆牛心甘蓝等。该模式适宜于贵州省800~1 300米海拔的区域。其中海拔800~1 100米，1月平均温5.0~6.6℃的地区，春白菜2月中旬播种，3月上旬定植，4月中旬上市。海拔1 100~1 300米，1月平均温4.2~5.0℃的地区，春白菜2月底播种，3月底定植，地膜覆盖栽培，4月底上市；辣椒3月下旬至3月底播种，4月下旬至5月底定植，7月下旬至10月上旬采收；甘蓝9月中下旬播种，10月中下旬定植，翌年2月初至2月底收。

2. 山地辣椒轻简化栽培技术

针对喀斯特地区耕地分布不连续、地块分散，依靠大型机械化提高劳动生产率受到较大制约，辣椒生产成本居高不下等问题，研究形成的技术体系。通过小型机械化漂浮育苗技术，实现了辣椒单粒精确集约化播种育苗，解决了常规冷床育苗浪费种子、间苗定苗、壮苗率不高等问题；通过小型机械旋耕、开厢、覆膜技术，实现了露地包沟起垄机械化、标准化，解决了人工整地费时费力、厢面宽度与垄高不一致、覆膜覆土人工劳力投入大等问题；通过机械化移栽技术，实现机械化、标准化定植，解决辣椒移栽深度、株行距不一致、劳动强度大问题；通过减施化肥、增施有机肥、水肥一体化技术，实现水肥同步管理和高效利用，解决以往化肥投入大、土壤板结、水和肥分开投入的问题；通过无人机飞防技术，实现病虫害绿色高效防控，解决施用毒性较大农药、人工喷雾费时低效等问题；通过脱叶催熟技术，实现辣椒果实集中转红，解决辣椒成熟期受光率低、转红慢等问题。通过集中应用，实现了喀斯特地区辣椒生产农机农艺融合、良种良法配套、生产生态协调。

3. 早春辣椒苗期管理技术

贵州省罗甸、望谟、册亨、三都等低热河谷区处于早春辣椒苗期管理和准备移栽的关键时期，受近期寒潮影响，低温凝冻天气频发，给辣椒生产造成诸多风险。

苗期管理：目前正值严寒，要求苗棚内最低温度不能低于5℃；当气温低于5℃时，大、中棚育苗的应在棚内加盖小拱棚，小拱棚育苗的应在棚外加盖草帘。温度上升后注意随时揭开小拱棚，短时通风换气时，要防止冷风直接吹入苗床伤苗。椒苗移栽前7~10天，断水、断肥炼苗2~3次。移栽前1天停止炼苗，让椒苗充分吸足水肥。

物资准备：肥料，按照亩施有机肥200公斤、过磷酸钙30~50公斤、复合肥（N：P：K比例可根据当地土壤肥力进行配比）30~50公斤的用量准备。或者选用辣椒专用肥营养套餐（其中追肥的N：P：K比例为15：5：25）。农药，推荐使用高效低毒农药，比如宁南霉素、吡唑醚菌酯、丙环·嘧菌酯等。地膜，1.3米宽的白色或黑色地膜，10~15公斤/亩。

整地开厢：要做好提前开厢、下雨覆膜、适时移栽的准备。移栽前深耕碎土，按照1.2米包沟起厢，厢面施肥后耙平覆膜。保持厢面宽80厘米，沟宽40厘米，垄高确保至少20厘米。

移栽：待气温稳定在10℃以上时，选取6~8片真叶、株高15~20厘米、茎粗0.3~0.4厘米时，生长健壮、叶色浓绿、根系发达、无病虫害的壮苗双行单株深窝定植，株行距40厘米×50厘米，亩植2 600株左右。定植后用低毒高效类农药兑水浇灌定根，培土压膜，覆盖小拱棚。

在田辣椒管理：检查地膜和拱棚膜完整性，盖严封实。田块中有积水时，及时排水。缓苗后，中午放晴时适当通风除湿，随水亩追施尿素3~5公斤提苗防冻。苗期病虫害的防控注意通风排湿，防治苗期病虫害的发生。辣椒苗期主要以病害危害为主，病害必须坚持预防为主的原则，推荐用药、防治适期及使用方法。

（六）产业人才培养

选派科技特派员50人（次）、科技副职17人、驻村“第一书记”一人（次）、驻村干部2人赴石阡、七星关、大方、天柱等20余个县（市、区）和纳雍、赫章、沿河、紫云、从江、榕江、罗甸、威宁等9+3重点贫困县区开展科技帮扶，培训指导农户8 000余人（次），发放技术资料9 000余份（册），示范新品种新技术200余万亩，助16 000余人增收脱贫。

四、马铃薯产业技术体系

（一）种植资源与新品种

“十三五”期间，马铃薯体系技术依托单位贵州省生物技术研究所引进马铃薯新品种和资源材料 351 份，整理现有资源 87 份，收集地方品种 5 个；每年种植亲本圃和育种圃，进行常规育种杂交组合配制；通过田间鉴定评价筛选出高产高淀粉品种 13 个，炸片炸条品种 8 个，蒸煮食用品种 12 个，特色品种（含花青素等功能性营养）4 个；审定新品种 5 个。

1. 黔芋 7 号

黔芋 7 号是用春薯 3 号和昆引 1 号作亲本选育的中晚熟鲜食马铃薯品种。2015 年经第三届国家农作物品种审定委员会第六次会议审定通过，审定编号为国审薯 2015007。

【形态特征】黔芋 7 号从出苗到收获需要 92 天。株型直立，生长势强，茎绿色，叶绿色，花冠浅紫色，天然结实少，匍匐茎短，薯块扁圆形，淡黄皮白肉，芽眼中等深。株高 69.5 厘米，单株主茎数 4.3 个，单株结薯 9.0 个，单薯重 65.4 克，商品薯率 75.1%。经接种鉴定，抗轻花叶病毒病、抗重花叶病毒病，中抗晚疫病；田间鉴定对晚疫病抗性明显高于对照品种鄂马铃薯 5 号和米拉。淀粉含量 15.1%，干物质含量 22.2%，还原糖含量 0.12%，粗蛋白含量 2.34%，维生素 C 含量 16.3 毫克/100 克鲜薯。

【适栽地区】适宜在贵州省西部、西北部，湖北西部，四川中部及西南部，重庆东北部，云南东北部及西部，陕西东南部等西南春作区种植。

2. 黔芋 8 号

黔芋 8 号是利用 Torridon×Jacqueline Lee 选育而成。2016 年经第六届贵州省农作物品种审定委员会第四次主任委员会审定通过，审定编号为黔审薯 2016003 号。

【形态特征】中熟品种，生育期 83 天左右。株型直立，生长势较强，株高 70.75 厘米左右。茎绿色，叶绿色，单株主茎数 3.91 个。花冠白色，天然结实较少。块茎大小中等整齐，椭圆形，黄皮黄肉，薯皮略麻，芽眼浅。单株结薯数 12.77 块，平均单薯重 41.43 克。商品薯率 68.58%。经农业部农产品质量监督检验测试中心（昆明）分析化验，块茎总淀粉含量 16.15%，干物质含量为 20.7%，维生素 C 含量为 250.8 毫克/千克，蛋白质含量为 2.32%，还原糖含量为 0.218%。在蒸煮食味评价中，加权平均分为 61.15，口感好于对照品种威芋 3 号，排名第一位。

【适栽地区】适宜在贵州省海拔 800 米以上地区种植。

3. 青薯 9 号

青薯 9 号是用品种 387521. 3/APHRODITE 系统选育而成。2016 年经第六届贵州省农作物品种审定委员会第四次主任委员会审定通过，审定编号为黔审薯 2016004 号。

【形态特征】晚熟鲜食品种，生育期 115 天左右。株高 89. 3 厘米左右，植株直立，分枝多，生长势强，枝叶繁茂，茎绿色带褐色，基部紫褐色，叶深绿色，复叶挺拔、大小中等，叶缘平展，花冠紫色，天然结实少。结薯集中，块茎长圆形，红皮黄肉，成熟后表皮有网纹、沿维管束有红纹，芽眼少而浅。区试单株主茎数 2. 9 个，结薯 5. 2 个，单薯重 95. 9 克，商品薯率 77. 1%。经室内人工接种鉴定：植株中抗马铃薯 X 病毒，抗马铃薯 Y 病毒，抗晚疫病。区试田间有晚疫病发生。块茎品质：淀粉含量 15. 1%，干物质含量 23. 6%，还原糖含量 0. 19%，粗蛋白含量 2. 08%，维生素 C 含量 18. 6 毫克/100 克鲜薯。

【适栽地区】适宜在贵州省大部分区域、青海东南部、宁夏南部、甘肃中部一季作区作为晚熟鲜食品种种植。

4. 黑美人

黑美人是由甘肃省兰州陇神航天育种研究所与甘肃陇神现代农业公司采用航天育种技术选育而成。2016 年经第六届贵州省农作物品种审定委员会第四次主任委员会审定通过，审定编号为黔审薯 2016005 号。

【形态特征】生育期 79 天左右，为中早熟品种。株型直立，生长势较强，株高 59. 51 厘米左右。茎绿带紫色，叶深绿色，单株主茎数 2. 98 个。花冠白色，天然结实少。块茎大小中等整齐，长圆形，紫皮紫肉，薯皮光滑，芽眼浅。单株结薯数 5. 89 块，平均单薯重 47. 83 克。商品薯率 67. 84%。经北京谱尼理化分析测试中心检测（检测报告编号为：E1020107190D）其每公斤原花青素含量为 227 毫克。经农业部农产品质量监督检验测试中心（昆明）分析化验，块茎总淀粉含量 8. 92%，干物质含量为 15. 5%，维生素 C 含量为 404. 6 毫克/千克，蛋白质含量为 2. 00%，还原糖含量为 0. 714%。在蒸煮食味评价中，加权平均分为 60. 44，口感好于对照品种威芋 3 号，排名第二位。

【适栽地区】贵州省海拔 800 米以上地区。

5. 英伦红

英伦红是由贵州师范大学、贵州省农业科学院和六盘水市科技局用英国母本 Desiree，经组培化学诱变筛选育成的马铃薯品种。2016 年经第六届贵州省农作物品种审定委员会第四次主任委员会审定通过，审定编号为黔审薯 2016006 号。

【形态特征】中晚熟，鲜食、炸条两宜型马铃薯品种。生育期 110 天左右。株型直立，茎秆粗壮，株高 50~65 厘米高，叶片绿色—深绿色，单株主茎数 2. 14 个。花色浅紫，天然结实少。块茎红皮黄肉，椭圆形。薯皮光滑（少数薯有轻微麻皮）、芽眼浅，个头中等，整齐度好。块茎耐储藏。肉质浅黄色，口感细腻。单株结薯数 5~7 块，平均单薯重 60. 79 克，适宜地区种植时，大中薯率普遍 80%及以上。经农业部农产品质量监督检验测试中心（昆明）检验，该品种蛋白质 2. 27%、淀粉 11. 6%、维生素 C 320. 2 毫克/千克、还原糖 0. 132%。

【适栽地区】贵州省海拔800米以上地区。

（二）标准与技术规程

1. 冬作马铃薯栽培技术规程（DB52/T 598—2021）

该标准规定了冬作马铃薯栽培技术的品种选择、种薯选择与处理、施肥、播种时期、开沟覆土、植株调控、病虫害防治，收获与分级。适用于贵州省冬作区马铃薯栽培。

起草单位：贵州省生物技术研究所、国家马铃薯改良中心贵州分中心、贵州省农业农村厅、贵州省马铃薯工程技术研究中心。

主要起草人：王启富、雷尊国、李飞、陈恩发、何天久、童安毕、尹旺。

2. 马铃薯稻草包芯栽培技术规程（DB52/T 599—2021）

该标准规定了马铃薯稻草包芯的地块选择与翻耕、稻草准备、品种选择、种薯处理、播种、中期管理、收获与分级。适用于马铃薯稻草包芯栽培方式的商品薯生产。

起草单位：贵州省生物技术研究所、国家马铃薯改良中心贵州分中心、贵州省马铃薯工程技术研究中心。

主要起草人：邓禄军、雷尊国、夏锦慧、吴巧玉、何天久、范士杰、卢扬。

3. 西部地区马铃薯抗旱保墒栽培技术规程（DB52/T 606—2021）

该标准规定了贵州西部春旱地区马铃薯种植播前准备、播种、中期管理、病虫害防控、分级收获等栽培技术要求。适用于贵州省西部地区干旱条件下马铃薯抗旱保墒栽培。

起草单位：贵州省生物技术研究所、国家马铃薯改良中心贵州分中心、贵州省农业农村厅、贵州省马铃薯工程技术研究中心。

主要起草人：邓禄军、范士杰、夏锦慧、卢扬、何天久、陈恩发、付梅。

4. 马铃薯地下害虫综合防治技术规程（DB52/T 608—2021）

该标准规定了马铃薯地下害虫综合防治技术要求。适用于贵州马铃薯地下害虫防治。

起草单位：贵州省生物技术研究所、国家马铃薯改良中心贵州分中心、贵州省农业农村厅、贵州省马铃薯工程技术研究中心。

主要起草人：朱英、陈恩发、唐健波、乐俊明、顾昌萍、左锐。

5. 优质马铃薯产地环境要求（DB52/T 1570—2021）

该标准规定了马铃薯产地的要求、采样方法、检测方法。适用于马铃薯产地环境要求。

起草单位：贵州省生物技术研究所。

主要起草人：罗小波、李飞、雷尊国、邓仁菊、何天久、陈恩发。

6. 马铃薯种植区划规范（DB52/T 1571—2021）

该标准规定了马铃薯种植区划基本原则、依据及分区等原则性和技术性要求。适用于马铃薯种植分区、规划、基地建设与管理等。

起草单位：贵州省生物技术研究所、贵州大学。

主要起草人：邓仁菊、雷尊国、卢扬、李飞、何天久、尹旺、吴永贵、杨昌达。

7. 马铃薯种薯分级标准（DB52/T 1572—2021）

该标准规定了马铃薯种薯分级的质量指标、级别判定、包装和标签的最低要求。适用于马铃薯种薯的分级及产品质量监督。

起草单位：贵州省生物技术研究所、贵州金农马铃薯科技开发有限公司、威宁县南方马铃薯专业合作社。

主要起草人：邓仁菊、雷尊国、卢扬、何天久、尹旺、刘军、马永军。

8. 马铃薯脱毒种薯露地繁育基地建设规范（DB52/T 1573—2021）

该标准提供了马铃薯脱毒种薯露地繁育基地建设的基地类型及规模、选址与建设条件、农艺与设备、田间工程、建筑工程及配套设施、基地建筑占地面积和建筑面积的指导。适用于马铃薯原种露地繁育基地和大田种薯露地繁育基地建设。

起草单位：贵州省生物技术研究所、贵州大学。

主要起草人：李飞、李标、黄萍、刘进平、雷尊国、罗小波、尹旺、陈恩发、陈明俊、曹贞菊。

9. 马铃薯商品薯生产基地建设规范（DB52/T 1574—2021）

该标准规定了马铃薯商品薯生产基地建设规模与项目构成、选址与建设条件、农艺与设备、田间工程、建筑工程及配套设施、主要技术及经济指标的要求。适用于马铃薯商品薯生产基地建设。

起草单位：贵州省生物技术研究所。

主要起草人：李标、李飞、尹旺、陈恩发、陈明俊、曹贞菊、黄萍。

10. 马铃薯生产品种选择技术规程（DB52/T 1575—2021）

该标准规定了马铃薯生产品种选择技术的品种选择原则和品种类型（根据生育期和用途划分）等要求。适用于贵州马铃薯生产品种选择。

起草单位：贵州省生物技术研究所。

主要起草人：李飞、雷尊国、范士杰、李标、童安毕、尹旺、罗小波、曹贞菊、陈明俊。

11. 马铃薯品种杂交选育技术规程（DB52/T 1576—2021）

该标准规定了马铃薯品种选育过程中的育种目标制定、亲本选择、组合配制、杂交后代的筛选、品种试验和新品种登记等要求。适用于贵州马铃薯新品种选育。

起草单位：贵州省生物技术研究所。

主要起草人：李飞、李标、童安毕、尹旺、罗小波、曹贞菊、陈明俊。

12. 山地马铃薯水肥一体化栽培技术规程（DB52/T 1579—2021）

该标准规定了山地马铃薯水肥一体化栽培技术的术语和定义、播种、水肥一体管理与病虫害防治的要求。适用于各马铃薯栽培区。

起草单位：贵州省生物技术研究所、贵州省农业农村厅。

主要起草人：何天久、雷尊国、陈恩发、吴巧玉、朱英、王启富、冯文豪。

13. 马铃薯轻简化栽培技术规程（DB52/T 1580—2021）

该标准规定了马铃薯轻简化栽培技术的播前准备、播种、施肥、中期管理、病虫害防控、收获与分级的要求。适用于各马铃薯生产区。

起草单位：贵州省生物技术研究所。

主要起草人：何天久、雷尊国、李飞、陈恩发、王启富。

14. 马铃薯单垄双行、高垄单行栽培技术规程（DB52/T 1581—2021）

该标准规定了马铃薯单垄双行、高垄单行栽培的术语和定义、选地与整地、种薯准备、播种、田间管理、病虫害防治、采收与分级等要求。适用于贵州省马铃薯单垄双行、高垄单行栽培。

起草单位：贵州省生物技术研究所、贵州省农业农村厅。

主要起草人：尹旺、吴巧玉、童安毕、李飞、雷尊国、何天久、靳颖。

15. 马铃薯—苦荞复种轮作技术规程（DB52/T 1583—2021）

该标准规定了马铃薯—苦荞复种轮作的术语与定义、适宜区域和栽培技术。适用于马铃薯—苦荞复种轮作。

起草单位：贵州省生物技术研究所、贵州省农作物技术推广总站、威宁彝族回族苗族自治县山地特色农业科学研究院、国家马铃薯改良中心贵州分中心、贵州省马铃薯工程技术研究中心。

主要起草人：卢扬、章洁琼、范士杰、马智黠、邓仁菊、刘辉、李俊、唐健波、曾宪浩。

16. 坡地马铃薯机械化生产技术规程（DB52/T 1584—2021）

该标准规定了山坡地马铃薯机械化生产技术的播种前准备、播种、中期管理、病害防治和采收等。适用于坡度8°~25°的耕地种植马铃薯机械化生产。

起草单位：贵州省生物技术研究所。

主要起草人：邓禄军、夏锦慧、何天久、吴巧玉、卢扬。

17. 坝区马铃薯机械化生产技术规程（DB52/T 1585—2021）

该标准规定了坝区马铃薯生产机械化的机具要求、播前准备、播种、中期管理和收获。适用于坝区马铃薯生产，推荐用于以公司、合作社和种植大户等为主体的规模化生产。

起草单位：贵州省生物技术研究所、安顺市农业科学院、国家马铃薯改良中心贵州分中心。

主要起草人：何天久、刘辉、范金华、李飞、谭体琼、卢扬、张秀伟、蔡甫格。

18. 马铃薯主要土传病害防控技术规程（DB52/T 1587—2021）

该标准规定了马铃薯主要土传病害黑痣病、疮痂病、粉痂病、黑胫病的主要防控措施。适用于贵州马铃薯主要土传病害的防控。

起草单位：贵州省生物技术研究所、贵州省农业农村厅、贵州省马铃薯工程技术研究中心、国家马铃薯改良中心贵州分中心、安顺市农业科学院。

主要起草人：陈恩发、夏忠敏、李飞、雷尊国、尹旺、曹贞菊、唐健波、黄铁、李恩宏、乐俊明、唐虹、谭体琼、顾昌萍、蔡甫格。

19. 马铃薯晚疫病预警技术规范（DB52/T 1589—2021）

该标准规定了马铃薯晚疫病的监测预警及预警信息发布的相关技术。适用于贵州省不同马铃薯种植区域马铃薯晚疫病的监测预警和预警信息发布。

起草单位：贵州省生物技术研究所、贵州省农业农村厅、贵阳市植保植检站、贵州省马铃薯工程技术研究中心、国家马铃薯改良中心贵州分中心。

主要起草人：唐健波、陈恩发、夏忠敏、张斌、雷尊国、李飞、何天久、黄铁、付梅、尹旺、曹贞菊。

20. 马铃薯包装及运输技术规程（DB52/T 1590—2021）

该标准规定了马铃薯包装、标识、运输要求。适用于贵州省马铃薯包装及运输。

起草单位：贵州省生物技术研究所、贵州省农业农村厅、国家马铃薯改良中心贵州分中心、贵州省马铃薯工程技术研究中心。

主要起草人：曾宪浩、邓仁菊、卢扬、范士杰、王启富、刘辉、吴巧玉、陈恩发。

21. 马铃薯种薯质量追溯体系建设标准（DB52/T 1591—2021）

该标准规定了贵州省马铃薯种薯质量追溯体系建立与实施的原则、基本要求、追溯信息的记录及保障质量追溯体系实施的种薯包装标识要求及企业内部管理要求。适用于贵州省内有组织的、规模化生产、运输、贮藏模式下的马铃薯种薯质量追溯。

起草单位：贵州省生物技术研究所/国家马铃薯改良中心贵州分中心、贵州省农业农村厅、贵州省马铃薯工程技术研究中心。

主要起草人：潘牧、陈超、黄萍、颜谦、李飞、陈恩发、何天久、卢扬、黄铁。

（三）专利

彩色马铃薯蛋挞及其制备方法

发明专利（CN201510997873. 9）。

本发明公开了一种彩色马铃薯蛋挞及其制备方法。本发明将彩色马铃薯泥作为制备蛋挞皮的原料，同时也适当调整了蛋挞皮与蛋挞液的配方及工艺，使制得的蛋挞皮呈彩色马铃薯的果肉色，既有马铃薯的薯香味，又层次分明，外酥里嫩，清甜滑爽，口感非常良好，而且不含任何食品添加剂，丰富了马铃薯深加工产品品类。

发明单位：贵州省生物技术研究所。

主要发明人：刘永翔、陈朝军、陈中爱、雷尊国、刘嘉、刘辉、李俊、黄珊、吕都、关郁芳、唐健波、董楠。

（四）科技奖励

马铃薯品种结构优化及产业化应用

2019年中华农学会神农中华科技奖三等奖。

围绕当前品种不够丰富，种薯质量不高，周年生产难度大，种植成本高，比较效益差，推广体系亟待完善提升等问题，项目组结合前期获得的技术成果，经过7年的熟化、集成和再创新，通过五方合作的激励机制进行成果转化和应用，实现了周年生产品种搭配、技术配套、脱毒种薯自给，快速提升了全省马铃薯产业持续发展水平。自主选育品种2个，引进和审定品种7个，大多成为全省主推品种，满足了不同海拔区域生产以及加工对品种的需求；创新发明早熟马铃薯开花结实诱导方法加速了早熟马铃薯种质创制进程；集成了"高海拔一季作区""中海拔二季作区"和"低海拔冬作区"3种生态类型马铃薯品种选择及配套栽培技术，实现周年生产，产生了重大的经济和社会效益；优化了脱毒种薯繁育技术及高海拔早熟品种脱毒种薯二季繁育技术，建立了早熟种薯基地10万亩，为全省冬作区早熟马铃薯优质高效生产提供了种薯保障；创新了五方合作的成果转化推广模式，在全省9个地州市推广应用，示范面积3 550.2万亩，新增经济效益39.7亿元。项目惠及农户169.1万户，助力32.8万人脱贫。在品种选育和种质创制方面取得重大突破，促进了马铃薯品种结构优化和良种化进程，创新了极具山地特征的周年生产技术，破解了马铃薯周年供应难题，为贵州省农业产业结构调整和助推脱贫攻坚做了有力支撑。

完成单位：贵州省生物技术研究所、贵州省农作物技术推广总站、贵州省农业科技发展中心、毕节市农业科学研究所、贵州省威宁县农业农村局。

完成人：范士杰、邓仁菊、冯文豪、雷尊国、王洪亮、张惠、付梅、王启富、李琼芬、曾宪浩。

（五）高效、创新栽培技术模式

1. 冬作马铃薯高效轻简化栽培技术

冬作马铃薯高效轻简化栽培技术针对贵州省冬作马铃薯播种后低温出苗晚、苗期缺水且低温易遭霜冻、中期晚疫病等病害严重、收获期易出现商品薯比例低且劣质薯多影响销售以及传统种植方式带来的人工成本高且管理粗放、管理不当造成的高投入低效益等难题；利用小型农机完成马铃薯播种，完成马铃薯垄作一次成型，解决马铃薯合理密植和优化施肥等问题，提升马铃薯合理生长发育空间和肥力合理利用能力，同时，黑膜覆盖避免马铃薯生长环境土壤板结，膜上覆土降低马铃薯青皮薯率、杂草生长率以及人工破膜成本；在稻田上，一次性完成深耕沥水、优化施肥（药）、合理密植、黑膜增温、膜上覆土等5项作业，提高播种质量，降低生产成本；通过优化施肥（药），降低土传病害发生率，合理配比水肥关系，实现产业可持续性发展；通过适时播种和选择品种，合理规划马铃薯鲜薯上市时间，达到效益最大化，实现贵州省冬作马铃薯生产农机农艺融合、良种良法配套、生产生态协调。自2015年以来，"冬作马铃薯高效轻简化栽培技术”在黔南州、黔西南州、黔东南州、安顺市等多地进行示范、推广，获得良好效果。和常规技术相比，应用该技术可增产马铃薯15%以上，亩增效20%以上，商品薯率提升10%以上，青皮薯率降低10%以上，降低化肥用量5%以上，亩节约人工成本640元以上，同时，通过水稻—马铃薯—水稻水旱轮作，有效降低土传病害发生率，合理利用水稻和马铃薯作物需肥特性，提升土壤可持续性生产能力，保护水田生态环境。

2. 春作马铃薯栽培技术

春作马铃薯栽培技术主要针对乌蒙山区春作马铃薯产量低的问题。马铃薯播种早期遇干旱致使出苗不齐，幼苗不健壮；后期雨水丰沛，容易在田间形成涝灾，大面积爆发晚疫病，在湿热环境下给病害防控带来困难。应用该技术，膜下铺设滴灌带，解决了马铃薯早期出苗干旱问题，同时实现水肥一体化，节约人工成本；田间管理时控制植株生长过旺，增加空气流动性，同时配合晚疫病防控，避免植株非正常死亡造成减产。实现了马铃薯生产农机农艺融合、良种良法配套、生产生态协调。目前该技术正在威宁马铃薯主产区小范围示范展示。

（六）产业人才培养

“十三五”期间，马铃薯体系累计培养博士3人，引进硕士6人，培养高级职称3人，中级职称5人。累计举办培训会（班）1 021期，培训农技人员9 133人次，培训种植户17 298人次，培训农民85 693人次；开展技术咨询17.6万人次，发放技术资料21.8万份，覆盖毕节、纳雍、盘县、荔波等17个市县。

五、肉牛产业技术体系

（一）种质资源与新品种

1. 肉牛种质资源收集

在贵州省畜牧兽医研究所黔西基地、贵州黄牛产业集团有限责任公司关岭分公司、贵州凤冈县和记农业发展有限公司分别建立了贵州地方肉牛综合育种站、关岭牛保种场、思南牛保种场、务川黑牛保种场，饲养关岭牛种公牛、思南牛种公牛200头，其中成年种公牛80头，后备种公牛30头，良种母牛60头，种用犊牛30头，年产冻精120万支以上，向社会提供后备种牛20头；饲养关岭牛种母牛1 500头、思南牛种母牛800头、务川黑牛种母牛200头。

2. 肉牛新品种的引进及推广

在关岭、黔西、思南、大方等县市大面积引进澳大利亚纯种安格斯牛，凤冈县主要引进日本和牛进行了推广。

（二）标准与技术规程

1. 贵州肉牛生产技术规范 第1部分：规模化肉牛场引种及育肥牛引进（DB52/T 1257.1—2017）

该标准规定了规模化肉牛场引种计划、引进肉牛的选择、牛的运输、隔离期的饲养管理、转群、病死牛处理、资料保存，适用于规模化肉牛场的引种。

起草单位：贵州省畜牧兽医研究所、贵州省标准化院。

主要起草人：刘镜、何光中、张正群、孙元飞、余波、徐龙鑫、谭尚琴。

2. 贵州肉牛生产技术规范 第2部分：生产性能测定（DB52/T 1257.2—2017）

该标准规定了肉牛生长发育性能、肥育性能、胴体性状、肉质性状的测定指标及方法、性能测定报告的编写，适用于贵州肉牛生产、品种选育中的生产性能测定。

起草单位：贵州省畜牧兽医研究所、贵州省标准化院。

主要起草人：何光中、刘镜、徐龙鑫、孙元飞、张麟、周文章。

3. 贵州肉牛生产技术规范 第3部分：养殖场档案管理（DB52/T 1257.3—2017）

该标准规定了贵州肉牛养殖场建档要求、建档内容、档案管理，适用于贵州肉牛养殖场档案资料的收集、保管和使用。

起草单位：贵州省畜牧兽医研究所、贵州省标准化院。

主要起草人：刘镜、何光中、孙元飞、李干洲、徐龙鑫、张麟。

4. 贵州肉牛生产技术规范 第4部分：卫生管理及疫病预防（DB52/T 1257.4—2017）

该标准规定了肉牛场的卫生管理、卫生消毒、疫病预防、引进肉牛的防疫要求、紧急免疫、寄生虫病的防治、无害化处理，适用于贵州肉牛养殖的卫生管理和疫病预防。

起草单位：贵州省畜牧兽医研究所、贵州省标准化院。

主要起草人：何光中、刘镜、徐龙鑫、孙元飞、罗治华、张正群、李干洲、龙玲。

5. 贵州肉牛生产技术规范 第5部分：寄生虫病防治（DB52/T 1257.5—2017）

该标准规定了肉牛寄生虫病的防治原则、防治对象、常见寄生虫病防治技术，适用于贵州肉牛养殖肉牛寄生虫病的防治。

起草单位：贵州省畜牧兽医研究所、贵州省标准化院。

主要起草人：何光中、刘镜、徐龙鑫、孙元飞、张正群、罗治华、张晓可。

6. 贵州肉牛生产技术规范 第6部分：传染性疾病防治（DB52/T 1257.6—2017）

该标准规定了肉牛传染性疾病的防治原则、预防措施、扑灭措施，及常见传染性疾病的定义、流行特点、症状、防治措施，适用于贵州肉牛养殖中肉牛传染性疾病的防治。

起草单位：贵州省畜牧兽医研究所、贵州省标准化院。

主要起草人：刘镜、何光中、孙元飞、周文章、徐龙鑫、李干洲、龙玲。

7. 贵州肉牛生产技术规范 第7部分：养殖场建设（DB52/T 1257.7—2017）

该标准规定了贵州肉牛养殖场建设的基本要求、选址与布局、生产设施与设备、管理与防疫、废弃物处理，适用于贵州肉牛养殖场的建设。

起草单位：贵州省畜牧兽医研究所、贵州省标准化院。

主要起草人：何光中、刘镜、徐龙鑫、孙元飞、张晓可、周文章。

8. 贵州肉牛生产技术规范 第8部分：青贮饲料生产（DB52/T 1257.8—2017）

该标准规定了青贮饲料生产中青贮设施、青贮原料、制作步骤、取料、品质检验、饲喂方法及注意事项，适用于贵州规模养殖场青贮饲料的制作。

起草单位：贵州省畜牧兽医研究所、贵州省标准化院。

主要起草人：何光中、刘镜、徐龙鑫、孙元飞、李干洲、谭尚琴。

9. 贵州肉牛生产技术规范 第9部分：秸秆微贮饲料生产（DB52/T 1257.9—2017）

该标准规定了秸秆微贮饲料生产中的微贮原料、微贮饲料添加剂的选择与使用、微贮方法、制作步骤、取用方法、品质鉴定及饲喂方法，适用于贵州农作物秸秆微贮饲料生产。

起草单位：贵州省畜牧兽医研究所、贵州省标准化院。

主要起草人：刘镜、何光中、孙元飞、徐龙鑫、龙玲、张正群、张麟、谭尚琴。

10. 贵州肉牛生产技术规范 第10部分：繁殖技术（DB52/T 1257.10—2017）

该标准规定了贵州肉牛繁殖技术中的人工输精技术要点、母牛妊娠诊断、良种登记，适用于贵州肉牛的繁殖技术推广应用。

起草单位：贵州省畜牧兽医研究所、贵州省标准化院。

主要起草人：何光中、刘镜、周文章、孙元飞、徐龙鑫、张晓可。

11. 贵州肉牛生产技术规范 第11部分：生产管理（DB52/T 1257.11—2017）

该标准规定了贵州肉牛生产过程中的饲养管理、饲料使用、兽药使用、资料保存等，适用于贵州规模化肉牛养殖场的肉牛生产管理。

起草单位：贵州省畜牧兽医研究所、贵州省标准化院。

主要起草人：刘镜、何光中、孙元飞、周文章、徐龙鑫、张麟。

12. 贵州肉牛生产技术规范 第12部分：育肥（DB52/T 1257.12—2017）

该标准规定了贵州肉牛育肥的基本要求、饲养管理、适时出栏，适用于贵州肉牛及其杂交牛的肉牛育肥生产。

起草单位：贵州省畜牧兽医研究所、贵州省标准化院。

主要起草人：刘镜、何光中、孙元飞、周文章、徐龙鑫、罗治华。

13. 贵州肉牛生产技术规范 第 13 部分：规模化肉牛养殖场用药（DB52/T 1257. 13—2017）

该标准规定了规模化肉牛养殖场用药的相关术语和定义、兽医人员与培训、规章制度、采购与验收、入库与贮存、用药、不良反应报告制度、自检、档案，适用于规模化肉牛养殖场的用药技术管理。

起草单位：贵州省畜牧兽医研究所、贵州省标准化院。

主要起草人：刘镜、何光中、张正群、孙元飞、余波、谭尚琴、徐龙鑫。

14. 贵州肉牛生产技术规范 第 14 部分：屠宰检疫（DB52/T 1257. 14—2017）

该标准规定了贵州肉牛屠宰检疫的术语和定义、屠宰场（点）技术要求、宰前检疫、宰后检疫及检疫管理的技术要求，适用于贵州省肉牛屠宰过程中的检疫及处理。

起草单位：贵州省畜牧兽医研究所、贵州省标准化院。

主要起草人：徐龙鑫、何光中、刘镜、孙元飞、张正群、周文章、张麟、龙玲。

（三）专利

利用关岭牛生产雪花牛肉的方法

发明专利（201310563063. 3，2016）。

本发明公开了一种利用关岭牛生产雪花牛肉的方法，本发明利用贵州本地品种关岭牛作为生产雪花牛肉的基础，通过适合的育肥方式及育肥日粮，使关岭牛能生产出符合雪龙黑牛股份有限公司制定的《雪花牛肉胴体等级分级标准》3A 等级的雪花牛肉，有效增加牛肉产品的附加值，不仅能获得很高的经济价值，更重要的是可以促使肉牛产业的转型升级和健康发展，充分利用关岭牛的牛种资源优势，提高肉牛养殖场的经济效益。本发明简单易行，使用效果好。

发明单位：贵州省畜牧兽医研究所。

主要发明人：刘镜、罗治华、何光中、张晓可、尚以顺、焦仁刚、罗启华。

（四）科技奖励

贵州肉牛生产技术研究与应用推广

2020 年贵州农业丰收奖一等奖。

在全省 9 市（州）50 个重点县（其中示范县 18 个）开展了优质肉牛良种繁育技术、规模化优质肉牛生产技术、饲料资源的开发利用技术、肉牛基地建设及产业化示范推广等新技术的研究与推广。实施期间，建立一支由 145 名技术人员组成的支撑贵州现代肉牛养殖技术的服务团队，创建了科特派肉牛创业链，项目技术支撑 80 个规模化肉牛养殖场，提升和改造牛品种改良示范点 127 个，配种母牛数 127. 5 万头，出栏优质肉牛 201. 1 万头，组装肉牛养殖相关实用技术 25 套；制定发布肉牛养殖系列地方标准 23

个；申请国家发明专利11项，其中获得授权发明专利2项、实用新型专利4项、外观设计专利3项，编写技术培训资料《优质肉牛养殖实用技术》，印发10万份；形成相关调研报告5篇，发表研究论文76篇。项目累计推广出栏优质肉牛328.60万头（其中肉牛201.10万头、能繁母牛127.50万头），实现平均单位新增纯收益肉牛1 258.90元/头、能繁母牛526.80元/只，年经济效益66 719.68万元，总经济效益200 459.03万元，经济效益十分显著。

主要完成单位：贵州省畜牧兽医研究所、贵州省畜禽遗传资源管理站、关岭布依族苗族自治县畜牧服务中心、凤冈县畜牧渔业站、思南县畜牧发展中心。

主要完成人：刘镜、黄波、李雪松、王洪亮、刘和、刘吉祥、陈晓岚、吴健、姚云中、谢玲玲、张游宇、李晨、周定勇、覃信华、康颖修、何青、冉茂琴、余祯彦、孟注辰

（五）高效、创新技术模式

贵州肉牛提质增效生产技术模式

在肉牛产业发展进程中，贵州省畜牧兽医研究所、贵州大学等单位针对肉牛养殖的各技术环节，开展了一系列的研究与推广工作，从牛冻精生产、人工繁殖与品种改良、饲草饲料种植与利用、肉牛育肥、屠宰分割、科学饲养管理、疫病防治等方面做了大量的研究与推广工作。为规范贵州省肉牛生产，求易操作，易推广，语言表述规范，用语准确、简明，结构严谨，布局合理。同时充分考虑标准使用主体的广泛性，既可用于基层农技人员开展技术培训和技术指导工作，也能使肉牛养殖户简明易懂，制定了分为14个部分的《贵州肉牛生产技术规范》。

（六）产业人才培养

“十三五”期间，肉牛产业技术体系建设培养正高级职称5人、副高级职称16人、中级职称15人；引进（培养）博士（在读博士）2人、硕士12人，培训农技人员1 200余人次、培训农户10 700余人次。

“十三五”期间，贵州省畜牧兽医研究所、贵州黄牛产业集团关岭自治县有限责任公司、贵州凤冈和记农业发展有限公司共同组建的《贵州省肉牛养殖工程技术研究中心》已验收挂牌。通过工程技术中心的建设，加强关岭牛、思南牛种源的提纯复壮，提高贵州黄牛产品品质和附加值，着力打造成果转化基地，做好肉牛养殖新技术的推广、示范，提升关岭牛、思南牛的品牌效应，促进贵州牛业发展。着力打造人才培养的基地，通过搭平台、聚人才，培养更多的肉牛养殖专业人才，显著提高贵州牛业经济效益，让更多农户受益。

六、生猪产业技术体系

（一）种质资源与新品种

在贵阳花溪麦坪、贵阳花溪高坡和毕节黔西金碧三地分散建设了 3 个贵州省地方猪保种育种基地，收集了地方猪品种 5 个，其中对可乐猪和黔北黑猪 2 个地方猪品种开展重点保护，每个品种建立了 6 个三个世代内没有亲缘关系的保种家系并开展纯繁选育，获省级黔北黑猪种质资源保护单位确名，获批建设贵州省地方猪保护与繁育工程研究中心。

以收集的贵州地方猪种质资源为育种素材，育种群体规模常年维持 1 200余头，支撑“黔猪高繁黑母系”“黔猪配套系”新品种（新品系、配套系）培育，其中“黔猪高繁黑母系”培育通过贵州省科学技术厅组织的专家验收，新品种（新品系、配套系）阶段性培育成果累计推广规模达 5 万余头（图 37）。

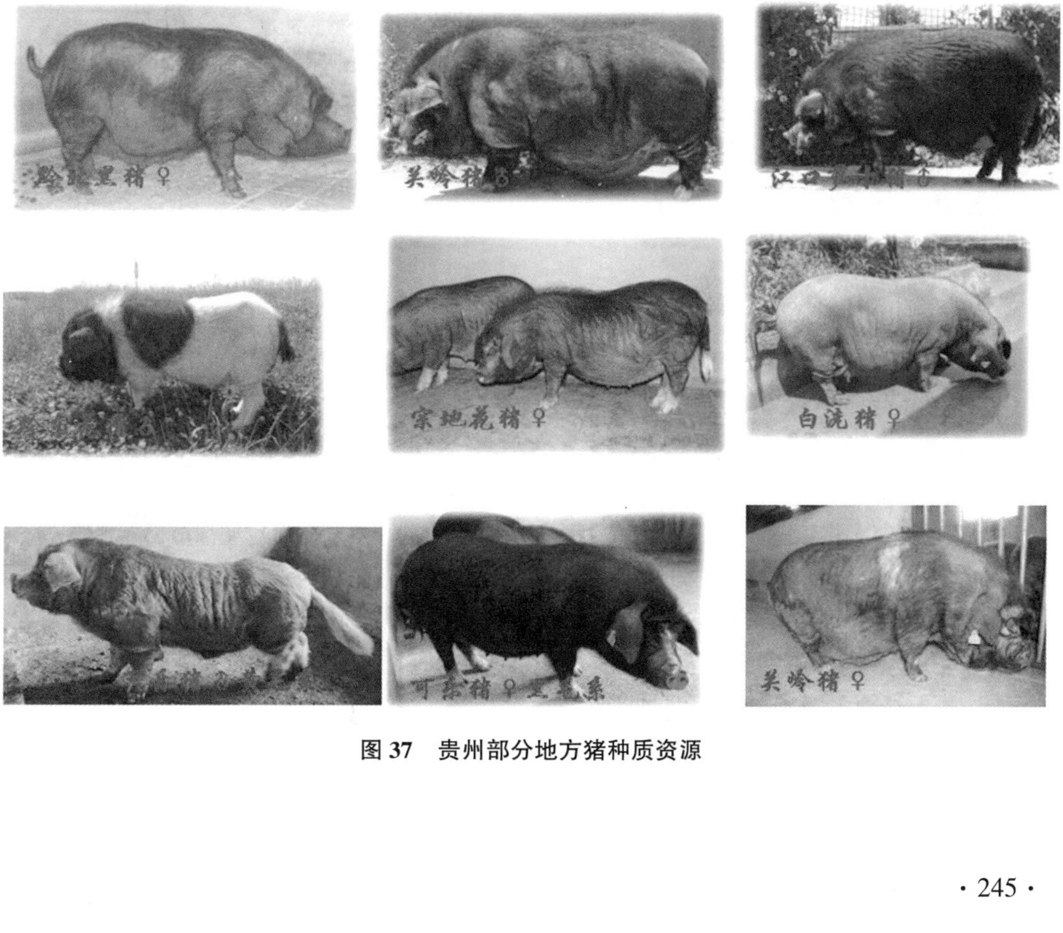

图 37　贵州部分地方猪种质资源

（二）专利

1. 猪圆环病毒 2 型 LAMP 诊断试剂盒

发明专利（ZL 2014 1 0094855. 5，2016）。

本发明公开了一种猪圆环病毒 2 型 LAMP 诊断试剂盒，它包括 250 微升的 LAMPmix 缓冲液，20 微升 DNA 聚合酶，150 微升超纯水，40 微升浓度为 40 皮摩尔/升的混合内引物 1 和内引物 2 及 40 微升浓度为 5 皮摩尔/升的混合外引物 1 和外引物 2，20 微升阴性对照以及 20 微升阳性对照；根据 GenBank 中的猪圆环病毒 2 型（PCV-2）ORF2 基因序列，设计合成 2 对引物，通过对 LAMP 条件的优化，敏感性，特异性试，建立猪圆环病毒 2 型 LAMP 诊断方法，为猪圆环病毒 2 型的现场快速诊断提供了一种简便快速的方法，从而满足基层现场快速检疫需要。

发明单位：贵州省畜牧兽医研究所。

主要发明人：余波、冉懋韬、谭诗文。

2. 兽用止痢中药复方制剂及其生产方法

发明专利（ZL 2015 1 0155225. 9，2017）。

本发明公开了一种兽用止痢中药复方制剂及其生产方法，本发明具有很好的抗菌，抗炎效果，能有效解决生猪、牛羊因细菌引起的腹泻的问题，而且对生猪、牛羊的毒副作用小，从而提高动物产品性能和改善畜产品质量，减少养殖过程中化学物质，药物和激素的使用，对于保障畜产品质量安全有着重要意义，且制备工艺简单。

发明单位：贵州省畜牧兽医研究所。

主要发明人：余波、杨何、杨粤黔。

（三）科技奖励

1. 猪呼吸系统主要疫病防控技术研究与应用推广

2020 年获贵州省科技进步奖三等奖。

通过研究贵州省猪呼吸系统疫病病原种类、病原菌耐药性、病毒分子流行病学，揭示了贵州省猪呼吸系统疫病中的重要病原以及呼吸系统疫病进程中猪肺环境微生物生态区系的变化，同时对发病猪肺组织基因组差异转录进行研究，筛选相关基因和通路。基于基础研究发现，建立了快速、敏感、可重复、成本优势明显的监测、诊断方法，获国家发明专利授权 6 件；针对贵州省猪支原体肺炎感染现状和流行菌株分子流行病学，引进猪肺炎支原体弱毒活疫苗 168 株后，优化生产工艺实现规模化生产应用；研制出防控副猪嗜血杆菌病的中草药组方，获国家发明专利进行中试生产和推广，研究了疫苗免疫增强及抗病毒感染技术。对研究得到的技术和产品进行组装，综合集成出猪呼吸系统疫病防控技术方案，面向全省推广应用，取得较大经济效益。

2. 贵州省猪主要呼吸系统疫病防控技术推广

2019 年获全国农牧渔业丰收二等奖。

针对呼吸系统疫病对贵州省生猪产业的危害，整合科研机构及省、市（州）、县

（市、区）及乡镇农技推广部门资源，联合企业、合作社、科技示范户多方力量，对贵州省畜牧兽医研究所持有猪呼吸系统疫病防控技术和 6 件国家发明专利技术进行组装，形成推广体系，"产—研"结合在全省范围示范推广。评估了传统防控技术的有效性和呼吸系统疫病造成的经济损失，揭示了疫病的病原学特征和发病规律，筛选了病原细菌敏感药物，优化了疫苗免疫方案，提升了贵州省生猪呼吸系统疫病防控的能力和水平。技术重点覆盖 38 个县（市、区）818 家企业（合作社）和 28 210户养殖大户、出栏生猪 1 576. 77万头，培训技术人员（农户）20 832人，带动脱贫 849 户 3 504人；呼吸系统疫病发病率从 18. 4%降低至 9. 4%、死亡率从 5. 6%降低至 3. 2%，减少生猪死亡 37. 82 万头；外来杂交母猪年提供断奶健仔从 19. 5 头提高到 22. 5 头、地方品种从 13. 3 头提高到 17. 5 头，增产断奶健仔 7. 6 万头；育肥猪料肉比从 3. 53∶1 降低至 3. 39∶1，节约饲料 26. 6 万吨；外来猪和地方猪养殖单位规模新增纯收益分别为 67. 84 元/头和 91. 40 元/头，实现总经济效益 71 270. 7万元，推广年投资平均纯收益率 19. 80 元/元。

3. 猪主要呼吸系统疫病防控技术推广

2017 年获贵州省农业丰收奖一等奖。

针对猪繁殖与呼吸综合征、猪圆环病毒 2 型感染、副猪嗜血杆菌病、猪传染性胸膜肺炎、猪支原体肺炎等生猪呼吸系统疫病对贵州省生猪产业发展的威胁和危害，为提高贵州省生猪养殖疫病防控技术水平和能力，2014—2016 年期间，对贵州省畜牧兽医研究所最新研发的病原核酸快速诊断技术、中草药防控技术、免疫增强与抗病毒技术等进行组装，结合常规疫苗免疫防控，集成出一套生猪主要呼吸系统疫病防控技术体系，整合研究所、农业部门、企业、农民专业合作社、农民科技示范户等多方技术推广资源参与联动，制定推广方案，在全省 23 个县（市、区）对集成的技术体系进行推广。在 3 年技术推广期内，技术累计覆盖生猪出栏 340. 2 万头，培训了技术人员 350 人、养殖农户 1 800余人次，编制培训教材 2 套，获得国家发明专利授权 3 件，发表论文 21 篇，晋升高级职称 3 人、中级职称 3 人。

（四）产业人才培养

"十三五"期间，生猪产业技术体系建设培养正高级职称 2 人、副高级职称 3 人、中级职称 7 人；培养省管专家 1 人、国务院特殊津贴获得者 1 人；引进（培养）博士（在读博士）3 人、硕士 8 人；培训农技人员 1 500余人、培训农户 9 800余人。

七、食用菌产业技术体系

（一）种质资源与新品种

"十三五"期间，食用菌系技术依托单位贵州省农作物品种资源研究所在全省收集食用菌种质资源 1 000余份，建成食用菌资源育种实验室 1 个，筛选出红托竹荪、冬荪、姬松茸等食用菌优良菌株 28 株，提交贵州省新品种认证 6 份，其中红托竹荪 3 个、冬荪 3 个。

1. 红托竹荪-黔优 1 号

为目前主栽品种。野生菌株驯化选育，竹蛋散生为主，数量稍少，个大，表面粗糙呈荔枝皮状，早期变红，单个竹蛋重 66~113 克；菌盖高 5.1~6.4 厘米，最宽处直径 4.8~6.0 厘米，倒钟形、底部稍直、白色、较厚、有韧性，网格稍稀、少、大、较深，网格底部纹路较多，孢子墨绿色、清香味，液化稍难、稍难清洗；菌柄棒状、顶部略小，菌柄长 18~21 厘米，最粗处直径 3.9~4.7 厘米，厚度 9.1~10.8 毫米，由 3 层不规则网孔构成，弹性好；菌裙长度为菌柄长度的2/3，长 11.5~15.9 厘米，烘干不易变形；菌盖、菌柄和菌裙总重占竹蛋鲜重的 58%~66%，菌托表皮和胶质较厚，单个重 16.2~31.3 克。出菇适宜温度为 14~28℃，最适温度为 18~22℃，覆土含水量 25%~30%，空气湿度 85%~95%。郁闭度 0.6~0.9 或光照强度控制在 100~200 勒克斯，菌棒覆土后 25~30 天形成原基，15~20 天原基生长成成熟竹蛋，40~50 完成出菇。鲜品产量为 200~300 克/棒，折干率 10%~11.1%。

2. 红托竹荪-yzs020

野生菌株驯化选育，竹蛋群生或丛生，数量多，个小，早期乳白色到粉色，后期变红，单个竹蛋重 35~60 克；菌盖高 4~4.5 厘米，最宽处直径 4.5~5.5 厘米，倒钟形底部稍收缩、乳白色、薄、有韧性，网格密、多、小、浅，网格底部纹路多，成熟孢子墨绿色、清香味，易液化、易清洗；菌柄棒状、顶部略小，长 12~18 厘米，最粗处直径 3~4.5 厘米，厚度 6~7 毫米，由 3 层不规则网孔构成，弹性好；菌裙网眼密、不规则多边形或圆形，长度为菌柄长度的 40%~60%，长 5~7 厘米，烘干不易变形；菌盖、菌柄和菌裙总重占竹蛋鲜重的 55%~60%，菌托表皮和胶质薄。出菇温度 10~28℃，最适宜温度为 18~22℃，覆土含水量 25%~30%，空气湿度 85%~95%。郁闭度 0.6~0.9 或光照强度控制在 100~200 勒克斯，适合秸秆发酵料种植，播种后 50~55 天菌丝长满机质料并爬土并形成原基，30~35 天原基生长成成熟竹蛋，40~45 天完成出菇。鲜品产量为 5 000~6 000克/平方米，折干率 9%~11%。

3. 红托竹荪-黔丰 1 号

为目前主栽品种。野生菌株驯化选育，竹蛋多数群生或丛生，数量多，个小，表面光滑，后期变红，单个竹蛋重 44~55 克；菌盖高 4.2~4.6 厘米，最宽处直径 4.4~5.2 厘米，倒钟形底部稍收缩，乳白色、薄、有韧性，网格密、多、小、浅、网格底部纹路多，孢子墨绿色、易液化、易清洗；菌柄棒状、顶部略小，菌柄长 13~15 厘米，最粗处直径 3.4~4.7 厘米，厚度 7.7~8.8 毫米，由 3 层不规则网孔构成，弹性好；菌裙长度为菌柄长度的 2/3，长 8.6~10.2 厘米，烘干不易变形；菌盖、菌柄和菌裙总重占竹蛋鲜重的 56%~62%，菌托表皮和胶质薄，单个重 9.7~13.3 克。出菇适宜温度为 14~28℃，覆土含水量 25%~30%，空气湿度 85%~95%。郁闭度 0.6~0.9 或光照强度控制在 100~200 勒克斯，菌棒覆土后 25~30 天形成原基，15~20 天原基生长成成熟竹蛋，

40~50 天完成出菇。鲜品产量为 200~300 克/棒，折干率 9.5%~11.1%。

4. 冬荪-黔密 1 号

为目前主栽品种。冬荪黔密 1 号为野生种驯化选育，营养菌丝洁白、气生菌丝不发达；子实体菌盖灰白色，菌柄白色。单个子实体鲜重 145.8~190 克，平均重 167.9 克；单个竹花（单花）鲜重 86.1~110.7 克，平均重 98.5 克；单花折干率 5.3%~6.6%，平均 5.9%；菌柄长 140.7~158.4 毫米，平均为 149.5 毫米；菌柄直径最大处直径 31.1~35.83 毫米，平均为 33.46 毫米、腔体横切分为 3~4 层孔状海绵质、肉质较致密、柄网孔较小，口感细腻。传统林下木块种植，黔密 1 号干品产量为 200~250 克/平方米。

5. 冬荪-黔壮 1 号

为目前主栽品种。冬荪黔壮 1 号为野生种驯化选育，营养菌丝白色，易形成粗壮的菌丝束；子实体菌盖灰白色，菌柄白色。单个子实体鲜重 242.1~520.3 克，平均重 381.2 克；单花鲜重 171.4~218.2 克，平均重 194.8 克；单花折干率 2.8%~12.3%，平均 7.6%。菌柄长 188.5~207.8 毫米，平均为 198.2 毫米；菌柄直径最大处直径 39.5~44.9 毫米、平均为 42.22 毫米、腔体横切分为 2~3 层孔状海绵质、肉质一般、柄网孔较大、口感较粗。传统林下木块种植，黔壮 1 号干品产量为 200~300 克/平方米。

6. 冬荪-黔黄 1 号

为目前主栽品种。冬荪黔黄 1 号为重脉鬼笔野生种驯化，营养菌丝白色、粗壮。子实体菌盖淡黄色，菌柄黄色，颜色向下渐淡。单个子实体鲜重 216.4~251.6 克，平均重 234 克；单花鲜重 127.6~147.4 克，平均重 137.6 克；单花折干率 3.3%~4.6%，平均 4%；菌柄长 196.9~214.9 毫米，平均为 205.9 毫米；菌柄直径最大处直径 38.2~40.8 毫米，平均为 39.5 毫米；腔体横切分为 2~3 层孔状海绵质、肉质致密、口感较细腻。传统木块种植，黔黄 1 号干品产量为 200~350 克/平方米。

（二）标准与技术规程

1. 红托竹荪菌棒生产技术规程（DB52/T 1441—2019）

本标准规定了红托竹荪菌棒生产的场地环境、工艺流程及管理要求，包装、储运、运输，生产记录，与留样，病虫害防治。适用于红托竹荪菌棒的生产。

起草单位：贵州省农作物品种资源研究所、贵州省食用菌育种重点实验室、贵州利康农科技有限公司、黔西南州利康农科技发展有限公司、贵州金蟾大山生物科技有限责任公司、贵州丰源现代农业有限公司、贵州美味鲜竹荪产业有限公司。

主要起草人：朱国胜、龚光禄、桂阳、杨通静、黄万兵、刘宏宇、卢颖颖、王沁、庄继文、别平、阳旭、陈光贤、张丽娜、陈娅娅、胡腾文、尚念杰。

2. 红托竹荪菌棒林下栽培技术规程（DB52/T 1438—2019）

本标准规定了红托竹荪菌棒林下栽培产地环境、栽培季节、栽培管理、采收加工、病虫害防治、建立档案。适用于贵州省范围内的红托竹荪的林下菌棒栽培技术及其管理。

起草单位：贵州省农作物品种资源研究所、贵州美味鲜竹荪产业有限公司、贵州金蟾大山生物科技有限责任公司、德江县绿通天麻发展有限公司、织金县扶贫办公室、织金县农业农村局、贵州省食用菌育种重点实验室、贵州利康农科技有限公司、黔西南州利康农科技发展有限公司。

主要起草人：桂阳、朱国胜、龚光禄、阳旭、杨通静、陈光贤、刘宏宇、庄继文、黄万兵、李启华、卢颖颖、刘鹏、张军、张丽娜、王沁、陈娅娅，胡腾文、方晔。

3. 冬荪液体菌种生产技术规程（DB52/T 1445—2019）

本标准规定了冬荪液体菌种生产术语和定义、摇瓶液体菌种生产技术、发酵罐菌种生产技术、放罐接种、记录和存档、液体菌种贮藏。适用于冬荪液体菌种的生产。

起草单位：贵州省农作物品种资源研究所、贵州省食用菌育种重点实验室、贵州利康农科技有限公司、黔西南州利康农科技发展有限公司、大方县丽军林下种植中药材专业合作社、贵州乌蒙腾菌业有限公司。

主要起草人：黄万兵、桂阳、张丽娜、朱国胜、刘宏宇、卢颖颖、龚光禄、杨通静、王沁、陈娅娅、胡腾文、王万军、潘成、尚念杰。

4. 冬荪菌棒生产技术规程（DB52/T 1440—2019）

本标准规定了冬荪菌棒生产的场地及厂区，生产季节，菌种，工艺流程及管理要求，包装、储运、运输，生产记录与留样，病虫害防治等。适用于冬荪菌棒的生产。

起草单位：贵州省农作物品种资源研究所、贵州省食用菌育种重点实验室、贵州利康农科技有限公司、黔西南州利康农科技发展有限公司、贵州金蟾大山生物科技有限责任公司、贵州乌蒙腾菌业有限公司、大方丽军林下中药材种植专业合作社。

主要起草人：龚光禄、桂阳、朱国胜、卢颖颖、黄万兵、杨通静、张丽娜、王沁、胡腾文、刘宏宇、庄继文、张光文、潘成、王万军、陈娅娅、尚念杰。

5. 冬荪林下栽培技术规程（DB52/T 1437—2019）

本标准规定了林下栽培冬荪的产地环境、栽培、病虫害防治和采收。适用于林下小窝或畦式栽培冬荪。

起草单位：贵州省农作物品种资源研究所、贵州省食用菌育种重点实验室、贵州利康农科技有限公司、黔西南州利康农科技发展有限公司、贵州乌蒙腾菌业有限公司、大方县丽军林下种植中药材专业合作社。

主要起草人：卢颖颖、桂阳、朱国胜、黄万兵、刘宏宇、龚光禄、杨通静、王沁、张丽娜、陈娅娅、胡腾文、张光文、李明晋、潘成、王万军。

6. 冬荪烘干技术规程（DB52/T 1444—2019）

本标准规定了冬荪烘干品的主要烘干设备、原料要求、烘干过程、包装、运输和贮存。适用于贵州省范围内的冬荪烘干技术及其管理。

起草单位：贵州省农作物品种资源研究所、贵州乌蒙菌业有限公司、大方县丽军林下种植中药材专业合作社、德江县绿通天麻发展有限公司、贵州利康农科技有限公司、贵州省食用菌育种重点实验室、黔西南州利康农科技发展有限公司。

主要起草人：桂阳、朱国胜、杨通静、张光文、刘宏宇、龚光禄、潘成、黄万兵、王万军、卢颖颖、刘鹏、王沁、张丽娜、陈娅娅，胡腾文。

7. 平菇菌棒生产技术规程（DB52/T 1439—2019）

本标准规定了平菇菌棒的生产要求、抽样、检测、运输、贮存等。适用于侧耳属的平菇，也适用于该属的紫孢侧耳、小平菇、凤尾菇菌棒的生产。

起草单位：贵州省农作物品种资源研究所、贵州省食用菌育种重点实验室、台江县创健生物科技有限公司、贵州利康农科技有限公司、黔西南州利康农科技发展有限公司。

主要起草人：杨通静、王沁、朱国胜、桂阳、龚光禄、黄万兵、刘宏宇、卢颖颖、张丽娜、陈娅娅、单伟坤、胡腾文、郎柳录。

（三）专利

1. 含甘蔗渣的姬松茸栽培料及其制备方法

发明专利（ZL 2013 1 0701997. 9）。

本发明公开了一种含甘蔗渣的姬松茸栽培料及其制备方法，本发明利用甘蔗渣、农作物秸秆以及畜禽粪便等资源，利用发酵技术制备栽培料来栽培姬松茸，实现了农业废弃物的综合利用，有效地减轻了因焚烧或随意堆放造成的环境污染问题，又解决了农民的增收问题，具有明显的经济效益和生态效益，具有良好的推广应用前景。

发明单位：贵州省农作物品种资源研究所。

主要发明人：陈娅娅、朱国胜、桂阳、黎富平、姚安学、卢颖颖。

2. 一种冬荪液体菌种快繁方法

发明专利（ZL 2018 1 0728752. 8）。

发本发明公开了一种冬荪液体菌种快繁方法，该方法接种点制备简单、萌发快、分两个阶段液体摇瓶；二级液体菌种 5 天结束摇瓶，其中冬荪菌丝球大小均匀，菌丝球密度大、菌丝鲜重能达 27 克/升。同时产生的冬荪液体菌种适宜作为工厂化发酵的液体种子，液体摇瓶培养参数能为冬荪菌种高效、质优的工厂化生产奠定基础。

发明单位：贵州省农作物品种资源研究所、贵州利康农科技有限公司。

主要发明人：黄万兵、朱国胜、桂阳、卢颖颖、张丽娜、龚光禄、杨通静、陈娅娅、郎柳录。

3. 一种用于种植食用菌的层架式大棚

实用新型（ZL 2018 2 1726611. 4）

本实用新型涉及一种用于种植食用菌的层架式大棚，包括棚架、层架、棚膜以及卷膜，棚架内设置有多个层架，棚膜覆盖于棚架顶部，棚膜设有至少两个透气活动窗，棚架两侧分别设有至少一对卷膜器，卷膜缠绕于卷膜器上，并且可展开覆盖于棚架两侧；采用本实用新型所的技术方案，红托竹荪栽培在钢结构层架上，棚架也使用钢结构焊接而成，在每个大棚内可栽培更多的红托竹荪，大棚外表面附着不同的薄膜，改善了大棚内的温度和通风状况，克服了病虫害侵袭、环境风载、雪载以及振动等不利的环境影响，实现了可重复使用，并可通过大棚内设置的加湿系统分别对棚内空气湿度和竹荪菌棒进行自动调整和灌溉，促进红托竹荪快速生长，提高了生产效益。

发明单位：贵州省农作物品种资源研究所、贵州利康农科技有限公司。

主要发明人：龚光禄、朱国胜、杨通静、王沁、栾文广。

4. 一种食用菌基质料高效简易发酵仓及其发酵系统

实用新型（ZL 2019 2 0984147. 7）

本实用新型涉及一种食用菌基质料高效简易发酵仓及其发酵系统，发酵仓包括互相连接在一起的机房和发酵池，发酵池以内挖掘有多列送气沟，送气沟端口处盖合有预制盖板，送气沟与预制盖板围绕形成送气通道，预制盖板之上堆放有发酵料，机房以内安装有送风设备，送风设备为送气通道供气。发酵系统包括并列设置的多个食用菌基质料高效简易发酵仓，所有送气沟均与肥水收集沟连通，肥水收集沟与肥水收集池连通。采用本实用新型所的技术方案，送气沟用于对食用菌在发酵过程中进行通风，有利于提高食用菌的发酵速度，多个发酵仓并列设置提高了食用菌发酵产量，此外，对发酵过程中产生的液料进行了统一收集处理，减少了浪费。

发明单位：贵州省农作物品种资源研究所、贵州利康农科技有限公司、黔西南州丰宇农业发展有限公司。

主要发明人：龚光禄、杨通静、栾文广、张立。

（四）创新、集成技术模式

1. 黔西香菇案例

贵州高原蓝梦菇业在黔西创新并推广“1+10+N”产业裂变发展计划。以“1”个食用菌产业示范园区为核心园，带动建设“10”个食用菌标准化示范种植区，由 10 个示范种植区带动“N”家农户（企业、合作社）从事食用菌产业化种植，推动食用菌裂变式发展。通过洪水镇新桥村食用菌产业园成功带动林泉、金碧、雨朵等 10 余个示范种植区，累计带动 13 家合作社或大户种植食用菌，香菇、木耳种植规模常年稳定在 3 000万棒以上。

2. 红托竹荪制种及栽培的技术革新

筛选出红托竹荪优良菌株 3 株，攻克了液体菌种生产、节材栽培、利用农林废弃物发酵代料发酵制作菌棒栽培技术、层架出菇、绿色产地加工等技术瓶颈，研发出简易通风发酵和发酵仓发酵技术，改进设计出红托竹荪层架出菇大棚，研发出智慧菇房和四季出菇大棚，解决了连作障碍，实现生态循环，菌材转化率从不足 20%提高到 30%以上，三级菌种生产周期由 1 年缩短至 6 个月，栽培周期由 2 年缩短至 6 个月，病虫害大大降低，单菌棒的鲜竹花产量达到 3 两（1 两＝0. 05 千克，全书同）。该技术已在义龙试验区、安龙县、纳雍县、织金县、黔西县、普定县、德江县、石阡县、万山区、剑河县、麻江县、榕江县、乌当区等县（市区）逐步推广。通过成果成功引进上海大山合落户纳雍，并成立贵州金蟾大山生物科技有限公司，并与贵阳农投建立全面合作关系，正以小核心大协作的方式构建引领全省食用菌产业发展的体系。所涉及的发酵菌棒制作技术在四家公司直接转化应用，红托竹荪和冬荪液体菌种生产技术在纳雍金蟾大山公司转化应用。其进一步推广应用将为贵州红托竹荪产业持续健康发展、助推脱贫攻坚，提供强有力的技术保障。

3. 冬荪仿野生高效栽培技术

建立了利用天麻废菌材栽培冬荪新技术，火麻林下栽培冬荪立体循环模式、冬荪代料发酵菌棒和菌床层架栽培新技术、冬荪代料发酵菌棒直接脱袋仿野生栽培技术、冬荪竹荪蛋集中出菇技术、建立产地初加工技术等。推进了“大方冬荪”申报获得国家地理标志产品认证。目前冬荪产业以大方为中心辐射全省，栽培规模已发展到 2 万余亩，有效带动了农户脱贫致富。

（五）产业人才培养

通过绿色通道引进专业技术人员 4 名、培养 DUS 贵阳分中心的测试专门人才 1 人、培养贵州省省管专家 1 名、贵州省优秀青年科技人才培养对象 1 名、贵州省科技创新“百层次”人才 1 名、贵州省科技创新“千层次”人才 7 名，培养博士 4 名，建立创新人才团队 2 个；朱国胜副所长入围全省农业产业结构调整先进科技工作者拟推荐表彰对象。

服务贵州省 40 多个县（市），乡镇 100 个以上个，带动农户 5 000余户，服务企业、合作社、农民协会等机构 30 多个，其中创办领办企业、合作社、农民协会等机构 4 个。培训和现场指导 100 余期/次，培养基层技术骨干 1 000余人，培训农户 2 万余人/次。

八、中药材产业技术体系

（一）种质资源与新品种

省级认定新品种 15 个，分别为石斛 4 个（赤钗 1 号、贵斛 1 号、黔斛 1 号、锦斛 1 号）、半夏 2 个（赫麻芋 1 号、赫麻芋 2 号）、三叶木通 2 个（黔预 1 号、古邑八月香）、淫羊藿 2 个（贵同箭叶 1 号、贵同箭叶 2 号）、白及 1 个（贵芨 1 号）、黄精 1 个（贵多花 1 号）、钩藤 1 个（贵钩 1 号）、太子参 1 个（贵参 1 号）、头花蓼 1 个（威蓼 1 号）。

（二）标准与技术规程（表 7）

表 7　部分中药材产业标准

序号	标准名称	标号
1	白及绿色生产技术规程	DB52/T 1349—2018

（续表）

序号	标准名称	标号
2	流苏石斛组培种苗生产技术规程	DB52/T 1154—2016
3	地理标志产品 安龙白及	DB5/T 2235—2019
4	白及组培种茎生产技术规程	DB52/T 1153—2016
5	滇重楼绿色生产技术规程	DB52/T 1356—2018
6	菘蓝绿色生产技术规程	DB52/T 1354—2018
7	铁皮石斛绿色生产技术规	DB52/T 1355—2018

（三）专利（表 8）

表 8　相关专利

序号	专利名称	授权日	专利类型
1	A Kind of Method for Making Fairy Tofu with Dried Leaves of *Premna puberula* Pamp	2020. 07. 22	国际专利
2	一种诱导杜鹃兰原球茎芽簇增殖的方法	2018. 10. 19	发明专利
3	一种诱导金铁锁愈伤组织产生花青素的方法	2017. 06. 20	发明专利
	半夏人工种胚同步化的悬浮培养方法	2018. 03. 27	发明专利
4	一种提高麦芽啤酒风味物质的方法	2019. 05. 14	发明专利
5	一种提高神仙豆腐产量和质量的制作方法	2021. 02. 20	发明专利
6	一种建立狐臭柴组织培养体系的方法	2021. 09. 17	发明专利
7	一种植物组织液体培养的支架	2016. 07. 27	实用新型专利
8	一种石蜡切片蜡屑的制作装置	2019. 07. 19	实用新型专利
9	一种天麻有性繁殖套种商品麻的栽培方法	2017. 1. 4	发明专利
10	白及工厂化育苗方法	2017. 4. 19	发明专利
11	独蒜兰组培苗原生地炼苗方法	2018. 7. 17	发明专利
12	独蒜兰组织培养一步成苗方法	2018. 10. 19	发明专利
13	一种粉背雷公藤扦插繁殖方法	2020. 7. 7	发明专利
14	一种马鞍型白及组胚种茎驯化方法	2020. 9. 1	发明专利
15	一种栽培钩藤修复喀斯特山地方法	2020. 8. 7	发明专利

（四）科技奖励

“贵州天麻仿野生栽培技术研究集成与推广”2020 年获贵州省农业丰收奖一等奖。

“天麻仿野生栽培技术体系与示范应用”2019年获高等学校科学研究优秀成果奖科学技术二等奖。

“天麻仿野生种植技术研究及其产业化应用”，2019年获贵州省科技进步三等奖。

“贵州天麻种植技术创新模式研究及其产业化”2017年获黔东南苗族侗族自治州科学技术奖三等奖。

“贵州省药用兰科植物及其内生真菌研究与应用”2017年获贵州省科技进步三等奖。

“一种白及组培球茎一步成苗方法及其基质”2016年获贵州省专利优秀奖。

“贵州省药用兰科植物及其内生真菌研究与应用”2016年获贵州省农科院科学技术一等奖。

“植物组培苗生长发育的非接触检测技术”2016年获贵州省科技进步奖三等奖。

（五）创新、集成技术模式

1. 天麻生产模式及扶贫成功案例

贵州天麻创新生产模式：龙头企业以标准化规模化基地建设为纽带，通过统一技术培训、统一供给两菌一种、统一生产管理、统一采收加工、统一回购销售、统一利益联结分配，即“六统一”方式，与合作社、农户紧密合作，强化利益联结，推进天麻产业发展。一是扶持具有核心竞争力的企业为龙头；二是建立标准化示范基地；三是与合作社、农户建立利益联结机制。按照“六统一”方式，贵州乌蒙腾菌业有限公司（大方县）建有仿野生种植示范基地1 300余亩，带动900户麻农种植8 000亩、户均年增收5 000余元；德江绿通天麻有限公司在德江县堰塘乡露青村天麻产业园区有天麻+冬/竹荪的生态循环种植核心示范基地1 000亩，带动76户麻农种植天麻200亩，户均增收6 000元；贵州闲草堂医药科技有限公司（镇远县）在镇远县大地乡、舞阳镇等乡镇，自建林下天麻规范化生态种植核心示范基地2 200亩，带动760户麻农种植4 000亩，户均年增收6 000余元。企业通过“六统一”方式，解决了天麻生产技术门槛高、种植不规范、采收加工不统一、附加值低等问题，实现了企业、合作社、农户三者之间的无缝连接，形成了较好的产业发展机制。

2. 白及产业扶贫成功案例

独创的白及“马鞍型”驯化苗培育技术与优质高产栽培技术示范应用推广，构建了多年生药材产业扶贫成功案例。技术支撑企业结合“三变”改革，采取“流转兜底、就业保障、带动发展”方式，形成“科研机构成果转化、企业负责供销两端、村级合作社抓好协调服务、农户全产业链参与”的产业组织形式，推动四方共赢、强化四重收益保障、确保群众稳定增收。土地租金每年1亩800元，平均每年白及基地人工管护劳务费用1 500元以上，这样保障1亩土地每年农户旱涝保收2 300元。白及栽种3~4年采挖，三年生连根鲜货平均每亩5 946斤，近二十年白及鲜货产地价格每斤12~75元，1亩白及最低卖7.1万元，除去成本每亩利润5万元以上。带动安龙5 000亩连片种植基地每年直接支付当地农户1 150万元，为1 000余农户提供就业与收入保障，带动建档立卡贫困户650户2 544人，其中266亩基地与350户1 422人建档立卡贫困户形成利益联结，除了土地租金、劳务收入外，连续3年户均每年先分红1 600元，3年后销售产值超过868万元时，350户贫困户还能分享到超过部分70%的收益。依托白及基地，安龙县钱相街道三道墙村等村级平台公司代入股600万元财政扶贫资金到安龙欣蔓生物科技公司，连续三年提前保底分红45万元，覆盖建档立卡贫困户300户1 122人，三年后返还600万元。

3. 新品种推广应用

半夏新品种在赫章等县推广应用超过3万亩/年；铁皮石斛锦斛1号在锦屏县推广种植面积超过1万亩/年；金钗石斛赤钗1号在赤水推广应用面积超过3万亩/年；白及贵芨1号在黔西南、铜仁、遵义等地推广应用面积超过10万亩。

4. 石漠化生态治理与产业发展融合

开展"薜：石斛：桑"生态恢复关键技术攻关、产业化发展与示范推广，由此建立一种"产业需求→石漠化治理→生态产业"石漠化治理新模式，提升建设贵州省安龙县强度石漠化山地500亩石斛原生态种植基地，辐射带动3 000亩"薜：石斛：桑"基地，达产后年产值0.6亿元以上，为山区1 000余人次贫困农户精准脱贫提供产业支撑，实践"绿水青山就是金山银山"。

5. 天麻"两菌一种"研究与应用

贵州大学功能实验室筛选天麻蜜环菌贵蜜5号，成功应用于生产，产量高，适应范围广，与红天麻、乌天麻伴生效果好，其生物学特性、培养条件、质量评价标准已完善，现已在遵义汇川娄山关、铜仁德江等地应用。省农科院筛选出对红天麻、乌天麻、杂交天麻都具有较高的亲和性优良蜜环菌贵蜜46号，建立了配套的原种为液体种的蜜环菌三级菌种生产技术，该菌种已在贵州省天麻主产区、云南、陕西、安徽、湖北等天麻主产区推广。建立了蜜环菌子实体提纯复壮和工厂化生产技术。对贵州天麻主产区天麻资源进行了较为系统的收集、整理和提纯复壮，在贵州首次与企业合作提纯出雷山乌天麻、大方乌天麻和德江龙麻等优良天麻。通过相关工作有效推动了天麻成功申报并列入药食同源目录。

（六）产业人才培养

贵州省中药材产业单品专家组组长7人，6人入选中药材专家委员会委员。通过绿色通道引进专业技术人员4名、贵州省优秀青年科技人才培养对象4名、贵州省科技创新"百层次"人才3名、贵州省科技创新"千层次"人才7名，培养博士4名，建立创新人才团队3个，1人入选贵州省非主要农作物和食用菌品种认定专家委员会副主任委员。服务贵州省60多个县（市），乡镇200个以上个，带动农户15 000余户，服务企业、合作社、农民协会等机构150多个。培训和现场指导150余期/次，惠及药农超过20 000人次。培养基层技术骨干50余人。

九、蔬菜产业技术体系

（一）种质资源与新品种

在充分了解贵州自然地理环境气候的基础上，根据贵州蔬菜生产现状，开展了白菜、甘蓝、青菜、番茄、茄子、南瓜、黄瓜、瓠瓜、菜豆、苦瓜、丝瓜、胡萝卜、芹菜等蔬菜新品种的引种、鉴选及新品种培育。“十三五”期间共收集蔬菜种质资源1774份，其中白菜资源143份、甘蓝130份、番茄360份、青菜70份、黄瓜191份、瓠瓜62份、茄子83份、南瓜140份、菜豆255份、苦瓜129份、丝瓜124份、芹菜87份。体系成员参与审定、登记的蔬菜新品种主要有4个，申请新品种保护2个。

1. 黔白4号

2016年获植物新品种权，品种权号：CNA20090302.2。

黔白4号，早熟耐热杂交种，生育期60天，外叶深绿，叶面皱缩，叶球矮中桩。品质佳，净菜产量5 100公斤/亩左右。抗霜霉病、黑斑病。适宜与贵州相似的大白菜产区，秋季，春季，夏季均可种植。

2. 黔茄4号

2016年获植物新品种权，品种权号：CNA20100127.2。

黔茄4号，杂交种。夏季露地栽培从定值到始收约53天，植株生长势较强，直立、紧凑，平均株高约95厘米，较抗倒伏。果筒形，果顶先端略尖，紫红色，有光泽，果长27厘米左右，横径约5.5厘米，单果均重约180克。果肉白色、肉质细嫩，品质好。优质、高产、抗病。适宜于贵州黔中、黔北、黔东南、黔西南、黔南、安顺地区，毕节地区、六盘水市的低中海拔地区及相似地区。

3. 黔椒11号

2016年通过农作物品种审定，审定编号：黔审椒2016003号。

黔椒11号，早熟，生长旺盛，分枝能力强，株形紧凑，果实单生向上，短羊角形，青果绿色，成熟果红色，果面光滑鲜艳，味香辣，坐果率高。平均生育期193天，株高69.86厘米，株幅57.5厘米。分枝次数为31.36次，单株结果62个。单果鲜质量4.89克，单果干质量1.07克，过长6.48厘米，果宽1.45厘米，果柄长2.68厘米，单果种子数88.90粒，千粒种子质量5.76克。适合贵州省辣椒栽培区及省外气候条件相似的地区栽培，适宜采用大棚、拱棚、地膜等设施作早熟栽培。

4. 黔红1号

2020年通过非主要农作物品种登记，登记证书编号：GPD番茄（2019）520530。

黔红1号，红果，早中熟。无限生长类型，叶色深绿、生长势强，第一花序着生在主茎第七至八叶之间，以后每隔3片叶着生1个花序，平均单株坐果31个。果实圆形，成熟果大红色，色泽鲜艳，果面光亮，无青肩。单果重140~160克，果实横径6.6厘米，纵径6.5厘米，3心室。在贵州河谷区域罗甸、望谟、册亨、关岭断桥等地可作早熟栽培和秋延栽培，在贵州中海拔区域可作越夏栽培和秋延栽培；对TY病毒抗性没有检验，不建议在TYLCV发病区的发病季节种植。

5. 黔薯8号

2018年申请植物新品种权保护，申请号：20180604.6。

黔薯8号为鲜食型甘薯新品种。顶叶、叶为绿色，叶脉、茎色也为绿色，浅单缺刻，长蔓型，茎粗0.37厘米，单株分枝数4~10个。萌芽性好，出苗多而快。栽插后发根缓苗快，生长势较强。结薯集中，薯块整齐，单株结薯3~7个，薯块下膨纺锤形，薯皮、薯肉淡红色。无严重病虫害。全生育期140天。干物率为18.1%。适宜贵州大部分地区4—7月种植。

6. 黔菜薯1号

2018年申请植物新品种权保护，申请号：20180602.8。

黔菜薯1号为甘薯叶菜用型。顶叶、叶为淡绿色，叶脉、茎色为绿色，叶形心形，长蔓型，半直立生长，茎粗0.46厘米，单株分枝数8~16个。萌芽性好，出苗多而快。栽插后发根缓苗快，生长势较强。结薯集中，单株结薯2~4个，薯块纺锤形，薯皮、薯肉均为白色。无严重病虫害。全生育期140天。适宜贵州大部分地区种植3—8月露地叶菜专用，设施栽培全年均可。

（二）标准与技术规程

1. “辣椒—夏秋甘蓝（花菜）—萝卜”一年3茬高效栽培模式技术规程（DB 52/T 1266—2018）

该标准规定了蔬菜高效栽培模式的范围、规范性引用文件、术语、产地条件、生产技术措施、病虫害防治、采收，适用于贵州省海拔800~1 800米，年平均气温12.3~16.8℃，1月平均温2.3~7.8℃以上，7月平均温22.2~25.4℃的区域。

起草单位：贵州省园艺研究所。

主要起草人：孟平红、李桂莲、郭惊涛、文林宏、王天文、蔡霞、田洪梅、田梅、曾令明。

2. “夏秋番茄（辣椒）—冬春莴笋（分葱）”一年2茬高效栽培模式技术规程（DB 52/T 1267—2018）

该标准规定了蔬菜高效栽培模式的范围、规范性引用文件、术语和定义、产地条件、生产技术措施、病虫害防治、采收，适用于贵州省海拔800~1 500米，年平均气温13~16.8℃，1月平均温3℃以上的区域。

起草单位：贵州省园艺研究所。

主要起草人：文林宏、李桂莲、王天文、孟平红、郭惊涛、李琼芬、胡建宗、赵夏云、杨静。

3. “春大白菜—夏秋四季豆（甘蓝）—秋冬萝卜（芹菜）”一年3茬高效栽培模式技术规程（DB 52/T 1268—2018）

该标准规定了蔬菜高效栽培模式的范围、规范性引用文件、术语和定义、产地条件、生产技术措施、病虫害防治、采收，适用于贵州省海拔600~1 500米，年平均气温13~18℃，1月平均温3.1℃以上的区域。

起草单位：贵州省园艺研究所。

主要起草人：文林宏、李桂莲、王天文、孟平红、郭惊涛、李琼芬、胡建宗、赵夏云、杨静。

4. 贵州一年多茬速生蔬菜（菜心或芥蓝、瓢儿白）高效栽培模式技术规程（DB 52/T 1304—2018）

该标准规定了贵州一年多茬速生蔬菜（菜心或芥蓝、瓢儿白）高效栽培模式的术语和定义、生产基地、生产技术措施、病虫害防治、采收，适用于贵州省低、中海拔地区，即海拔500~1 200米，年平均气温14~19.1℃，1月平均气温4.1~9.5℃，7月平均温22.7~27.1℃，雨量充沛的区域。

起草单位：贵州省园艺研究所。

主要起草人：孟平红、郭惊涛、李桂莲、文林宏、蔡霞、郭荣宽、朱子丹、王慧科、田洪梅、张继胜、王小庭。

5. 大蒜有机栽培技术规程（DB 52/T 1385—2018）

该标准规定了大蒜有机栽培的术语和定义、基地条件、栽培管理技术及采收技术，适用于贵州地区大蒜的有机栽培。

起草单位：贵州省园艺研究所、威宁县果树蔬菜工作站。

主要起草人：李晓慧、马超、王天文、李锦康、班甜甜、林萌、王维泽。

6. 辣椒有机栽培技术规程（DB 52/T 1386—2018）

该标准规定了贵州省辣椒有机栽培的术语和定义、生产基地、栽培管理及采收等技术要求，适用于贵州地区青花菜的有机栽培。

起草单位：贵州省园艺研究所。

主要起草人：马超、班甜甜、王天文、李晓慧、杨静、钟秀来。

7. 青花菜有机栽培技术规程（DB 52/T 1387—2018）

该标准规定了青花菜有机栽培的术语和定义、基地条件、栽培管理技术及采收技术，适用于贵州省范围内的辣椒有机栽培。

起草单位：贵州省园艺研究所、清镇市蔬菜工作办公室。

主要起草人：张雪、马超、班甜甜、王荔、李晓慧、郭荣宽、田梅、蔡霞。

8. 大白菜有机栽培技术规程（DB52/T 1388—2018）

该标准规定了贵州省大白菜有机栽培的术语和定义、基地条件、栽培管理技术及采收技术，适用于贵州省范围内的大白菜有机栽培。

起草单位：贵州省园艺研究所、威宁县果树蔬菜工作站。

主要起草人：马超、王天文、李锦康、赵大芹、杨静、李晓慧。

（三）专利

1. 大蒜间套菜用糯甜玉米、夏秋大白菜间套甘蓝一年两季四收栽培方法

发明专利（ZL 2014 1 0354772. 5）。

本发明公开了一种大蒜间套菜用糯甜玉米、夏秋大白菜间套甘蓝两季四收栽培方法，本发明合理进行岔口期安排：第一季，大蒜间套早熟菜用糯（甜）玉米，大蒜10月中上旬播种，5月上旬采收蒜薹，菜用糯甜玉米2月中旬至3月初播种，6月上旬鲜玉米即可上市；第二季，夏秋反季节大白菜间套甘蓝，大白菜5月下旬至7月底播种育苗，6月下旬至8月底定植，7月下旬至10月上旬分批上市；夏秋反季节甘蓝5月上旬至7月上旬播种，6月中旬至8月中旬定植，8月中下旬至10月底分批上市；由于选用适宜的优良品种，两次采用科学的间套作方法，改进播种期、定植期及上市期，使作物的产量、产值增加，达到一年两季4收、3次反季节蔬菜的效果，经济效益十分显著。

发明单位：贵州省园艺研究所。

主要发明人：孟平红、文林宏、郭惊涛、李桂莲、王天文、李琼芬、蔡霞。

2. 鲜糯玉米套种春大白菜复种秋四季豆一年两季三熟高效栽培方法

发明专利（ZL 2014 1 0447549. 5）。

本发明公开了一种鲜糯玉米套种春大白菜复种秋四季豆一年两季三熟高效栽培方法，合理进行茬口期安排。第一季鲜糯玉米套种春大白菜：鲜糯玉米提早于元月中旬至3月中上旬播种育苗，2月初至3月下旬定向移栽，6月上旬至7月初上市；春大白菜提早于2月初至3月上旬播种育苗，3月上旬至4月上旬定植，4月中旬至5月下旬上市。第二季秋四季豆：在春大白菜、鲜糯玉米收获后，7月上旬至8月初直播豆种，9月上旬至11月初采收。由于采用了科学的套种、复种方法，增加了套种蔬菜的植株数，选用最适宜的优良品种，改进了育苗方式，提早播种期、定植期，从而提早了上市期，使其产品能在淡季上市，大幅度提高了产值，既满足了市场需求，也取得显著经济效益。

发明单位：贵州省园艺研究所。

主要发明人：孟平红、李桂莲、王天文、李琼芬、裴承元、文林宏、郭惊涛。

3. 昆虫诱杀液容器及用塑料瓶制作昆虫诱杀液容器的方法

发明专利（ZL 2014 1 0465817. 6）。

本发明公开了一种昆虫诱杀液容器及利用塑料瓶制作昆虫诱杀液容器的方法，该昆虫诱杀液容器具备一个顶部设有瓶盖的瓶体，瓶体的底部设置有用于装入昆虫诱杀液的容纳槽，瓶体的侧壁设有两个以上的用于使瓶体内部与外部相通的镂空孔，镂空孔为矩形形状。这种昆虫诱杀液容器可利用废旧的塑料饮料瓶的制作，原料取材方便，制作方法简单，废旧利用，生态环保。常规诱杀液置放方式受雨水影响较大，一场雨过后即要更换新液，本发明利用废旧饮料瓶制作的容器带有挡雨片，可以避免雨淋对诱杀液的稀释。此容器诱杀液气味是从四周镂空孔散发的，避免常规盛放容器诱杀液向上挥发导致的诱杀气味减弱。

发明单位：贵州省园艺研究所。

主要发明人：马超、彭莉、王天文、张雪。

4. 一种苗床浇水杆

实用新型专利（ZL 2016 2 1494829. 2）

本实用新型涉及育苗实验技术领域，具体涉及一种苗床浇水杆；其包括杆主体、堵头以及连接部；杆主体的整体呈圆筒状，杆主体设置有至少两列与杆主体内腔连通的浇水孔；连接部与杆主体一端固定连接；堵头完全覆盖杆主体的另一端、且与杆主体另一端固定连接。本实用新型可以提高苗床浇水杆出水量的均匀性；强度较高；可以省去了调整、确认的工作，比较方便。

发明单位：贵州省园艺研究所。

主要发明人：李正丽、赵夏云、张丽、唐兵。

5. 一种便携式电动喷雾器

实用新型专利（ZL 2016 2 1235008. 7）

本实用新型涉及一种便携式电动喷雾器，其包括固定板、水泵、喷头杆以及蓄电池，固定板固定设置有支撑板、底板以及挂钩；支撑板上固定设置有电池盒；底板上设置有卡扣；固定板还设置有可相对固定板转动的绕管盘；喷头杆的一端固定设置有雾化喷头，喷头杆上套有控制开关；蓄电池以及控制开关均与水泵电性连接。蓄电池设置在电池盒内；水泵的出水孔通过盘绕在绕管盘上的软管与雾化喷头联通。本实用新型可以悬挂在摩托车的后架上，从而便于携带；可以使喷出的液体呈锥形的雾状，还可以防止雾化喷头堵塞；可以满足不同喷药高度或者施肥高度的需要。

发明单位：贵州省园艺研究所。

主要发明人：李正丽、杨新成。

6. 一种茄子植株调整修剪方法

发明专利（ZL 2019 1 0253425. 6）。

本发明公开了一种茄子植株调整修剪方法，包括：①在整个生育期人工摘除茄子副花；②摘除门茄，以免影响植株中后期营养生长；③在茄子四门斗果实收获前后选择是否进行修剪。改方法实施简单，可延长供应期，提高种植的经济效益。

发明单位：贵州省园艺研究所。

主要发明人：袁远国、朱子丹、王维泽、杨巍、杨云颖、樊琴、潘银山。

7. 一种有机环保的结球生菜扩叶增产的方法

发明专利（ZL 2018 1 1322919. 7）。

本发明提供了一种有机环保的结球生菜扩叶增产的方法，该方法为：播种培育结球生菜幼苗，在幼苗长出4~6片真叶时定植，当结球生菜长到8叶1心至10叶1心时，用吹心设备的出风口垂直对准结球生菜的菜心进行2~3次吹心处理，吹心时间为0.5~5秒，相邻两次吹心处理的时间间隔3~5天，外叶靠近土壤部分因水浸原因发生腐烂，摘除腐烂的外叶，结球生菜采收，得到扩叶增产的结球生菜。本发明用吹心设备的出风口垂直对准菜心吹心处理，增加结球生菜叶的光合作用的面积，促进结球生菜的生长，增加包心叶片数量，从而达到结球生菜扩叶增产的目的，吹心设备的风震增强了结球生菜的抗逆性，增加结球生菜叶片的韧性，本方法绿色环保、降低成本，实现增产增收。

发明单位：贵州省园艺研究所。

主要发明人：班甜甜、马超、李晓慧。

8. 一种有效的黄瓜氮肥组配及施用方法

发明专利（ZL 2019 1 1324824. 3）。

本发明公开了一种有效的黄瓜氮肥组配及施用方法，是将黄瓜氮肥按照50%酰胺态氮+50%硝态氮施用。磷肥钾肥的施用是将磷肥、钾肥与农家肥一起作为基肥在黄瓜定值前施入包括土壤在内的介质中。氮肥的施用时将酰胺态氮尿素与硝态氮硝酸钙按施用量称量后混匀，于黄瓜定植前、初花期、初果期、盛果期分四次施入土壤或栽培基质中，按质量计算，分别占总氮量的25%、15%、30%、30%施用。本发明在不增加氮素供应量的前提下通过氮素形态的改变促进了黄瓜的生长发育，并提高了黄瓜产量。可减少单一硝态氮施用导致的水体富营养化并解决黄瓜果实的硝酸盐含量过高问题。同时还提高了黄瓜氮含量、蛋白含量及叶绿素含量，促进了氮素利用。

发明单位：贵州省园艺研究所。

主要发明人：马超、班甜甜、李晓慧。

9. 一种带有光强度控制机构的芹菜培养室

实用新型专利（ZL 2019 2 1887367. 4）

本实用新型提供了一种带有光强度控制机构的芹菜培养室，包括顶面带有开口的半封闭的培养室体，培养室体上还卡接有透明的罩壳，培养室体的顶面在开口的两侧设置有光强度控制机构，光强度控制机构包括两个相互平行的转动连接在培养室体顶面的第一转辊和第二转辊，培养室体的顶面中间处固定设置有步进电机，培养室体的顶面在开口与第一转辊相垂直的两侧分别固定设置有弧形的导轨，导轨的内部滑动连接有遮光层，遮光层的一端固定在第一转辊的外侧，遮光层的另一端固定在第二转辊的外侧，解决了现有的芹菜培养室不能对外界太阳光的照射强度进行调整，对适合芹菜生长的太阳光强度的适用性较差，影响其测试范围拓展的问题。

发明单位：贵州省园艺研究所。

主要发明人：钟秀来、谭国飞。

10. 一种胡萝卜加工用清洗设备

实用新型专利（ZL 2020 2 1095324. 5）

本实用新型提供一种胡萝卜加工用清洗设备，包括潜水电动机、旋转板、固定板、转动杆、固定架、转盘、连接杆、电动伸缩杆、甩动筒以及凸起杆，清洗桶内部下侧装配有潜水电动机，潜水电动机上侧安装有旋转板，旋转板上端面左右两侧安装有凸起杆，顶板下端面中间位置装配有电动伸缩杆，电动伸缩杆下端面安装有连接杆，连接杆下端面安装有转盘，转盘下端面安装有固定架，固定架内壁左右两侧安装有转动杆，固定架中间位置安装有甩动筒，甩动筒下端面安装有固定板，该设计解决了原有胡萝卜外表面附着有泥土的问题，本实用新型结构合理，胡萝卜清洗效果好，清洗便捷，工作效率高。

发明单位：贵州省园艺研究所。

主要发明人：钟秀来、谭国飞、罗庆、李正丽、张丽、蔡霞。

11. 一种菜花试验栽培用种植盘

实用新型专利（ZL 2020 2 1093961. 9）。

本实用新型公开了一种菜花试验栽培用种植盘，包括盘体和限位架，所述盘体的顶端设置有用于固定幼苗的限位架，两组所述盘体设置在储存箱内壁焊接的支撑机构的顶端，所述储存箱上方的横向内壁连接有照明机构，上方的盘体的底端也连接有另一组照明机构，所述储存箱的侧面还连通有两组与盘体适配的连通机构，所述储存箱的底端焊接有四组矩形阵列排列的支撑腿，且支撑腿的底端焊接有具制动能力的滚轮，所述储存箱的前端通过弹簧合页转动连接有玻璃门，所述支撑机构包括支撑板和滑轮，所述支撑板的侧面与储存箱的内壁通过黏胶粘接固定。该菜花试验栽培用种植盘，不仅能够对幼苗进行固定，还能调节光照强度和空气流通速度。

发明单位：贵州省园艺研究所。

主要发明人：蔡霞、孟平红、郭惊涛。

12. 一种节水储水式栽培槽

实用新型专利（ZL 2019 2 1459692. 0）。

本实用新型提供了一种节水储水式栽培槽，包括矩形栽培槽和由上往下依次铺设在矩形栽培槽内的栽培土壤、透水土工布和储水碎石层，所述矩形栽培槽的一端在储水碎石层的上下两端开设有泄水孔，所述矩形栽培槽可放置在田地上也可埋置在田地下。本实用新型在种植作物时能同时达到排涝和蓄水的目的，操作方便，安全可靠，经济效益显著，可在作物栽培技术领域广泛推广应用。

发明单位：贵州省园艺研究所。

主要发明人：张丽、李正丽、蒙辉、杨巍、谭国飞、钟秀来。

13. 一种苗床小拱棚结构

实用新型专利（ZL 2020 2 0338018. 3）。

本实用新型属于苗床小拱棚技术领域，公开了一种苗床小拱棚结构，包括弧形拱架以及可拆卸的连接于拱架两端的预埋底架，所述拱架共设有多个，且多个拱架沿预埋底架的长度方向等距分布；两个所述预埋底架相互远离的一侧均一体成型有延伸部和凸起部，其中所述延伸部位于凸起部的下方，并使预埋底架形成“L”形截面，所述凸起部表面设有一层防滑层，且凸起部与覆盖于拱架上的薄膜边缘形成连接；综上，延伸部表面用于覆盖土层，以保证预埋底架和整体结构安装的稳定；凸起部则用于限定薄膜的边缘，使得薄膜覆盖后具有良好的防滑效果，进而保证薄膜覆盖的密封性和稳定性；并且上述预埋底架和拱架均具有可进行重复利用。

发明单位：贵州省园艺研究所。

主要发明人：李正丽、张丽、杨巍、钟秀来、杨静。

14. 马铃薯四倍体栽培种与二倍体野生种原生质体融合方法

发明专利（ZL 2017 1 0626916. 1）。

本发明公开了一种马铃薯四倍体栽培种与二倍体野生种原生质体融合方法，通过采用酶解法、界面法分离和纯化马铃薯原生质体，聚乙二醇（PEG）诱导融合法融合四倍体和二倍体原生质体，摸索、优化获得了一套最优的针对参试马铃薯原生质体分离纯化条件、原生质体培养基、愈伤组织再生培养基、四倍体与二倍体原生质体融合方法。并在使用该方法进行的费乌瑞它和野生二倍体材料（E12、E25）融合实验中，得到经DNA进行SRAP分子标记检测的融合株系2个和融合愈伤组织4个；这些材料可作为后续实验材料使用，以确定所获得的融合株系在农艺性状的变化及在生产上的可能应用。

发明单位：贵州省园艺研究所。

主要发明人：李正丽、张丽、朱熠鹏、陈松、赵夏云、马关鹏。

15. 一种可实现智能化施肥装置及其使用方法

发明专利（ZL 2020 1 0777396.6）。

本发明公开了一种可实现智能化施肥装置及其使用方法，包括箱体、进水管、混合罐、加液管、主控制器、防水罩和分流管，所述箱体内部设置有混合罐，所述混合罐一侧表面设置有进水管和加液管，所述混合罐底端设置有排水管，所述排水管贯穿箱体连接有分流管，所述分流管上表面安装有防水罩，所述箱体上端内壁安装有主控制器，所述防水罩内部安装有分控器。本发明通过传感器对滴灌管所在区域的土壤进行检测，并且通过主控制器以及分控器能够实现对特定位置进行针对性滴灌施肥，不仅可以节省水肥用量，并且能够起到最佳的施肥效果，并且能够精确控制水肥与水的混合比例，因此实际操作更加智能化，有效降低了人们的操作难度。

发明单位：贵州省园艺研究所、贵州省农科院山茂园艺工程技术有限公司。

主要发明人：李正丽、张丽、杨静、杨巍、钟秀来、蔡霞。

16. 一种芥蓝种植淋灌装置

发明专利（ZL 2020 1 0180340.2）。

本发明公开了一种芥蓝种植淋灌装置，包括主梁以及喷洒架，主梁的顶端通过螺栓固定防晃机构，主梁位于喷洒架的上方焊接横梁，横梁内卡入水泵，水泵与防晃机构之间连接的水管上安装反冲机构，喷洒架上安装有淋灌调节结构。益效果：防晃机构减少了晃动的冲击力，又能阻止瞬间摇晃造成的重心偏离和惯性，彻底解决喷施过程中形成的晃动，消除安全隐患，反冲机构没有外力的干扰下，弹簧的弹力是正好将密封环覆盖在反冲口上，并且在淋灌时，水的作用是垂直于密封环，不会让密封环在内管上滑动，避免液体流出，向反冲管灌水后液体不断洗刷过滤网，将药渣从下壳排出，清洗的效果好且延长的过滤网的使用寿命。

发明单位：贵州省园艺研究所。

主要发明人：蔡霞、孟平红、郭惊涛。

17. 一种多层采光均匀的蔬菜育苗架

实用新型专利（ZL 2020 1 603790.X）。

一种多层采光均匀的蔬菜育苗架，本实用新型涉及蔬菜育苗技术领域，底座上表面左侧通过轴承旋接有一号限位杆；数个内螺纹管和螺杆从上至下依次设置在底座的上方；最下方的螺杆通过轴承旋接在底座上，上方的螺杆通过轴承旋接在其下方的内螺纹管上；螺杆下端固定有一号齿轮；所述的一号限位杆左右两侧一体成型均设有卡条，数个二号齿轮中间左右两侧均开设有卡槽，二号齿轮活动插设在一号限位杆上，卡条卡设在卡槽中；一号齿轮和二号齿轮之间通过链条传动连接；能够将育苗架逐层下降，使得操作方便，提高了实用性；便于对育苗架进行单独操作，提高了便捷性。

发明单位：贵州省园艺研究所、贵州省农科院山茂园艺工程技术有限公司。

主要发明人：李正丽、张丽、杨静、杨巍、钟秀来、蔡霞。

18. 一种茄子嫁接龙葵的方法

发明专利（ZL 2020 1 0836773. 9）。

本发明提供了一种茄子嫁接龙葵的方法，该方法为：在育苗棚将茄子早于龙葵 7 天播种育苗，茄子 4~5 片真叶，龙葵 6~7 片真叶时，以龙葵为砧木，茄子为接穗，贴接法嫁接，用切割刀斜切掉砧木上部 3~4 片真叶，将砧木切成 30°斜面；将接穗保留 2~3 片真叶，切掉下端，切成与切割后的砧木大小相同的斜面后，套上嫁接管，再从嫁接管的下端插入切割后的砧木，二者对齐、紧靠；嫁接后 7 天内在塑料拱棚内进行保温保湿培养，前 3 天用遮阳网遮光培养，后 4 天于中午遮光培养，然后去除塑料拱棚，恢复日常管理。本发明茄子早于龙葵 7 天播种，同时达到嫁接标准时贴接法嫁接，茄子接穗成活率高，无需补接，龙葵苗期短，长到嫁接标准仅 30 天左右，节约嫁接时间。

发明单位：贵州省园艺研究所。

主要发明人：杨静、赵夏云、瞿飞、文林宏、王天文。

19. 一种用于芹菜育苗盘的开穴装置

发明专利（ZL 2020 1 0194780. 3）。

本发明公开了一种用于芹菜育苗盘的开穴装置，它包含一个整体为平板式结构的底板，该底板的上顶面处的中部焊接固定有一个育苗箱，该育苗箱的两侧分别设置有开口，所述育苗箱上顶面处的中部焊接固定有一个安装支架，该安装支架上焊接固定有一个内齿圈，所述安装支架的一侧设置有一个安装在育苗箱上的驱动电机，该驱动电机的输出轴端安装有主动带轮，所述的主动带轮通过三角带与从动带轮带传动配合，该从动带轮通过带轮轴与带轮座转动连接配合。本发明结构简单，提高了开穴的自动化程度，开穴效率较高，降低了工人的劳动和操作强度。

发明单位：贵州省园艺研究所。

主要发明人：钟秀来、谭国飞、罗庆、张羽娇、张德军。

20. 一种蔬菜育苗的光伏 LED 智能补光方法

发明专利（ZL 2017 1 0897873. 0）。

本发明公开了一种蔬菜育苗的光伏 LED 智能补光方法，包括以下步骤：制备育苗架、棚膜覆盖、LED 灯安装、太阳能光伏板的选择、放置太阳能光伏板、补光时间控制、育苗盘准备、育苗基质、催芽播种及苗期管理。本发明可以防止幼苗徒长，增加幼苗植株的物质含量，促进壮苗培育，减少病虫害的发生，降低农药的施用，提高蔬菜品质，进而提高生产效益。

发明单位：贵州省园艺研究所。

主要发明人：马超、李晓慧、王天文、班甜甜、杨静、林萌。

（四）科技奖励

1. 贵州发酵素辣椒制品加工关键技术集成与转化

2017年贵州省科学技术成果转化奖二等奖。

本成果针对贵州省特色发酵素辣椒制品（泡椒、糟辣椒）加工生产多数采用传统工艺，存在发酵微生物杂、发酵周期长、发酵容器单一、产品货架期短、产品脆度及营养功能品质不足等问题，开展原料鲜椒保鲜技术应用转化，糟辣椒、泡椒等产品优势功能菌种筛选及专用发酵菌剂制备技术及应用转化，糟辣椒、泡椒工业化发酵技术应用与转化，糟辣椒、泡椒的保藏保脆技术应用与转化等工作。本成果在贵州湄潭茯莹食品开发公司、贵州一代食品有限公司、遵义贵三红食品有限公司，贵州省石阡和记绿色食品开发有限公司进行转化与应用。应用辣椒常温保鲜技术，延长企业生产季节，提高产能1倍；采用“一种常压干燥法生产活性乳酸菌粉的技术”专利技术及菌粉直投式发酵工艺，克服了糟辣椒、泡椒自然发酵存在的产品质量不稳定的技术难题，简化了工艺，缩短了发酵时间，稳定并提高了产品质量，显著提高成品中γ氨基丁酸（GABA）的含量；应用大池内壁改造技术，节约了生产车间，大大提高了生产效率，产量增加了10倍以上，明显降低了生产成本；应用综合保脆技术使企业产品脆度提高3倍以上，应用素辣椒制品保藏技术，使企业产品保质期从3个月延长到6个月以上。

完成单位：贵州大学、贵州湄潭茯莹食品开发公司、贵州一代食品有限公司、遵义贵三红食品有限公司，贵州省石阡和记绿色食品开发有限公司。

完成人：谭书明、丁筑红、张万萍、俞露、黎啟菊、夏可福、李刚、吴华友、王永斌、龙良。

2. 贵州不同生态区蔬菜高效栽培技术研究与应用

2018年贵州省科学技术进步奖二等奖。

围绕贵州脱贫攻坚同步小康和乡村振兴战略需求，项目以4个省级获奖科技成果、18个自育品种为主集成创新，首次研究提出贵州秋冬、冬春、春夏和夏秋蔬菜气候适宜性区划；在贵州率先提出并开展蔬菜“321”高效种植技术研究示范，根据市场需求和气候资源配置，优化提升不同季节栽培技术并组装配套，研究出不同生态区周年多季蔬菜高效种植模式101套，促进种植制度变革；首次系统研究周年蔬菜生产的种类品种搭配、茬口衔接、播种育苗、水肥管理、绿色防控等配套关键技术，用地养地结合，实现了项目区蔬菜亩产值“321”目标和产业转型升级。获授权发明专利6件，发布省级标准4个，发表论文43篇，出版专著1部。在贵州8个市（州）及重庆和湖北，8年示范推广242.37万亩次，新增纯收益33.3亿元，惠及农民19.39万户次，其中贫困户17 685户，受益农户覆盖率87.86%，培训7.92万人次，成果转化程度高，经济社会生态效益巨大，助推贵州蔬菜产业科技进步和脱贫攻坚。

完成单位：贵州省园艺研究所、贵州省果树蔬菜工作站、威宁县果蔬蔬菜工作站、都匀市农业技术推广服务中心。

完成人：孟平红、文林宏、张绍刚、董恩省、蔡霞、王天文、朱子丹。

3. 贵州山地不同生态区蔬菜“321”高效种植技术的研究与应用

2018 年贵州省农业科学院科学技术奖一等奖。

率先在贵州提出并开展蔬菜“321”高效种植科技示范，促进耕作制度变革。即在贵州普遍土壤瘠薄，人均耕地面积较少，农民科技种植水平较低的情况下，开展蔬菜高效种植，采用间作、套作、混作、复种、轮作等方式，增加复种指数（由过去一年种 1 季蔬菜变为一年 2 季蔬菜，一年 2 季蔬菜变为一年 3 季或一年 3 季 4 熟），集成创新各种反季节高产高效栽培技术，调整种植结构和供给侧结构，由传统模式“油菜—水稻”等变为“蔬菜—水稻”或“菜—稻—菜”“菜—菜—菜”“一年 5~8 季速生蔬菜”等高效种植模式，提高单位面积产量和效益，大幅度增加农民收入，使每亩产值分类达 3 万元、2 万元、1 万元，实现了项目示范区亩产值由“185”（亩产值分别为 1 万元、8 000 元、5 000元）向“321”转型升级。该项目自 2011—2017 年，在不同生态区域的六个核心示范县及威宁、黔南州建成蔬菜万元田高效种植科技示范基地 18. 28 万亩次，总产值 24. 39 亿元，辐射带动 56. 38 万亩次，总产值达 66. 45 亿元，共增收 89 590万元，人均增收 1 482元，项目惠及农民 3. 74 万户约 16. 68 万人次，其中贫困户占 50%以上，科技支撑和示范带动成效显著，加快了脱贫奔小康的步伐。

完成单位：贵州省园艺研究所、都匀市农业技术推广服务中心、罗甸县蔬菜开发办公室、平塘县经济作物推广站、清镇市蔬菜工作办公室、绥阳县农业局果蔬站、三都县农业局果蔬办、威宁县果树蔬菜工作站。

完成人：孟平红、蔡霞、郭惊涛、朱子丹、王会科、田洪梅、田梅、王佳丽、潘德怀、马关鹏、董恩省。

4. 特耐抽薹大白菜新品种选育及应用

2019 年贵州省科学技术进步奖二等奖。

针对大白菜越冬及早春栽培生长前期温度低、倒春寒严重，后期高温长日照，极易发生未熟抽薹，造成绝产的突出问题，从种质创新，品种选育，良种良法配套及推广应用等方面进行了深入研究。通过广泛调查搜集、引种，采用常规育种结合生理研究及单倍体育种等技术，创制了具有抗寒、花芽分化晚、抽薹极晚、低温不敏感等优异性状的自交系、不育系等，根据杂种优势理论，育有抗寒、低温不敏感型优良杂种 4 个，具有在贵州能进行越冬栽培不未熟抽薹的特性即特耐抽薹性，同时具有丰产、稳产、抗病等优良特点，首次实现大白菜越冬露地栽培；采取胞质不育系制种技术解决了特耐抽薹自交不亲和系制种纯度控制难、制种产量及亲本繁殖产量低、成本高等技术难题；研究总结了特耐抽薹新品种在贵州不同生态气候条件下配套高产高效栽培技术，实现良种良法配套；累计推广应用 130. 81 万亩，新增效益 97. 81 亿元。获国家发明专利 1 项，出版专著 3 部，发表论文 44 篇。该成果已在贵州各主产区及省外部分产区广泛应用，对保障 3—5 月大白菜淡季市场供应，促进农业增效农民增收及大白菜产业提质增效做出了重大贡献。成果总体达国内同类研究领先水平，其耐抽薹性达国际先进水平。

完成单位：贵州省园艺研究所，贵州大学，贵州省果树蔬菜工作站，威宁县果树蔬菜工作站，黔南州蔬菜果树中心，都匀市农业技术推广服务中心，清镇市蔬菜工作办公室。

完成人：赵大芹、王天文、彭剑涛、李桂莲、马关鹏、毛妃凤、郭荣宽、周麟笔。

（五）创新、集成技术模式

1. 贵州不同生态区蔬菜高效种植气候适宜性区划

研究贵州山地气候特点；通过贵州蔬菜气候适宜性分析，完成贵州不同生态区蔬菜高效种植气候区划，支撑贵州蔬菜产业带建设。与气象部门合作，首次完成了贵州不同生态区蔬菜高效生产的区域区划，支撑贵州低海拔河谷区的冬春和秋冬蔬菜高效种植产业带、高海拔冷凉区域的春夏和夏秋蔬菜高效种植产业带建设。

2. 适宜贵州不同生态区域的蔬菜高效种植模式

以贵州16个代表县为试点，在贵州率先提出并开展蔬菜“321”高效种植技术研究与示范，根据不同区域气候特点和市场需求，将不同错季蔬菜栽培技术科学组装配套，研究出不同生态区一年多茬蔬菜高效种植模式100余套，促进种植制度变革；首次系统研究周年蔬菜生产的种类品种搭配、茬口衔接、播种育苗、水肥管理、绿色防控等配套关键技术，实现了项目区蔬菜年亩产值“321”（3万元、2万元、1万元）目标和产业转型升级。主推模式如表9所示：

表9　部分蔬菜高效种植模式

区域	高效种植模式
低海拔地区	1. “早春反季节大白菜—水稻—秋冬果菜（辣椒、黄瓜、南瓜、瓠瓜、四季豆）”一年3熟 2. “辣椒套种春大白菜—水稻—秋冬果菜”一年3季4熟 3. “鲜食糯玉米间套春大白菜—水稻—秋冬果菜”一年3季4熟 4. “冬春早果菜（番茄、茄子、辣椒、黄瓜、四季豆、豇豆、瓠瓜、南瓜、苦瓜、丝瓜、鲜食糯玉米）—水稻—秋冬果菜（南瓜、黄瓜、瓠瓜、四季豆）”一年3熟 5. 常年多茬速生蔬菜（菜心、芥蓝、上海青、芥菜） 6. 早春大白菜—5茬速生蔬菜 7. 春大白菜—夏秋四季豆（甘蓝）—秋冬萝卜（芹菜）一年3季 8. “辣椒套种春大白菜复种冬莴笋”2季3熟 9. “鲜糯玉米套种春大白菜复种秋四季豆”一年2季3熟
	1. 春白菜—夏秋辣椒（茄子、番茄、瓜类）—冬莴笋（芹菜） 2. 春大白菜—夏秋四季豆（甘蓝）—秋冬萝卜（芹菜） 3. 春白菜—水稻—喜凉蔬菜（萝卜、芥菜、莴苣、苋菜、豌豆苗、菜心、芥蓝） 4. 冬春早果菜→水稻→秋冬果菜（四季豆、黄瓜、南瓜） 5. 冬春早果菜（番茄、辣椒、茄子、瓜类、豆类）—夏秋反季节蔬菜（甘蓝、白菜、莴笋、萝卜）—速生蔬菜（莴苣、菠菜、茼蒿、苋菜、菜心、芥蓝）一年3熟 6. 冬春早果菜→夏秋瓜类、豆类→速生叶菜 7. 早春大白菜—菜心—菜心—芥蓝—黄菜薹 8. 一年5~8茬速生蔬菜（菜心、芥蓝、上海青、莜麦菜）

（续表）

区域	高效种植模式
中海拔地区	1. “番茄（辣椒）—花菜（雪里蕻、莴笋、大葱、分葱、白菜）” 一年 2 茬 2. “菜心、芥蓝、莜麦菜、红苋菜、生菜等” 一年 5~6 茬速生蔬菜 3. 幼果林套种辣椒→白菜（或萝卜、豌豆） 4. 早春大白菜—菜心—生菜—小芥菜—莜麦菜 5. 春大白菜—夏秋四季豆（甘蓝）—秋冬萝卜（芹菜）一年 3 季 6. 大葱—青花菜 7. 春夏白菜（萝卜、莴笋）—夏秋反季节番茄（辣椒、黄瓜、南瓜、苦瓜、瓠瓜）
	1. 烤烟育苗—黄瓜—南瓜（黄瓜） 2. 烤烟育苗—番茄（黄瓜、金瓜、辣椒、莴笋、生菜） 3. 烟苗—3 季水培生菜 4. 烟苗—食用菌（香菇、木耳、平菇） 5. 辣椒（茄子、番茄、黄瓜）—甘蓝（花菜、大白菜）—萝卜 6. 辣椒（番茄、茄子）—白菜（花菜）—莴笋 7. 冬瓜—青花菜 8. 大葱—青花菜
高海拔地区	1. “辣椒套种春大白菜复种冬莴笋” 2 季 3 收 2. “鲜糯玉米套种春大白菜复种秋四季豆” 一年 2 季 3 熟 3. 春夏大白菜—夏秋甘蓝 4. 鲜食糯玉米套种早熟马铃薯—大白菜（萝卜）套甘蓝一年 2 季 4 熟 5. “大蒜间套糯（甜）玉米—夏秋大白菜间套甘蓝” 一年 2 季 4 熟 6. 烤烟育苗—黄瓜（无腾南瓜）—大白菜 7. 烤烟育苗—夏秋反季节大白菜—秋冬反季节莴笋（花菜） 8. 辣椒（鲜食糯玉米）—夏秋甘蓝（花菜、白菜、莴笋、萝卜）—青菜（菠菜、苋菜、豌豆苗） 9. 早熟马铃薯—夏秋白菜（甘蓝、花菜、莴笋、萝卜）—速生叶菜 10. 大蒜—夏秋甘蓝 11. 大蒜—夏秋黄瓜（南瓜、瓠瓜、苦瓜、豇豆、四季豆、糯甜玉米）
	1. 间套糯（甜）玉米—夏秋大白菜套种甘蓝一年 2 季 4 熟 2. 春白菜—辣椒—萝卜 3. 辣椒（鲜食糯玉米）—夏秋甘蓝（花菜、白菜、莴笋、萝卜）—春大白菜（菠菜、苋菜、豌豆苗） 4. 早熟马铃薯套种早熟鲜糯玉米—夏秋大白菜—速生叶菜一年 3 季 4 熟 5. 早熟马铃薯—夏秋白菜（甘蓝、花菜、莴笋、萝卜）—速生叶菜 6. 大蒜—夏秋黄瓜（南瓜、瓠瓜、苦瓜、豇豆、四季豆、糯甜玉米） 7. 辣椒—大蒜（萝卜） 8. 莴笋—夏白菜—秋四季豆 9. 萝卜—辣椒
	1. 春夏大白菜—夏萝卜—夏秋大白菜 2. 春夏大白菜—夏秋莴笋 3. 春夏大白菜—夏秋甘蓝 4. 马铃薯—夏秋大白菜

3. 贵州蔬菜种质资源创制及新品种选育

开展蔬菜新品种的引种、鉴选及新品种培育。搜集蔬菜种质资源，通过传统育种与现代生物技术相结合纯化（创制）新的蔬菜种质资源。利用耐抽薹、耐低温或抗病、优质及其他特异优良性状的亲本进行杂交组合的配制。利用单倍体育种技术创制十字花科、葫芦科蔬菜单倍体或双单倍体新种质资源，加快了新品种选育进程。

4. 贵州蔬菜高效栽培相关技术

对不同海拔区不同接茬模式中的蔬菜开展引种试验、播种期、定植期、育苗方式等试验；研究无害化绿色综合防控技术；研究蔬菜不同种植模式对土壤养分、微生物区系和酶活性的影响等。集成创新不同种植模式配套的种类品种搭配、茬口衔接、播种育苗、水肥管理、绿色防控等关键技术，创建了贵州不同生态区蔬菜高效生产技术体系，为贵州山区应用推广蔬菜高效种植模式提供理论支撑。

5. 贵州喜凉蔬菜春夏错季栽培技术

完成了全省喜凉蔬菜高效种植的气候适宜性区域详细规划，支撑了贵州的春夏喜凉蔬菜高效种植产业带建设。鉴选出耐抽薹的白菜、甘蓝、萝卜等喜凉蔬菜优新品种，克服了早春蔬菜易先期抽薹的技术难关，为贵州提供春夏喜凉蔬菜种类和品种。在8个县示范春夏喜凉蔬菜39 783亩，产值24 464万元，辐射带动39.08万亩，产值169 294万元。培训和指导农民16 136人次，发放技术资料15 000余份，为8个县的省级高效农业示范园区提供技术服务，促进当地蔬菜产业发展助力脱贫攻坚。

（六）产业人才培养

“十三五”期间，建省级蔬菜创新人才团队1个，引进硕士20人、培养和引进博士5人，目前蔬菜团队中有博士6人、硕士26人，蔬菜科研骨干人才37人。蔬菜体系有省管专家3人，享受国务院特殊津贴专家2人，省优秀青年科技人才3人，百层次人才2人，千层次人才4名。“十三五”期间，蔬菜体系开展技术培训、技术指导22 138人次，其中2016年433人次、2017年1 098人次、2018年12 796人次、2019年3 046人次、2020年4 765人次。

十、水稻产业技术体系

（一）种质资源与新品种

“十三五”期间，水稻体系收集水稻种质资源1 320份，特色香禾资源34份，29个新品种（系）通过贵州省农作物品种审定委员会鉴定。

1. 黔糯优11

贵州省水稻研究所、贵州水稻工程技术研究中心用不育系黔糯1A与恢复系糯恢11组配而成。迟熟籼型三系杂交糯稻，全生育期152.9天。株叶型适中，剑叶松散。分蘖力中等，穗型较大，结实率较高，后期转色较好。茎秆粗壮；叶色浅绿，叶鞘、叶缘无色。平均株高 112.2 厘米，亩有效穗 13.9 万，穗长 26.0 厘米，每穗 183.4 粒，结实率 84.7%，千粒重 29.1 克，粒型较长，颖尖无色、无芒。2015 年经农业部食品质量监督检验测试中心（武汉）检验：出糙率 79.9%，精米率 69.8%，整精米率 57.9%，粒长 6.6 毫米，长宽比 2.9，胶稠度 100 毫米，直链淀粉含量 1.7%，碱消值级 4.0，达国家优质糯米标准；食味鉴评 84.8 分。稻瘟病抗性表现中感，耐冷性表现中等。适宜贵州省中低海拔籼稻种植区，稻瘟病常发区慎用。

2. T 香优 557

贵州省水稻研究所、贵州万亩良田农业科技有限公司、贵州红四方农业发展股份有限公司用不育系 T 香 23A 与恢复系黔恢 557 组配而成。早熟籼型三系杂交稻，全生育期 154 天。株叶型松散适中，后期叶片直立，抗早衰，叶鞘、叶缘无色。平均株高 94 厘米，亩有效穗 15.4 万，穗长 23.8 厘米，每穗 177.3 粒，结实率 82.0%，千粒重 27.5 克。长粒型，颖尖无色。2014 年经农业部食品质量监督检验测试中心（武汉）检验：糙米率 79%，精米率 69.9%，整精米率 63%，垩白粒率 6%，垩白度 0.7%，粒长 6.7 毫米，长宽比 3.3，胶稠度 60 毫米，直链淀粉含量 20.2%，碱消值 7，透明度 1，达国标 1 级；食味鉴评 79.7 分，对照香早优 2017（80.0 分）。2013 年和 2014 年稻瘟病抗性鉴定综合指数分别是 4.6 和 5.53 级。2013 年和 2014 年耐冷性自然鉴定综合评价分别为“较强”和“弱”。适宜贵州省早熟杂交籼稻区。

3. 川谷优 1378

贵州万胜种业有限公司、铜仁市农业科学研究所、四川农业大学水稻研究所用不育系川谷 A 与恢复系 R1378 组配而成。迟熟籼型三系杂交稻，全生育期 157.9 天，株叶型较紧凑，剑叶直立较宽。分蘖力中等，穗型较大，结实率中等，后期转色较好。平均株高 113.7 厘米，亩有效穗 14.3 万，穗长 26.5 厘米，每穗 202.8 粒，结实率 76.1%，千粒重 30.4 克，长粒型，无芒，稃尖紫色。经农业部食品质量监督检验测试中心（武汉）2015 年检验：出糙率 82.8%，精米率 71.4%，整精米率 47.6%，垩白粒率 43%，垩白度 10.0%，粒长 7.0 毫米，长宽比 3.0，胶稠度 30 毫米，直链淀粉含量 21.6%，碱消值级 3.8，透明度 2 级。2015 年度食味鉴定评分 73.5 分。稻瘟病抗性鉴定 2014 年综合抗性指数为 5.22，2015 年综合抗性指数 5.17。耐冷性鉴定 2014 年评价为“较弱”、2015 年为“弱”。适宜贵州省迟熟杂交籼稻区，秋风重发区慎用。

4. 冈 8 优 785

贵州省水稻研究所、贵州梵净山种业有限公司、四川华元博冠生物育种有限责任公司用 G48A×黔恢 785 组配而成。迟熟籼型三系杂交稻。全生育期为 157 天。株型松散适中，茎秆较粗壮；叶鞘、叶缘、叶耳、叶枕、颖尖紫色，剑叶叶片宽大、直立，穗大，中长粒型，无芒；平均株高 129 厘米，亩有效穗 14.0 万。穗长 27.0 厘米，每穗 197.0 粒，结实率 77.2%，千粒重 31.8 克。2016 年经农业部食品质量监督检验测试中心（武汉）测试，米质主要指标为：整精米率 50.0%，垩白粒率 56%，垩白度 9.8%，长宽比 3.0，胶稠度 32 毫米，直链淀粉含量 20.2%，碱消值 4.5 级，透明度 2 级；食味鉴评

76. 4 分。2015 年稻瘟病综合抗性指数 5. 14，2016 年稻瘟病综合抗性指数 3. 68。2015 年耐冷性鉴定为较强，2016 年耐冷性鉴定为极弱。适宜贵州省迟熟杂交籼稻区种植。

5. 全优 785

贵州省水稻研究所、福建省农业科学院水稻研究所用全丰 A×黔恢 785 组配而成。迟熟籼型三系杂交稻。国家长江上游试验中，全生育期为 157. 7 天。株高 110. 9 厘米，亩有效穗 15. 9 万，穗长 24. 9 厘米，穗总粒数 167. 6 粒，实粒数 132. 2 粒，结实率 78. 9%，千粒重 29. 5 克。抗性：稻瘟病综合指数 3. 0 级，穗瘟损失率最高级 5 级，抗性频率 68. 1%；褐飞虱 7 级，抽穗期耐热性 5 级，耐冷性敏感。米质主要指标：整精米率 61. 7%，长宽比 2. 5，垩白粒率 87%，垩白度 14. 6%，胶稠度 78 毫米，直链淀粉含量 21. 7%。2014 年通过国家农作物品种审定委员会审定（审定编号：国审稻 2014023）。适宜于贵州省迟熟杂交籼稻区种植。

6. 全优 16

湖北康农种业股份有限公司、福建省农业科学院水稻研究所和铜仁科学院用不育系“全丰 A”与恢复系“TR16”配组育成的三系杂交稻品种。2017 年通过湖北省农作物品种审定委员会审定，品种审定编号为鄂审稻 2017021。属迟熟籼型中稻品种。株型适中，茎秆韧性好，分蘖力强。叶下禾，剑叶上冲，叶色淡绿，叶鞘紫色。谷粒中长型，柱头、稃尖紫色，部分谷粒有短顶芒。后期熟相好。区域试验中亩有效穗 17. 0 万，株高 109. 5 厘米，穗长 24. 9 厘米，每穗总粒数 157. 2 粒，每穗实粒数 124. 3 粒，结实率 79. 1%，千粒重 29. 9 克。全生育期 154. 6 天，比Ⅱ优 264 短 1. 5 天。病害鉴定为稻瘟病综合指数 2. 4，稻瘟损失率最高级 1 级，抗稻瘟病；稻曲病 5 级，中感稻曲病；纹枯病 7 级，感纹枯病。2014—2015 年参加湖北省恩施州迟熟中稻品种区域试验，米质经农业部食品质量监督检验测试中心（武汉）测定，出糙率 81. 5%，整精米率 58. 0%，垩白粒率 53%，垩白度 11. 2%，直链淀粉含量 24. 4%，胶稠度 30 毫米，长宽比 2. 8。适于湖北省恩施州海拔 800 米以下稻区作中稻种植。

7. 锦香优 139

铜仁鑫天地农业发展有限公司、铜仁科学院、贵州友禾种业有限公司、贵州梵净山种业有限公司用锦香 A×TR139 配组育成。迟熟籼型三系杂交稻。全生育期为 157. 6 天，比对照 F 优 498 早熟 0. 6 天。株高 116. 8 厘米，株叶型较好，茎秆较坚韧；叶色绿，剑叶挺直；叶鞘、叶缘紫色。分蘖力中等，亩有效穗 14. 4 万。穗型较大，穗长 25. 7 厘米，每穗 192. 1 粒，结实率 75. 9%，千粒重 32. 5 克。粒型较长、粒重大，颖尖紫色、无芒、后期转色好。2016 年经农业部食品质量监督检验测试中心（武汉）测试，米质主要指标为：出糙率 80. 0%，精米率 69. 2%，整精米率 57. 3%，垩白粒率 22%，垩白度 3. 8%，粒长 6. 2 毫米，长宽比 2. 8，胶稠度 69 毫米，直链淀粉含量 14. 0%，碱消值 4. 3 级，透明度 1 级；食味鉴评 75. 2 分。2015 年稻瘟病鉴定综合抗性指数为 5. 25，2016 年稻瘟病鉴定综合抗性指数为 3. 57。耐冷性鉴定 2015 年表现为弱；2016 年表现为较弱。适宜于贵州省迟熟杂交籼稻区种植。

8. T 香优 151

贵州金农科技有限责任公司、贵州省水稻研究所、贵州万亩良田农业科技有限公司、贵州红四方农业发展股份有限公司用 T 香 23A×金恢 15H1 配组育成。早熟杂交水稻组合。全生育期 158.5 天左右，比对照香早优 2017 迟熟 1.5 天。株叶型松散适中，后期叶片直立，抗早衰。无色，长粒型。株高 90 厘米，有效穗 17.0 万/亩，穗长 22.6 厘米，每穗总粒数 187.4 粒，结实率 83.6%，千粒重 26.5 克。经农业部食品质量监督检验测试中心（武汉）检测结果，稻米品质主要指标表现为：整精米率 62.0%，长/宽比 2.7，垩白粒率 38.5%，垩白度 9.5%，胶稠度 41 毫米 ，直链淀粉含量 20.8%，碱消值级 6.1，透明度级 1。稻瘟病鉴定表现感—中感。耐冷性鉴定表现为较强。适宜于贵州省早熟籼稻区种植。

9. 成优 33

贵州省水稻研究所用成丰 A×黔恢 33 配组育成。迟熟籼型三系杂交稻。全生育期 156.0 天，比对照 F 优 498（CK）晚熟 4.8 天。株高 128.8 厘米，有效穗 13.6 万/亩，穗长 26.9 厘米，每穗总粒数 195.0 粒，结实率为 77.8%，千粒重 32.6 克。颖尖紫色、无芒、后期转色好。米质中等。耐冷性中等，中抗稻瘟病。适宜于贵州省中迟熟杂交籼稻区种植。

10. 黔优 35

贵州省水稻研究所用黔 79A×黔恢 35 配组育成。迟熟籼型三系杂交稻。全生育期 154.0 天，比对照 F 优 498 迟熟 1.5 天。株高 123.9 厘米，有效穗 14.7 万/亩，穗长 25.7 厘米，每穗总粒数 189.5 粒，结实率为 79.0%，千粒重 30.8 克。粒型较长、粒重较大，颖尖紫色、无芒、后期转色好。米质主要指标表现：整精米率 62.0%，垩白粒率 28%，垩白度 3.5%，粒长 6.9 毫米，长宽比 2.9，胶稠度 53 毫米，直链淀粉含量 15.0%，碱消值级 4.8，透明度 1 级。达到国标优质 3 级。耐冷性中等，中抗稻瘟病。适宜于贵州省中迟熟杂交籼稻区种植。

11. 9 香优 139

铜仁鑫天地农业发展有限公司、湖南粮安种业科技有限公司、铜仁市农业科教信息站用 9 香 A×R139 配组育成。迟熟籼型三系杂交稻。全生育期为 152.4 天，与对照 F 优 498 相当。株高 121.6 厘米，株叶型较好，茎秆较坚韧；叶色绿，剑叶挺直；叶鞘、叶缘紫色。分蘖力中等，亩有效穗 15.1 万。穗型较大，穗实粒数为 155.5 粒，结实率 80.0%，千粒重 30.7 克。粒型较长、粒重大，颖尖紫色、无芒、后期转色好。2017 年经农业部食品质量监督检验测试中心（武汉）测试，米质主要指标为：出糙率 81.6%，精米率 73.3%，整精米率 60.3%，垩白粒率 59%，垩白度 13.2%，粒长 7.3 毫米，长宽比 3.2，胶稠度 42 毫米，直链淀粉含量 22.4%，碱消值级 5.0，透明度 2 级；食味鉴评 77.7 分。稻瘟病抗性鉴定 2016 年综合评价“中感”；2017 年综合评价为“中抗”。耐冷性鉴定 2016 年表现为“较弱”；2017 年表现为“弱”。适宜在适宜于贵州省中迟熟杂交籼稻区种植。稻瘟病重发区慎用。

12. 黔糯优 88

贵州金农科技有限责任公司、贵州省水稻研究所用黔糯 1A×金糯恢 88 配组育成。迟熟籼型三系杂交糯稻。全生育期为 153.3 天，比对照糯优 6211 迟熟 4 天。株高 112.2 厘米，株型集散适中，茎秆较粗壮；叶色绿，剑叶直；叶鞘、叶缘无色。分蘖力中等，亩有效穗 13.9 万。穗型较大，穗实粒数为 183.4 粒，结实率 84.7%，千粒重 29.1 克。粒型中长，颖尖无色、无顶芒、后期转色好。2017 年经农业部食品质量监督检验测试中心（武汉）测试，米质主要指标为：出糙率 77.8%，精米率 69.7%，整精米率 62.7%，垩白粒率 59%，垩白度 13.2%，粒长 6.5 毫米，长宽比 2.8，胶稠度 100 毫米，直链淀粉含量 1.4%，碱消值级 5.0，透明度 1 级，达部标 3 级、国标优糯；食味鉴评 81.02 分。稻瘟病抗性鉴定综合评价为“感”；耐冷性鉴定表现为“较强”。适宜于贵州省迟熟籼稻区作糯稻种植。

13. D 优 35

贵州省水稻研究所、四川农业大学水稻研究所用 D44A/黔恢 35 配组育成。迟熟籼型三系杂交稻。全生育期为 154.6 天，比对照 F 优 498 迟 1.8 天。株高 125.9 厘米，株叶型较好，茎秆较坚韧；分蘖力中等，亩有效穗 14.4 万。穗型较大，穗总粒数为 189.8 粒，结实率 81.0%，千粒重 32.7 克。粒型较长，颖尖紫色、无芒、后期转色好。2017 年经农业部食品质量监督检验测试中心（武汉）测试，米质主要指标为：整精米率 52.2%，粒型长/宽比 2.9，垩白粒率 56%，垩白度 11.4%，胶稠度 35 毫米，直链淀粉含量 20.2%，碱消值 5.0，透明度 2；食味鉴评 76.22 分，稻瘟病抗性鉴定综合评价“中感”，耐冷性鉴定表现“极弱”。适宜于贵州省迟熟籼稻区种植，“秋风”冷害重发区慎用。

14. 安优 101

贵州省水稻研究所、福建省农业科学院水稻研究所用安丰 A×黔恢 101 配组育成。早熟籼型三系杂交稻。全生育期为 152.2 天，比对照香早优 2017 早熟 0.6 天。株高 101.1 厘米，株叶型较好，茎秆较坚韧；叶色绿，剑叶挺直；叶鞘、叶缘紫色。分蘖力中等，亩有效穗 14.9 万。穗型较大，穗实粒数为 148.2，实率 80.0%，千粒重 30.5 克。粒型较长，颖尖紫色、无芒、后期转色好。2017 年经农业部食品质量监督检验测试中心（武汉）测试，米质主要指标为：出糙率 78.3，精米率 70.6%，整精米率 57.1%，垩白粒率 55%，垩白度 10.3%，粒长 7.0 毫米，长宽比 3.0，胶稠度 52 毫米，直链淀粉含量 15.3%，碱消值级 4.5，透明度 1 级；食味鉴评 79.35 分。稻瘟病抗性鉴定综合评价“中感”；耐冷性鉴定表现为“极弱”。适宜于贵州省早熟籼稻区种植。“秋风”冷害重发区慎用。

15. 成优 4001

黔东南苗族侗族自治州农业科学院、福建省农业科学院水稻研究所用成丰 A×凯恢 4001 配组育成。迟熟籼型三系杂交稻。全生育期为 155.2 天，比对照 F 优 498 迟熟 2.8 天。株高 123.3 厘米，株叶型较好，茎秆较坚韧；叶色绿，剑叶挺直；分蘖力中等，亩有效穗 13.7 万。穗型较大，穗总粒数为 196.5 粒，结实率 81.3%，千粒重 32.8 克。粒型较长，颖尖紫色、后期转色好。2017 年经农业部食品质量监督检验测试中心（武汉）测试，米质主要指标为：出糙率 79.9%，精米率 72.1%，整精米率 49.5%，垩白粒率 75%，垩白度 16.8%，粒长 7.2 毫米，长宽比 3.0，胶稠度 50 毫米，直链淀粉含量 19.6%，碱消值级 6.0，透明度 2 级；食味鉴评 77.14 分。稻瘟病抗性鉴定综合评价“中感”；耐冷性鉴定表现为“极弱”。适宜于贵州省迟熟籼稻区种植，“秋风”冷害重发区慎用。

16. 香两优 619

贵州省水稻研究所、贵州金农科技有限责任公司用黔香 619S×黔恢 619 配组育成。早熟籼型两系杂交稻。全生育期为 154.9 天，与对照香早优 2017 相当。株高 103.6 厘米，株叶型较好，茎秆较坚韧；叶色绿，剑叶挺直；叶鞘、叶缘紫色。分蘖力强，亩有效穗 16.7 万。穗总粒数为 170.3 粒，结实率 80.1%，千粒重 27.8 克。粒型较长，颖尖紫色、少数稃粒有短芒、后期转色好。2019 年经农业农村部食品质量监督检验测试中心（武汉）检测，米质主要指标为：出糙率 80%，精米率 69.5%，整精米率 57.4%，垩白粒率 9%，垩白度 1.4%，粒长 7.8 毫米，长宽比 3.7，胶稠度 76 毫米，直链淀粉含量 16.6%，碱消值级 6.0，透明度 1 级，达部标 2 级；食味鉴评 80.3 分，优于香早优 2017（80 分）。稻瘟病抗性鉴定综合评价为感；耐冷性鉴定为较弱。适宜于贵州省早熟籼稻区种植，稻瘟病常发区慎用。

17. 优 I 8 号

贵州省水稻研究所、云南省农业科学院粮食作物研究所、贵州金农科技有限责任公司用 R8 与优 IA 配组育成。三系法加工型杂交籼稻。全生育期 148.8 天，熟期适中，株高 113.1 厘米，株型适中，熟期转色中。穗长 24.0 厘米，穗总粒数 204.3 粒，穗实粒数 168.1 粒，结实率 84.0%，千粒重 28.3 克，亩有效穗 18.2 万穗，成穗率 71.5%，落粒性易。米质检测：糙米率 81.6%，精米率 75.8%，整精米率 69.8%，粒长 5.8 毫米，长宽比 2.1，垩白粒率 75%，垩白度混杂，直链淀粉 25.6%，胶稠度 60 毫米，碱消值 6.6 级、透明度混杂。抗病性鉴定：感稻瘟病（5.0 级），穗瘟损失率 3.0，综合抗性指数 3.02，中抗稻瘟病，中抗白叶枯病（5.0），抗纹枯病（3.0 级），高抗稻曲病。适宜在云南省与试点类似区域海拔 1300 米以下作加工型品种种植。

18. 黔优 35

贵州省水稻研究所、贵州省农业科技发展中心用黔 9A 与黔恢 35 组配而成。三系法杂交籼稻。全生育期 159.5 天，株高 115.5 厘米，株型适中，穗长 24.1 厘米，穗总粒数 179.1 粒，穗实粒数 149 粒，结实率 82.67%，千粒重 31.72 克，亩有效穗 16.2 万穗，成穗率 68.57%。米质检测：糙米率 80.8%，精米率 73.6%，整精米率 67.8%，粒长 6.7 毫米，长宽比 2.6，垩白粒率 65%，垩白度 8.0%，直链淀粉 22.0%，胶稠度 77 毫米，碱消值 6.1 级、透明度 1 级。抗病性鉴定：穗瘟损失率级数 4.0，综合抗性指数 4.31，中抗白叶枯病（5.0 级），抗纹枯病（3.0 级），抗稻曲病（3.0 级），试点无重病记载。适宜在云南省海拔 1350 米以下杂交籼稻区种植，防治病虫。

19. 黔优1130

贵州省水稻研究所、云南省农业科学院粮食作物研究所、贵州金农科技有限责任公司用黔糯1A与红恢1130组配而成的红米品种。三系法杂交籼稻，全生育期144.7天，熟期适中，株高109.8厘米，株型适中，熟期转色中。穗长26.2厘米，穗总粒数178.3粒，穗实粒数149.5粒，结实率83.4%，千粒重30.1克，亩有效穗16.7万穗，成穗率64.8%，落粒性易。米质检测：糙米率80.5%，精米率71.8%，整精米率57.8%，粒长7.1毫米，长宽比3.0，垩白粒率混杂，垩白度混杂，直链淀粉11.2%，胶稠度80毫米，碱消值4.3级、透明度混杂。抗病性鉴定：感稻瘟病（7.0级），穗瘟损失率6.0，综合抗性指数5.74，中抗白叶枯病（5.0级），抗纹枯病（3.0级），感稻曲病（7.0级）。适宜在云南省与试点类似区域海拔1300米以下作红米品种种植；稻瘟病、稻曲病高发区域谨慎种植。

20. 安粳1580

安顺市农业科学院、贵州省水稻研究所用申优1号后代系选常规粳稻。全生育期为170.7天，比对照滇杂31晚熟7.3天。株高100.3厘米，株叶型较好，茎秆较粗壮；叶色浓绿，剑叶挺直；叶鞘、叶缘绿色。分蘖力中等，亩有效穗14.7万。穗型中等，穗总粒数为141.1粒，结实率85.1%，千粒重25.4克。粒型椭圆，颖尖无色、无芒、后期转色好。2018年经农业农村部食品质量监督检验测试中心（武汉）检测，米质主要指标为：出糙率84.2%，精米率74.1%，整精米率68.6%，粒长5.4毫米，长宽比2.0，垩白粒率30%，垩白度5.5%，胶稠度70毫米，直链淀粉15.8%，碱消值7.0，透明度1级；食味鉴评81.4分，优于香早优2017（80分）。稻瘟病抗性鉴定综合评价为感。适宜于贵州省粳稻栽培区种植。

21. 毕粳46

毕节市农业科学研究所、贵州省水稻研究所用毕粳43/南粳46组配而成的常规粳稻。全生育期为167.7天，与对照滇杂31相当。株高98.7厘米，株叶型好，茎秆较坚韧；叶色浓绿，剑叶直立；叶鞘、叶缘绿色。分蘖力中等，亩有效穗18.1万。穗总粒数为134.5粒，结实率83.1%，千粒重26.2克。粒型阔卵型，颖尖无色、无芒、后期转色好。2019年经农业农村部食品质量监督检验测试中心（武汉）检测，米质主要指标为：出糙率85.2%，精米率75.2%，整精米率61.8%，垩白粒率32%，垩白度5.5%，粒长4.9毫米，长宽比1.6，胶稠度60毫米，直链淀粉含量17%，碱消值级7.0，透明度1级；食味鉴评80.2分，优于香早优2017（80分）。稻瘟病抗性鉴定综合评价为感。适宜于贵州省粳稻栽培区种植，稻瘟病常发区慎用。

22. 黔糯1A三系不育系

2016年3月通过贵州省农作物品种审定委员会鉴定。系光身稻05H873（金23B/RA73）/中9B按照系谱选育法，经与印水质籼型不育系中9A回交转育而成。田间农艺性状稳定，株高70.3厘米，茎秆较粗壮，株型适中，分蘖较强，剑叶中宽、中长、平展，穗型较大，主穗长24.6厘米，平均主穗颖花数243.2粒，叶鞘、叶缘、叶耳、叶枕、叶环、颖尖无色，柱头无色，籽细长型，无芒。柱头外露率68.5%，其中双边外露率 39.0%，异交习性好。

23. 黔恢 118 恢复系

2020 年 9 月通过贵州省农作物品种审定委员会鉴定。株型集散适中，茎秆较粗壮，叶片直立，分蘖力中等，叶鞘、稃尖无色，叶色浓绿，剑叶较宽，穗着粒较密，长粒型，后期转色好。贵阳生态条件下主茎叶片 17 片左右，株高 121.3 厘米左右，穗长 27 厘米左右，平均穗粒数 200 粒左右，结恢实率 90.2%，千粒重 32 克，谷粒无定芒，蜡黄色，中长粒型，长宽比 3.0，落粒中等，黔恢 118 稻米出糙率 80.6%，整精米率 57.4%，垩白粒率 22.5%，垩白度 15%，直链淀粉含量 20.5%，胶稠度 50 毫米，蛋白质含量 8.5%。

24. 黔恢 393 恢复系

2020 年 9 月通过贵州省农作物品种审定委员会鉴定。田间农艺性状稳定，株型较松散，茎秆粗壮，剑叶长度适中、内卷、直立，叶鞘、叶缘、叶耳、叶枕、叶环、颖尖无色，颖壳浅褐色，偶有短顶芒，穗着粒较密，长粒型，后期熟色好。株高 129 厘米，穗长 30.1 厘米，穗总粒数 194.2 粒，分蘖中等。

25. 黔恢 692 恢复系

2020 年 9 月通过贵州省农作物品种审定委员会鉴定。株型松散适中，茎秆较粗壮，剑叶较短、直立，叶鞘、叶缘、叶耳、稃尖无色，叶色浓绿，无芒，穗着粒较密，长粒型，后期转色好。贵阳生态条件下，株高 115.3 厘米左右，穗长 28.4 厘米，穗粒数 202.2 粒，结实率 85.8%，千粒重 27.6 克，分蘖力较强，平均单株有效穗 10 个。

26. 贵丰 302A 三系不育系

2020 年 9 月通过贵州省农作物品种审定委员会鉴定。田间农艺性状稳定，株型紧凑、分蘖强，主穗剑叶长、直立，叶缘、颖尖无色，长粒型。株高 81 厘米，穗长 28.3 厘米，主穗平均粒数 380.5 粒。不育株率 100%，花粉以典败为主，不育度 100%。

（二）标准与技术规程

1. 香禾有机生产技术规程　第 1 部分：产地环境（DB52/T 1157.1—2016）

规定了范围、规范性引用文件、术语和定义、要求、产地环境质量要求、检测方法、检测规则。

起草单位：黔东南州农业科学院、黔东南州质量技术监督局、黎平县农业局、从江县农业局、榕江县农业局、贵州黎平县侗乡米业有限公司。

主要起草人：杨立、陈建祥、顾阳、候长松、浦选昌、吴德能、曾彩霞、梁俊豪、石承义、陈荣。

2. 香禾有机生产技术规程　第 2 部分：栽培技术规程（DB52/T 1157.2—2016）

规定了范围、规范性引用文件、要求、栽培技术、资料记录、有机认证。

起草单位：黔东南州农业科学院、黔东南州质量技术监督局、黎平县农业局、从江县农业局、榕江县农业局、贵州黎平县侗乡米业有限公司。

主要起草人：杨立、陈建祥、程红、潘春晓、杨志刚、浦选昌、吴德能、曾彩霞、梁俊豪、石承义、陈荣。

3. 香禾有机生产技术规程　第3部分：采收、储藏与加工（DB52/T 1157.3—2016）

规定了范围、规范性引用文件采收、脱粒与晾晒、稻谷质量检验、仓储、加工要求、产品检验、包装、储藏和运输。

起草单位：黔东南州农业科学院、黔东南州质量技术监督局、黎平县农业局、从江县农业局、榕江县农业局、贵州黎平县侗乡米业有限公司。

主要起草人：陈建祥、刘业海、唐国芳、姚元芳、潘宗东、吴宇刚、吴秀林、刘文改、张宗泽、陆永光。

4. 水稻“滇杂31”种植技术规范（DB 22700/T101—2017）

该标准规定了贵州省黔南州种植水稻“滇杂31”的种植技术要求，包括育秧技术和大田栽培管理。

主要起草单位：黔南州农业科学研究所、广州市农业科学院、贵定县市场监督管理局、平塘县农村工作局。

主要起草人：徐先捍、韩继鎔、张自新、刘峰、陈伟、张羽丽、石玉琴、王梅、张桂林、邓忠伦、王安龙、王邦平、王素云、黄敏燕、樊万刚、陈家兴、陈祖国、周国富、周义、王国娇。

5. 贵州两系杂交水稻组合优质高产制种技术规范

该标准规定了贵州省杂交水稻制种的技术要求，包括制种基地选择要求、授粉和收获气候要求、父母本育秧技术、移植技术、大田栽培管理、花期预测和调整、喷雾920技术、赶花授粉技术、病虫害防治技术、除杂和收获等。

起草单位：贵州省水稻研究所、岑巩县气象局、贵州红四方农业发展股份有限公司。

主要起草人：王际凤、黄培英、向关伦、龙江辉、刘诗韬、陈文彪。

（三）专利

1. 一种真空抽吸式稻谷脱粒机

实用新型专利（ZL 2015 2 0885561.4）。

本实用新型公开了一种真空抽吸式稻谷脱粒机，它包括一个用于吸附稻谷的真空吸头，该真空吸头连接一条收集管道，收集管道连接真空泵装置，真空泵装置设有一个用于出口通向收集容器；所述真空吸头为一个有筛网的漏斗状容器，所述收集管道为具有收缩或延伸性能的塑料管，所述真空泵装置由汽油驱动或电动，所述收集容器是收集桶或者塑料袋容器；它还设置了行进辅助装置。本实用新型解决了稻谷采收一体化设备的小型化和便于携带的问题，非常适于小规模山区作业使用。

发明单位：贵州省水稻研究所。

主要发明人：张大双、彭强、朱速松、吴建强、石正国。

2. 一种颗粒物料贮存保鲜的容器装置

发明专利（ZL 2018 1 0613191.7）。

本发明公开了一种颗粒物料贮存保鲜的容器装置，包括贮料箱容器，该贮料箱容器中设有用于输送颗粒物料的供应管道，供应管道的一侧面设有制冷机，供应管道上分别在进料和出料处设有称量计量机构，所述贮料箱容器侧面还设有控制面板，该控制面板上设有控制开关。本发明的颗粒物料贮存保鲜的容器装置将固体物料的贮存保鲜与计量称量及技术结合在一起，实现针对固体物料的计量称量的无人销售。其设计建造考虑了制冷机、紫外照射等的控制及装置结构特点，将制冷机、供应管道置于贮存容器的下部，物料的供给不需要额外的动力设计。

发明单位：贵州省水稻研究所。

主要发明人：张大双、朱速松、彭强、吴建强、宫彦龙。

3. 一种恒温熟化方便米粉的自动化生产设备

发明专利（ZL 2019 1 0994038.8）。

本发明公开的一种恒温熟化方便米粉自动化生产设备，包括恒温烘箱、换热管、热水箱和混料筒，恒温烘箱两端分别与换热管两端连通，热水箱外表面抵靠于换热管中部，换热管以内还设置有引风机，沿着换热管以内风的流动方向，引风机部署于热水箱之后，恒温烘箱以内安装有送料机、传送机以及出料机，送料机、出料机均经由出风口延伸而出，混料筒底部连接有给料泵，给料泵出口连接有送浆管，送浆管末端对准送料机上表面。采用本发明的技术方案，通过引风机产生在恒温烘箱、换热管以内循环流动的干燥风，通过干燥风对米粉浆料进行熟化，能够有效避免在熟化过程中大量的水分冷凝附着在米粉表面上，提升了米粉生产质量。

发明单位：贵州省水稻研究所。

主要发明人：邓茹月、丁恩忠、夏忠敏。

4. 一种成品米粉输送装置

发明专利（ZL 2020 1 0019170.x）。

本发明公开的一种成品米粉输送装置，包括沿着物料传送方向依次排列的初段机架、中段机架和终段机架，初段机架、中段机架和终段机架之上分别安装有若干个托辊A、托辊B和托辊C，托辊A左端固定连接有链轮A，全部链轮A通过与链条A啮合组成传动机构，托辊A右端固定连接有链轮B，全部链轮B通过与链条B啮合组成传动机构，链条A与链条B之间固定连接有传送带A，托辊B外周面之上缠绕有传送带B，中段机架之上安装有理料辊，理料棍B外周面上设置有理料齿，托辊C上缠绕有传送带C，终段机架上安装切断机构。采用本发明的技术方案，使成品米粉在输送过程中逐渐松散，并通过切断机构切断为适宜的长度，便于用户取用。

发明单位：贵州省水稻研究所。

主要发明人：邓茹月、闫志强、夏忠敏、朱速松。

（四）科技奖励

1. 大粒杂交稻恢复系创制及新品种选育与应用

2018年贵州省农业科学院科学技术二等奖。

主要立足于贵州喀斯特稻区生态复杂多样的特点，从提高水稻生物量增加籽粒重量方向入手，开展大粒恢复系种质创制，培育千粒重大的高产稳产、抗逆、广适应杂交水稻新品种，实现水稻品种应用的更新换代，为水稻生产可持续发展和粮食安全提供保障。①收集、整理优良种质资源，鉴定筛选适宜贵州生态特点的育种亲本材料。自2000年以来，收集了省内外的育种材料200余份，通过种植观察鉴定，筛选出株叶形态优良、抗稻瘟病能力较强的恢复系材料4份；大粒材料3份，大穗材料5份，优质材料10余份，耐冷性材料6份。为杂交水稻恢复系创制提供了良好的基础。②优良杂交水稻大粒恢复系亲本创制。利用引进资源或地方资源创制出千粒重28克以上的杂交水稻大粒恢复系5份（黔恢136、黔恢1385、黔恢1388、黔恢93、R894），并通过贵州省品种委员会田间技术鉴定。其中黔恢136、黔恢1385、黔恢93主要稻米品质指标达国标3级以上，黔恢1388、R894千粒重达34克以上，上述恢复系测配出多个优良组合参加国家或省级区域试验。③高产稳产广适应性大粒杂交水稻新品中的培育。利用创制的上述大粒恢复系作父本，用引进的优良不育系作母本进行配组杂交水稻新组合，经过多年多点比较试验，育成并通过国家或省级审定的大粒（28克以上）杂交水稻品种10个（次）。分别是：健优388通过国家级审定（长江上游），健优388、安优136、协优385、六优385、民优93、奇优894、成优894和川农优894等8个品种通过贵州省审定，协优385通过云南省审定。④大粒杂交水稻品种配套高产制种与栽培技术研究。对育成的上述大粒型杂交水稻品种开展了高产制种技术研究和高产栽培技术研究，集成了相关配套技术规程，为育成品种实现大面积推广应用奠定基础，对提高自育品种在贵州省内的应用面积占有率发挥重要作用。⑤自主知识产权和论文专著情况。获植物新品种权2项（R894、奇优894），获植物新品种权保护受理1项（黔恢1385）；发表论文20篇，其中中文核心12篇；参与编著专著1部；培养高级人才5人。⑥应用推广情况。育成并通过国审或省审的8个大粒型杂交水稻品种均实现了产业化应用。品种的推广应用是通过将品种的生产经营权转让给种业企业，由品种权单位提供技术支撑的形式进行。截至2017年，累计推广面积176.7万亩，新增产值2.54亿元，取得了良好的社会经济效益。

完成单位：贵州省水稻研究所。

完成人：杨占烈、伍祥、甘雨、向关伦、陈文强、石邦志、郭慧、张宏伟、郝留根。

2. 杂交水稻重粒恢复系创制及新品种选育与应用

2018年度贵州省科技进步三等奖。

以贵州杂交籼稻超高产精确栽培为重点，围绕超高产生长发育规律、精确定量基本苗及肥水精确调控开展系列研究。①阐明了我国高原杂交籼稻超高产生育规律，率先提出高原杂交籼稻超高产群体质量指标。研明了超高产杂交籼稻的需氮特性，明确了适宜施氮量和各生育阶段的氮素吸收比例。根据不同穗型品种和不同高产群体关键群体质量指标进行调查分析，提出了高原杂交籼稻中穗型和重穗型品种亩产 800 公斤和 900 公斤群体质量指标。经示范验证，该指标体系具有广泛的准确性和实用性。②提出了高原杂交籼稻超高产共性关键栽培技术。建立了高原杂交籼稻超高产精确施肥技术：通过研究土壤供氮量、超高产水稻需氮量、氮肥利用率 3 个参数精确定量施氮总量，明确了基蘖肥：穗肥的适宜比例，实现了氮肥精确后移；明确了穗肥高效施用叶龄期，实现氮肥高效利用。建立了高原杂交籼稻超高产精确水分管理技术：根据水稻对水分的生理需求，提出了以有效分蘖临界叶龄期前多次搁田和灌浆结实期“水层—湿润—落干”为特点的精确灌溉技术。③建立了适应我国高原不同稻区、不同移栽叶龄、不同种植方式、不同品种类型的杂交籼稻超高产精确栽培技术体系。建立了中苗移栽为主、搭配小苗移栽和大苗移栽的高原杂交水稻超高产精确栽培技术，满足了不同茬口杂交籼稻栽培的需求；研究手插、抛秧、机插、直播 4 种种植方式的产量、成本和产投比的差异，明确了各种植方式适宜推广区域和适宜配套品种，提出丢秧既有利于高原山区杂交籼稻超高产、也利于省工节本，是值得推广的种植方式，建立了杂交水稻旱育分厢丢秧高产栽培技术体系；根据不同类型品种超高产生育特性，建立了不同品种超高产精确栽培技术。应用杂交水稻五五精确定量栽培技术模式，在贵州兴义创造了亩产 1 079. 2公斤的超高产，在云南永胜创造了亩产 1 219. 3公斤的超高产纪录。

完成单位：贵州省水稻研究所。

完成人：杨占烈、伍祥、甘雨、向关伦、陈文强。

3. 优质香禾糯种质资源创制、新品种选育及应用

2019 年获贵州省科技进步三等奖。

本成果针对黔东南香禾资源遗传基础狭窄、品种类型杂乱多样、产量低、抗病性差等问题，从种质资源创制入手，应用新的育种方法，培育高产优质抗病香禾糯新品种。在贵州省新品种选育科技重大专项、农业部科技成果转化资金项目以及贵州省科技支撑等项目的支持下，采用提纯复壮，远缘杂交等常规育种手段，历经 10 多年潜心研究，创制了一批遗传基础稳定的新种质。经过多年多点试验育成了高产优质香禾新品种苟当 1 号、苟当 2 号、苟当 3 号，弥补了香禾种植区没有品种审定的空白。

新品种审定后与多家米业公司合作，建立“科研+企业+基地+农户”的技术推广模式，通过良种良法配套、育繁推同步，提高成果转化效率。2014—2018 年苟当 1 号、苟当 2 号、苟当 3 号在黔东南州香禾糯主产区的黎平、从江、榕江 3 个县示范推广，累计推广面积 18. 81 万亩，比对照（普通优质杂交稻）亩增产值 1 421. 97元，亩增纯收益 1 267. 78元，总经济效益 14 938. 11万元。成果实施期间，发表学术论文 5 篇，发布省级标准《香禾有机栽培技术规程》和地方标准《黎平香禾糯生产技术规程》《黎平香禾糯加工技术规程》。举办培训班 37 期，培训各类人员 11 065人次，培养高级农艺师 2 人，研究生 1 人，有 1 人获得贵州省“十百千”的千层人才，2 人获得黔东南州拔尖人才。

完成单位：黔东南州农业科学院、从江县农业局农推站、贵州省黎平县侗乡米业有

限公司。

完成人：潘宗东、李星、杨桂兰、浦选昌、梁俊豪、郑桂云、蒋佰祝。

（五）创新、集成技术模式

1. 水稻优质丰产高效机插栽培技术

瞄准水稻机械化生产最薄弱环节——机械化插秧，针对贵州机械化插秧长期面临的育秧质量差、机插漏秧率高、高产与优质难以协同等关键难题研究形成的技术体系。筛选了适宜机插的水稻品种并制定了品种评价标准，解决了品种与机插方式不配套的问题；建立了以“合理播期+精确播量+水分调控”为核心的育秧技术，解决了杂交籼稻机插育秧出苗全苗难、适龄成毯难的问题；建立了以“高质量整田+合理移栽秧龄+精确机插规格”为核心的机插技术，解决了机插漏秧率高、基本苗严重不足的难题；研发了机插同步一次性施用缓混肥技术，减少了肥料用量和施肥次数，提高了肥料利用率和稻米食味品质。技术显著降低了水稻生产成本，大幅度提高了生产效率，实现了农机农艺融合、良种良法配套、生产生态协调、高产优质高效三协同。2018—2020 年在湄潭、兴义、西秀、麻江、黄平、锦屏、播州、石阡等地示范推广，核心示范区面积超 1 万亩。2018 和 2020 年采用该技术在兴义示范区亩产分别达到 925 公斤和 1 031公斤，分别创造当年全省机插水稻产量记录。兴义机插核心示范区作为 2020 年全省水稻产业发展大会的参观现场，被《贵州新闻联播》《贵州日报》等媒体多次宣传报道。与常规技术相比，本技术在节本增效、增产提质方面作用显著，一般亩增产 15%以上，节约用肥 20%，亩节约移栽和施肥人工成本 200～250 元，亩增收 300 元以上，减肥后稻米食味品质和生态环境效应明显改善。

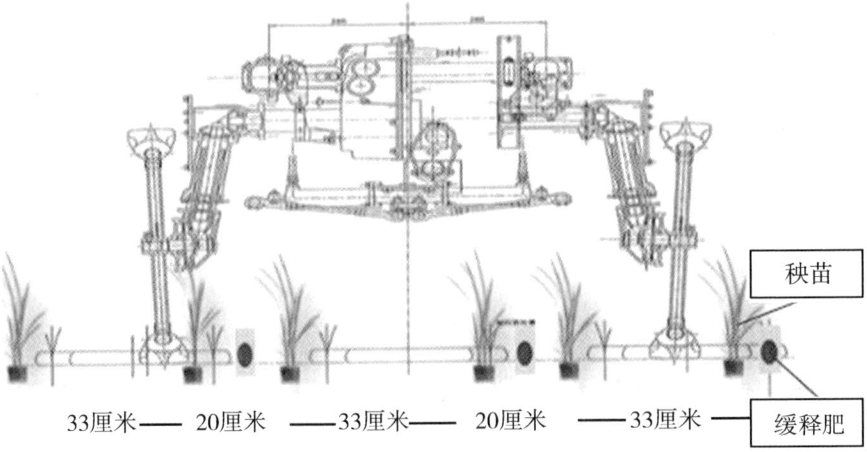

2. 杂交水稻绿色高效精确栽培技术

贵州水稻大面积生产中还普遍存在栽培技术较为传统落后，如种植密度过小、有效穗数严重不足；氮肥施用不合理、习惯底肥“一炮轰”；水分管理不合理，习惯淹深水、不排水晒田等现象，且不同稻作区生产水平差异大，导致全省水稻单产水平低于全国水稻产量水平，与江苏、湖南等先进省区，尚有较大差距。为促进贵州杂交水稻精细化栽培，提高贵州水稻产量，针对水稻生产过程中施肥方法不合理、种植密度过稀等问题研究形成的技术体系。在全省6个市（州）的45个县（区）、287个乡（镇）、1 244个村实施示范推广，累计应用面积1 533.94万亩，在贵州省大氛围示范展示及推广运用。与非技术示范区相比，本技术比对照每亩增产稻谷68.9公斤，增产14.02%，新增纯收益193.49元。

（六）产业人才培养

“十三五”期间，水稻体系依托单位贵州省水稻研究所、黔东南州农业科学院、黔南州农业科学院、遵义市农业科学院、铜仁市农业科学引进博士5人，培养在职博士3人，参与培养硕士研究生7人（其中4人毕业）；培养高级农艺师9名，副高农艺师5名，农艺师10名，培训基层农技人员和科技示范户14 614人次。

十一、特色水产产业技术体系

（一）种质资源与新品种

利用循环水养殖系统对梵净山粗须白甲鱼开展苗种培育研究，初放苗种为11 000尾，培育后获得苗种9 800尾，成活率为89.1%；从江田鱼共获得水花598.1斤，苗种8 908.4斤；从江金背鲫收集约3 000余尾，先保存有200余尾；七星鱼收集约120尾，现保存有65尾；斑鳠收集约90尾，现保存有20尾；石爬鮡收集约80尾；东方墨头鱼收集约30尾。

（二）标准与技术规程

1. 大鲵人工繁殖技术规范（DB52/T 1112—2016）

本标准规定了大鲵人工繁殖的环境条件、亲鲵选择、人工催产、人工授精、人工孵化、稚鲵暂养等技术要求。本标准适用于符合大鲵养殖环境条件的大鲵人工繁殖。

起草单位：贵州省水产研究所、贵定锦江娃娃鱼开发有限公司、贵阳学院。

主要起草人：张竹青、杨兴、李正友、周路、兰洪明、李灿。

2. 大鲵亲鲵饲养技术规范（DB52/T 1111—2016）

本标准规定了大鲵亲鲵饲养的环境条件、饲养车间及饲养池、亲鲵引种与放养、饲料与投喂、日常管理的技术要求。本标准适用于贵州省大鲵人工亲鲵饲养。

起草单位：贵州省水产研究所、贵定锦江娃娃鱼开发有限公司、贵阳学院。

主要起草人：张竹青、杨兴、李正友、周路、兰洪明、李灿。

3. 大鲵活体饵料（鱼类）饲养技术规范（DB52/T 1108—2016）

本标准规定了大鲵活体饵料（鱼类）饲养的环境条件、苗种饲养、病害防治技术。本标准适用于大鲵活体饵料（鱼类）的池塘饲养。

起草单位：贵州省水产研究所、贵定锦江娃娃鱼开发有限公司、贵阳学院。

主要起草人：李正友、杨兴、洪潇、周路、张竹青、兰洪明、李灿。

4. 大鲵活体饵料（摇蚊幼虫）培育技术规范（DB52/T 1106—2016）

本标准规定了大鲵活体饵料（摇蚊幼虫）培育的环境条件、培育方法、捕捞暂养和病害检疫。本标准适用于水泥池培育大鲵活体饵料（摇蚊幼虫）。

起草单位：贵州省水产研究所、贵定锦江娃娃鱼开发有限公司、贵阳学院。

主要起草人：杨兴、李正友、洪潇、周路、张竹青、兰洪明、李灿。

5. 大鲵病害防治技术规范（DB52/T 1105—2016）

本标准规定了人工养殖大鲵的养殖环境、消毒预防措施、病害防治及用药、营养性疾病预防、非生物性侵害预防。本标准适用于大鲵人工养殖病害防治。

起草单位：贵州省水产研究所、贵定锦江娃娃鱼开发有限公司、贵阳学院。

主要起草人：周路、张竹青、杨兴、李正友、兰洪明、李灿。

6. 幼鲵饲养技术规范（DB52/T 1109—2016）

本标准规定了大鲵幼鲵饲养的环境条件、饲养管理技术。本标准适用于大鲵幼鲵室内水泥池饲养。

起草单位：贵州省水产研究所、贵定锦江娃娃鱼开发有限公司、贵阳学院。

主要起草人：李正友、杨兴、周路、张竹青、兰洪明、李灿。

7. 商品鲵饲养技术规范（DB52/T 1107—2016）

本标准规定了大鲵商品鲵饲养的环境条件、商品鲵饲养管理技术。本标准适用于大鲵商品鲵室内水泥池饲养。

起草单位：贵州省水产研究所、贵定锦江娃娃鱼开发有限公司、贵阳学院。

主要起草人：李正友、杨兴、周路、张竹青、兰洪明、李灿。

8. 贵州省昆明裂腹鱼种质标准（DB52/T 1114—2016）

本标准给出了昆明裂腹鱼的术语与定义、符号与缩略语、主要形态构造、生长与繁殖、遗传学特性。本标准适用于昆明裂腹鱼的种质检测与鉴定。

起草单位：毕节市水产技术推广站、贵州省水产技术推广站、毕节市鑫有农业综合开发有限责任公司、贵州大学动物科学学院。

主要起草人：詹会祥、晏宏、周礼敬、安苗、刘朝勤、王朝荣、杨林、刘桂兰、周训才。

9. 贵州省昆明裂腹鱼养殖技术规范（DB52/T 1113—2016）

本标准规定了昆明裂腹鱼环境、水质、亲鱼、亲鱼培育、人工繁殖、苗种培育、成鱼流水养殖、网箱养殖及常见鱼病防治等技术规范。本标准适用于昆明裂腹鱼亲鱼、亲鱼培育、人工繁殖、苗种培育、流水养殖、网箱养殖及常见病防治。

起草单位：毕节市水产技术推广站、贵州省水产技术推广站、毕节市鑫有农业综合开发有限责任公司。

主要起草人：詹会祥、周礼敬、晏宏、洪潇、王朝荣、杨林、刘桂兰、周训才。

10. 商品鲟鱼养殖技术规程（DB52/T 1477—2019）

本标准规定了商品鲟鱼养殖的术语与定义、养殖条件、养殖品种、养殖池、鱼种放养、投饵、日常管理、鱼病防治和尾水处理。本标准适用于商品鲟鱼的流水养殖。

起草单位：贵州省水产研究所、贵州省特种水产工程技术中心、贵州惠众渔业有限公司。

主要起草人：杨兴、刘霆、李世凯、李道友、赵飞、蒋晓红、周洲。

11. 鲟鱼苗种培育技术规程（DB52/T 1476—2019）

本标准规定了鲟鱼苗种培育的术语和定义、培育条件、培育品种、鱼苗培育、鱼种培育、饲料要求、鱼病防治和尾水处理。本标准适用于流水养殖方式的鲟鱼苗种培育。

起草单位：贵州省水产研究所、贵州省特种水产工程技术中心、贵州惠众渔业有限公司。

主要起草人：刘霆、杨兴、李世凯、李道友、赵飞、蒋晓红、周洲。

（三）专利

1. 一种山区鲟鱼亲本培育及人工催产方法

发明专利（ZL 2014 1 0257306. 5）。

本发明采用对山区鲟鱼亲本进行流水培育，在繁殖季节前两个月对鲟鱼亲本进行人工选择并实现雌雄亲本分类，将选择后的雌雄鲟鱼亲本分池培育并进行温度调控，采用促黄体素释放激素 A3（LHRH-A3）作为催产剂精细人工催产，催产完后雌、雄亲本分别暂养，流水刺激，收集成熟的精、卵，采用干法和湿法相结合进行人工授精即可。

发明单位：贵州省水产研究所。

主要发明人：周洲、杨兴、刘霆、蒋晓红、张龙涛。

2. 一种底栖穴居鱼类流水养殖池

实用新型技术专利（ZL 2016 2 0522492. 5）。

本实用新型公开了一种底栖穴居鱼类流水养殖池，包括水池本体，在水池本体的池底与水平面间设置至少一层鱼类栖息巢，在水池本体的排水部正上方设置暂养及捕捞水池且该暂养及捕捞水池与排水部连通，本实用新型通过设置暂养及捕捞水池，可以在日常养殖管理工作中，先排低水位把鱼赶入暂养、捕捞水池，然后对水池进行卫生清理消毒工作；也可以在暂养、捕捞水池中对鱼进行鱼病防治（如鱼体药水洗澡）等工作，且可以在日常养殖管理工作中，先在暂养、捕捞水池中放入定制网箱，然后排低水位把鱼赶入暂养、捕捞水池进行捕捞工作，本实用新型结构简单，制作方便，实用性强。

发明单位：贵州省水产研究所。

主要发明人：申晓东。

3. 一种养殖池塘循环式增氧装置

实用新型技术专利（ZL 2017 2 0031087.8）。

本实用新型提出了一种用于养殖池塘的循环式增氧技术设备，设备包括至少两组增氧装置，每组增氧装置包括微孔增氧盘，所述增氧盘上均匀绕上增氧管（气管或纳米管），通过导气管连接空压机和增氧管，并在增氧盘上固定一弧形板，处于同一对角线上的两组增氧装置的弧形板弯曲方向为另一对角线上相邻增氧装置所在位置，使水流呈逆时针（或顺时针）方向流动循环。本发明综合了微孔增氧和叶轮式增氧机的优点，既实现了养殖池塘下层水体增氧，又实现了水体循环，对养殖池塘进行高效、全面循环增氧，增氧效果好，成本低，使用方便。

发明单位：贵州省水产研究所。

主要发明人：李建光、王霞、杨兴、周其椿、王艳艳。

4. 一种鲟鱼专用取卵器

实用新型技术专利（ZL 2016 2 1447603.7）。

本实用新型公开了针对鲟鱼人工繁育技术上的特点，本实用新型就是提供一种快速、简便地鲟鱼专用取卵器，及时准确地观察鲟鱼性腺发育的成熟度，并最低程度损伤鲟鱼性腺。

发明单位：贵州省水产研究所。

主要发明人：周洲、杨兴、刘霆、赵飞。

5. 一种泥鳅苗种孵化系统

实用新型专利（ZL 2017 2 0461454.8，2017）。

本实用新型提供一种泥鳅苗种孵化系统，包括蓄水池、水泵和孵化槽，蓄水池用于孵化水体沉淀消毒，提供所有孵化槽孵化用水和循环，孵化槽的底部设置有孵化排水口，孵化排水口处设置有杂质过滤网，孵化排水口通过供水管路伸至蓄水池内，所述水泵设置于该供水管路上，进水管的一端设置有喷头并伸至孵化槽内，孵化槽底部呈120°平弧，喷头与孵化槽的底部相对平行，使受精卵孵化水体交换无死角，确保受精卵孵化水体交换需求，进水管的另一端连通至蓄水池的出水口。以解决山区池塘资源特点下泥鳅亲本培育质量难题，同时形成了山区池塘泥鳅人工培育和高效繁殖流程，以完善现有技术，提升养殖效益。本实用新型属于农业水产养殖技术领域。

发明单位：贵州省水产研究所。

主要发明人：马永兵、杜强、张竹青、冉光强。

6. 水蚯蚓快速分离池

实用新型专利（ZL 2017 2 0574870.9）。

本实用新型公开了一种水蚯蚓快速分离池，包括池体，在沿池体内壁上设有墙台，在池体内设有网架，网架的边框形状及大小与池体的内壁对应，网架的边框能被墙台支撑且处于墙台顶部，网架整体能在池体内的墙台上方上下移动；在池体的内壁顶部设有溢水口及排水口，在池体的内壁底部设有排水口。本实用新型设计的结构能直接在水池中进行分离蚯蚓，省去了用清水反复漂洗去除泥浆和细沙的过程，节约了时间和劳动力，弥补了以往用盆分离效率低、分离效果较差等缺陷省时省力，能够快速获得干净的水蚯蚓，方便快捷，为水产养殖业的饲料投喂提供了便利。

发明单位：贵州省水产研究所。

主要发明人：王霞、杨兴、李建光、周其椿、王艳艳。

7. 一种中华倒刺鲃鱼苗人工培育箱

实用新型技术专利（ZL 2017 2 0805740. 1）。

本实用新型涉及一种中华倒刺鲃鱼苗人工培育箱，包括人工培育箱体，人工培育箱体内部设有相对设置的插板槽，插板槽内插入了插板，人工培育箱体的外侧设有一放置部，放置部内安装了过滤装置；过滤装置的顶面开口，其一侧安装了抽吸水管，抽吸水管上安装了设有连接线的水泵，连接线上设有开关和插头，水泵设有进水口和出水口，抽吸水管包括抽吸进水管和抽吸出水管，抽吸进水管伸入至人工培育箱体内且一端连接在水泵设有的进水口，抽吸出水管安装在水泵设有的出水口，过滤装置下端设有弯管组件；本实用新型将箱体内局部水过滤循环，改善了培育箱内水质，并且便于移动喂料，操作简单，使用方便，有利于中华倒刺鲃鱼苗培育。

发明单位：贵州省水产研究所。

主要发明人：杜强、周路、吴林菁、李道友、张竹青、赵谱远。

8. 一种池塘内循环排污装置

实用新型专利（ZL 2017 2 0805740. 1）。

本实用新型公开了一种池塘内循环排污装置，包括有在池塘底部设有的排污槽，排污槽底部设有排污口，排污口处设有防逃网，排污口与排污管连接，在排污槽的四周设置有水管，水管上设有排水孔。本实用新型可以高效的排出池塘底部的废屑、动物粪便、生物遗骸等污染物，清洁程度高，不留排污死角，同时可以注入新鲜水源，简单方便。排出的污水经污水循环处理车间进行处理后再循环，实现了养殖废水零排放，降低了养殖对环境的破坏，保护生态环境。

发明单位：贵州省水产研究所。

主要发明人：周其椿、李建光、陈飞雄、杨兴、王霞、王艳艳、刘伟。

9. 一种鲟鱼养殖池集成式护栏

实用新型技术专利（ZL 2017 2 0853353. 5）。

本实用新型由于立柱向养殖池内侧弯折设置，使得顶梁垂直方向位于养殖池的水面上方，从而可在顶梁的内侧绑设水管，利用潜水泵将池水打入水管内并自然滴流喷出，达到对池水增氧的目的，相较于传统的将增氧设备搭设在池内或养殖池上方的方式，可减少空间占用，避免对鲟鱼活动以及后期捕捞造成影响。

发明单位：贵州省水产研究所。

主要发明人：周洲、杨兴、刘霆、赵飞。

10. 一种鲟鱼流水养殖池中央排水口护鱼网结构

实用新型技术专利（ZL 2017 2 0853336. 1）。

本实用新型排水筒的设置，有利于降低排水流速，排水筒为一个长方体状结构，且排水小孔均匀分布在排水筒外侧的四个面上，并且排水筒的体积较大，当进行排水时污水可以缓慢地从不同的角度进入这些排水小孔中，对养殖池内的水引起的波动较小，大大降低对鲟鱼造成伤害。

发明单位：贵州省水产研究所。

主要发明人：周洲、杨兴、刘霆、赵飞。

11. 一种鲟鱼注射用固定装置

实用新型技术专利（ZL 2017 2 0853324. 9）。

本实用新型公开了一种鲟鱼注射用固定装置，包括挂钩、弹性皮带、左侧框架、海绵护垫、横杆、纵杆和通孔；所述左侧底座上设有两处通孔，所述连杆穿过通孔与右侧底座固定连接，两处连杆的左端连接有拉线。

发明单位：贵州省水产研究所。

主要发明人：周洲、杨兴、刘霆、赵飞。

12. 一种鲟鱼苗人工培育盆

实用新型技术专利（ZL 2017 2 0859416. 8）。

本实用新型培育盆顶部螺纹转动连接有转盖，且转盖顶部镶嵌有防护玻璃，防护玻璃采用圆弧形结构设计，通过该圆弧形防护玻璃的设计可防止鱼苗在水中跳跃时跳出培育盆，导致鱼苗缺水死亡的现象的发生，进一步的，防护玻璃上开设有若干微小的透气孔，便于空气与水中进行氧气互换，且玻璃材质也使其并不阻碍阳光的照射。

发明单位：贵州省水产研究所。

主要发明人：周洲、杨兴、刘霆、赵飞。

13. 一种鲟鱼用卵子收集装置

实用新型技术专利（ZL 2017 2 0868447. X）。

本实用新型收集箱体内部设有 HDPE 网和铝合金板，且其上均开设有若干通孔，通过其设计可将体腔液和鲟鱼卵分离，经过本实用新型 HDPE 网和铝合金板的设计，可对鲟鱼卵进行分类放置，剔除鲟鱼卵中少量无法孵化的畸形卵，便于人们在后续的孵化或其他用途时的无需进行人工区分，满足人们的使用需求。

发明单位：贵州省水产研究所。

主要发明人：周洲、杨兴、刘霆、赵飞。

14. 一种防干水鲟鱼养殖池

实用新型技术专利（ZL 2017 2 1028024. 3）。

本实用新型鲟鱼池底部进水管端高于第二排水管端为倾斜面结构，且进水管为四根，第二排水管设置有三根的设置，有利于保证清洁鲟鱼池底的时候保证排水的速度小于进水的速度，以防鲟鱼池被排干水。

发明单位：贵州省水产研究所。

主要发明人：周洲、杨兴、刘霆、赵飞。

15. 一种鲟鱼临时标记装置

实用新型技术专利（ZL 2017 2 1028022. 4）。

本实用新型在对鲟鱼进行标记时先将两个海绵垫撑开后将鲟鱼的尾部夹持住即可，海绵垫也能起到良好的防滑作用，并且标记和取下时操作方便。

发明单位：贵州省水产研究所。

主要发明人：周洲、杨兴、刘霆、赵飞。

16. 一种鲟鱼养殖池防护网

实用新型技术专利（ZL 2017 2 0853336.1）。

本实用新型取样桶的设置，通过不同位置取样管柱利用取样针管进行精准取样，单人可进行操作，刻度线以及重量传感器的设置，可对鲟鱼的长度以及重量进行测量，可利用不同位置的放大镜对鲟鱼进行细微观察。

发明单位：贵州省水产研究所。

主要发明人：周洲、杨兴、刘霆、赵飞。

17. 鲟鱼转运放置装置

实用新型技术专利（ZL 2017 2 1028042.1）。

本实用新型箱体底端内部所开设的空腔内安装有两组半导体制冷片，且该两组半导体制冷片的制冷端均分别贴附安装在与泡沫隔阻层所分成的两处腔室位置相对应，通过半导体制冷片的设置利于在空运时持续对起保持低温作用的冰块进行制冷，保证其温度的不会发生太大的变化，以保证鲟鱼在15~18个小时内低温存活。

发明单位：贵州省水产研究所。

主要发明人：周洲、杨兴、刘霆、赵飞。

18. 一种用于鲟鱼模拟养殖的催产池

实用新型技术专利（ZL 2017 2 1026620.8）。

本实用新型用于鲟鱼模拟养殖的催产池设有的水箱内部分为深浅水结构设计，便于还原湖水中深浅的变化，可有效促进鲟鱼的适应情况。

发明单位：贵州省水产研究所。

主要发明人：周洲、杨兴、刘霆、赵飞。

19. 一种适用于大规格鲟鱼的麻醉箱

实用新型技术专利（ZL 2017 2 1026634.X）。

本实用新型可以通过开启抽水泵将麻醉箱主体内的水向外抽出，这样就不会直接排放到鱼池中，避免对鱼池内的水造成污染，在抽水过程中防护网能避免鲟鱼直接接触抽水口，避免抽水口的吸力对鲟鱼造成伤害，使用安全。

发明单位：贵州省水产研究所。

主要发明人：周洲、杨兴、刘霆、赵飞。

20. 一种用于鲟鱼实验的采集取样装置

实用新型技术专利（ZL 2017 2 1027977.8）。

在对鲟鱼进行标记时先将两个海绵垫撑开后将鲟鱼的尾部夹持住即可，海绵垫也能起到良好的防滑作用，并且标记和取下时操作方便。

发明单位：贵州省水产研究所。

主要发明人：周洲、杨兴、刘霆、赵飞。

21. 一种阶梯式山泉鲟鱼养殖池

实用新型技术专利（ZL 2017 2 0853354. ）。

本实用新型滤网的设置，有利于水质的纯净，滤网为十层纱网通过钢板夹持钉制成，十层纱网对水中的大颗粒能够起到更好的过滤作用，使用钢板钉制后更加稳定牢固，不会因为水流冲刷而引起松散，过滤池内还设置有一个活性炭过滤盒，可以进一步过滤掉水中的杂质，经过两步过滤出的水更加纯净，非常有利于二号养殖池内的鲟鱼生长。

发明单位：贵州省水产研究所。

主要发明人：周洲、杨兴、刘霆、赵飞。

22. 一种多功能鲟鱼检查工作台

实用新型技术专利（ZL 2017 2 1027979. 7）。

本实用新型工作台本体顶部前端开设有一处椭圆形结构的内弧形的鲟鱼检查凹槽，可将该鲟鱼检查凹槽内填满水，利于在对鲟鱼进行检测时，其表面接触水，无需工作人员不断重复的对其进行浇水，减轻工作人员的劳动强度。

发明单位：贵州省水产研究所。

主要发明人：周洲、杨兴、刘霆、赵飞。

23. 一种用于鲟鱼养殖的鱼苗保护结构

实用新型技术专利（ZL 2017 2 1027978. 2）。

本实用新型用于鲟鱼养殖的鱼苗保护结构设有圆盘形护罩，筒形保护罩与圆盘形护罩上均设置有扰流板，扰流板能够导流水库水底的暗流，避免暗流直接冲击作用于保护罩本体上，造成其左右摇晃，发生倾倒。

发明单位：贵州省水产研究所。

主要发明人：周洲、杨兴、刘霆、赵飞。

24. 一种鲟鱼孵化装置

实用新型技术专利（ZL 2017 2 0853317. 9）。

本实用新型公开了一种鲟鱼孵化装置，包括孵化桶、曝气泵和曝气喷头；所述孵化装置本体底部设置为孵化桶；所述孵化桶的侧壁上开设有上端排水口和下端排水口；所述孵化桶上端固定设置有支撑架。

发明单位：贵州省水产研究所。

主要发明人：周洲、杨兴、刘霆、赵飞。

25. 一种用于渔业养殖的无线测温控制系统及使用方法

实用新型技术专利（ZL 2018 2 0744981. 4）。

本发明公开了一种用于渔业养殖的无线测温控制系统及使用方法。包括基站终端，基站终端与置于各测温地点的无线传感节点连接；所述的基站终端包括基站端射频芯片，基站端射频芯片分别与显示单元、报警单元和基站端接口单元连接；所述的无线传感节点包括节点端射频芯片，节点端射频芯片与节点端接口单元连接，节点端接口单元与温度传感器连接；所述的基站端射频芯片和节点端射频芯片通过无线射频信号连接。本发明无需繁琐的布线，具有测量周期短，人工成本低，测量效率高，消除安全隐患，管理方便和易于维护的特点。

发明单位：贵州省水产研究所。

主要发明人：杨明举、吴丹、付建平、杨兴、王伟、王艳艳、曾诗雨、曾圣。

26. 大规格鲟鱼催产用辅助装置

实用新型技术专利（ZL 2017 2 1027980. X）。

本实用新型公开了大规格鲟鱼催产用辅助装置，包括橡皮软管和夹紧座，所述边板为两处，其通过螺栓安装在两处架板之间，与架板形成一个长方形的腔室结构，且在此腔体结构的底面安装有底板；从而又形成一个完整的带腔底的腔室结构。

发明单位：贵州省水产研究所。

主要发明人：周洲、杨兴、刘霆、赵飞。

27. 一种新型鲟鱼流水养殖系统

实用新型技术专利（ZL 2019 2 1457269. 7，2020）。

本实用新型提供一种新型鲟鱼流水养殖系统，包括水源流水渠、养殖池和排水渠；所述水源流水渠位于养殖池的上方；所述排水渠位于养殖池的下方。该系统设计简单，操作性强，且流水养殖不需要消耗电能，可以大大降低养殖成本，解决了现有鲟鱼养殖系统结构复杂成本较高的问题。池底双层结构，可有效将鱼体和粪便、饲料残饵等有害杂质隔开，降低有害菌感染鱼体的风险，同时，养殖池在水体交换过程中，排水孔处会产生巨大的水体压力，导致大量鱼聚集在排水孔，而在排水孔上方装设一层塑料网板可防止鱼群因水压不均而聚集，减少鱼体之间的相互挤压和应激，解决了现有鲟鱼养殖系统不完善容易造成鲟鱼发病、死亡而导致产量降低的问题。

发明单位：贵州省水产研究所。

主要发明人：赵振新、杨明举、李道友、赵飞、赵凤、刘伟、张显波。

28. 一种新型池塘工业化循环水生态养殖系统

实用新型技术专利（ZL 2019 2 1457249. X，2020）。

本实用新型提供一种新型池塘工业化循环水生态养殖系统，包括养殖水塘和养殖槽；所述养殖水塘中部设有水泥墙，且水泥墙将养殖水塘左右分隔为植物净化区和滤食性鱼类养殖区；所述养殖槽位于水泥墙的一端。该系统功能区域分布明显，便于日常管理，可实现养殖过程全程监控，解决了现有池塘内循环水生态养殖系统功能分区不明显的问题，养殖槽进水段设置有推水系统和自动增氧机，可实现系统水层交换、养殖水体循环和水体增氧，且养殖水为养殖水塘内部的循环水，不外排排放，对周边环境无污染，真正实现生态养殖，解决了现有池塘内循环水生态养殖系统循环水生态养殖的效果不全面的问题。

发明单位：贵州省水产研究所。

主要发明人：赵振新、杨明举、李道友、赵飞、刘伟、赵凤、张显波。

29. 一种便携式水产养殖水泥池塘底部清污装置

实用新型技术专利（ZL 2019 2 1173750. 3，2020）。

本实用新型提供一种便携式水产养殖水泥池塘底部清污装置，包括吸污头、虹吸管和虹吸球；所述移动杆为长杆状结构，且吸污头连接于移动杆底部；所述吸污头长为20 厘米，宽为 3 厘米，且吸污头通过虹吸管与虹吸球相连通；所述虹吸球直径为 30 厘米，且虹吸球出水端 5 厘米处安装有一处开关水阀门，并且开关水阀门与虹吸球内部相连通；所述活动卡槽安装在移动杆外端面上，本实用新型通过反复压缩虹吸球，使水泥池塘内部泥垢通过吸污头抽取至虹吸管内，并通过虹吸管排向池外，利用虹吸原理对水泥池塘进行清污，因此不需要插电，降低水泥池塘清污成本，使用更加简便。

发明单位：贵州省水产研究所。

主要发明人：赵振新、杨明举、李道友、赵飞、刘伟、赵凤。

30. 一种蛙类仿生饲料及其加工方法

发明专利（ZL 2017 1 1049638. 4，2017）。

本发明公开了一种蛙类仿生饲料及其加工方法，包括以下重量份原料加工制成：次粉 3~8 份、玉米蛋白粉 10~40 份、大豆粕 11~31 份、玉米酒糟 3~15 份、鱼粉 1~5 份、虾粉 5~17 份、蚯蚓 5~25 份、黄粉虫 5~25 份、预混料 1~5 份、跳跳糖 7~25 份；本发明提供的蛙类仿生饲料外形呈蚯蚓状，并在饲料包膜涂层上喷涂有跳跳糖颗粒，使其能在水面上跳动，满足蛙类动物的摄食习性，适宜增加蛙类动物的进食效果；本发明还采用挤压膨化技术处理仿生饲料，保证蛙类动物吃到熟化饲料，从而减少动物体患病风险，改善动物体的生产性能，同时采用蜂蜡作为被膜剂包裹饲料，减少饲料在水中的溶解量，增加饲料整体保存时间，有效防止饲料溶解在水质中，减轻饲料污染水质程度。

发明单位：贵州省水产研究所。

主要发明人：杜强、周路、吴林菁、张竹青、何大庆。

（四）科技奖励

1. 昆明裂腹鱼人工养殖技术集成与应用

2019 年中国水产学会范蠡科学技术优秀奖。

成果围绕野生昆明裂腹鱼进行人工驯养、繁殖、全人工繁殖研究及养殖推广，并投放鱼种进行人工增殖放流。从收集野生昆明裂腹鱼到驯养时采用“一选四用”方法，使野生昆明裂腹鱼的驯养成活率从开始时的不足 10%提高到现在的 90%以上。在对昆明裂腹鱼进行人工繁殖过程中，针对一般判断亲鱼性成熟度的方法存在容易误判、判断不准确等问题，总结出鉴别昆明裂腹鱼性成熟度的新方法—手摸鉴别法，并解决了普通流水养殖池培育成熟昆明裂腹鱼子一代亲鱼的技术难题，不但能够培养出性成熟度好的昆明裂腹鱼亲鱼，并且成熟时间要比原种亲鱼提前 20 天。现已形成一套完整、成熟、稳定的昆明裂腹鱼驯养繁殖—苗种培育—养殖推广及全人工繁殖的技术体系，其生态、经济、社会效益显著。

完成单位：毕节市水产技术推广站等。

完成人：詹会祥等。

2. 贵州水生动物的资源保护、开发利用及水生态维护

2019 年贵州省科学技术进步奖二等奖。

通过对河湖区进行调查研究，评估该湖区鱼产力的状况，设计了鱼类放养的种类、规格等；提出了水生态治理方案；促进了贵州省湖库生态渔业的发展。

完成单位：贵州大学、毕节市水产技术推广站、毕节市鑫有农业综合开发有限责任公司等。

完成人：姚俊杰、詹会祥等。

（五）创新、集成技术模式

1. 鲟鱼流水养殖技术

鲟鱼流水养殖技术，是目前国内采用最多的一种养殖鲟鱼的方式，占地面积小、产量高、管理方便，其主要特点是在固定形状、规模的鱼池内，提供稳定的水流量，有保证水交换量的条件下进行养殖生产。

2. 稻田综合种养技术

稻鱼鸭系统是典型的人工生态系统，这种以鸭食虫、以鱼食草、用鸭鱼粪做肥料的稻鱼鸭复合系统，具有保护生物多样性、控制病虫害、调节气候、涵养水源等多种生态功能。目前，稻鱼鸭生态产业示范园已纳入了省级农业产业园和黔东南州绿色生态现代生态农业工程。以种稻为主体，种养结合，稳粮增效，提升水稻的品质，建立“稻鱼鸭共生、稻鱼藕连作”的标准化生产模式。

稻—鱼—鸭生态综合种养在贵州省从江县推广面积较多。2011 年，贵州从江稻鱼鸭系统入选全球重要农业文化遗产保护试点地。2013 年，从江稻鱼鸭系统入选第一批中国重要农业文化遗产。2015 年，从江在全县的 5 万亩稻田中对“稻鱼鸭种养殖系统”进行了示范点推广，稻田测产每亩增产稻谷 5%～15%，平均亩产稻谷 669. 5 公斤，生产鲜活田鱼 24. 3 公斤，鸭 44. 7 公斤。

3. 昆明裂腹鱼人工养殖技术集成与应用

昆明裂腹鱼是我国特有高原鱼类，是长江上游珍稀特有鱼类，主要分布于金沙江下游各支流及乌江、赤水河上游，在贵州省主要分布在乌江上游六冲河流域和赤水河流域，属贵州省重要经济鱼类、重点保护鱼类。形成成套、成熟、稳定的“昆明裂腹鱼人工养殖集成技术”，并进行在所有养殖点上大范围推广应用。到 2017 年底，推广养殖面积达 20 万平方米，单位面积年产昆明裂腹鱼鲜鱼最高 16. 85 千克/平方米，平均饵料系数为 1. 8，养殖经济效益达 1. 74 亿元。

培育出的昆明裂腹鱼苗种从 2014 年到 2017 年 12 月累计提供 600 余万尾给毕节市各县（区）、安顺市、遵义市、六盘水市、贵阳市及云南省昭通市、四川省泸州市等 150 余户养殖户（专业合作社）进行养殖，发展了昆明裂腹鱼规模养殖场 10 个，昆明

裂腹鱼驯养繁殖场1个。对昆明裂腹鱼进行人工繁育，形成批量生产，一方面发展养殖户进行养殖这些附加值较高的鱼类品种，满足市场需求，减少农户对野生鱼类的掠夺式捕捞，另一方面让农户获得更高的养殖效益。增加自然资源的储存量，对该鱼类资源的恢复和保护起到积极作用，促进该鱼类资源的可持续发展，取得了明显的生态效益。

（六）产业人才培养

“十三五”期间体系引进急需紧缺人才1人，博士2人，硕士13人，本科1人。晋升二级研究员1人，正高职称2人，副高职称8人，中级职称13人，初级1人。获评省管专家1人，高层次创新型人才“千层次”3人，中组部西部之光访问学者1人。共开展技术培训119次，共培训14 000余人次。

十二、油菜产业技术体系

（一）种质资源和新品种

“十三五”期间，油菜体系技术依托单位贵州省油料研究所和贵州省油菜研究所收集国内外油菜种质资源约800余份，创新各类具有潜在育种价值新材料200余份，在类型上包括甘蓝型油菜隐性核不育两系亲本、隐性核不育三系亲本、细胞质雄性不育三系亲本、芥菜型油菜材料及油菜亚种间远缘杂交中间材料等，在农艺性状上涉及早熟、矮秆、抗裂角、抗倒伏、抗除草剂、苗期耐旱、长荚果、粒色、花色、叶色、含油量、油酸含量、抗病等。在此基础上，配制杂交组合3 000余个，参加体系内组合观察、贵州省联合鉴定、西南地区联合鉴定、国家油菜区域试验等，累计登记油菜新品种26个。

1. 黔油31号

登记编号：GPD油菜（2019）520087，新品种保护申请号20191006704

贵州省油料研究所用黔油6A×11-4490组配成的甘蓝型杂交种。平均生育期205.9天；株高193.00厘米，有效分枝数7.07个，单株有效角果数271.88个，每角粒数18.78粒，千粒重4.10克。植株株高较高，苗期生长势较强，成熟一致性好，分枝性较强。芥酸含量0.2%，硫苷含量25.59微摩尔/克，含油量44.33%。低感菌核病，中抗病毒病，抗倒性较强。第一生长周期亩产194.36千克，比对照南油12增产11.78%；第二生长周期亩产178.17千克，比对照南油12增产15.65%。适宜在长江上游贵州、四川、云南、重庆、陕西勉县秋季种植。

2. 黔油32号

登记编号：GPD油菜（2019）520088，新品种保护申请号20191006701

贵州省油料研究所用黔5005A×12-4451组配成的甘蓝型杂交种。平均生育期208.3

天，株高 201.05 厘米，有效分枝数 6.61 个，单株有效角果数 308.99 个，每角粒数 17.91 粒，千粒重 3.62 克，单株产量 16.43 克。植株较高，苗期生长势较强，成熟一致性好，分枝性较强。芥酸含量 0.1%，硫苷含量 27.86 微摩尔/克，含油量 44.39%。中感菌核病，中抗病毒病，抗倒性中等。第一生长周期亩产 184.32 千克，比对照南油 12 增产 13.2%；第二生长周期亩产 180.27 千克，比对照蓉油 18 增产 6.4%。适宜在长江上游贵州、四川、重庆、陕西勉县、云南玉龙和寻甸秋季种植。

3. 黔油早 1355

登记编号：GPD 油菜（2019）520084

贵州省油料研究所用 2055A×ZW3155 组配成的甘蓝型隐性核不育两系早熟杂交油菜品种。幼苗直立，叶色灰绿色，蜡粉较多，叶缘呈不规则锯齿型缺刻，叶片大小中等，叶柄较长，花瓣黄色，籽粒黑褐色；苗期及抽薹期生长势强，整齐一致性好；为上生分枝型，株型较好。在贵州省早熟组油菜区域试验中的平均全生育期为 194.6 天，株高 169.7 厘米，平均有效分枝数 5.76 个，单株有效角果数 174.97 个，角粒数 19.0 粒，千粒重 3.45 克，单株重 10.47 克。芥酸含量 0.1%，硫苷含量 20.94 微摩尔/克，含油量 39.90%。低抗菌核病，低抗病毒病，抗裂角性中等；抗倒伏能力及抗旱、抗寒性强。第一生长周期亩产 161.11 千克，比对照组内平均值增产 10.61%；第二生长周期亩产 178.86 千克，比对照组内平均值增产 23.14%。适宜在贵州 10 月中下旬直播，5 月上旬收获的油菜产区秋季种植。

4. 黔油早 7 号

登记编号：GPD 油菜（2019）520085

贵州省油料研究所用 N8A×YN2 组配成的甘蓝型隐性核不育两系早熟杂交油菜品种。在贵州省区域试验中平均全生育期为 192.8 天，平均有效分枝数 6.1 个，单株有效角果数 186.3 个，角粒数 17.2 粒，千粒重 3.63 克，平均单株产量 8.9 克。芥酸含量 0.4%，硫苷含量 23.53 微摩尔/克，含油量 40.05%。低感菌核病，中抗病毒病，抗寒性中等，抗裂荚性中等，抗倒性较强。第一生长周期亩产 163.39 千克，比对照宝油早 12 增产 20.04%；第二生长周期亩产 141.56 千克，比对照黔油早 1 号减产 6.13%。适宜在贵州油菜产区秋季种植。

5. 黔油 1588

登记编号：GPD 油菜（2019）520086

贵州省油料研究所用 Z4AB×R287 组配成的甘蓝型半冬性双低杂交油菜品种。平均全生育期为 207.1 天，两年区域试验中平均有效分枝数 6.5 个，单株有效角果数 220.7 个，角粒数 18.77 粒，千粒重 3.85 克，平均单株产量 13.70 克，芥酸含量 0.645%，硫苷含量 23.30 微摩尔/克，含油量 42.29%。低抗菌核病，中抗病毒病，抗寒性中等，抗裂荚性中等，抗倒性强。第一生长周期亩产 156.09 千克，比对照油研 50 增产 3.92%；第二生长周期亩产 159.25 千克，比对照油研 50 增产 4.18%。适宜在贵州秋播种植。

6. 金矮油 2 号

登记编号：GPD 油菜（2019）520228

贵州省油菜研究所用 LX589CA×LX827 组配成的甘蓝型杂交种。幼苗子叶呈肾形，苗期半直立，裂叶 2~4 对，叶缘缺刻较明显。叶绿色较深，有腊粉，花序花蕾散生状。果枝挺直，不串枝。生育期 210 天，株高 138 厘米，单株有效角 323 角，角粒数 19.8 粒，千粒重 3.8 克，商品子杂黄色。食用油芥酸含量 0.8%，硫甙含量 26.6 微摩尔/克，含油量 47.2%。低抗菌核病，低抗病毒病，抗倒性强，抗寒性强，抗裂荚性较强。适宜在贵州、湖南、湖北、四川、重庆、江苏、陕西、安徽秋播种植。

7. 天油 97

登记编号：GPD 油菜（2020）500001，新品种权号：CNA20110408.1

贵州省油菜研究所用 97A×90R 组配成的细胞核雄性不育两系甘蓝型杂交种。海拔 400 米以下地区全生育期 213~225 天，海拔 400 米以上地区全生育期 221~236 天，平均 223.9 天，与对照油研 10 号相当。株高 212.6 厘米，最低分枝部位 88.0 厘米，一次有效分枝 9.4 个，单株有效角果数 476.2 个，每果粒数 17.3 粒，千粒重 3.56 克。适宜在重庆冬季种植。

8. 油研 585

登记编号：GPD 油菜（2018）520419

贵州省油菜研究所用 5824A×G5R 组配成的杂交种。子叶肾形，苗期叶片半直立，叶柄中长，裂叶发达具 3~5 对，顶叶宽大，叶缘锯齿不明显。苗期生长势强，叶色正常绿色。株型紧凑，抗倒性强、较耐菌核病，角粗，千粒重大。多年多点试验全生青期 198 天，株高 165.6 厘米，一次分枝部位 44.2 厘米，单株有效角果数 553 个，每角粒数 20.5 粒，千粒重 4.24 克。芥酸小于 1%，硫苷小于 30 微摩尔/克，含油量 45%左右。适宜在贵州作冬油菜种植。

9. 金农油 1 号

登记编号：GPD 油菜（2018）520007

贵州省油菜研究所用 7274A×5735R 组配成的甘蓝型油菜杂交种。子叶肾型，幼茎及心叶微紫色。深裂叶，顶裂片宽大呈椭圆形，裂叶发达，有 3~4 对不等。叶色较深，有腊粉，五叶前叶脉浅绿，五叶后渐转白色。叶缘锯齿明显。苗期半直立。苔茎浅绿，成株期茎秆粗壮。花蕾绿色饱满。花黄色，花瓣复瓦状排列，四强雄蕊长于柱头。匀生分枝，分枝部位适中，花序较长，荚果期果层较厚。果壳较薄裂角性好，商品籽大部黑色，有少数黄籽，杂种种子籽粒有时大小不匀。在贵州省生态和耕作栽培条件下，平均株高 199.54 厘米，分枝部位 75.1 厘米，分枝数 9.6 个，单株有效角 432.6 个，角粒数 20.1 粒，千粒重 3.61 克。芥酸 0.2%，硫苷 18.84 微摩尔/克，含油量 43.83%。低感菌核病，高抗病毒病，中抗霜霉病。抗寒性、抗裂角性较强，抗倒性强。第一生长周期亩产 158.98 千克，比对照油研 10 号增产 3.9%；第二生长周期亩产 203.83 千克，比对照油研 10 号增产 19.3%。适宜在贵州省油菜产区秋播种植。

10. 翔油 1 号

登记编号：GPD 油菜（2018）520008，新品种权号：CNA20111407.2

贵州省油菜研究所用 81A×6958R 组配成的甘蓝型油菜杂交种。子叶肾型，幼茎及心叶微紫色。深裂叶，顶裂片宽大呈椭圆形，裂叶发达，有 3~4 对不等。叶色正常绿色，有腊粉，五叶前叶脉浅绿，五叶后渐转白色；叶缘锯齿明显。苗期半匍匐。苔茎浅绿，成株期茎秆粗壮。花蕾绿色饱满。花黄色，花瓣复瓦状排列，四强雄蕊长于柱头。株型较紧凑，匀生分枝，分枝部位较低，花序中长，荚果期果层较厚。果壳较薄，商品籽大部黑色，有少数黄籽，千粒重较大，杂种种子籽粒有时大小不匀。在贵州省生态和耕作栽培条件下，平均株高 177.1 厘米，一次有效分枝位 68.5 厘米，一次有效分枝数 8.3 个，主序长 61.5 厘米，主序有效角 80.8 角，单株有效角 438.8 个，角粒数 20.9 粒，千粒重 3.9 克，单株生产力 26.2 克。芥酸 0.4%，硫甙 26.97 微摩尔/克，含油量 41.06%。低感菌核病，高抗病毒病，中抗霜霉病。抗寒性较强，抗裂角性较强，抗倒性强。第一生长周期亩产 190.68 千克，比对照油研 10 号增产 12.05%；第二生长周期亩产 181.14 千克，比对照油研 10 号增产 24.14%。适宜在贵州省油菜产区秋播种植。

11. 益油 1 号

登记编号：GPD 油菜（2018）520009

贵州省油菜研究所用 81A×6958R 组配成的甘蓝型油菜杂交种。子叶肾型，幼茎及心叶微紫色。深裂叶，顶裂片宽大呈椭圆形，裂叶发达，有 3~4 对不等。叶色正常绿色，有腊粉，五叶前叶脉浅绿，五叶后渐转白色。叶缘锯齿明显。苗期半匍匐。苔茎浅绿，成株期茎秆粗壮。花蕾绿色饱满。花黄色，花瓣复瓦状排列，四强雄蕊长于柱头。株型较紧凑，匀生分枝，分枝部位较低，花序中长，荚果期果层较厚。果壳较薄，商品籽大部黑色，有少数黄籽，杂种种子籽粒有时大小不匀。在贵州省生态和耕作栽培条件下，平均株高 167.7 厘米，一次有效分枝位 64.3 厘米，一次有效分枝数 8.6 个，主序长 58.1 厘米，主序有效角 80.2 角，单株有效角 434 个，角粒数 19.95 粒，千粒重 3.74 克，单株生产力 25.2 克。在湖南省生态和耕作栽培条件下，平均株高 175.87 厘米，一次有效分枝位 82.91 厘米，一次有效分枝数 7.68 个，单株有效角 242.97 角，角粒数 19.22 粒，千粒重 4.11 克，单株生产力 14.38 克。芥酸 0.2%，硫苷 25.66 微摩尔/克，含油量 44.51%。低感菌核病，抗病毒病，中抗霜霉病。抗寒性较强，抗裂角性较强，抗倒性强。第一生长周期亩产 180.88 千克，比对照油研 10 号增产 14.44%；第二生长周期亩产 159.85 千克，比对照沣油 520 增产 4.49%。适宜在贵州、湖南油菜产区秋播种植。

12. 油科 1 号

登记编号：GPD 油菜（2018）520010，新品种权号：CNA20120151.9

贵州省油菜研究所用 6515A×6373R 组配成的甘蓝型油菜隐性核不育三系杂交种。全生育期 214.2 天，子叶肾形，苗期叶片半直立，叶柄较长，裂叶 3~4 对，顶叶椭圆、较宽大，叶缘锯齿较明显。苗期长势强，叶色正常绿色。商品籽黄色。平均株高 167.35 厘米，一次有效分枝位 65.1 厘米，一次有效分枝数 8.5 个，主序长 58.7 厘米，主序有效角 81 角，单株有效角 430.4 角，角粒数 18.65 粒，千粒重 3.8 克。抗病毒病和霜霉病，低感菌核病。抗寒性、抗裂角性较强，抗倒性强。芥酸 0.1%，硫甙 28.23 微摩尔/克，含油量 45.72%，蛋白质含量 24.16%。第一生长周期亩产 178.64 千克，比对照油研10号增产22.44%；第二生长周期亩产148.44千克，比对照油研10号增产11.26%。适宜在贵州省油菜产区秋播种植。

13. 亮油9号

登记编号：GPD油菜（2018）520010

贵州省油菜研究所用HY006A×6812R组配成的甘蓝型油菜杂交种。子叶肾型，幼茎及心叶微紫色，深裂叶，顶裂片宽大呈椭圆形，裂叶发达，有3~4对不等。叶色较深，腊粉较多，五叶前叶脉浅绿，五叶后渐转白色，叶缘有锯齿。苗期半直立。苔茎浅绿，成株期茎秆粗壮。花蕾绿色饱满。花黄色，花瓣复瓦状排列，四强雄蕊略长于柱头。匀生分枝，分枝部位适中，花序较长，荚果期果层较厚。果壳较薄裂角性好，商品籽大部黑色，有少数黄籽，籽圆满，杂种种子籽粒有时大小不匀。植株中等偏高，株型较紧凑。在湖南省生态和耕作栽培条件下，株高186.6厘米，有效枝位82.5厘米，一次有效分枝数7.8个，主序长56.1厘米，主序有效角70角，结荚密度1.31厘米，单株有效角333.5角，角粒数21.9粒，千粒重3.8克，单株生产力22.3克。芥酸未检出，硫苷17.58微摩尔/克，含油量44.46%。高抗病毒病，中抗霜霉病，低感菌核病。抗寒性、抗裂角性较强，抗倒性强。第一生长周期亩产171.53千克，比对照湘杂油2号增产9.91%；第二生长周期亩产177.5千克，比对照中油杂2号增产0.85%。适宜在湖南省油菜产区秋播种植。

14. 盛杂油10号

登记编号：GPD油菜（2018）520013

贵州省油菜研究所用43A×F23R组配成的甘蓝型杂交种。半冬性，幼苗子叶肾型，心叶微紫，裂叶2~4对，花瓣复瓦状排列，黄色，田间表现苗期和抽薹期生长势强，一致性好。株高178.5厘米，分枝高74.55厘米，一次有效分枝7.15个/株，主序长61.85厘米，主序有效角72.4个/株，结角密度1.22角/厘米，单株有效角平均325.1个/株，角粒数19.8粒/角，千粒重4.1克。全生育期217.05天，比对照长3天。芥酸0.05%，硫苷22.27微摩尔/克，含油量40.59%。苗期抗旱、耐湿、抗寒性好，后期抗倒，低抗菌核病、病毒病。第一生长周期亩产170.13千克，比对照中油杂2号增产13.77%；第二生长周期亩产175.6千克，比对照沣油520增产4.8%。适宜在湖南省秋季种植。

15. 黔油16号

登记编号：GPD油菜（2018）520155

贵州省油料研究所用98-8A×98-8C组配成的半冬性甘蓝型细胞质雄性不育三系杂交油菜品种。全生育期平均210天，比对照中油821早熟2天。幼苗半直立，冬前生长健壮，春发长势强，分枝部位低，分枝多，茎秆较粗。株高170厘米，叶片深缘，苔期茎秆为紫色，开花集中，花黄色，单株角果450个，每角粒数18.6粒，千粒重3.5克，抗菌核病优于中油821，抗病毒病能力较中油821弱。芥酸含量1.35%，硫甙含量96.5微摩尔/克，含油量41.35%。适宜在长江上游地区的四川、重庆、贵州、云南的冬油菜主产区秋播种植。

16. 黔黄油 21 号

登记编号：GPD 油菜（2018）520156

贵州省油料研究所用 6515A×6373R 组配成的甘蓝型半冬性隐性核不育两系杂交种。幼苗半直立，叶色浓绿，蜡粉层厚，叶缘锯齿状，有缺刻，叶片大而厚，叶柄较长。花瓣较大、黄色。区试结果：全生育期平均 233.5 天。平均株高 156.3 厘米，下生分枝类型，一次有效分枝数 8 个，单株有效角果数 390.9 个，每角粒数 23.62 粒，千粒重 3.80 克。菌核病发病率 19.15%，病指 10.45；病毒病发病率 5.58%，病指 2.58。抗病鉴定综合评价低感菌核病。抗倒性中等。经农业部油料及制品质量监督检验测试中心检测，平均芥酸含量 0.05%，饼粕硫苷含量 24.50 微摩尔/克，含油量 47.50%。适宜在贵州、上海、浙江及安徽和江苏淮河以南的冬油菜主产区秋播种植。

17. 黔油 28 号

登记编号：GPD 油菜（2018）520157，品种权号：CNA20090974.9

贵州省油料研究所用 NAB−2×DH−13 组配成的甘蓝型半冬性细胞核雄性不育两系杂交种。幼苗半直立，叶片较大，叶绿色，裂叶 1~2 对，叶缘浅锯齿，无缺刻，蜡粉较厚，叶片无刺毛。花黄色，花瓣侧叠。种子褐黑局部褐黄色。区试结果：全生育期平均 234 天，与对照秦优 7 号相当。平均株高 138.7 厘米，匀生分枝类型。一次有效分枝数 9.2 个，单株有效角果数 443.2 个，每角粒数 22.5 粒，千粒重 3.63 克。菌核病发病率 27.26%，病指 12.35；病毒病发病率 13.31%，病指 5.85。抗病鉴定综合评价为低感菌核病。抗倒性较强。经农业部油料及制品质量监督检验测试中心检测，平均芥酸含量 0.15%，饼粕硫苷含量 24.73 微摩尔/克，含油量 47.89%。适宜在贵州、上海、浙江、安徽和江苏淮河以南的冬油菜主产区种植。

18. 黔油 29 号

登记编号：GPD 油菜（2018）520158

贵州省油料研究所用 Q6−18A×6−18C 组配成的半冬性中晚熟隐性核不育两系甘蓝型杂交油菜。全生育期 222.2 天，比对照油研 10 号短 1.1 天。株高 186.75 厘米，分枝部位高 68.95 厘米，单株一次有效分枝 9.55 个，单株有效角平均 468.1 个，角粒数 19.1 粒，千粒重 3.65 克。幼苗半直立，冬前生长健壮，春发生长势强，整齐一致。分枝部位适中，分枝数较多，株型适中，茎秆粗壮，株高适中。苗期长势特强，叶片深绿色，开花集中，花黄色，角果适中，角粒数较多，千粒重较高，籽粒黑色。菌核病发病株率 9.72%，病情指数 4.98，分别比对照低 5.56 个百分点和 2.66 个百分点；病毒病最高发病株率 6.06%，比对照低 6.06 个百分点。2008 年经农业部油料及制品质量监督检验测试中心品质分析：硫苷含量 32.58 微摩尔/克饼，芥酸含量 0.6%，含油率 40.54%，蛋白质 28.13%，达到国家双低油菜指标。适宜在贵州甘蓝型油菜种植区域秋播种植。

19. 黔油 17 号

登记编号：GPD 油菜（2018）520159

贵州省油料研究所用 98−116A×ZW004 组配成的甘蓝型半冬性隐性核不育两系双低

杂交油菜。全生育期211.7天，比对照油研7号晚熟0.5天，株高194.72厘米，分枝部位高81.64厘米，单株一次有效分枝数8.25个，单株有效角果数361.71个，角粒数22.52粒，千粒重3.72克，单株产量23.05克。芥酸含量1.83%，硫甙含量39.18微摩尔/克饼，优于国家双低油菜标准。种子黑褐色，籽粒圆滑光亮，幼苗叶色浓绿，蜡粉层厚，叶片大而厚，叶柄较长，生长势强，整齐一致。试验中未发生较大病害。适宜在贵州甘蓝型油菜种植区域秋播种植。

20. 黔油18号

登记编号：GPD油菜（2018）520160

贵州省油料研究所用SAB-3×双19组配成的甘蓝型半冬性隐性核不育两系双低杂交油菜。全生育期212.34天，比对照油研七号晚熟1.46天，株高186.85厘米，分枝部位高78.47厘米，单株一次有效分枝数7.6个，单株有效角果数386.98个，角粒数19.88粒，千粒重4.45克，单株产量23.33克。硫甙39.62微摩尔/克，芥酸含量2.92%，粗脂肪含量41.88%。优于国家双低油菜标准。苗期长势较强，生长整齐一致，苗半直立，株型紧凑，开花期集中。试验中未发生较大病害。适宜在贵州、重庆甘蓝型油菜区秋季种植。

21. 黔油20号

登记编号：GPD油菜（2018）520161

贵州省油料研究所用SAB-3×双1组配成的甘蓝型半冬性隐性核不育两系杂交种。幼苗直立，叶色深绿、有蜡粉。花瓣黄色。种子黑色。区试结果：全生育期平均221天，是以SAB-3为母本，以双1为父本配组杂交育成。其中，母本SAB-3是以蜀杂1号的F2代不育株与含有中油821血缘的R-8杂交，后经5代兄妹交选育而成；父本双1是由喀黔1号变异株经5代自交选育而成。2002—2003年度贵州省油菜区域试验中平均亩产142.76公斤，比对照油研7号增产6.23%，2003—2004年度贵州省油菜区域试验中平均亩产159.61公斤，比对照油研7号增产11.06%；两年平均亩产151.19公斤，比对照增产8.65%。两年增产点次占试验点数的68.9%；2004—2005年度贵州省油菜生产试验平均亩产149.1公斤，比对照油研7号增产2%，增产点次占试验点数的60%。适宜在贵州甘蓝型油菜区域（海拔350米以下低热地区除外）秋播种植。

22. 黔油22号

登记编号：GPD油菜（2018）520162，新品种权号：CNA20100300.1

贵州省油料研究所用黔油3A×SU1组配成的甘蓝型半冬性隐性核不育两系杂交种。幼苗直立，叶色深绿、有蜡粉、无刺毛。花瓣大、黄色、侧叠。种子褐黑色。区试结果：全生育期平均221天，比对照油研10号早熟1天；平均株高198.8厘米，一次有效分枝数9.4个；单株有效角果数461.8个，每角粒数18.5粒，千粒重3.59克。菌核病发病率13.9%，病指8.17；病毒病发病率2.26%，病指1.13。抗病鉴定综合评价为低感菌核病。抗倒性较强。经农业部油料及制品质量监督检验测试中心检测，平均芥酸含量0.40%，饼粕硫苷含量20.26微摩尔/克，含油量41.89%。适宜在四川、重庆、贵州、云南、陕西汉中及安康的冬油菜主产区种植。

23. 黔油 30 号

登记编号：GPD 油菜（2018）520163，新品种权号：CNA2010099.4

贵州省油料研究所用 8009A×6051 组配成的甘蓝型半冬性隐性核不育两系杂交种。幼苗直立，株高 179.7 厘米，一次有效分枝数 8.6 个；单株有效角果数 402.9 个，每角粒数 20.36 粒，千粒重 3.78 克。菌核病发病率 26.39%，病指 21.64。抗倒性较强。适宜在贵州除黔西南州外的甘蓝型油菜种植区域秋播，菌核病高发区慎用。

24. 黔油早 1 号

登记编号：GPD 油菜（2018）520164

贵州省油料研究所用 2108A×ZW3255 组配成的弱冬性甘蓝型油菜隐性核不育两系早熟杂交种。生育期为 190.4 天，比对照早熟 0.25 天。在直播每亩 2.5 万株密度情况下，平均株高 164.53 厘米，分枝类型为上生分枝类型；平均有效分枝数 6.3 个，单株有效角果数为 185.98 个，每角粒数为 18.73 粒，千粒重 3.52 克，单株重 11.29 克，种皮色为黑色。幼苗直立，叶色深绿，蜡粉较少，叶缘有锯齿型缺刻，裂叶 3~4 对，有缺刻；叶片较大，叶柄较长，花瓣大小中等，淡黄色、叠瓣。病害抗性鉴定结果，抗性鉴定试验菌核病发病率为 27.41%，病情指数 17.01，耐寒性、抗倒性较好。经农业部油料及制品质量检测中心进行品质分析检测，其芥酸 2.7%、硫甙 16.42 微摩尔/克、含油量 41.16%、籽粒蛋白质 28.46%。适宜在贵州内 10 月中下旬直播，5 月上旬能收获的油菜产区秋播种植，菌核病高发区慎用。

25. 黔油早 2 号

登记编号：GPD 油菜（2018）520165

贵州省油料研究所用黔油 10A×1239 组配成的弱冬性甘蓝型核不育两系早熟杂交油菜品种。生育期为 190.07 天，在每亩密度在 2.5 万株情况下，平均株高 152.9 厘米，有效分枝数 5.75 个，单株有效角果数 181.11 个，角粒数 17.51 粒，千粒重 3.44 克；其种子颜色为部分黄籽，幼苗直立，叶色绿，叶缘有浅锯齿，裂叶 2~3 对，有缺刻；叶面有腊粉，无刺毛；花瓣大小中等，黄色，叠瓣。抗病性鉴定试验中其菌核病发病株率 20.51%，病情指数 12.93，抗倒伏能力强。经农业部油料及制品监督检验中心品质分析结果表明该品种商品籽的芥酸 0.40%、硫甙 18.09mmol/克、含油量 44.20%、蛋白质含量 26.79%。适宜在贵州内 10 月中下旬直播，5 月 5 日前能收获的油菜产区秋播种植，菌核病高发区慎用。

26. 黔油早 7 号

登记编号：GPD 油菜（2019）520085

贵州省油料研究所用 N8A×YN2 组配成的甘蓝型隐性核不育两系早熟杂交油菜品种。在贵州省区域试验中平均全生育期为 192.8 天，平均有效分枝数 6.1 个，单株有效角果数 186.3 个，角粒数 17.2 粒，千粒重 3.63 克，平均单株产量 8.9 克。芥酸含量 0.4%，硫苷含量 23.53 微摩尔/克，含油量 40.05%。低感菌核病，中抗病毒病，抗寒性中等，抗裂荚性中等，抗倒性较强。第一生长周期亩产 163.39 千克，比对照宝油早 12 增产 20.04%；第二生长周期亩产 141.56 千克，比对照黔油早 1 号减产 6.13%。适宜在贵州秋播种植。

（二）标准与技术规程

1. 油菜机耕分厢直播高效栽培技术规程（DB52/T 1269—2018）

该规程规定了油菜机耕分厢定量高效栽培技术。该规程适用于贵州油菜产区甘蓝型油菜的机耕分厢定量直播生产。

起草单位：贵州省油料研究所、国家油菜产业体系贵阳综合试验站、贵州省农作物技术推广总站、贵州省农村经济经营管理站。

主要起草人：杨斌、肖华贵、饶勇、黄泽素、王璐璐、王军、代文东、罗庆川、罗明权、周应友、李华、黄瑞志、钟华义、毛模湛、曾兵、唐容、张超、李超。

2. 贵州省食品安全企业标准——“冷榨菜胚油”（Q/YYCX0001S—2015）

本标准规定了冷榨菜胚油的术语和定义、技术要求、试验方法、检验规则、标签、包装、运输和保质期要求，适用于以贵州油研纯香生态粮油科技有限公司生产的以贵州没油分黄籽双低优质油菜籽为原料，经精选、烘干、脱皮、低温物理压榨等生产工艺制成的食用成品菜胚油。

起草单位：贵州省油菜研究所。

主要起草人：余顺波、杜才富、赵继献、吴金培、陈廷能。

3. 早熟杂交油菜宝油早 12 机械化栽培技术规程（DB52/T 1564—2021）

该规程规定了早熟杂交油菜宝油早 12 机械化栽培技术，适用于早熟杂交油菜宝油早 12 机械化生产。

起草单位：贵州省油菜研究所。

主要起草人：杜才富、赵继献等。

（三）高效、创新技术模式

1. 黄壤稻田油菜稻茬免耕移栽化肥农药减施技术模式

油菜—水稻轮作是贵州主要的轮作模式，具有前茬水稻收获时间晚，油菜种植茬口紧的特点，通过免耕育苗移栽方式，可以有效缓解茬口矛盾，同时获得较高的油菜产量。针对油菜—水稻轮作区油菜生产中化肥、农药施用量较高，使用方法不科学等问题，结合区域油菜生长特点，以绿色、高产、高效为核心，在明确油菜养分需求规律的基础上，开展品种筛选、秸秆还田、种子包衣、免耕移栽、一次性缓控释肥应用、诊断追肥、综合除草防虫防病等单项技术研究，形成“秸秆还田、稻草覆盖、免耕移栽、种子包衣、化控除草、肥药减量”模式的油菜种植体系，建立“贵州喀斯特黄壤稻田油菜稻茬免耕移栽化肥农药减施技术规程”进行示范推广，达到减肥减药增效的目的，促进油菜产业的绿色可持续发展。2018 年以来单独或作为其他技术的核心内容，在播州、金沙、绥阳、黔西、瓮安、西秀、余庆、平坝、开阳、黎平、碧江等县（区）进行示范推广和辐射带动，获得良好效果，建立示范区 19 余万亩，完成核心示范 1 900余亩，辐射带动面积约57余万亩，目前该技术正在贵州省油菜主产区推广应用。2018—2019年度在播州区开展农民习惯种植模式与油菜绿色高效生产技术模式对比试验大田示范，应用本项技术模式比农民习惯种植模式纯效益增加126.0元/亩，能够达到节肥节药高产高效的目标，节本增效显著。通过该技术应用，可大面积较少化肥农药20%左右，较传统生产方式增产3%左右，提高肥料农药的利用率。

2. 黄壤稻田油菜浅耕分箱定量直（机）播化肥农药减施技术模式

针对油菜—水稻轮作区油菜生产中化肥、农药施用量较高，使用方法不科学等问题，结合区域油菜生长特点，以绿色、高产、高效为核心，在明确油菜养分需求规律的基础上，开展品种筛选、秸秆还田、种子包衣、定量直（机）播、一次性缓控释肥应用、诊断追肥、综合除草防虫防病等单项技术研究，形成“稻草还田、分厢定量直（机）播、以密补迟、种肥同播、肥药减量”模式的油菜种植体系，建立“贵州喀斯特黄壤稻田油菜浅耕分箱定量直（机）播化肥农药减施技术规程”进行示范推广，达到减肥减药增效的目的，促进油菜产业的绿色可持续发展。在播州、金沙、绥阳、黔西、瓮安、西秀、余庆、平坝、开阳、黎平、碧江等县（区）进行示范推广和辐射带动，获得良好效果，建立示范区约25万亩，完成核心示范约1 900亩，辐射带动面积约21万亩，目前该技术正在贵州省油菜主产区推广应用。2018—2019年度在播州区开展了农民习惯种植模式与本技术模式对比试验示范，与农民习惯模式相比，应用本项技术模式在化肥总量减少14.2%，农药投入量减少47.1%的基础上，油菜籽产量达到176.4公斤/亩，比农民习惯种植模式增产5.7%。应用本项技术模式比农民习惯种植模式纯效益增加163.0元/亩，能够达到节肥节药高产高效的目标，节本增效显著。通过该技术应用，可大面积较少化肥农药20%左右，较传统生产方式增产3%左右，提高肥料农药的利用率，减少化肥农药排放。

（四）专利

1. 油研纯香冷榨菜胚油包装瓶

获得国家外观设计专利授权（ZL 2016 3 0312332.3）。

该专利是针对油研纯香冷榨菜胚油的外观设计产品的名称、外观设计产品的用途、外观造型的产品形状、外观设计产品的主视图最能表达设计要点。

发明单位：贵州省油菜研究所。

主要发明人：余顺波。

2. 油研纯香紫苏菜胚油包装瓶

获得国家外观设计专利授权（ZL 2016 3 0312332.4）。

该专利是针对油研纯香紫苏菜胚油的外观设计产品的名称、外观设计产品的用途、外观造型的产品形状、外观设计产品的主视图最能表达设计要点。

发明单位：贵州省油菜研究所。

主要发明人：余顺波。

3. 一种甘蓝型杂交油菜高油分品种的确定方法及筛选方法

发明专利（201610887032.7）。

该专利引入了产油量、产油率和最高产油量的施氮量作为确定杂交油菜高油分品种时的参考因素，更加科学的提出了甘蓝型杂交油菜高油分品种的确定与筛选方法。

发明单位：贵州省油菜研究所。

主要发明人：赵继献。

4. 一种提高甘蓝型油菜产量的方法

发明专利（201610887033.1）。

该专利针对提高甘蓝型油菜的产量因素，更加科学的提出了提高甘蓝型杂交油菜产量的方法。

发明单位：贵州省油菜研究所。

主要发明人：赵继献。

5. 一种农旅一体化景观图案制作方法

发明专利（201811054516.9）。

该发明公开了一种农旅一体化景观图案制作方法，该方法通过将 RTK 高精度定位测量获得的实地定位信息，并与通过航拍获得的实地图像信息进行结合，形成同时具备航拍图像数据，设计图案和定位信息的 CAD 施工图，使用图案设计与实际施工所需要的定位信息有机结合在一起，使得施工精度更高，施工更加方便快捷，极大地提高了景观栽植的精度和效率．本发明还可根据各地民族风情，特色地理环境在田间制作出不同的农旅景观，不仅制图方便、快捷，图形制作精准，并可满足不同的图案的设计，且图案效果生动，观赏性较高。

发明单位：贵州省油菜研究所。

主要发明人：赵继献。

（五）注册商标与荣誉证书

1. “油研纯香”脱皮冷榨菜籽油荣获“贵州省十大优质特色粮油产品”

经来自全省贵阳、遵义、安顺、黔东南、黔南、黔西南、铜仁、毕节、六盘水 9 个地方州市的 49 个粮油产品在多彩贵州网平台上，进行为期一周的网络评选，吸引了超百万网友投票，油研纯香脱皮冷榨菜籽油荣获“贵州省十大优质特色粮油产品”。

获奖单位：贵州省油菜研究所。

主要负责人：余顺波

2. “油研素香”获得绿色食品证书（LB-10-20052302365A）

“油研素香”通过绿色认证，获得绿色食品证书。

获证单位：贵州省油菜研究所。

主要负责人：余顺波

3. 食用油“智苏宝”商标（第 22315554 号）

关于一款食用紫苏油的商标注册。

注册单位：贵州省油菜研究所。

主要发起人：余顺波。

4. “享尚钩”鱼饵料商标（20535839号）

关于一款菜饼粕作鱼饵料的商标注册。

注册单位：贵州省油菜研究所。

主要发起人：余顺波。

（六）科技奖励

1. 质不育三系高产优质抗逆杂交油菜品种黔油16号转化应用

贵州省科技成果转化二等奖。

本成果转化从2003年8月至2014年9月，历时11年。核心成果“黔油16号”（原代号黔杂98-8）是利用Polimacms质不育材料成功选育的、贵州首次通过国家审定、唯一大面积生产应用的三系杂交油菜品种，2002年通过贵州省审定、2003年通过国家审定，贵州省油料研究所拥有独立知识产权。转化主要是以黔油16号为核心，采用集成创新和自主创新相结合，通过示范研究优化组装、集成熟化，形成综合配套的高产制（繁）种技术体系和高产栽培技术体系，制定了4个高产制（繁）种技术规程和4个高产栽培技术规程，并进行大面积成果转化应用。通过将品种生产、经营权有偿转让给民营种子企业，强化种业企业+农技推广+科研单位相结合的转化模式；采用南种北制、晚秋保优制种技术实现制种产量高、种子质量可靠，同时做到良种良法配套，确保项目顺利实施；充分利用企业的市场网络和农技系统的人力、资金、技术优势，通过技术培训、增加物化投入、大办示范样板等措施促进成果转化。成果转化在四川推广面积962.3万亩，新增总产值67 327.2万元；在重庆推广面积198万亩，新增总产值14 471.55万元；省内转化应用在8个市州的65个油菜生产县进行，涉及490个乡镇、1 777个村，受益农户达到项目覆盖范围的84.5%，转化有效面积868.83万亩，新增总产值81 352.92万元，总经济效益55 865.99万元。项目实施加快了科技成果向现实生产力的快速转化，促进了油菜产业发展，提高农民科技素质，增加农民经济收入，转化面积大，增产效果显著，取得了显著的经济社会效益。

完成单位：贵州省油料研究所、贵州省农作物技术推广总站。

研究人员：李大雄、冯泽蔚、肖华贵、胡建风、李仕敏、毛亚勋、陆英燕、曾家玉、钟华义、刘元春。

2. 优质油菜黔黄油21号高效栽培技术研究与应用

贵州省农业丰收奖二等奖。

本成果核心技术是优质高产高油分品种黔黄油21号及其高效配套栽培技术。该品种2007年通过贵州省农作物品种审定委员会审定，品质双低，含油量达到46.28%，2009年通过国家长江下游组油菜新品种审定，含油量达到47.5%，产油量较对照秦优7号增产12.04%。品质优于国家双低优质油菜标准。2010年以来被确定为贵州省油菜主推品种。

项目进行了不同生态条件、不施肥水平、不同种植密度、不同种植方式等一系列高效栽培技术研究，形成了该品种高产、高效、保优、独特的栽培技术体系。同时结合当前安全、高效农业的发展趋势，利用优质油菜品种黔黄油21号进行了油菜稻田免耕直播套种绿肥的高效保优栽培技术研究与示范，总结出实用技术规程《油菜免耕直播套种绿肥栽培技术规程》，该规程已于2012年申报贵州省地方标准（DB52/T 787—2012），贵州省质量技术监督局于2013年1月颁布实施本标准。在生产上大力推广优质油菜品种及稻田免耕、直播、套种绿肥、保优等高效配套栽培技术，产生显著的社会经济效益和生态效益。

在项目实施期间，建立示范基地11个，累计面积16 500亩，累计示范推广面积215.7万亩，平均亩产165.76公斤，比当地主推品种增产15.35%，新增油菜籽产量4 634.85公斤，新增产值17 872.07万元。项目单位面积油菜籽的新增效益201.84元/亩、菜籽油新增效益为293.73元/亩；项目油菜籽的总经济效益为26 783.84万元，菜籽油的总经济效益为39 141.33万元，油菜籽和菜籽油的年经济效益分别为6 695.96万元、9 785.33万元。推广投资平均年收益率：油菜籽8.31元，菜籽油为12.15元。通过本项研究完成了黔黄油21号的植物新品种保护，审定贵州省地方标准1项，发表相关研究论文8篇。

完成单位：贵州省油料研究所、贵州省农作物技术推广总站。

研究人员：王军、冯泽蔚、李士敏、赵恩学、向明、曾家玉、钟华义、陈德珍、徐野、刘垚等。

3. 高产优质杂交油菜黔油22号选育及高效技术研究与应用

贵州省农业科学院科学技术奖二等奖。

针对我国食用植物油对外依存度高，高效油菜品种及栽培技术缺乏，在贵州省科技攻关、国家成果转化等项目资助下，通过油菜种质引进、遗传改良及不同生态区多年鉴定评价，育成优质油菜细胞核雄性不育系“黔油3AB”和恢复系“SU1”，进而杂交育成新品种“黔油22号”并通过贵州和国家审定，获植物新品种保护权。该品种产量和产油量高、优质、广适、抗倒伏，低感菌核病，单株产量高。贵州两年区试平均亩产189.17公斤、亩产油量86.58公斤，分别较对照油研10号增产12.07%和增加4.85公斤，产量及产油量均居当年审定品种第一位。国家油菜区试亩产174.68公斤、亩产油量73.11公斤，分别比对照油研10号增产5.83%和增加0.24公斤。针对该品种特征特性，研究揭示氮肥运筹规律，明确蕾薹期是关键施氮期，施氮量应占40%；揭示叶片数增多、叶面积大、叶绿素含量高，提升光能利用率，促进低位大分枝形成，是稀植条件下单株有效角数、角粒数和产量增加的主要理论依据。创建贵州省不同生态区稀植和免耕高效栽培技术关键，集成技术规程2个、制作课件1套；稀植、免耕、高密度栽培核心示范分别达800亩、2 850亩及2 230亩，菜籽平均亩产分别达226.23公斤、211.89公斤及203.12公斤。开展培训8 372期（次）、涉及22.80万人（次），参与农技人员2 028人（次）。在西南地区推广该品种及配套高效栽培技术1 028.88万亩，新增产值10.25亿元。2人晋升高级，1人晋升中级；培养博士1名，引进硕士1名；发表研究论文10篇。

完成单位：贵州省油料研究所。

主要完成人：代文东、陈德珍、罗庆川、熊国权。

4. 优质高效杂交油菜新品种黔油22号选育与轻简化栽培技术研究及应用

贵州省科技进步二等奖。

针对我国食用植物油对外依存度高，高效油菜品种及栽培技术缺乏，在贵州省科技攻关、国家成果转化等项目资助下，通过油菜种质引进、遗传改良及不同生态区多年鉴定评价，育成优质油菜细胞核雄性不育系“黔油3AB”和恢复系“SU1”，进而杂交育成新品种“黔油22号”并通过贵州和国家审定，获植物新品种保护权。该品种产量和产油量高、优质、广适、抗倒伏，低感菌核病，单株产量高。贵州两年区试平均亩产189.17公斤、亩产油量86.58公斤，分别较对照油研10号增产12.07%和增加4.85公斤，产量及产油量均居当年审定品种第一位。国家油菜区试亩产174.68公斤、亩产油量73.11公斤，分别比对照油研10号增产5.83%和增加0.24公斤。针对该品种特征特性，研究揭示氮肥运筹规律，明确蕾薹期是关键施氮期，施氮量应占40%；揭示叶片数增多、叶面积大、叶绿素含量高，提升光能利用率，促进低位大分枝形成，是稀植条件下单株有效角数、角粒数和产量增加的主要理论依据。创建贵州省不同生态区稀植和免耕高效栽培技术关键，集成技术规程2个、制作课件1套；稀植、免耕、高密度栽培核心示范分别达800亩、2 850亩及2 230亩，菜籽平均亩产分别达226.23公斤、211.89公斤及203.12公斤。集成制种技术规程2个，建立种子生产基地7个，制种10 372.41亩，生产良种693 832公斤，平均亩产66.89公斤。开展培训8 372期（次）、涉及22.80万人（次），参与农技人员2 028人（次）。在西南地区推广该品种及配套高效栽培技术1 028.88万亩，新增产值10.25亿元。3人晋升高级，2人晋升中级；培养博士2名，引进硕士2名；发表研究论文14篇。

完成单位：贵州省油料研究所、贵州省农作物技术推广总站。

主要完成人：代文东、黄泽素、凡迪、唐容、张超、冯浪、何自强。

5. 小孢子育种创制强优势杂交油菜品种黔油28号及配套技术集成应用

贵州省农业科学院科学技术奖二等奖。

自2000年开始以来，在贵州省农业科技攻关、国家863、国家成果转化资金、贵州省动植物育种专项、贵州省重点成果推广、国家油菜产业技术体系等11个项目的资助。截至2016年，历时17年，圆满完成了各项研究内容，成功构建了油菜小孢子培养体系，申请发明专利两项，《提高甘蓝型油菜花粉小孢子培养产胚率的方法》专利号ZL 2012 1 0161965.X已获授权，《提高甘蓝型油菜小孢子培养试管苗大田移栽成活率的方法》专利申请号：2014 10517196.1（待终审授权）。选育了一个高产、高油分、稳产、低芥酸及低硫甙的甘蓝型杂交油菜品种“黔油28号”，该品种2008年12月通过贵州省农作物品种审定委员会审定（审定编号：黔审油2008003）、2010年12月通过农业部国家农作物审定委员会审定（审定编号：国审油2010021）、2015年9月获农业部植物新品种授权（品种权号：CNA20090974.9）。结合油菜生产的需求和该品种及其亲本特性，项目组完成了母本NAB-2及父本DH-13的保优繁殖技术研究及原原种、原种的扩繁；父母本生育特性、制种行比及高产制种栽培因子优化试验，开展了制种示范及大面积的种子生产。在贵州省不同生态区域，完成了黔油28号高产栽培配套技术研究、免耕配套技术研究、免耕移栽及机械化直播技术研究。通过以上配套技术研究成果，结合贵州省各地州（市）的气候、土壤养分等实际情况，集成了该品种的配套栽培技术方案，通过技术培训，示范带动等方式，进行大面积转化应用。

完成单位：贵州省油料研究所。

主要完成人：杨斌、饶勇、黄瑞志、罗明权、熊国权、邹成华、徐志丹、蒋成应、王光艳、王璐璐、谭定贵。

6. 油菜种质创新与油研50选育及应用

贵州省科技进步一等奖。

该成果针对西南地区油菜生长期阴雨寡日多，昼夜温差小，季节性旱灾、渍害频发，春寒危害大等突出问题，从种质创制，品种培育，良种良法配套及推广应用等方面进行了深入研究。依据“亚基因组间杂种优势”理论，通过引进和创制油菜的甘白和甘埃远缘杂种，创制了具有抗寒、抗裂角等优异性状的不育系和恢复系，首次育成具有亚基因组间杂种优势的油菜新品种油研50，并被列为贵州高产创建主推品种，连续12年作为省区试对照品种。该品种具有丰产、稳产、抗裂角、抗倒、抗病、抗寒等优良特点；采取延长父本花期、花前精准识别母本可育株等技术解决了隐性核不育纯度控制难、制种产量低等技术难题，是我国制种面积最大、生产杂交种最多的隐性核不育杂交种；集成并熟化了油研50全程机播机收、免耕直播等高产高效栽培技术，形成技术规程4项，实现了良种良法配套；累计在贵州、湖南、湖北、江西、四川和重庆等6省（市）推广应用3 721.9万亩，新增产值55.4亿元。获国家植物新品种权1项，发表论文10篇。探索出研究所与公司“产、学、研”一体化运作模式，形成了良好的成果转化机制。

该成果已在长江中上游油菜产区广泛应用，推动了油菜生产由原育苗移栽的高产不高效向机直播机收等轻简高效种植的重大转型升级，对有效增加我国食用油供给，助力贫困地区精准脱贫和油菜产业可持续发展做出了重大贡献。成果整体技术达到国际同类先进水平。

完成单位：贵州省油菜研究所、贵州禾睦福种子有限公司、贵州省农业科学院。

主要完成：张瑞茂、陈大伦等。

（七）产业人才培养

毕业博士1名，1人考入西南大学攻读博士学位，1人考入湖南大学攻读博士学位，晋升研究员5人、晋升副研究员5人、助理研究员5人、高级农艺师7人、农艺师10人，引进硕士研究生1人。

2015—2016年，召开培训会197次（期），培训农业技术推广骨干和农民14 111人（次），发放技术资料22 100余份，驱鸟带等物质600余包；召开30人以上的现场观摩会及技术培训会16次，参加人数1 015人（次）。体系人员外出参加各类培训与交流会议20次共130余人（次）；接待省外考察组7次，赴生产一线现场指导120余人（次）。

十三、特色杂粮产业技术体系

（一）种植资源与新品种

“十三五”期间，特色杂粮产业技术体系依托贵州省旱粮研究所建成高粱种质资源圃1个，面积50亩，保存资源2 000份。同时开展种质创新与品种选育，目前创制糯高粱材料600余份，稳定品系30余份；创制两系不育系材料100余份，获得稳定不育系10余份；创制两系不育恢复系200余份，获得稳定恢复系30份；依托贵州师范大学贵州省荞麦工程技术研究中心，建立荞麦科研基地220亩，多年生荞麦资源圃约10亩。收集栽培和野生荞麦资源110份，评价110份，配制杂交组合30个，创制新材料5份。依托毕节市农业科学研究所建成食用豆种质资源圃1个，面积50亩，保存资源2 221份，创制食用豆材料500余份，稳定品系40余份。依托贵州黔西南喀斯特区域发展研究院和贵州省亚热带作物研究所建设薏苡种质资源圃2个，收集保存资源735份，完成86份薏苡种质的淀粉、脂肪、蛋白质、必需氨基酸含量检测，其中，糯性种质35份，占所有种质的40.70%；34份种质的脂肪含量≥8%，8份种质的蛋白质含量≥20%，选育食用型、药用型、饲用型新品系32个。

1. 红粱丰1号

贵州粱丰农业科技有限公司和贵州省旱粮研究所通过贵州本地糯高粱黔高7号变异优良单株定向系统选育而成。2016年贵州审定（黔审粱2016002）；2017年通过国家登记（GPD高粱（2017）520029。

红粱丰1号属酿造高粱常规种。属中熟糯性品种。生育期122天左右（比红缨子早熟7天），株型半紧凑，株高233.40厘米。幼苗长势强，芽鞘绿色，叶色绿色，总叶片数15片左右。穗形伞形，属中散穗型，成熟整齐一致，熟相好，穗长约33厘米，平均穗重约56.3克，千粒重22克，壳色红色，籽粒红褐色，圆形，均匀饱满，种皮厚，易脱粒，糯质粒。贵州省区域试验，第一生长周期亩产384.36千克，比对照黔高8号增产11.41%；第二生长周期亩产389.17千克，比对照黔高8号增产10.05%。两年平均亩产386.77公斤，比对照黔高8号增产10.72%。贵州省区域试验统一送样检测，总淀粉含量70.1%，支链淀粉占总淀粉含量比91.79%，单宁含量1.42%。抗丝黑穗病、叶部病害，对叶部病害如紫斑病、靶斑病和炭疽病都具有较好的抗性。适宜在贵州省高粱产区春季种植。

2. 黔苦8号

贵州省生物技术研究所通过地方品种变异优良单株定向系统选育而成，2017—2018

年参加第十二轮国家苦荞品种区域试验，参试名称QKQ-1-6，2019年通过专家组鉴定。

黔苦8号，生育日数83~84天，株高109.9~124.1厘米，主茎分枝5.0~5.6个，主茎节数14.1~15.1节，单株粒重4.1~4.4克，千粒重21.2~21.3克。经西北农林科技大学测试中心检测，籽粒粗蛋白含量12.4克/100克、淀粉含量54.0%、粗脂肪含量2.2克/100克；经甘肃省农业科学院农业测试中心检测，总黄酮含量2.37%。2017年平均单产2 106.8公斤/公顷，2018年平均单产2 027.5公斤/公顷，两年平均单产2 061.9公斤/公顷，比对照九江苦荞增产8.77%，位居参试品种第一位。该品种在山西大同、山西太原、陕西安康、甘肃平凉、甘肃定西、宁夏固原、云南昆明、贵州威宁、贵州贵阳、贵州毕节、湖南长沙等试点表现较好。

3. 黔芸豆1号

毕节市农业科学研究所用引自黑龙江省农科院的芸豆材料“多米尼加菜豆”作母本，贵州地方芸豆“毕节小红花肉豆”作父本有性杂交选育而成，2020年通过中国作物学会食用豆专业委员会鉴定，鉴定编号：国品鉴 普通菜豆2020006。

黔芸豆1号植株生长习性为直立无限，结荚习性无限，根系发达，幼茎绿色，花色白色，叶脉、小叶基部、幼荚均为绿色，成熟荚色为黄白色，无斑纹，荚形剑形，荚质硬。全生育日数114天。株高96.5厘米，生长习性直立，主茎分枝3.1个，主茎节数15.0节，单株荚数22.3荚，荚长10.3厘米，荚粒数5.8粒，百粒重26.8克。籽粒卵圆，斑纹（紫红点纹）。抗病性、抗旱性、抗倒性强。2016年国家食用豆产业技术体系芸豆新品种联合鉴定试验，平均单产2 158.73公斤/公顷，比对照英国红增产14.06%；2017年国家食用豆产业技术体系芸豆新品种联合鉴定试验，平均单产2 038.01公斤/公顷，比对照英国红增产19.72%；2018年国家食用豆产业技术体系芸豆联合生产试验，平均公顷产量1 721.72公斤，较对照英国红增产27.36%。适宜贵州省、山西省、陕西省等相似生态区种植。

4. 毕芸3号

毕节市农业科学研究所从地方芸豆品种“硬壳鸡腰豆”的变异株中选育而成，2016年通过贵州省农作物品种审定委员会审定，审定编号：黔审芸2016001号。

毕芸3号全生育期104天。株高85.3厘米。半蔓生，结荚习性有限，根系发达，幼茎绿色，花色白色，叶脉、小叶基部、幼荚均为绿色，成熟荚色为条状纹紫红色，荚形平直稍圆，荚质硬。主茎节数13.4节，单株荚数28.1个，荚长8.5厘米，荚粒数4.8粒，百粒重26.0克。粒型短柱形，粒色黑色。抗病性强，抗倒性强，抗旱性强。综合性状好。2014年贵州省区域试验平均亩产172.3公斤，比对照英国红增产24.19%；2015年贵州省区域试验平均亩产190.5公斤，比对照增产43.5%。两年平均亩产181.4公斤，比对照增产33.63%，8个点次全部增产，增产点率100%。2015年贵州省生产试验平均亩产181.1公斤，比对照增产21.6%，增产点率100%。适宜贵州省毕节市、安顺市、遵义市、六盘水市种植区。

5. 毕芸4号

毕节市农业科学研究所从南美洲危地马拉的芸豆品种“YJ009958”的变异株中选育而成，2016年通过贵州省农作物品种审定委员会审定，审定编号：黔审芸2016002号。

毕芸4号全生育期101天。株高82.7厘米。直立，结荚习性有限，幼茎绿色，花色紫红色，叶脉、小叶基部、幼荚均为绿色，成熟荚色为紫色，荚形短扁条型，荚质硬。主茎节数14.1节，单株荚数29.3个，荚长10.1厘米，荚粒数5.3粒，百粒重23.2克。粒型肾形，粒色黑色。抗倒，抗旱。2014年贵州省区域试验平均亩产174.9公斤，比对照英国红增产26.11%；2015年贵州省区域试验平均亩产190.9公斤，比对照增产43.84%。两年平均亩产182.9公斤，比对照增产34.78%，8个点次全部增产，增产点率100%。2015年贵州省生产试验平均亩产177.9公斤，比对照增产19.5%，3个点次全部增产，增产点率100%。适宜贵州省毕节市、安顺市、遵义市、六盘水市种植区。

6. 毕芸5号

毕节市农业科学研究所在从墨西哥的芸豆品种“YJ009779”的变异株中选育而成，2016年通过贵州省农作物品种审定委员会审定，审定编号：黔审芸2016003号。

毕芸5号全生育期103天。株高91.7厘米。植株直立，结荚习性有限，根系发达，茎秆粗壮，幼茎绿色，花色紫红色，叶脉、小叶基部、幼荚均为绿色，成熟荚色为灰色，荚形短扁条型，荚质硬。主茎节数12.9节，单株荚数30.3个，荚长9.1厘米，荚粒数4.5粒，百粒重24.7克。粒型长方形，粒色黑色。抗病性强，抗倒性强。综合性状好。2014年贵州省区域试验平均亩产207.4公斤，比对照英国红增产49.55%；2015年贵州省区域试验平均亩产182.9公斤，比对照增产37.82%。两年平均亩产195.18公斤，比对照增产43.82%，8个点次全部增产，增产点率100%。2015年贵州省生产试验平均亩产199.4公斤，比对照增产33.9%，增产点率100%。适宜贵州省毕节市、安顺市、遵义市、六盘水市种植区。

7. 织金小蚕豆

毕节市乌蒙杂粮科技有限公司和毕节市农业科学研究所从地方品种“织金青蚕豆”的变异株中选择优异株，采用系统选育而成，2016年通过贵州省农作物品种审定委员会审定，审定编号：黔审蚕豆2016001号。

织金小蚕豆全生育期165天左右，与对照成胡14号早熟3天。株高70厘米。单株分枝4.9个，结荚29.8个，每荚3.1粒左右，鲜籽百粒重164.2克。幼苗直立，生长势强，叶片较小，茎秆硬，不裂荚，熟相好。紫花、白皮、黑脐。抗倒，耐寒、耐湿性较强，中抗赤斑病。2013年省区域试验青荚平均亩产1 204公斤，比对照增产7.5%；2014年续试青荚平均亩产1 228公斤，比对照增产13.08%。两年平均亩产1 216公斤，比对照增产10.24%，10个点次全部增产，增产点达100%。2015年省生产试验青荚平均亩产1 100.3公斤，比对照增产10.91%。适宜贵州省蚕豆种植区。

8. 黔薏2号

贵州黔西南喀斯特区域发展研究院用“晴隆碧痕薏苡（♀）×（♂）普安糯薏苡”杂交选育而成，2016年通过获得国家品种审定，审定编号：国品鉴杂2016003。

黔薏2号胚乳糯性，生育期149天，苗期株型直立，芽鞘紫色，茎鞘和叶片均为绿色；分蘖3~5个，株高194.6厘米，主茎节数9~11节。柱头紫红色、花药黄色；果实白色或灰白色、甲壳质地、卵圆形，千粒重99.8克。经农业部谷物及制品质量监督检验测试中心（黑龙江）测定，薏苡糙米的直链淀粉含量2.22%、支链淀粉含量97.78%，粗蛋白含量17.54%、粗脂肪含量7.5%、氨基酸总量17.62%。2012—2014年参加国家薏苡品种区域试验，平均产量234.58公斤/亩，比对照增产8.20%。2015年国家薏苡品种生产试验，黔薏鉴2号品种较对照增5.8%~10.93%，平均增产8.64%。适宜贵州兴义，贵州安顺，云南文山，广西百色，福建莆田、福州等薏苡种植区推广。

9. 黔薏苡3号

贵州黔西南喀斯特区域发展研究院用云南富源黑壳薏苡（♀）和广西隆林白壳薏苡（♂）杂交选育而成，2016年通过贵州省第六届农作物品种审定委员会审定通过，审定编号：黔审薏2016002。

黔薏苡3号生育期162天。平均株高201.3厘米，株叶型较好，茎秆较粗壮；苗期叶色浅绿色，叶鞘、叶缘浅紫色；成熟期叶色绿色，叶鞘、叶缘浅紫色；粒型卵圆型，粒色灰褐色一般分蘖3~5个，亩有效穗3.3万穗。穗型紧凑，穗实粒数为99.6粒，结实率73.51%，千粒重111.55克。2014年省区域试验平均亩产291.57公斤，比对照增产1.17%；2015年省区域试验平均亩产302.12公斤，比对照增产3.10%。两年省区域试验平均亩产296.85公斤，比对照增产2.08%。2015年生产试验平均亩产336.19公斤，比对照增产3.2%。适宜在贵州兴仁、安顺、晴隆等地区推广种植。

10. 滇东北薏苡

贵州省亚热带作物研究所在云南昭通收集到薏苡野生资源优良单株定向系统选育而成。2020年通过国家登记（578）。

滇东北薏苡属饲用型薏苡常规种。生育期一般180~200天，植株高270~300厘米，茎直立，有分枝；叶色深绿，叶长45~65厘米，叶宽3~5厘米，叶为互生，纵列排列；叶鞘表面光滑，与叶片间具有白薄膜状叶舌；叶片为长披针形，边缘粗糙，叶鞘包茎。腋生成束总状花序，通常具有较长的总梗。花单性，雌雄同株位于同一花序之不同部位，总状花序腋生成束，常下倾，花序上部为雄花穗，雄小穗2~3个，每小穗有两颖片和2朵小花（偶见3~4朵），小花有内稃、外稃及3枚雄蕊，小穗排列在细弱而连续的总状花序的上部，且伸出念珠状的总苞外；下部为雌花，雌小穗2~3个生于一节，通常只有一个发育，其余均退化，生于总状花序基部，包在念珠状总包内；雌蕊有花往，柱头分离为2，呈羽毛状，雌穗先于雄穗成熟，属于异花受粉。喜欢温和潮湿气候，土质疏松、肥沃的沙壤土，耐涝、耐高温、抗病。在海拔1 600米以下1 000米以上的地区种植，4月上中旬至5月上中旬播种完毕，每年可以收割鲜草2~3次，以茎叶为主要产品，一般产量85~90吨/公顷，肥水充足，管理精细，产量可达100吨/公顷。适合贵州、广东、广西，以及云南、福建、四川等部分地区种植。

11. 兴农单7号

审定编号：黔审玉2016010号

贵州黔西南喀斯特区域发展研究院于用自育自交系xz8131作母本，外引自交系YA8201作父本组配选育而成。经农业部谷物及制品质量检验测试中心测试：容重754克/升，粗淀粉含量75.38%，粗蛋白含量10.35%，粗脂肪含量4.15%，赖氨酸含量0.31%；经四川省农科院植保所鉴定：抗大斑病、小斑病、灰斑病和茎腐病，中抗纹枯病和穗腐病，感丝黑穗病。2014年、2015年省区域试验G组两年平均亩产696.4公斤，比对照增产14.28%，18个点次全部增产。2015年省生产试验平均亩产563.1公斤，比对照增产13.65%，增产点达100%。适宜贵州省的海拔1 500米以下的中上等肥力土壤地区，注意防治丝黑穗病。

12. 兴农糯3号

审定编号：黔审玉2016015号

贵州黔西南喀斯特区域发展研究院用自交系糯0233作母本，自交系糯2415作父本组配选育而成。2015年经贵州师范大学分析测试中心品质化验分析测定，支链淀粉含量为98.54%，蛋白质含量9.04%，赖氨酸2.08毫克/克，色氨酸57.8毫克/克。2015年四川农科院植保所接种鉴定结果：中抗纹枯病和穗腐病，感小斑病，高感大斑病、丝黑穗病、茎腐病和灰斑病。感观和蒸煮品质综合评分2014年和2015年分别为81.5分和78.2分（对照分别为80.2和80.0分）。2014年平均亩产鲜果穗980.8公斤，比对照增产13.4%；2015年平均亩产鲜果穗869.8公斤，比对照增产3.7%。两年平均亩产925.3公斤，比对照增产8.6%，12个点次9增3减，增产点为75.0%。适宜贵州省的中上等肥力土壤作鲜食玉米种植。在大斑病、丝黑穗病、茎腐病和灰斑病常发区慎用，注意防治小斑病。

13. 金玉579

审定编号：黔审玉2017003

贵州金农科技有限责任公司、贵州省旱粮研究所用QB1013×QB1923组配选育而成。全生育期120天，与对照黔单16相当。株型半紧凑，株高283厘米，穗位高123.5厘米，雄穗一次分枝16个左右，雄穗最低侧枝位以上主轴长38厘米，最高侧枝位以上主轴长30厘米，雄花护颖有浅紫斑，花药浅紫色；雌穗花丝绿色；果穗筒形，穗长17.8厘米，穗行数18.5行、秃尖1.2厘米。籽粒排列直，籽粒黄色，半马齿型，百粒重35.7克，穗轴白色。经农业部谷物及制品质量监督检验测试中心测试：容重800克/升，粗淀粉含量70.5%，粗蛋白含量10.43%，粗脂肪含量4.91%，赖氨酸含量0.33%；经四川省农科院植保所鉴定：中抗大斑病、小斑病、茎腐病、灰斑病和丝黑穗病，感穗腐病和纹枯病。2015年省区域试验G组平均亩产679.5公斤，比对照增产5.66%；2016年省区域试验G组续试平均亩产683.2公斤，比对照增产8.41%。两年平均亩产681.4公斤，比对照增产7.02%，19个点次15增4减，增产点78.9%。2016

年省生产试验平均亩产 605.8 公斤，比对照增产 8.61%，9 个点次 7 增 2 减，增产点 77.8%。适宜在贵州省海拔 1 500米以下的中上等肥力土壤地区种植。注意防治穗腐病和纹枯病。

14. 黔青 446

贵州省旱粮研究所用 QB1545×QB446 组配选育而成。全生育期 121 天，较对照筑青 1 号短 1 天。株型平展，株高 288 厘米，穗位高 128.2 厘米。雄穗一次分枝 21~24 个，雄穗最低侧枝位以上主轴长 30 厘米，最高侧枝位以上主轴长 26 厘米，雄花护颖紫色条纹，花药紫色；雌穗花丝淡红色。经贵州省草业研究所对品质测试：鲜玉米水分 65.88%，烘干水分 3.65%，粗蛋白 7.45%，粗脂肪 3.22%，酸性洗涤纤维 25.34%，中性洗涤纤维 44.83%，灰分 5.59%，无氮浸出物 58.4%。经贵州省植物保护研究所抗病虫害鉴定结果：高抗小斑病、锈病、穗腐病；抗大斑病、纹枯病、灰斑病；感丝黑穗病。适宜在贵州中上等肥力土壤作青贮玉米种植，注意防治丝黑穗病。

（二）标准与技术规程

1. 薏苡间作大豆种植技术规程（DB52/T 1337—2018）

本标准规定了薏苡间作大豆的术语和定义、环境要求、品种选择、大田种植技术、病虫草害防治、收获等栽培技术农艺措施。本标准适用于贵州薏苡与大豆间作种植生产。

起草单位：贵州省农作物技术推广总站、贵州省土壤肥料研究所、黔西南布依苗族自治州农业委员会、安龙县农业局、兴仁县农业局。

主要起草人：章洁琼、柳玲玲、朱怡、邹军、韦思梅、杨连坤、付国林、陈志兴、秦松。

2. 贵州无公害薏仁生产技术规程（DB52/T 1316—2018）

本标准规定了贵州无公害农产品薏仁的产地环境条件、栽培技术和采收贮藏。本标准适用于贵州无公害薏仁的生产。

起草单位：兴义市农产品质量安全监测站、兴义市农业技术推广站、兴仁县农业技术推广站、兴义市乌沙镇农业服务中心、兴义市万屯镇农业服务中心。

主要起草人：张义、朱良玉、朱琴佳、肖洪艳、黄立英、赵鹏、杨红、刘庆银、张清胜、杨连坤、周明强、唐朝富、冯俊。

3. 地理标志产品 威宁荞麦（DB5205/T 1—2020）

本标准规定了地理标志产品威宁荞麦的术语和定义、保护范围、自然环境、要求、检验方法、检验规则及标识、包装、运输、贮存。本标准适用于国家质量监督检验检疫总局〔2016〕年第 112 号公告批准保护、〔2017〕年第 39 号公告批准更改的地理标志产品威宁荞麦。

起草单位：威宁自治县兴业投资有限公司、威宁自治县农业农村局、威宁自治县果业发展中心、威宁自治县农产品质量安全检测中心、威宁自治县经开区经济发展局、生态环境部南京环境科学研究所、威宁自治县市场监督管理局、贵州省地理标志研究中心。

主要起草人：毛春、戴蓉、李顺雨、朱绍熊、陆恒、夏辉、杨航、陈永鹏、赵江、高军、吴楠、陈松、彭渊迪。

（三）专利

1. 一种抗旱薏苡品种的选育方法

发明专利（201710537091.6）。

本发明公开了一种抗旱薏苡品种的选育方法，属农作物新品种选育技术领域，该方法包括以下步骤：①薏苡品种萌发期抗旱性鉴定；②薏苡品种苗期抗旱性鉴定；③薏苡品种成株期抗旱性鉴定。本发明对薏苡品种萌发期、苗期和成株期的抗旱性进行综合评价，所选育的薏苡新品种，不仅具有优越的抗旱能力，而且具有产量高、品质优的特点，可适应喀斯特山区缺水的生长条件。

发明单位：贵州省旱粮研究所。

主要发明人：汪灿、周棱波、邵明波、张国兵、张立异、徐燕、高旭、姜讷。

2. 一种糯薏苡的选育方法

发明专利（ZL 2015 1 0215134.X）。

本发明公开了一种糯薏苡选育的方法，包括以下步骤：选取成熟饱满的籽粒，剥去外壳，用刀片切开胚乳，露出胚乳的截面，采用碘试剂染色5~30分钟，清水冲洗3~10分钟，洗去浮色，对单个籽粒进行粳糯性鉴定；种子的萌发和育苗：待幼苗长至3~10叶龄时移栽至大田，按行株距80~70厘米开穴移栽，每穴1株，并分别挂牌标记；套袋和收获；在开花期，每株选取1~6个单茎，剪掉上部叶片，将所有修剪的单茎套进同一牛皮纸袋内，回形针固定，下部叶片保留；成熟期收获袋子里的茎节，脱粒保存。本发明能实现对糯薏苡种质的提纯复壮和单株选育。

发明单位：贵州黔西南喀斯特区域发展研究院。

主要发明人：李祥栋、石明。

3. 一种薏苡 *Waxy* 基因突变的 PCR 检测引物及其应用

发明专利（ZL 2020 1 0207638.8）。

本发明属于植物育种领域，涉及一种薏苡 *Waxy* 基因突变的 PCR 检测引物及其应用。所述检测引物包括：PCR 正向引物：5’-GGACGTCAGCGAGTGGGACC-3’，结合区域为第9外显子保守区；PCR 反向引物：5’-ACGAGTCCACCGGTGGACGC-3’，结合区域为第11外显子保守区。本发明还公开了上述 PCR 检测引物在薏苡选育中的应用，用于薏苡单株粳、糯性分型。本发明方法可以专一的识别薏苡 *Waxy* 基因的突变位点和进行基因分型，由于 *Waxy* 基因的分型标记属于共显性标记，能有效区分薏苡单株的粳、糯性是否杂合，可用于粳性和糯性薏苡品种的选育，从而加速育种进程。本发明从分子水平上对薏苡单株进行粳、糯性鉴定和筛选，不受植物生长环境影响，稳定性好、准确性高。

发明单位：贵州黔西南喀斯特区域发展研究院。

主要发明人：李祥栋、潘虹、魏心元、陆秀娟。

4. 一种薏苡定向杂交方法

发明专利（ZL 2020 1 0186828. 6）。

本发明公开了一种薏苡定向杂交方法，包括：亲本选择与花期调节：在开花期的前 1~15 天内，选取 1~4 个分蘖用剪刀对母本进行整枝，去雄并套袋；采取父本花粉，盛放在小纸袋或纸盒内，花粉现取现用；直接用母本的丝状柱头蘸取花粉，并对授粉的总苞进行颜色标记、套袋隔离，成熟期选取带有颜色标记的种子收获并留种；父本、母本 F1 植株的主要判别性状包括叶（芽）鞘色幼苗叶色、苞状鞘颜色、茎秆颜色、幼果颜色、柱头颜色、总苞颜色、总苞质地和喙 9 个性状，根据这些性状的显隐性关系和在 F1 代植株中的表现进行鉴别和筛选。本发明能实现 F1 杂种植株的判别，提高了杂交的准确性，高效的定向遗传改良和品种选育。

发明单位：贵州黔西南喀斯特区域发展研究院。

主要发明人：李祥栋、陆秀娟、潘虹、魏心元。

5. 薏苡地方品种的提纯复壮及新品种选育的方法

发明专利（ZL 2017 1 1231224. 3，2021）。

本发明提出了提供一种薏苡地方品种提纯复壮和新品种选育方法，本发明提供了薏苡数量性状受多基因调控进行系统选育新品种的一种高效且遗传稳定的方法，方法简捷且效率高，解决了薏苡生产实践中品种退化快、生产年限短、品种单一等问题。

发明单位：贵州省亚热带作物研究所。

主要发明人：杨成龙、付瑜华、王健、罗凯、周明强、蒙秋伊、刘凡值、杨小雨、敖茂宏、李志芳、黎青、班秀文、周祥。

6. 一种秕粒与实粒分离机

实用新型专利（ZL 2017 2 0100093. 4）。

一种秕粒与实粒分离机由机箱本体通过合页与门连接组成，所述机箱本体的一端为弧形壁面，另一端为矩形壁面，在机箱本体内设置有隔板，所述隔板与弧形壁面留有分离空隙，所述门的上部安装有细网窗户，门的下部设置有风扇。首先用小铲将一定量籽粒送入下腔室中后部，锁上门，接通风扇电源，选择合适档位，当风吹起来后，会把秕粒扬起来，在隔板以及弧形壁面的作用下，秕粒沿着弧形壁面向上运动，最终秕粒落在上腔的隔板上，秕粒与实粒即分离完毕，细网用于阻止秕粒可能的飘逸，并使腔室内不致因封闭而压力升高、造成湍流。

发明单位：贵州大学。

主要发明人：黄勇、宋碧、张军。

7. 一种粮食作物晾晒支架

实用新型专利（ZL 2017 2 132539. 3）。

本实用新型公开了一种粮食作物晾晒支架，属于实验器械技术领域。它包含有两个三角形的立架和四个万向脚轮，在两立架之间固定连接有若干层横架，所述万向脚轮固定连接在立架的底端，所述立架包括两根斜杆，斜杆的顶端固定连接，在两个立架的顶端之间固定连接有横梁，在横梁的两端固定连接有雨棚架，所述雨棚架上有可拆卸的上下两个雨棚。横架由若干横杆和纵杆焊接连接，在横杆的下方固定连接有若干铁钩。可以根据不同的农作物特点而晾晒在横架、铁钩上，分布均匀，可以随意放置，适合于各种各样的作物晾晒，底端有万向脚轮，移动方便，使用非常方便。

发明单位：贵州大学。

主要发明人：杨锦越、宋碧、龚念。

（四）科技奖励

1. 贵州玉米高产高效栽培技术

2016 年度省科技成果转化二等奖。

为促进贵州省玉米生产的发展，大面积提高玉米单产、总产及效益，保障粮食安全和畜牧业发展，2009—2015 年以“黔兴 201、鄂玉 10 号、金玉 818 为代表的一批高产玉米品种”《贵州水稻、玉米连片超高产技术体系》和《旱地宽厢宽带技术体系研究及示范推广》进行大面积转化应用。采取“推广部门+科研院所+科技示范户+农户”的推广模式；建立目标奖励制度，开展多种形式的技术培训，确保技术到位率，运用优良品种配套高产高效栽培技术集成，实现“良种良法配套”，以核心区示范、高产区示范带动扩大应用面积，加速带动成果转化。

以核心区高产样板带动项目区、以项目区辐射带动全省平衡增产的转化模式，在全省 77 个县，以高产样板带动全省成果转化，成果转化程度高，示范推广规模大。项目推广有效面积 3 942. 9万亩，其中：核心示范面积 454. 27 万亩。惠及农户 1 433万户，占项目覆盖范围农户的 85. 3%。项目区亩产 444. 6 公斤，比非项目区常规栽培增产 67. 9 公斤，增产率 18. 3%，转化新增玉米产量 267. 8 万吨，亩新增纯收入 121. 8 元，总经济效益 32. 7 亿元。2009 年，经玉米专家陈泽辉研究员亲临紫云县现场测产，黔兴 201 品种最高亩产达 1 012. 3公斤，创近几年全省的最高纪录。制定技术措施 2 套和地方标准一套，发表论文 50 余篇，举办各类技术培训班 86 144期，培训技术人员和农户 1 355. 5万人次，其中核心示范户 66. 4 万人次，印发资料 2 044万份。16 人晋升副高级职称，21 人晋升中级职称，培养了硕士研究生 5 名。

完成单位：贵州省农作物技术推广总站、毕节市农业技术推广站、遵义市农业技术推广站、余庆县农业技术推广站、兴仁县农业技术推广站、黔西县农业技术推广站。

主要完成人员：朱怡、邹军、胡建风、刘辉、章洁琼、苟开礼、杨连坤、唐凯、李华、何世兰。

2. 酱香型白酒专用高粱绿色高效栽培技术推广应用

2016 年度获农业部丰收计划二等奖。

建立全面系统、科学适用的酱香型白酒专用高粱绿色高效栽培技术体系；建立“绿色、高效、生态”的技术模式；创新“公司+基地+农户”项目管理模式，建立酒用高粱从“田间”到“仓库”可追溯的产品质量信息化管理体系。措施：以“技术五统一，物资五统供，技术干部五到位”为核心，抓好组织领导、项目资源、技术指导、示范区建设、基层督导、宣传培训、技物配套、测产评价、订单收购、部门协作等工作。三年推广有效规模149.80万亩，平均单产275.32公斤/亩，比对照新增28.20公斤/亩，三年累计订单销售总量41 242.936万公斤，单位规模新增纯收益559.20元/亩，总经济效益58 020.54万元，年经济效益19 340.18万元，推广投资年均纯收益率18.80元；项目区广大农技干部深入田间地头推广新技术，密切了干群关系；积极推广绿色栽培技术，培肥土壤，减少环境污染，生色栽培配套技术推广及产业化示范态效益明显。

主要完成单位：贵州省农作物技术推广总站、遵义市农业技术推广站、仁怀市有机农业发展中心、习水县有机农业发展服务中心、金沙县农业技术推广站。

主要完成人员：朱怡、李士敏、胡朝凤、袁雨晴、章洁琼、蔡炎、穆元相、曾令琴、邱星、刘垚、司元进、陈仕平、姜培跃、王显模、蔡世均、周益、邓金池、蔡回金、穆正箭、杨素、黄建生、幸群梅、谢胜涌、张思学。

3. 优质酒用高粱“红缨子”绿色高效生产关键技术集成与应用

2017年度省科技成果转化二等奖。

选育了优质、高产、抗逆性强的高粱新品种“红缨子”，其品质优、耐蒸煮、出酒率高等特点，符合贵州茅台酒的生产工艺的要求，是贵州茅台酒原料高粱订单生产指定的唯一品种。实现了大规模的绿色生产、订单收购，实现增产增效、产业化示范效果突出。实现酒用高粱产业助推酒业发展，酒业带动酒用高粱产业发展的共赢效果。尤其为茅台酒的发展做出了重大贡献，取得了巨大经济社会效益。同时为贵州省酒用高粱绿色栽培技术奠定了基础，为大面积、大幅度提高绿色增产增效技术的覆盖率和产业化生产提供了成功的典范。实施结果证明在贵州省适宜地区，应用酒用高粱绿色高效生产关键技术的潜力十分巨大，是实现农业增效农民增收和贫困地区脱贫的又一新途径。

在转化中应用“绿色、高效、生态”的技术模式，实现了农业发展方式的转变、推进了农业产业转型升级，实现了化肥、农药减量，保护了资源生态环境、增强了农业可持续发展的能力。解决“红缨子”高产繁种技术、绿色高效生产技术、绿色防控技术集成、直播和机械化绿色增效技术模式等关键技术，探索了信息化管理技术体系和管理模式，建立了贵州优质酒用高粱绿色高效种子繁育技术和绿色高效生产关键栽培技术体系、“田间”到“仓库”可追溯的产品质量信息、“农技推广+公司+标准+专业合作社+科技示范户+农民”的推广模式，绿色生产订单面积达100%。项目区受益农户覆盖率达到的91.36%。

完成单位：贵州省农作物技术推广总站、贵州红缨子农业科技发展有限公司、遵义市农业技术推广站、仁怀市有机农业发展中心、仁怀市农业技术综合服务站、习水县有机农业发展服务中心、遵义市播州区农业技术推广站、汇川区农业技术服务中心。

主要完成人员：朱怡、李士敏、雷文权、胡朝凤、涂佑能、凡迪、袁雨晴、蔡炎、穆元相、赵应。

4. 食用豆新品种及配套技术示范推广

2017年贵州省农业丰收三等奖。

芸豆新品种“毕芸豆3号、毕芸豆4号、毕芸豆5号”和蚕豆新品种“织金小蚕豆、通蚕鲜6号、通蚕鲜7号”均是贵州省首次审定，在育种技术、产量、抗性等方面达到国内先进水平。在毕节市、安顺市和六盘水市的17个县（区）实施，累计示范推广芸豆、蚕豆新品种及配套技术598.1万亩，取得显著的经济效益和社会效益。项目的总经济效益123 135.64万元，其中芸豆新品种推广总经济效益109 120.4万元；蚕豆新品种推广总经济效益14 015.24万元。

完成单位：毕节市农业科学研究所、毕节市乌蒙杂粮科技有限公司、毕节市泰丰科技实业有限公司、威宁县山地特色农业科学研究院。

完成人：余莉、赵龙、潘正康、王先荣、赵丹、车丽娟、朱才龙、杨念龙、张宇、陈永鹏、卢运、李松。

5. 苦荞产业关键技术研究与应用

2017年贵州省科学技术进步二等奖。

收集荞麦资源547多份。采用有性杂交和一粒传法，创造遗传群体RIL系和新材料2 336份。利用系统育种法和诱变育种法培育和审定苦荞新品种8个。研究其配套栽培技术。所培育的苦荞新品种在贵州威宁、毕节、六盘水、四川凉山等地区推广应用，比当地品种平均增产24%。对上述资源，研究了其形态学、细胞学、种子蛋白含量、种子蛋白亚基、RAPD/STS/SSR分子标记及其与荞麦属其他种类之间的系统关系和遗传图谱，为苦荞遗传学研究提供了系统资料。创制荞麦染色体原位PCR技术，利用一个细胞相可进行多达8次的染色体荧光原位PCR分析，可将数十个基因定位于染色体上。

以薄壳苦荞小米荞、四倍体苦荞大苦荞1号为母本，与常规苦荞晋荞麦2号、多年生红心金荞麦进行有性杂交，通过杂交育种和种间杂交育种，异季选育、穿梭育种、多点选育等方法，创造出广泛适应性（光温不敏感型）的薄壳苦荞新品种贵米苦55、18、13、贵黑米苦19，特别是首创新类型粮食作物多年生苦荞，培育贵多苦003、39、60、74等新品种，开辟了一次栽培、多季收获的新型农业粮食生产模式。

出版著作2部，发表论文86篇。其中，国家级出版物1部52.5万字，国际期刊论文13篇，SCI收录11篇，影响因子合计14.09分，SCI核心合集他引用44次；核心期刊66篇中CSCD收录43篇，被他引77次。国家专利5项。国家审定品种3个，省审定品种5个，推广应用面积387万亩，总产值13亿元，新增产值5.8亿元，涉及44万农户，在约10万贫困户的脱贫中发挥了重要作用。此外，合计进行47次的培训，培训农民和技术员5 000人次。通过企业加工苦荞新品种应用产值3.8亿元，新增产值2.45亿元。

完成单位：贵州师范大学、西昌学院、六盘水职业技术学院、威宁县彝族回族苗族自治县山地特色农业科学研究院。

主要完成人：陈庆富、黄凯丰、王安虎、毛春、张清明、盛茂银、崔晓东、黄小燕、王转花、石桃雄、李光。

（五）高效、创新技术模式

1. “酒用高粱+大豆”间作种植模式

贵州省旱粮研究所开展以酒用高粱间作种植技术科技创新，形成了“酒用高粱+大豆”间作种植模式。该模式的推广应用，提高酒用高粱种植地块的综合生产能力，在保证酒用高粱净作产量前提下，增加大豆产量50公斤以上，化学肥料施用量减少10%以上，化学农药施用量减少10%，控草效果较为明显保证高粱品质。从2020年开始小面积示范，初步取得了明显效果。

2. 马铃薯复种苦荞生产技术

近年来苦荞产业呈现加工、销售规模快速增长，而种植规模持续减少的矛盾，传统春季净作模式因比较效益低不符合农民增收需求和产业发展需要。贵州省生物技术研究所和威宁县山地特色农业科学研究所利用苦荞生育期短的特征，研究集成了马铃薯复种苦荞生产技术，利用马铃薯收获后空闲地发展一季苦荞种植，有效化解了产业难题，一是提高了土地复种指数，增加了单位面积产出；二是减轻了马铃薯连作障碍，促进了马铃薯产业持续健康发展；三是增加了苦荞种植面积，保障苦荞的生产和供应。2016—2020年在威宁进行推广应用，累计示范推广1.5万亩，亩增收500元以上。

3. 幼林套种芸豆高效栽培技术

毕节市农业科学研究所开展皂角、茶叶、果树等幼林套种芸豆（小豆）种植技术科技创新，优化集成“果树（皂角、茶叶）+芸豆（小豆）”高效种植模式。该模式的推广，可利用豆类植物的固氮作用增加土壤肥力，减少化肥使用，同时有限的土地得到充分利用，增加土地生物量收获，豆秸秆可作为饲草收获。一般每亩增加芸豆产量50公斤以上，芸豆秸秆一亩收获220公斤左右。该技术已在毕节市织金、威宁、纳雍、七星关等地进行推广，示范推广面积10万亩以上。

（六）产业人才培养

“十三五”期间，特色杂粮产业技术体系人才团队组建了62人的产业团队，形成了涵盖育种、栽培、绿色防控、农机化、产品加工5大方向的全产业链人才团队，其中正高13人，副高26人，中级18人，初级5人。

为加强成果转化，特色杂粮产业技术体系积极培养乡土人才和科技二传手，2018—2020年，累计开展技术培训156期，培训农技人员1 352人才，培训农户7 068人才。